贵州省社会科学院甲秀文库

贵州方志中的生物多样性史料辑录

◎黄　昊/编著

Guizhou Fangzhi zhong de
Shengwu Duoyangxing Shiliao Jilu

中央民族大学出版社
China Minzu University Press

图书在版编目（CIP）数据

贵州方志中的生物多样性史料辑录 / 黄昊编著. --北京：中央民族大学出版社，2024.9. --ISBN 978-7-5660-2414-5

Ⅰ.Q16

中国国家版本馆 CIP 数据核字第 2024B8Z765 号

贵州方志中的生物多样性史料辑录

编　　著	黄　昊
策划编辑	舒　松
责任编辑	舒　松
封面设计	布拉格
出版发行	中央民族大学出版社
	北京市海淀区中关村南大街 27 号　邮编：100081
	电话：(010) 68472815（发行部）　传真：(010) 68932751（发行部）
	(010) 68932218（总编室）　　　(010) 68932447（办公室）
经 销 者	全国各地新华书店
印 刷 厂	北京鑫宇图源印刷科技有限公司
开　　本	787×1092　1/16　印张：30.25
字　　数	480 千字
版　　次	2024 年 9 月第 1 版　2024 年 9 月第 1 次印刷
书　　号	ISBN 978-7-5660-2414-5
定　　价	138.00 元

版权所有　翻印必究

本书受贵州省哲学社会科学创新工程
资助出版

贵州省社会科学院甲秀文库

编辑委员会

主 任：黄朝椿　黄 勇
副主任：赵 普　索晓霞　陈应武　谢忠文
成 员：戈 弋　刘 岚　余 希　颜 强

贵州省社会科学院甲秀文库
出版说明

近年来,贵州省社会科学院坚持"出学术精品、创知名智库"的高质量发展理念,资助出版了一批高质量的学术著作,在院内外产生了良好反响,提高了贵州省社会科学院的知名度和美誉度。经过几年的探索,现着力打造"甲秀文库"和"博士/博士后文库"两大品牌。

甲秀文库,得名于贵州省社会科学院坐落于甲秀楼旁。该文库主要收录院内科研工作者和战略合作单位的高质量成果,以及院举办的高端会议论文集等。每年根据成果质量数量和经费情况,全额资助若干种著作出版。

在中国共产党成立100周年之际,我们定下这样的目标:再用10年左右的工夫,将甲秀文库打造为在省内外、在全国社科院系统具有较大知名度的学术品牌。

贵州省社会科学院
2021年1月

文献辑录凡例

一、本书以历代文献中所记载的有关贵州植物、动物、微生物的史料为辑录对象。文献来源主要以现存省志和府州县志为主，兼及通史、总志及个人别集。辑录底本尽可能择其年代较早、内容翔实之原本，并视情况以他本校勘。

二、全书分"植物篇""动物篇"2部分，以篇为纲，篇下分属。时间段为明代至中华人民共和国成立前。其中植物篇12属，动物篇7属，凡19属。各属下首先按文献形成时间先后，分地区综录历代文献中所记载的物种名称，其次单列各文献中有详细记录某一物种的条目。

三、所辑录每条史料均注明来源文献题名、卷次和页码，力求史源准确，便于查核。

四、全书采用通用简化字（除人名、地名、书名外），以新式标点断句编排。原本正文竖排改为横排，原本竖排双行小注改为楷体横排，便于区分阅读。

五、同一物种，时代、地域不同，文献中所记称谓略有差异，或为异体字、通假字、同音字，本书辑录仍保留原貌，不做规范名称统一。

六、关于校勘，原本漫漶不清或有明显脱漏处，用"□"填补；原本注释性文字，加"()"表示；径改或补充说明者，加"()"表示；与本书内容关联不大者，以"…"代替略去内容。文义不清或记载有异者，页下出校勘记。不同文献记载同一事件，且内容完全相同者，选择一种文献辑录，不再赘录。

目 录

前　言 ··· 001

第一篇　植物篇

第一章　粮食类植物 ··· 003
　第一节　稻之属 ··· 003
　第二节　黍稷之属 ·· 010
　第三节　荞稗之属 ·· 023
　第四节　菽之属 ··· 026

第二章　蔬果类植物 ··· 036
　第一节　菜茹之属 ·· 036
　第二节　瓜之属 ··· 096
　第三节　果之属 ··· 106

第三章　竹木类植物 ··· 152
　第一节　竹之属 ··· 152
　第二节　木之属 ··· 170

第四章　药类植物 ·· 223

第五章　花草类植物 ··· 289
　第一节　花之属 ··· 289
　第二节　草之属 ··· 334

第二篇 动物篇

第一章 兽类动物 ········· 355
  第一节 家畜之属 ········· 355
  第二节 野生兽之属 ········· 363

第二章 虫类动物 ········· 387

第三章 禽类动物 ········· 406
  第一节 家禽之属 ········· 406
  第二节 野生禽之属 ········· 410

第四章 鳞介类动物 ········· 434
  第一节 鳞之属 ········· 434
  第二节 介之属 ········· 450

主要参考文献 ········· 456

后　记 ········· 461

前 言

一

与其他历史文献相比,作为中国独特文献的地方志具有明显的特色:一是历史久,起源于春秋战国,萌芽于秦汉,发展于隋唐,成形于宋,稳定于元,兴盛于明清,且在时间上具有连续性;二是类型全,有总志、通志、府志、州志、县志、乡土志、山水志、祠庙志等多种类型;三是内容广,详尽记载了一地的历史沿革、山川形胜、政治建置、人物传记、武备兵防、经济状况、民情风俗、宗教异闻等;四是数量多,据《中国地方志联合目录》统计:仅保存至今的宋至民国时期的地方志就有8264种,11万余卷,约占我国现存古籍的十分之一;五是价值大,具有资政、存史、教化、兴利等功效。

历史时期,贵州山高水险,远离中原地区,这在一定程度上影响了其与中原文化的交流和融合,因此,明代以前的中国古代典籍史书对贵州地区记述较少。贵州古代方志的发展可以追溯到宋元时期,当时已经出现了几部可以称为地方志的著作,如《思州图经》《珍州图经》《梓州路图经》《费州路图经》等,这些著作以图文结合的形式,主要记载民情风俗、地理沿革、山川形胜等内容,虽然门类较少且内容简略,但已经具备了地方志的初步形态。

明代,贵州的方志编纂得到了进一步的发展。明代所遗的《贵州图经新志》是贵州最早的地方志之一,采用了图经的形式,既有地图又有对地

图的文字说明，内容涵盖了境界、道里、户口、职官等方面。此外，明朝政府推行的屯田制等政策，也对贵州的方志编纂产生了一定的影响。随着改土归流的大规模推行，原先在土司统治下的少数民族群众开始摆脱对土司的人身依附，这一社会变革也在方志中得到了体现。据史继忠统计，自永乐朝至崇祯朝200余年间，贵州共修志40部，现存7种。① 张新民在《明代贵州方志数量辨误》中提到："明代现存通志五部，府志二部，山水志三部，计十一部。亡佚志书通志五部，府志二十四部，州志十五部，县志八部，卫志十八部，宣慰司志一部，共七十部。"②

清代贵州各地，修志日臻普及，清代则是贵州方志编纂的鼎盛时期，除个别偏僻之地外，府厅州县都多次纂修方志。史继忠统计清代贵州修志152部，现存85部。张新民统计清代贵州共修地方志182部，现存82部。陈国生统计数字与张新民同。这时期纂修的方志不仅数量众多，而且质量上乘。如《遵义府志》《兴义府志》《贵阳府志》《黎平府志》在编写内容上不仅重视古学，而且强调实用价值，反映地方实际，代表了贵州方志文化的发展和进步。此时期编撰的这些方志在内容上更加详尽，体例更加完备，不仅记录了贵州的自然地理、历史沿革、风土人情，还涵盖了经济、文化、教育等各个方面，为我们了解贵州古代社会提供了丰富的资料。

民国时期，在动荡的时局下，贵州方志纂修，时辍时作，据陈国生研究："民国贵州共修志86部，今存者仅78部。"③ 贵州近代方志的编纂无论体例还是内容都发生了变化，呈现出一些新的特点。这时期编纂的方志不仅继承了古代方志的优良传统，还在内容和形式上有所创新，为贵州地方文化的传承和发展做出了重要贡献。首先，受到了西方学术思想的影响，开始注重对方志学理论的探讨和研究。这些理论探讨不仅丰富了方志学的内涵，也为方志的编纂提供了更为科学的指导。其次，此时期的方志编纂内容较为重视实业和民生问题，如《石阡县志》中设有《经业》篇，《桐梓县志》中设有《实业》篇，《镇宁县志》中设中《民生志》等，多关注产业的发展，关心民生和地方经济繁荣等问题。最后，除了编纂省志

---

① 史继忠. 贵州方志考略 [J]. 贵州民族研究，1979 (4).
② 张新民. 明代贵州方志数量辨误 [J]. 文献，1994 (1).
③ 陈国生. 民国时期贵州方志的纂修 [J]. 文献，1996 (4).

和县志外，此时期编纂的一批乡土志也成为修志的一个亮点。如《定番县乡土调查报告》《石阡乡土教材辑要》《册亨乡土志略》《毕节县史地述要》等，这些主要叙事范围则已由乡、镇、村、寨扩大到县州。

贵州方志产生于宋，发展于元，明代初步定型，清代兴盛而提高，民国出现新的转型性变化。据《贵州历代方志集成》一书统计："贵州旧地方志，起自宋代迄于民国，九百余年间共修各级各类方志四百余种，其中存志一百九十余种。"[①] 对于贵州方志的影印和出版，巴蜀书社的《中国地方志集成·贵州府县志辑》影印了明代至民国时期的贵州地方志127种。《贵州历代方志集成》影印整理了明代至民国时期贵州省内历代通志12部、府州志42部、县志62部、其他志书21部，合计137部，此外，贵州文库也影印了部分府、县志书。在进行原文影印的基础上，对历史时期贵州各类方志的点校出版成果也颇为丰富。贵州省文史馆先后点校出版了嘉靖《贵州通志》、民国《贵州通志》中的《前事志》《人物志》《金石志·古迹志·秩祀志》《舆地志·风土志》《土司·土民志》《宦迹志》《学校·选举志》等；近年又点校出版的"民国贵州文献大系"，也有一些方志书籍，如《民国贵州县志资料十四种》《今日之贵州》《定番县乡土教材调查报告》《榕江县乡土教材》《新修支那省别全志·贵州省》等；贵州文库点校的乾隆《贵州通志》、嘉靖《思南府志》、嘉靖《普安州志》、万历《铜仁府志》。对于府、县志的点校则一般由地方的史志办进行，如贵阳地方志委员会校注的道光《贵阳府志》、遵义市市志办点校的道光《遵义府志》、黔东南年鉴编纂委员会点校的《黎平府志》、贵州省安龙县史志办公室校注咸丰《兴义府志》等。

二

生物多样性的史料多出于方志中的"物产"部分，按照地方志的编纂体例，"物产"作为反映地区特色的主要内容，历来都有专门的条目进行记述。"物产"顾名思义，既是某一地区产出之物，包括天然的和人工生

[①] 《贵州省地方志》编纂委员会办公室辑.贵州历代方志集成·第1册前言［M］.北京：中国文史出版社，2016.

产之物，本书选取的是"物产"中的天然产物，即谷类、蔬类、果类、木类、竹类、草类、花类、虫类、鳞介类等范畴。各地物产因地制宜，种类各异。贵州方志中对物产种类的记录方式丰富多样，主要可以分为以下几种：首先，一些方志在记录物产时，主要列举农作物、蔬菜、果树、动物的名称。虽然内容较为简单，但这些基本信息已经足够我们从中看出一地物产种类的变化、发展概况及历史渊源，追寻出农业发展的轨迹。如嘉靖《贵州通志》在卷之三《土产》中便通列了各属的物产，并指出："贵州土地虽狭，然山林竹木、蔬食果实之饶，略比川、湖。"[1] 就其体例来讲，方志把通产与专产进行分别记录，这多体现在通志之中。如乾隆《贵州通志》凡例"物产"所言："旧志于贵阳首府列通产于前，已专产于后，而间见杂出，未免眉目不清。今以通产尽列于前，方列专产于后，其通产、专产次序首谷、次蔬、次货、次果、次药、次草、次花人木、次羽毛鳞介。各府俱照此。"[2] 其次，更多的方志在对本地区的特产资源记述时，纂修者往往不惜笔墨，进行细致的描述。比如，对于某种特定的植物或动物，方志会详细描述其生长环境、形态特征、生长周期、用途价值等，甚至包括一些民间传说或文化意义。这样的描述不仅丰富了物产的内容，也增加了方志的趣味性和可读性。如咸丰《兴义府志》在对"何首乌"的形态和功用记载后，借用《何首乌传》《何首乌说》在传说和文化意义上进行一些文学阐释。部分地方志还对物产进行详细的考释。如道光《遵义府志》、光绪《黎平府志》、咸丰《兴义府志》等利用文献考据的方式，对每一个生物品种，考究源流，务求精确，实事求是。民国时期对于物产的记载则更为详细，使用了接近于现代的科学分类，并阐明了物产所适应的种植条件和生存环境，如民国《岑巩县志》、民国《独山县志》、民国《息烽县志》等。此外，方志在记录物产时，还会根据物产与人的生存和生活的密切程度进行分类。通常，植物类、动物类会排在前面，然后是人工制品。在植物类中，谷物等主食作物往往会被放在首位，这反映了"物莫贵于五谷"的观念。

---

[1] （明）谢东山删正；张道编集校. 嘉靖贵州通志·卷之三土产 [M]. 成都：巴蜀书社，2016：273.

[2] （清）鄂尔泰修；杜诠纂. 乾隆贵州通志·卷首凡例 [M]. 成都：巴蜀书社，2016：7.

三

贵州省特殊的地理位置和复杂多样的自然环境，形成了极其丰富多样的生态系统。贵州方志中对动植物的记载丰富多样，反映了贵州地区独特的自然环境和生物资源。这些记载不仅为我们提供了贵州生物种类、分布、用途等方面的详细信息，还揭示了当地人与动植物之间的深厚联系以及在当地文化中的重要地位。基于此，本书分为植物篇和动物篇来诠释贵州在历史时期的生物种类、分布和特征。

贵州以山高谷深、江河纵横、湖泊众多，气候多样而闻名于世，多样立体的气候类型、复杂特殊的地形地貌孕育了丰富的生物种类。方志中提到的植物包括各种树木、花草、草药等，它们或生长在山地，或分布在河谷，或常见于田野，共同构成了贵州丰富的植物群落。其中贵州苏铁、华南省藤、南方红豆杉、珙桐、白花兜兰、荔波唇柱苣苔、雷公山槭、银杉、赤水桫椤、离蕊金花茶等珍稀濒危植物在贵州的方志志书的记载中多有呈现。在森林、各类自然保护区的保护下，贵州野生植物列入国家重点保护野生植物名录241种，其中国家一级保护野生植物22种，国家二级保护野生植物219种。归口林业行政主管部门管理的有69种和20类，共约159种；归口农业农村主管部门管理的有16种和11类，约82种。林业资源在贵州的方志记载中较为系统和完善，尤其是一些特色林业副产资源的记载，如漆树、桐树、青杠树等，不仅记载了其种植条件，还具体阐释了其副产品的销售地和主要产区。方志还记录了这些植物的用途和价值。在一些植物的记载中，尤其是"木之属""竹之属"中多次提及了木材的属性，阐明其在用于建筑、家具制造、器物等方面的价值。

一些植物具有药用价值，被当地人民用于治疗各种疾病，在"药之属""蔬之属""谷之属"中对植物的药用价值多有描述，方志中记载了五谷、蔬菜、瓜果等不仅可以食用饱腹，亦可入药治病，体现了这些植物不仅是当地人民的食材来源，还是重要的药材资源。贵州是中医药的宝库，全省有药用植物资源7000余种，其中许多种类为贵州独有。贵州17个少数民族几乎都有自己防病治病的经验和医药理论，形成丰富的民族医药资源，有供中医配方和制造中成药的原料400多种，其中如天麻、杜仲、

珠子参、艾纳香、牛黄、石斛、厚朴等，质地优良，在传统中药材中享有很高的声誉，畅销国内外。贵州人民一直将尊重自然、顺应自然、保护自然的观念传承至今。目前，贵州建立了各级各类自然保护区106个，形成了包括自然保护区、原生境保护小区、保种场、种质资源保护区、种质资源库（圃）、基因库等在内的遗传资源保护体系。种质资源评价、驯化进展顺利，成功驯化和引种的多种药用植物，对民族医药及我国中医药学的完善做出了巨大贡献。

贵州方志中对谷物和蔬菜的记载体现了贵州的饮食结构的同时，还阐释出了当地的饮食特点及文化。如，贵州各民族对稻谷和糯稻都情有独钟，并在各地的方志中多有稻谷种植内容的呈现。如贵州稻谷的种植在明代《贵州图经新志》记载的各个区域"土产"中均有提及，并有简单的分类。在清代和民国时期的稻谷种植则更为广泛，在记载条目中呈现了更为详细的分类方法和种植方法。在稻谷种植之外，一些本地小杂粮和外来粮食物种的引进也成为此时期粮食作物记载的一个重要内容。这也为贵州粮食作物种植资源遗传多样化的研究提供了参考。此外，是蔬菜瓜果物种多样性。史料表明，贵州的蔬菜瓜果种类多、取材广，种植野生并存，物尽其用，充分体现出多样性特点及朴素的生态文明思想。在方志记载中对蔬菜的分类较为详细，尤其是一些野菜的记载，可以窥探出贵州野菜的食用历史和食用方法。

贵州的动物种类占全国种类一半以上，种类为全国之冠，这些珍稀物种中，既包括有着"地球独生子"之称的黔金丝猴，也涵盖了世界上最大种群的黑叶猴，等等。其中，特有动物有荔波盲高原鳅、贵州疣螈、务川臭蛙等。

首先，方志中的动物记载揭示了贵州地区丰富的动物资源。贵州地处云贵高原，拥有得天独厚的自然环境和多样的生态系统，这使得贵州成为众多动物的家园。方志中详细记录了这些动物的种类、分布和数量，为了解贵州的动物资源提供了宝贵的线索。例如，黔金丝猴、穿山甲、白颈长尾雉等珍稀动物在方志中都有明确的记载。猴类在贵州的方志中多有记载，并有猿和猴两种记载方式，这类的记载主要以贵阳地区、仁怀地区和铜仁地区为多，其中铜仁地区的方志记载尤为详细。在方志中出现的"桃花鱼""油鱼""娃娃鱼"具有较强的贵州地域特色。这些记载鱼类的条目，不仅记载了鱼的种类分布，同时说明了鱼苗来自湖广等地，为研究现代渔业的发展提供了线索。贵州方志中对动物的记载起到了多重作用，这些记载不仅为我们提供了宝贵的历史资料，还对了解当地生态环境、文化传承和动物保护等方面具有重要意义。

其次，这些记载也反映了贵州地区人与动物之间的深厚关系。在古代，贵州地区的居民与动物之间存在着密切的共生关系。他们依赖动物提供食物、衣物和其他生活资源，同时也尊重和保护动物。方志中记录了当地人民对动物的崇拜、祭祀和禁忌等习俗，反映了人类对动物的敬畏和感激之情。这些记载不仅有助于我们了解古代人类的文化和生活方式，也为我们思考人与动物和谐共生提供了启示。方志中的动物记载为我们提供了了解这些文化象征的窗口，可以帮助我们更深入地理解贵州的文化内涵。如对虎的记载从虎的种类到驱虎行为的出现以及对虎的崇拜，均反映出这个物种变迁的历史和文化信息。

此外，方志中的动物记载还为我们揭示了动物在贵州生态环境中的地位和作用。动物是生态系统中的重要组成部分，它们通过食物链和食物网与其他生物相互关联，共同维持着生态系统的平衡和稳定。方志中记录了贵州地区各种动物的种类、数量和分布状况，为我们了解当地生态系统的结构和功能提供了重要的参考依据。这些记载有助于我们认识动物在生态环境中的价值和意义，推动我们更加重视动物保护和生态平衡。

四

从贵州地方志文献史料辑校整理入手，探访史源，细数家珍，能为读者提供一部有关贵州生物多样性的史料汇编。鲜活直观的历代史料，串成古代贵州生物多样性生动活泼的画面，从中可清晰地看到生物物种的分布、传播、形态、特性、价值等信息，以及传统物产分类向近代学科分类的渐变过程，为增强生物多样性保护意识，大力实施生物多样性保护工程提供文献支撑和史料依据，并具有如下意义。

一是为贵州作为生物多样性宝库提供文献基础。贵州古代先民在长期的实践和研究中，很早就对生物多样性有较多的认识，并记述在浩如烟海的典籍中。古代的文献不但记载了丰富多样的动植物，并且对生物多样性

存在的意义、保护和利用，有很多精辟的论述，因此，千百年来，贵州各族人民与大自然良性互动、高度融合的历史智慧，需要萃取和提炼其中的价值，为生物多样性自然科学研究提供学科互补。了解生物演化历程，是认识地球的生物多样性现状与人类居住环境未来发展趋势的重要途径。

二是为"多彩贵州文化"注解。"多彩"即多元、丰富，"多彩"二字准确形象地诠释了贵州的形象特质。"多彩贵州印象"为贵州的文化强省和"内涵式"发展争取文化领域的生存空间提供基础。近年来，丰富多彩的民族文化成为贵州的主要文化符号，但贵州"古生物群王国""动物王国"与"植物王国"之称的历史渊源及其演进历程，却较少被人揭示并展示。开展贵州生物多样性研究是将沉睡中的史料，串成一篇篇、一幕幕贵州古代丰富的植物、动物、微生物生动而活泼的画面，为世界各国人民进一步认识多彩贵州、了解多彩贵州、研究多彩贵州，进一步推动"多彩贵州文化"内涵的解读具有重要的历史意义、现实意义和战略意义。

三是为贵州生态文明建设寻根。习近平总书记指出："历史是一切社会科学的基础"，生态文明的建设同样需要历史发展链条的支撑。建设生态文明社会是我国重要的国家战略，也是贵州省的重要发展战略。生态文明是解决生物多样性衰减与生物安全的必由之路。建设生态文明离不开生态文化的支撑，传统生态文化则是生态文化的重要组成部分，是一个民族文化的重要组成部分，是根之本，魂之所在。开展贵州生物多样性史料整理能为传统生态文化的支撑，是把传统研究向社会服务功能转变，并为当代研究提供开创性、创新性成果。史料古为今用，既不失古籍整理研究之严谨古朴，又与贵州生态文明国际论坛接轨，向世界展示中国奉献全球可持续发展暨生态文明建设的"中国智慧"与"贵州经验"。

第一篇 植物篇

植物可分为种子植物、苔藓植物、蕨类植物、藻类植物等类。本篇辑录贵州明至民国时期文献中所记载的种类多样的贵州植物，包括粮食作物（谷、薯、豆等）、瓜果蔬菜、林木藤草、药用植物等，分列稻、黍稷、荞稗、菽、菜茹、瓜、果、竹、木、药、花、草12属。各属下按文献形成时间先后，分地区综录历代文献中所记载的植物名称，同时单列各文献中记载该植物产地、形状、习性、价值等详细信息的物种，以便从时间和空间两重维度综合比较，既能在历史中考察同一区域各类植物的发展变化，也可以在共时性中厘清贵州植物的多样性分布和规律，还可以综合两重维度，在宏观和微观中探究人与自然共生的文化传承和生计习惯。

第一章　粮食类植物

谷之属　稻、黍、稷、麦、豆、蔬、蔴。

嘉靖《贵州通志》卷之三《土产》第 273 页

谷类　早占、晚占、早稻、晚稻、香根早、乌须糯、小米、黄豆、红豆、黑豆、膏梁、稗子、燕麦、蓄、玉米（一名包谷）。

乾隆《镇远府志》卷十六《物产》第 117 页

谷之属　稻、粳、籼、秋、粟、麦、梁、蔬。

乾隆《开泰县志》夏部《物产志》第 40 页

五谷　扬雄《蜀都赋》："五谷冯戎。"左思《蜀都赋》："黍稷油油，种稻漠漠。"常璩《巴志》："土植五谷。"又《土风诗》："川崖惟平，其稼多黍；野惟阜丘，彼稷多有。"按：五属种稻，高田下湿，各因土宜，籼、糯不下二三十名，皆清明前后种，八月收。

道光《遵义府志》（校注本）卷十七《物产》第 491 页

第一节　稻之属

稻　有红稻、白稻、糯稻、早稻各种。

乾隆《贵州通志》卷之十五《物产·贵阳府》第 284 页

白露早、洗粑早，俱早稻名。杉板红、香禾米，府属皆有。

乾隆《贵州通志》卷之十五《食货志·物产·镇远府》第 286 页

粳稻（籼稻）　不粘者，为粳，音庚，粳即籼也。籼，音仙，俗称为籼米，南人以为常食。其秧及三旬，不择田而栽者曰大陇籼，曰银粳籼，曰

西阳籼，曰红粳半，其及三旬必肥田。可栽者曰贵阳籼，曰六十籼，曰百日籼，曰白粳籼，曰洗耙早。所收较薄曰香稻，俗名籼禾，味极香美；曰薄壳籼，必肥田。又，必及四旬栽者红衣籼，曰麻壳籼，曰晚稻。又有旱谷，可栽陆地者，皆清明前后种，白露前后收。

谷之属 有稻，稻有红粳、白粳，俗呼红粘、白粘，有黑糯、毛糯，又有早稻，种于旱地，蝉鸣稻，俗呼为早市香，粒圆性芳，熟先他稻，府辖地之比界及修文县多种晚稻，号晚米，九月始熟，味厚于粘米。又一种羊毛粘，米粒坚细，舂白如玉。糯谷有红壳糯、牛毛糯、老鸦糯数种，须肥田始可种，收成较晚，其米多用之作糍，有米花、米月、米线、穿校各种，尤香腻，又可作酒，味醇美。粘谷有红粘、白粘、紫茎粘，各因其土性所宜而种之，用作饭，作酒则味淡。又一种晚稻，略似糯而次之，亦收较迟，而可作酒。

道光《贵阳府志》（点校本）卷四十七《食货略·土贡 土物》第918页

谷属 黄粘谷、黑粘谷、白粘谷、北风粘、冷水粘、矮粘、黄瓜粘、羊毛粘、银粳粘。按：府亲辖境产粘谷，有黄、黑、白三种。至北风粘、冷水粘、黏粘、黄瓜粘，此四种产兴义县。羊毛粘、银粳粘，此二种产安南县，米粒坚细，洁白如玉。

咸丰《兴义府志》（点校本）卷四十三《物产志·土产》第622页

稻 今通名谷。

咸丰《安顺府志》卷之十七《地理志十六·通产 专产》第215页

稻 有早、晚、红、白诸种，又有旱稻襄尖。

同治《毕节县志稿》卷七《物产》第413页

稻 俗名谷，一曰粳，河外有早稻，余多晚稻，有红莲稻、岩尖稻等名称。于土者曰旱稻，其米有红白之辨，土人多食。红米能益人，白者心多坚，炊恒不易熟，故食之者多病。味香者曰香米，即香粳。

光绪《水城厅采访册》卷之四《食货门》第297页

稻 贵州位于中国之西南，地固不宜麦，然非无麦也。犹之稻之不宜北，而渔阳太原之稻，何尝不见之于前载。及见之于足之所历乎？十步之泽，必有芳草，此为喻，岂不善乎？稻之有别，有粳、有糯粳，亦作粳。粳之熟也晚，谓晚稻，糯性，极粘软，宜为糍糕。其谷之红、白、大、小不同，芒之有、无、长、短不同，米之坚、松、赤、白、紫、乌不同，味之香、淡、软、硬不同，性之温、凉、寒、热不同。此则从来诸书，稌稻互训，粳糯同列之明证，又皆以粘者为糯，不粘者为粳之通说。乃今贵州所种之粳之糯，固未始不符于从来诸家之言。其实，通常之良田，农人断不以之种此二别类也。贵州通常资以养众之稻，皆以未舂者曰饭谷，或曰粘谷。既舂者曰饭米，或曰粘米。当其为禾之时，形不殊于粳、糯。及已舂而充用也，则显然难淆。糯极糙而不中饭食；粳虽糙性得半，然千百家无一二以之作饭者。或偶有食糯米饭，或粳米饭者，不过取其香美。若饱食之，间时无不呼闷损者。至于饭米亦云粘米者，则舍傍高山之一部人民，不得尝试外，凡城市、村落中，谁能不食之、种之！然，此以贵州言。贵州也，东之湖南、南之广西、西之云南、北之四川，亦何异于贵州也？且自西南而极于东南滨海之域，而不介于黄河之经流者，又何尝不竟如斯也。贵州所产之饭米亦云粘米者，大江以南鲜不如之。昔之南漕，不惜岁縻千万金，而以之资北人者，其非此政也乎？试问，曾有以粳、以糯，以大供漕运者乎？滨居大江之域，其产粳、糯，能以之与贵州较赢绌乎？粳、糯之充用，又有以异于贵州乎？其非粳、糯而专供南漕者，昔之官书通言白米。即今闽浙江广之人，咸谓所食之稻米为白米。则白米者，饭米、粘米也。亦即载籍所称之稌也，稻也。粳与糯则同类异用者也。国内产稻，及粳、糯之县域，亦非不多。然于正名曰稻与粳、糯而外，各县各乡之习称，亦至不一。修文之稻，其谓粘谷或饭谷。而所以别其种者，乃及二十有余。其著者为大白粘、小白粘、齐头粘、薄壳粘、冷水白乌脚粘、大红粘、白谷红、水红粘、滥干麻、青干麻、小麻粘等，皆专供日常饭食。粳类之种亦不一，为早市香、红光谷、白光谷、羊毛晚等，皆不宜常食，惟充饵块粑之用。糯类之种，为大香糯、小香糯、白壳糯、羊毛糯、矮子糯、黑糯等，皆中酿酒、熬饴、作糍糕，及其他食所需。此外，粳之别类名籼者种，则有大白籼、小白籼、火烧籼、大红籼、金包银乌脚籼、大麻籼等又有旱稻，一名陆稻，即载籍之秴或穆者。当雨泽愆期时，或高田关水者，间种之，以佐艰食。

民国《息烽县志》卷之二十一《植物部·谷类》第183—184页

第一篇　植物篇

稻　有早、晚、红、白、五里香诸种。

民国《威宁县志》卷十《物产志》第 601 页

糯谷

杉板红、班稠糯、香禾米、猪毛糯、金钗糯，俱晚稻名，府属皆产。

乾隆《贵州通志》卷之十五《食货志·物产·平越府》第 286 页

糯谷　有数种。

乾隆《平远州志》卷十四《物产》第 698 页

糯谷　性芳白。可为酒，为糖，为茶食等物。有黄香糯，壳黄气香；白香糯，壳白气亦香；杉木红，壳红米白。此三种诸作皆宜。棉花糯宜为茶食，不宜为酒为饧。老鸦糯又名冷水糯，凡田受冷水者种之，谷黑粒赤，只可为酒。又有金钗糯，俗名尖担糯，粒大而长，最宜茶食。矮子糯熟先他糯，惟新稍适用、陈则百用不宜。岩尖糯，性硬，糯谷之最下者。粘谷，有大油粘、小油粘，又名芦粘，熟早他粘。又有高粘、有麻粘、有补纳粘，白壳红粒；有白油粘，白壳白粒；有金包银，黄壳白粒。诸粘谷惟油粘为上，金包银最下。

咸丰《安顺府志》卷之十七《地理志十六·通产 专产》第 215 页

有香糯、虎皮糯、硃砂糯、早晚黑白诸种。

同治《毕节县志稿》卷七《物产》第 413 页

糯稻　粘者，为稬，俗作糯。大穗、红广、白广、金钗、早黄、黄丝、黑芒，糯谷也。糯谷，其秧及三旬，不择田而栽者曰大穗糯，曰红广糯，曰白广糯，曰金钗糯；其及三旬必肥田可栽者曰早黄糯，曰黄丝糯，曰黑芒糯，曰三可寸，曰四可寸。二种粒米极长，可作茶食。曰秃头糯，曰鸡爪糯，与籼稻相似，二穗，结穗无芒。其及四旬，虽瘠田可栽者曰冷水糯，曰红米糯，曰迟黄糯，种亦薄收。又有旱糯，可栽陆地，皆谷雨前后种，寒露前后收。

光绪《黎平府志》（点校本）卷三《食货志第三》第 1363—1364 页

黏　即糯谷，有红黏、白黏、半黏之别。

光绪《水城厅采访册》卷之四《食货门》第 297 页

稻　高田下驶入，各因土宜，籼、糯不下二三十名，皆清明后种，八月收。

光绪《平越直隶厅志》卷二十二《食货四·物产》第317页

有早、晚、小黄谷、大白稻、椰（椰）叶糯诸种。

民国《咸宁县志》卷十《物产志》第601页

糯谷 有黄壳糯，金丝糯，大杆糯，江西糯，鸡卡糯，其名亦数十，凡糯皆宜于极肥之田，籼谷所不能任者，其收差迟。鸡卡糯粒最大，作茶果最佳。

民国《瓮安县志》卷十四《农桑》第192页

籼稻

籼稻 即粳稻，早熟曰籼稻，晚熟曰粳稻。籼米无黏性（邑称粳稻为黏谷，考黏字之义即糯也，实土音黏、籼之误），根为须根，茎中空，外有节，叶狭长，叶柄包在茎外，茎稍有花，一穗雌蕊在壳里。长成实曰谷，去壳曰米，多含淀粉，可煮饭或粥，制烧酒糖，制酒、糖。所余渣滓名糟，从米碾下细屑名糠，糟、糠均可饲猪。从谷碾下两壳名秤，可充燃料，干茎及干叶藳，俗名稻草，可饲牛马，搓绳做鞋、造纸、充燃料等用。种类颇多，不必详列，但皆清明前后种，白露前后收。

民国《岑巩县志》卷九《物产志》第456页

籼稻 稻不下二三十名，前已详列之，皆清明前后种，八九月收成。

民国《八寨县志稿》卷十八《物产》第303页

籼谷 有百日籼，栽秧后百日可获，最早者也。乌脚籼、红籼、红壳籼、麻籼、油籼、马尾籼等多至数十种，率大同小异，任田皆可种。惟百日籼虽早，为群雀翔集之所，田一石收不七斗，非室如悬磬者莫种。红、银、麻、油各籼同时熟，蒂甚松，穗必以时稍迟则枯落，枷斗声中如布，种然遍阡陌，为养鸭者之利，田一石收八斗。马尾籼蒂坚无枯落之弊，田一石收九斗五，租田者喜种之，然芒颖太长严曝而踩践之，石得九斗而已。各籼舂而为米，油籼味最佳，宜于售，红籼饭最涨，力田者喜食焉。

民国《瓮安县志》卷十四《农桑》第191—192页

早粳

一种蝉鸣稻，俗呼为"早市香"，粒圆、性芳、熟先他稻。《广南志》

"南方有蝉鸣稻"是也。又一种羊毛黏，米粒坚细，舂白如玉，出定番州。

乾隆《贵州通志》卷之十五《物产·贵阳府》第284页

旱稻 形如饭谷，种于旱地。

道光《大定府志》卷之四十二《食货略第四下·经政志四》第624页

旱稻 诸稻皆宜水田，惟此可种山地中，稍耐旱，故名。

咸丰《安顺府志》卷之十七《地理志十六·通产 专产》第215页

旱粳 《南高平物产记》引《本草·唐本注》纪胜之云：三月种粳稻，四月种秫稻，则稻名粳秫，是黏不黏之异。《遵义府志》：籼、糯稻种数十，就变种言，随地异名，不可从。

民国《都匀县志稿》卷六《地理志·农桑物产》第243页

旱粳 俗有洗耙早，百日早、二水早之分，早获均歉收，多系乏水田及计利者种之。

民国《岑巩县志》卷九《物产志》第456页

旱粳 俗名百日黄，早获收歉，乏水田及计利者种之。

民国《八寨县志稿》卷十八《物产》第303页

旱谷 即稷也，北方谓之稷，高山之地常带洳泃而又不作水田者宜之，有水反不利其收，甚歉。今邑中人少，田多，鲜种之者。

民国《瓮安县志》卷十四《农桑》第191页

晚粳

晚谷 俗名迟谷。熟最后，能耐寒。早秧若缺，则种迟谷以济之。

咸丰《安顺府志》卷之十七《地理志十六·通产 专产》第215页

晚粳 种不一，米红者曰红籼，一曰石榴红；籽有斑点者曰麻籼；粒端有芒者曰马尾籼，亦曰毛籼，芒短者曰嘴嘴谷，无芒者曰团谷；籽白者曰白籼。皆清明后种，白露前后熟，至迟者曰迟贵阳，后熟茎坚韧，故腴田多种之。别种曰旱稻，即陆稻也，一名稑稑，一作穋。《诗》黍稷重穋，种于陆地，粒大而短，乏水田种之。

民国《都匀县志稿》卷六《地理志·农桑物产》第63页

晚粳 即籼稻之类，种不一，邑产最著者有大麻籼、小麻籼、红籼、白籼、金籼、岩籼、梅籼、驼籼、马尾籼，均在白露熟。又早稻即陆稻，种于陆地及乏水田，收成较歉。

民国《岑巩县志》卷九《物产志》第 456 页

晚粳 种不一，有红籼、麻籼、马尾籼、白籼，皆清明后种，白露熟。又旱稻即陆稻也，种于陆地乏水田者。

民国《八寨县志稿》卷十八《物产》第 303 页

晚谷 俗谓晚米，宜于高山幽涧冷水之田，收较糯谷尤迟。蒂最坚，摔以枷斗不落，收时以手镰连茎摘之，约成束，置灶突竹楼上，次年晒以烈日，连枷击之，始能脱舂。以为饭味最糯，似粤西之香粳，然最黏滞肠胃，久食惯。邑中荆里最多，以其地高寒也，他里亦有种之者。

民国《瓮安县志》卷十四《农桑》第 192 页

秫稻

秫稻 俗名糯谷，亦不一种。早熟不甚黏者曰早糯（一曰半边糯），粒大而黏者曰瓜子糯，茎高而粒不易脱者曰折糯，茎低者曰冷水糯，熟之而芳香者曰香粳糯，茎叶及颗粒带紫色者曰紫糯。皆秋分后熟。

民国《都匀县志稿》卷六《地理志·农桑物产》第 243 页

秫稻 俗名糯谷，种亦多，有矮子糯、黄扁糯、香粳糯、黑壳糯，皆秋分后熟，米多黏性。又折糯、折茎至家晒干，用杵捣之，壳始落。其米略含黏性，专供做粑，味极香美，俗称籼米粑或晚米粑，即省垣所谓二块粑是。县属注溪乡以上种者多，又早糯俗名银壳糯，亦称半边糯，白露前熟，米之黏性稍弱。

民国《岑巩县志》卷九《物产志》第 456 页

秫稻 俗名糯谷，亦不一种，有旱糯、瓜子糯、折糯、香粳糯、紫糯，皆秋分后熟。

民国《八寨县志稿》卷十八《物产》第 304 页

羊毛谷

羊毛谷 亦红谷类。有长毛、短毛两种，长毛者佳。

咸丰《安顺府志》卷之十七《地理志十六·通产 专产》第 215 页

第二节　黍稷之属

麦　麦有大、小二种。

乾隆《南笼府志》卷二《地理·土产》第 536 页

麦　有小麦、大麦、燕麦、莜麦数种。

乾隆《贵州通志》卷之十五《物产·贵阳府》第 284 页

麦　有须。

嘉庆《黔西州志》卷五《物产》第 176 页

麦　麦有大麦、小麦、燕麦、老麦数种。其助饔飧者小麦为最，秋种夏熟；老麦壳甚坚韧，熟最早，味逊各种；燕麦较他种为小，味亦迥别，农人或刈未实之苗饭牛。小麦茎似稻而圆劲光明，粒圆而微小，其米一边有沟，赤麸裹之；大麦粒似小麦而米无沟，亦无麸；又有米麦，粒如小麦而长。凡麦皆八九月下种，米麦先熟，大麦次之，有三月黄、四月黄，小麦最后，五月乃收。

道光《贵阳府志》（点校本）卷四十七《食货略·土贡 土产》第 918 页

麦　供饼饵者为小麦，供饭者为大麦；又有一种名老麦，供制酒，亦作饭。

道光《遵义府志》（校注本）卷十七《物产》第 492 页

麦　有数种。

道光《平远州志》卷十八《物产》第 454 页

麦　有大、小、寒、燕诸种。

同治《毕节县志稿》卷七《物产》第 413 页

麦　供饼饵者为小麦，供饭者为大麦；又有一种名老麦，供制酒亦作饭。燕麦，俗呼香麦，又呼油麦，作饼，人珍食之。并八月种，四月收。惟香麦种、收稍迟。

光绪《平越直隶厅志》卷二十二《食货四·物产》第 317 页

麦　有大麦、小麦、燕麦之别，燕麦俗名油麦。

光绪《水城厅采访册》卷之四《食货门》第 297 页

麦之种五 银丝，麦也。麦曰酱麦，亦曰银丝麦，磨面最上。曰大麦，茎叶与小麦相似，但茎微粗，叶微大，色深青而外如白粉，芒长壳与粒相粘，未易脱止堪，碾米作粥饭。曰小麦，磨面作饼饵食。曰香麦，曰老麦，皆上年秋月种；燕麦、䴬麦、雀麦、荞麦，皆殊形异性；至瞿麦，则药名耳，遇沙地始种之，亦有肥田者，但麦必在孟仲夏月之间，立夏已遇田方犁，老水易渗漏，且分田力，遂至稻种薄收，故农不尽种，间有种于山地者。

光绪《黎平府志》（点校本）卷三《食货志第三》第1364页

麦 《说文》："芒谷，秋种，厚薶，故谓之麦。有小麦、大麦、穬麦、燕麦之殊四。种之中，其随地异名，南北复绝，不胜硕举。有以小麦为来，大麦为牟来，或作棶牟，或作䵃。"……别有燕麦，贵州诸县之习称，则名香麦。成熟略后于大、小麦。《尔雅》之"蘥，雀麦"，郭《注》以为"即燕麦"，其实非燕麦也。《救荒本草》《植物名实图考》各辨晰之，惟香麦实燕麦也。张澍《续黔书》以为即《穆天子传》之"野麦"、《内经》之"迦斯"、郭义恭《广志》之"析草"、孟康《汉书注》之"斯禾"、张华《博物志》之"带草"。群苗以此为面，每人制一羊皮袋，盛数升，途饥辄就山涧调食，谓之香面。……又有荞麦，非麦类也。诸种树书举附于麦，袭麦之名，而自有其形。有以为一名葥者，亦属非是。《尔雅》固有"葥，蚍蜉"之文，郭《注》"今荆葵也"。荆葵为葵之别种。蔬类，不容混于谷也。荞麦之为物也，嘉祐《本草》始著录之，一名乌麦，而有甜荞、苦荞之分，春秋均种均收，亦佐食之品也。

民国《息烽县志》卷之二十一《植物部·谷类》第184—185页

麦 有大、小、米麦三种。

民国《咸宁县志》卷十《物产志》第601页

大麦

大麦 即䵊麦，俗名米麦。茎中空，花聚，茎梢不分歧，排成行如蓑，每花分内外壳，外壳稍大，壳尖有芒状如细针；无芒者光头麦，内壳稍小，两壳包果实不易分离，粒比小麦稍大，两端皆尖，皮微黄色。十月种，次年四月熟，早春三月收获曰三月黄。可佐食酿酒，又可发芽入药，

富者用以磨粉饲猪。

民国《岑巩县志》卷九《物产志》第 457 页

䄺 俗名大麦，又名米麦，高上三尺，茎空有节，粒端有芒。九月点种，次年四月熟。可酿酒，可佐食。

民国《八寨县志稿》卷十八《物产》第 304 页

大麦 俗称老麦，可为饭糵，可和米为饧，邑中种者亦少，即《诗》所谓来牟，旧多种。

民国《瓮安县志》卷十四《农桑》第 193 页

穬麦

穬麦 俗呼谷麦，亦曰老麦，皮厚难捣。可酿酒，贫者或熟而屑之以为食，富者以豕。

民国《都匀县志稿》卷六《地理志·农桑物产》第 244 页

小麦

小麦 即来麦，俗名酱麦，形状及种收期略同大麦，外壳有芒者少实，熟不裂开，但与壳易分离，粒比大麦稍长，两端不尖，皮微红或带黄色。磨成粉名灰面，所余粹片名麦麸，灰面可制面包、馄饨、甜酱、饼饵、切面、挂面等食品，麦麸充饲猪料。

民国《岑巩县志》卷九《物产志》第 457 页

来 俗名小麦，形状及种获期略同大麦。可作酱，又名酱麦，屑之可供饼、饵之用。

民国《八寨县志稿》卷十八《物产》第 304 页

燕麦

燕麦 又有燕麦，俱熟于五、六月收之。成面以充饼食，可济谷之不足。

乾隆《南笼府志》卷二《地理·土产》第 536 页

燕麦 俗呼香麦，又呼油麦，作饼，人珍食之。并八月种，四月收。惟香麦种收稍迟。

道光《遵义府志》（校注本）卷十七《物产》第 492 页

燕麦 按：燕麦，《本草衍义》云："苗与麦同，但穗细长而疏，唐刘梦得所谓'菟葵燕麦，动摇春风'者是也。"《救荒本草》云："燕麦，穗极细，每穗又分小叉十数，子亦细小，舂去皮，作面蒸食，又作饼食。"《本草纲目》云："燕麦，野麦也，燕雀所食，故名。"《丹铅录》误以燕麦即乌麦，非是。乌麦即荞麦，见《日用本草》。

咸丰《兴义府志》（点校本）卷四十三《物产志·土产》第 623 页

燕麦 蘥也，又名雀麦。苗似小麦而弱，其穗分歧如稻穗，壳有三层，熟时虽裂开，果实不易与壳分离，粒比小麦细长，皮微黄而有白色纤毛。可酿旨酒、磨粉做饵，气香可口。种收期稍迟，又野生者，俗名隔麦，形状全同。

民国《岑巩县志》卷九《物产志》第 457 页

蘥 俗名燕麦。状如麦穗，细长而疏，外皆糠糢，内芥子一粒，色黄，屑作饼饵。气香，俗谓之香麦巴，种收稍迟。

民国《八寨县志稿》卷十八《物产》第 304—305 页

蘥 俗名燕麦，状如麦，穗色黄，可食。

燕麦 以麸多轻似燕也（按：俗又名香麦），乾隆庚寅种此者悉稿，遂谓之厌麦，不复种。别种曰米麦，盖麦一稃二米，而此惟一米，尤可饭，故种者绝多。间有种燕麦者谓之回麦，言已绝而回生也。

民国《瓮安县志》卷十四《农桑》第 193 页

稷

稷 俗呼高粱。十九酿酒，贫者亦作饼饭。清明前种，八月收。

道光《遵义府志》（校注本）卷十七《物产》第 492 页

稷 按：稷产安南、永丰。考稷，似麦而小，即粱是也。古人重之，用以祭祀。《尔雅翼》云："稷粱一物，赤者名糜，白者名芑，黑者名秬。"《本草纲目》云："稷与黍，一类二种，粘者为黍，不粘者为稷。"稷可作饥，今俗呼为黍子，永丰州及安南县之阿都田多产之。

粱 马尾高粱、糯高粱、饭高粱。按：以上三种，产兴义县者佳。

咸丰《兴义府志》（点校本）卷四十三《物产志·土产》第 623 页

梁 有粘、糯二种。

同治《毕节县志稿》卷七《物产》第413页

稷 俗名高粱，即北方通呼曰秫秫。茎心不空，高大若芦荻，节间赤叶，亦如芦穗聚而上出，如帚，实大如椒，红黑色。性粗粳可做旨酒。清明前种，八月收，在谷类中种之最早，古称为百谷之长，乾茎可制帚。（按《古今书录》所述形态不同，汉以后皆误以粟为稷，唐以后又误以黍为稷，《蒋志》亦以黍为高粱，谓稷即黍类，似黍而小者，《玉屏县志》及《八寨县志稿》均谓蜀黍为高粱。）

民国《岑巩县志》卷九《物产志》第456页

蜀黍 俗名高粱。茎高丈许，状似芦荻，节间赤，叶似芦，穗大如帚，粒大如椒，红黑色。壳黏，采不脱米，性坚实，白酒料也。清明前种，八月收，黏者曰稷，可作饼。

民国《八寨县志稿》卷十八《物产》第304页

稷 本为高粱。自汉儒冒粟为稷，晋陶弘景、唐李勋等释《神农本草》，引《诗》八谷：黍稷稻粱禾麻菽麦，谓有稷有粟，明非粟矣。后儒又因《本草》有稷无穄，误以稷为穄。不知《说文》"稷、粢"互释，"穈，穄"互释，则非一物。而后儒解经作志，多以穄为稷。清代考据之学远迈往古，程征君瑶田始悟稷为今之高粱。

民国《都匀县志稿》卷六《地理志·农桑物产》第247页

稷 苗似草，寔似黍而小。

民国《咸宁县志》卷十《物产志》第602页

稷 即蜀黍。一名高粱。高粱之名，则通著于国中，南北无不皆然也。按诸谷谱，高粱且一名蜀秫，一名芦祭，一名芦粟，一名木稷，一名荻粱……继高粱而更佐民食，为县人重视之农产，亦行省共贵之谷类，曰包谷者，得并列之。

民国《息烽县志》卷之二十一《植物部·谷类》第185—186页

稷 呼为高粱。

民国《普安县志》卷之十《方物》第502页

高粱 程瑶田《九谷考》：稷，黏者为秫，北方谓之高粱，通谓之秫秫，又谓之蜀黍，高大似芦。《管子》书：日至七十日而阴冻释。阴冻释而秋稷，百日不秋稷，日至七十日，今之正月也。按：高粱非县土宜，种者少。

民国《独山县志》卷十二《物产》第 336 页

黍

粟 有黄、白二种。

乾隆《平远州志》卷十四《物产》第 698 页

黍 黍高三五尺，俗名黍子，米性粘，可作粥。蜀黍，蜀罗黍稷类，叶似芦，高可丈许，居人谓之高粱。穗暗红色，实圆重，酿酒味厚。糯者亦可佐食。一名高粱，一名蜀黍，茎似芦而实，穗如拂粒，大如火麻子，红黑而光亮，米圆而白，磨粉作饵，色紫赤。

道光《贵阳府志》（点校本）卷四十七《食货略·土贡 土产》第 918 页

黍 俗呼黍子，间有种者，三月种，九月收。

道光《遵义府志》（校注本）卷十七《物产》第 492 页

粟之种五 黄米、白米，粟也。粟，本五谷中之一，梁属也。北方直名之曰谷，今因之。脱壳则为粟米，亦曰小米，曰黄米粟，曰白米粟，曰云南粟，曰籼粟，曰糯粟。自古嘉禾之瑞即粟也。

光绪《黎平府志》（点校本）卷三《食货志第三》第 1364—1365 页

小米

黍 俗名小米。

乾隆《平远州志》卷十四《物产》第 698 页

黍 有黄、白二种。

嘉庆《黔西州志》卷五《物产》第 176 页

禾 俗呼小米，山农多种之以作饭。三月种，八月收。

道光《遵义府志》（校注本）卷十七《物产》第 492 页

粘粟、糯粟 按：粟俗呼为小米，郡产有粘、糯二种。《识略》云："贞丰州之下江宜种小米。"

咸丰《兴义府志》（点校本）卷四十三《物产志·土产》第 623 页

黍 俗名小米，有黄、白二种。

同治《毕节县志稿》卷七《物产》第413页

杂谷之种七 蜀黍、蜀秋、芦襟、芦粟、木稷、荻粱，杂谷也。杂谷，一曰高粱，一名蜀黍，一名蜀秋，一名芦襟、一名芦粟、一名木稷、一名荻粱，以种来自蜀，形类黍稷，故有诸名。《群芳谱》称其茎可织箔、编席、夹篱、供爨，梢可作帚。有籼、有糯，清明前后种，八九月收。

光绪《黎平府志》（点校本）卷三《食货志第三》第1365页

粱 即粟，俗名小米。茎约二尺，亦有节细如线，叶比玉蜀黍短狭。花小密集、花序为圆锥形，结实成垂粒，大如菜子。其米性有籼糯，色分黄白。三月种，九月收。亦可做酒。

民国《岑巩县志》卷九《物产志》第456页

小米 段玉裁《说文解字》注：禾，下民食莫重于禾，故谓之嘉谷，嘉谷之连豪者曰禾，实曰粟，粟之仁曰米，米曰粱，今俗云小米是也。黍下黍，禾属，其米大小相等，禾穗如椎而粒聚，黍穗略如稻而舒散。按小米为北方食之大宗，南方种差、少。县亦种不黏，供饭兼作餐。

民国《独山县志》卷十二《物产》第336—337页

粟 俗呼小米。苗小于高粱，亦有节，有衣，茎中实。有籼糯之殊，均可酿酒，亦可作料。三月种，九月收。（山民种粟，先火陡险之山，俟火熄数日，即点种，不粪不薅，分外成熟。）

民国《八寨县志稿》卷十八《物产》第304页

黍 俗呼小米。

民国《普安县志》卷之十《方物》第502页

禾 呼草子米，与熟地草相似。山农间有种者，收一作。

民国《普安县志》卷之十《方物》第502页

玉米

玉蜀黍 居人谓之包谷，有红、白、黄三色。花开于顶，实缀于身，护之以衣，须淡红色，茸茸然。春种夏熟，夏种秋收，高山沍寒处有入冬收者。山农种以佐谷。《广顺州志》云：一名玉黍，一名玉芦，俗称陆谷，北方呼为棒子，江南呼为苞芦。垦土种植，接珍连畦，似芦穄而肥矮，六七月顶上开花成穗如秕麦,每节出苞,白皮包裹,上有缕倒垂,久则变作红绒。皮中含棒,本粗末细,粒攒其上,整密成行,大如榴子,有黄、白、红、紫四色,红、白者佳,红、紫者较硬,或蒸或炒,或磨为糜,皆可食,赖以济荒,故种之者广。

道光《贵阳府志》(点校本) 卷四十七《食货略·土贡 土产》第918页

玉蜀黍 俗呼包谷,色红、白,纯者粘,杂者糯。清明前后种,七八月收。岁视此为丰歉,此丰、稻不大熟亦无损。价视米贱而耐食,食之又省便。富人所唾弃,农家之性命也。其糜作糖,视米制更甘脆。

道光《遵义府志》(校注本) 卷十七《物产》第492页

包谷、黍菽、红菽 《识略》云:"兴义府高山陡岩,宜种包谷。"又云:"兴义县,包谷,山头地角无处无之。"又云:"普安县山地多种包谷、荞、菽之属。"按:包谷,今全郡皆产,全郡多山,包谷宜山,故种之者较稻谷为多。考,包谷一名珍珠米,苞生如粱,山巅可种,无水亦生,其粒甚大,可以为饭,郡之贫民多以代谷。

咸丰《兴义府志》(点校本) 卷四十三《物产志·土产》第623—624页

苞芦 一名玉蜀黍,一名玉米,有黄、白、红、花诸种。

同治《毕节县志稿》卷七《物产》第413页

玉米 包谷也。即是蜀黍,又曰玉米,高山可种,碾以为米,可作饭,并堪酿酒,其糜能酿饴饧,比米制更佳。今黎郡栽杉之山,初年尚未遍种,凡有隙地,俱种包谷,俟树枝盖地,方止。以生高山,又名高粱。

光绪《黎平府志》(点校本) 卷三《食货志第三》第1365页

玉麦 俗曰包谷。

光绪《水城厅采访册》卷之四《食货门》第297页

玉蜀黍 亦名玉米,俗呼包谷。茎叶似高粱而高,茎梢有枝状。雄花穗茎侧有一二轴长尺许,外壳如叶互包八九层,须状雌花,穗露在轴间。实比豆略大,结在壳内,轴上排列成行。有黄、白、紫三种。别种名粔,色黑亦名黑黍,皆清明后种,六七月收。可做烧酒淀粉。邑产以大、有天马等乡为多,余次之。

民国《岑巩县志》卷九《物产志》第456页

玉蜀黍 俗呼玉米，又呼包谷。茎大如高粱，六七月间开花，成采苗心，别出一苞，上有须，苞中核长圆子，颗颗攒簇核上。多种高山。实有黄、白、赤三种，砲为粉，可作粑（黏者尤可口），并堪酿酒，其米作饧，视米制更甘脆，其包皮可造纸，用编席可代簟。（遵义郑珍《玉蜀黍歌》：濒湖能知蜀黍即木稷，不识玉黍乃是古来之木禾。我生南方世农圃，能究原委如星罗。此谷从何来，远在稷蟠以前颟岷蟠。昆仑山高一万一千里，五寻之谷修峨峨。灵井灌根地力厚，自然能没九橐驼。鸾凤戴盾日栖啄，文树圣木连枝柯。开明兽北接六诏，此谷远映西洱波。神禹所见益所记，西经具在言岂讹。滇黔旧是海内西南陬，土宜千古无殊科。呲今弥望满山谷，长稍世干平坡陀。猴狖夜盗啸俦侣，乌鹊昼衔防网罗。一茎数苞略同稟，粟亦无皮差类穄。棕笋脱绷鱼弩目，鲛胎出骨蜂露窠。落釜登盘即充腹，不烦碓磨箕筛箩。有时儿女据觚叫，雪花如指旋沙禾。忆昔周穆宾王母，八骏远从西极过。尔时此谷定入尚方馔，不然亦指芝盖摩鸾和。我读竹书又知更名为苔菫，其时见之黑水阿。黑水今在云南中，益见我言非炙轴心。上古地广谷类亦多种，天降地出知几何。职方五种载周官，较之尧称百谷已无多。木禾自是梁益产，远与蒟酱惊黄蟠。周公歌齮道方物，体从刊落非刻苛。尔雅半成秦汉人，道里亦如九谷中有粱莸，南人未闻名者徒摩挲。滇黔山多不遍稻，此丰民乐否即瘥。尔来樗茧盛溱播，程乡帛制传拼舸。织人夜食就省便，买此贵于粳米瑳。民天国利俱在此，无人考论理则那。他年南方谁作木禾谱，请补秸含旧状歌此歌。）

民国《都匀县志稿》卷六《地理志·农桑物产》第245页

玉蜀黍 一名玉麦。有黄、白、红、花诸种。

民国《威宁县志》卷十《物产志》第602页

包谷 按：包谷色白者糯，黄者黏。岁不熟，亦可济荒，居山者以为食。

民国《独山县志》卷十二《物产》第337页

玉蜀黍 即包谷。有黄、白、赤三种。茎大如高粱，清明后种，六七月收。砲为粉，可作粑，并可酿酒，其糜作饧更甘脆。

民国《八寨县志稿》卷十八《物产》第306页

玉蜀黍 普安上四里，多呼御麦。新城下四里，多呼包谷。考《三农记》云：以其推荞如麦，曾纴进御，故名御麦。土人以其有叶邑之，呼为包谷。是御麦乃雅名，包谷乃土名也。

民国《普安县志》卷之十《方物》第502页

包谷 一名玉蜀黍，一名玉麦，一名玉米，一名御米，一名玉高粱，一名番麦。今大河以北，则通名曰棒子。其一名戎菽者，不知从前之人，何以不嫌与豌豆混言。贵州之民，食米稻之外，舍此莫属。多山之县，自是多种多收。县之人，故未尝轻视此物也。

民国《息烽县志》卷之二十一《植物部·谷类》第185页

薏苡

薏苡仁 子如芡实而两头微尖，青白色，去壳者曰薏米，一曰薏仁。圆如大珠，白如糯米，一边有沟，煮食粘牙。又有菩提子，子圆而壳厚，无仁，不可食，但可穿作念经数珠及作草帽之缨。又山涧中有野薏苡，其茎叶煮汁饮之可治淋。《贵阳志稿》云："居人谓之五谷米。"

道光《贵阳府志》（点校本）卷四十七《食货略·土贡 土产》第918页

苡珠薏 苡也。一曰薏。苡又曰苡珠子，五六月结实，亲白色，形如珠子，而稍长，故呼"苡珠子"，最补人。

光绪《黎平府志》（点校本）卷三《食货志第三》第1365页

薏苡 俗名箓谷，米形扁圆如珠，亦名苡珠。茎高三四尺，叶如黍，五六月叶腋间开赤白花。实谷灰褐色，仁白如糯米，可作粥。入药可除湿气。

民国《岑巩县志》卷九《物产志》第457页

薏苡 春生苗，茎高三四尺，叶如黍叶，开红白花作穗，五六月结实青白色。形如珠子而稍长，故呼薏珠子。白如稷，可粥可面，可同稷酿酒。

民国《独山县志》卷十二《物产》第337页

薏苡 《广群芳谱》云："一名解蠡，一名芭实，一名赣米，一名薏珠子，一名西番蜀秫，一名回回米，一名草珠儿。处处有之。"今县地虽产而又不多，只供药用。毗填诸县，则所产有较丰者，实一嘉谷。惟其性过坚，煮治不易，故鲜以充实。

民国《息烽县志》卷之二十一《植物部·谷类》第188页

薏苡 俗名绿谷米，以形似珠，又名苡珠。三月生苗，茎高三四尺，叶如黍，五六月开花赤白，生叶腋。实尖形，青白色，壳薄仁白如糯米。

可杂米作粥，久服可除湿气。

民国《八寨县志稿》卷十八《物产》第 306 页

芝麻

胡麻 即芝麻，有黑白二种。《广顺州志》云：脂麻大如沙苑、蒺藜子，其质扁，一头圆厚，一头薄而有尖，最多脂膏，可以榨油。

道光《贵阳府志》（点校本）卷四十七《食货略·土贡 土产》第 918 页

胡麻 名脂麻，以擂茶、点糖饼、榨油。一种火麻，茎皮可绩。一种似苏者，曰苏麻子，并中擂茶。并三月种，八月收。

道光《遵义府志》（校注本）卷十七《物产》第 492 页

胡麻 即芝麻。

道光《大定府志》卷之四十二《食货略第四下·经政志四》第 625 页

旧志云："麻可为油，亦时种植。"按：旧志所云麻可为油，乃油麻，即《别录》之胡麻，《本草衍义》之脂麻，今俗呼为"芝麻"是也。

咸丰《兴义府志》（点校本）卷四十三《物产志·土产》第 624 页

芝麻 胡麻也。一曰芝麻，又曰胡麻。沈存中《笔谈》云：胡麻，即今油麻，古者中国只有大麻，张骞始自大宛得油麻种来，故名。胡麻，李时珍曰："芝麻有早晚二种，赤黑白三色，白者可以取油，赤者、黑者可以入药"。六谷之中，惟此为良。

光绪《黎平府志》（点校本）卷三《食货志第三》第 1365 页

麻 有苏麻、芝麻之别。芝麻即胡麻。

光绪《水城厅采访册》卷之四《食货门》第 297 页

胡麻 又名脂麻。茎方，高三尺许。花白，结角长寸许，子有黑、白、赤数色。擂茶点、糖饼、榨油，生嚼涂小儿头疮及浸淫恶疮，大效。一种似苏名苏麻，亦中擂茶。并三月种，八月收。（有四棱、六棱、八棱诸种，其熟与荞麦同，皆自根至梢。根有麻包，视其将裂，急取之，茎、壳、根并可造纸。）

民国《都匀县志稿》卷六《地理志·农桑物产》第 245 页

芝麻 为制糕、饵辅助品。

民国《普安县志》卷之十《方物》第 502 页

胡麻 即苣胜，又名脂麻，俗称油麻。相传（汉）张骞得种于西域，故谓之胡麻。茎方有微凹，高三尺许。全体有纤毛，叶柄旁有花，白色略带淡红，合瓣花冠上口分裂如唇，名唇形花。实名蒴，向上直立，形圆长，外有稜，内分三室或四室，中种子形扁小。色有黄、白、黑，可制麻饼及其他茶点，味清香又能榨油曰麻油，亦名香油，可入药。别种叶如酥，名酥麻，子稍大而形圆，用途亦同，皆三月穗，八月收。

民国《岑巩县志》卷九《物产志》第458页

脂麻 《广群芳谱》："脂麻，一名胡麻，一名巨腾。"李时珍曰："茎方高者三四尺，叶光泽，有本圆而锐者，有本圆而末分丫如鸭掌形者。秋开白花似牵牛花而微小，亦有带紫艳者，节节生枝，结荚长者寸许。"苏恭谓："四稜为胡麻，八稜为巨腾。"《诗》："黍、稷、稻、粱、禾、麻、菽、麦称八谷。"按：大麻，一名火麻，《广群芳谱》："大麻下注广枲实。"《尔雅疏》即麻子。而引列子，昔人甘枲实者对乡豪称之，乡豪取而尝之，蛰于口，糁于腹，众哂而怨之，是麻子不堪列入八谷。又按：县产苏子即白苏子，穗如荆芥，干收炒熟最香，捣粉入糖以傅餐饵，亦称佳品。特非民食所种，未必为八谷中麻，是《豳风》八谷之麻。固为脂麻足以当之，或据《梦溪笔谈》："张骞始自大宛得种，故名胡麻，明非中国之谷考。"《诗·七月》序："周公陈后稷先公风化之所由。"则《豳诗》所述："固唐虞夏时，事唐虞夏之雍州西界黑水原皆王化所及，昆仑析支渠搜贡织皮。"按《凉土异物志》："古渠搜国在大宛北界，是大宛在渠搜南，而同为雍州辖矣未可泥，汉后之目以胡兼槟其产，而不容与黍、稷、稻、粱、禾、麻、菽、麦并数也。"

民国《独山县志》卷十二《物产》第336页

胡麻 一名脂麻，一名芝麻，一名油麻，一名巨胜，一名方茎，一名狗虱，一名藤弘，一名交麻。……县人之种此者，滨大河一带，夏秋之交，弥望皆是。

民国《息烽县志》卷之二十一《植物部·谷类》第193页

脂麻 有黑白二种。

民国《咸宁县志》卷十《物产志》第602页

天星米

天星米 《金川琐记》：天星米，米如黍粒，可作粮食。叶经霜，红如

老少年。秋深，满山红叶，亦一大观。按：土人以米炒成花，和糖，拌作饼，切片以食，名天星饼。

道光《遵义府志》（校注本）卷十七《物产》第 492 页

天星米　俗名红米菜，与鸡冠花茎叶相似，但叶略长大，种子如苋菜子。凡二种，其茎叶黄绿色者为白子，紫红者为黑子，用白天星米炒爆成花和糖作饼或磨粉作粑，味均可口。黑子则炒不成，花茎叶充饲猪料。

民国《岑巩县志》卷九《物产志》第 458 页

天星米　粒如黍差细，市人炒熟，傅锡为用，几埒贴麻。

民国《独山县志》卷十二《物产》第 337 页

天星米　如黍粒，可作粮食，叶经霜红，如老少年，秋深满山红色，亦可观。土人以米炒成花，和糖做饼，切片以食，名天星饼。

民国《八寨县志稿》卷十八《物产》第 306 页

天星米　诸家本草、诸种树书未收此物……县之农圃，多植此于篱落间。春种秋熟，略如诸谷。茎高可四五尺，叶类鸡冠花。嫩叶未红时，采为蔬，亦中食。叶即红时，曾如《金州锁记》之说：点缀乡间之篱落，至为豁目。结菜累累，菜长过梁、其红艳则较叶尤甚。村孩群持弄之。其米之用，亦如《遵义府志》之所言，是又歉岁备食之足资，不当比之于常卉者。故以殿谷类焉。

民国《息烽县志》卷之二十一《植物部·谷类》第 194 页

天星米　有黑白二种。

民国《咸宁县志》卷十《物产志》第 602 页

落花生

落花生　蔓延地上，叶为羽状，复叶，略如豌豆。六七月开花，色黄色，蝶形花，后子房入地一二寸，结实成荚，故名，每荚二三仁，仁白外包红皮。秋末收之，焙干供茶点或榨油，冲积层沙土最宜，邑产颇多。

民国《岑巩县志》卷九《物产志》第 458—459 页

落花生　蔓生，叶为偶数，羽状复叶。夏秋开花，花后子房入于地中，遂结实，有荚如豆子，一荚二三粒。供茶点，榨油芳香可口。

民国《八寨县志稿》卷十八《物产》第 321 页

葵

葵 茎单无岐，枝六七尺高，大叶互生，边有锯齿。六月开黄花，蒂大，径尺如盘，然四周花如舌状。性向日，子干而茹之，味香美，亦可榨油。

民国《八寨县志稿》卷十八《物产》第 321 页

第三节　荞稗之属

荞之种三 花荞、甜荞、苦荞、药荞，菽类。菽，曰花荞，亦曰甜荞，曰苦荞，曰药荞。岁两种，春菽二月种，四月收；秋菽七月种，九月收，以作饼饵，或搏粉和米作饭。

光绪《黎平府志》（点校本）卷三《食货志第三》第 1364 页

荞麦

荞 其荞茎、赤花、白子、三棱熟于春秋，每岁二收，面可餐食，山麓之土多种之。

乾隆《南笼府志》卷二《地理·土产》第 536 页

荞 甜、苦两种。

乾隆《贵州通志》卷之十五《食货志·物产·贵阳府》第 284 页

菽 甜苦二种。

道光《平远州志》卷十八《物产》第 454 页

甜荞、苦荞 《农政全书》云：荞麦赤茎乌粒，种之则易为工，收之则不妨农时，晚熟故也。北方山后诸郡多种，治去皮壳，磨而为面，作煎饼食之；或作汤饼，谓之河漏，滑细如粉，亚于面，风俗所尚，供为常食。或曰：河漏，一名"合落"，谓以水和面，置木器中合而落之也。大定山地多种荞麦，有春荞、秋荞之别，岁可再收。威宁尤多。输纳官仓荞麦，二石准稻谷一石。有苦甜二种，苦荞作饼饵，呼为苦荞粑。居人所常食，包谷而外，则荞麦也。谚云："毕节大定女如花，黔西儿郎赛过他，

水城平远平平过,惟有威宁苦荞粑。"

道光《大定府志》卷之四十二《食货略第四下·经政志四》第624页

荍 有甜、苦二种,俗呼为荞麦。春秋皆可种,有春荞、秋荞之名,百日内即成实。《广顺州志》云:秋种秋收,茎红叶扁而有尖,花白实黑,有三棱,磨粉转白,作饵色浅黑。苦荞麦一名南荞麦,春种秋收,梗青,叶稍尖,花带绿,实亦稍尖,后角不峭,味苦恶。

道光《贵阳府志》(点校本)卷四十七《食货略·土贡 土产》第919页

荍 俗呼荞麦,又名荍子,岁两种,春荍,二月种,四月收;秋荍,七月种,九月收。以作饼饵,或抟粉和米作饭。

道光《遵义府志》(校注本)卷十七《物产》第492页

苦荞麦、甜荞麦 《识略》云:"普安县多种包谷、荞、菽之属。"按:荞麦之名,见于《玉篇》,今全郡皆产。王桢《农书》云:"磨面作饼,或作汤饼,滑细如粉。有甜、苦二种,苦荞春种,甜荞秋种。"旧志所云"艺于春秋,每岁二收",指此苦、甜二种也。苦荞,春社前后种,茎青多枝,叶尖,花叶绿色,结实稍尖而棱角不峭。其味苦,捣为粉,蒸滴去黄汁乃可作糕。甜荞,立秋前后下种,八九月收割,性最畏霜。苗高一二尺,赤茎绿叶,开小白花,繁密。故白居易诗云:"荞麦铺花白,结实累累如羊蹄。"实有三棱,老则乌黑,故又名乌麦,又名荍麦。《本草纲目》云:"荞麦,茎弱而翘,然易长易收,故曰荞,又曰荍,而与麦同名。"今兴郡人又俗呼荞麦之形小者为"苦藠",藠音叫,以音近而讹也。形大者呼为鹅腿,以其结实形似鹅腿也。形小者即苦荞,形大者即甜荞也。

咸丰《兴义府志》(点校本)卷四十三《物产志·土产》第623页

荍 俗呼荞,有甜荞、苦荞之别。

光绪《水城厅采访册》卷之四《食货门》第297页

荍 俗呼荞麦(日用《本草》谓之乌麦,《丹铅录》以燕麦为乌麦,非是),岁两熟,苦荍二月种,四月获;甜荍较大七月种,九月获。苗高一二尺,赤茎,叶如乌桕木,花白繁密。实如羊蹄,有三棱,色黑。苦荍俗称春荍,拌以水,待发酵后蒸为饼可佐食。甜荍俗称秋荍,可屑之擀为面。

民国《都匀县志稿》卷六《地理志·农桑物产》第263页

荍 名荞麦,亦称荍子,有甜苦二种,茎空而色赤,有节有枝,花淡红。甜荍岁二种，二月种者称春荍，四月收；七月种者名秋荍，九月收。熟时花多未谢，又曰花荍。实稍大而有三棱，入磨屑之壳裂成片，粉可做饵或和米做饭亦可口。苦荍味苦，秋季不种，收获时花谢尽，实长小，无棱，但微凹直纹，磨粉面出壳不分，碎粉味苦，须和麦屑做成栅，略使发酵，蒸熟便质松味甘，又野生者实如甜荍。

民国《岑巩县志》卷九《物产》第457页

甜荞、苦荞 按：荞有春秋二种，春荞二月种，四月收，秋荞七月种，九月收；苦荞味稍苦，然与甜荞同一种法，而苦荞较多收，故贫人亦喜种。

民国《独山县志》卷十二《物产》第457页

荞麦 即荍也，草属，非麦。然荍与稗虽非谷，而吾邑强半食此。

民国《瓮安县志》卷十四《农桑》第193页

稗

稗 有红稗产子之属，其粒甚细，米可为饭，种于高地皆可资食之不足者。

乾隆《南笼府志》卷二《地理·土产》第536页

毛稗 有青、白二种。

嘉庆《黔西州志》卷五《物产》第176页

红稗、穇子 按：穇子，旧志作"穇（禾旁）子"，误。"穇（禾旁）"字，字书所无。考《救荒本草》诸书，皆作"穇子"。《救荒本草》云："穇子，叶似稻，但差短，稍头结穗，仿佛稗子穗。其子如黍粒大，茶褐色，捣米煮粥、炊饭、磨面皆宜。"《本草纲目》云："穇子，五月种，苗如茭黍，八九月抽茎，有三棱，茎开细花，簇簇结穗，如粟穗而分数歧，如鹰爪之状，内有细子，如黍粒而细，赤色，其稃甚薄，其味粗涩。"《正字通》云："穇子，一名龙爪粟，俗呼鸭脚稗。"字皆作"穇"，不作"穇（禾旁）"，今郡人又俗呼红稗为天仙米。

咸丰《兴义府志》（点校本）卷四十三《物产志·土产》第624页

稗之种三 鸡爪毛稗、水稗，稗类。稗，曰鸡爪稗，形如鸡爪，有伸有拳；曰毛稗，曰水稗，有籼糯并以作饭。

光绪《黎平府志》（点校本）卷三《食货志第三》第1364页

稗　有水、旱、红三种。

同治《毕节县志稿》卷七《物产》第413页

稗　水稗、旱稗，俗呼皆毛稗，另一种曰红稗。

光绪《水城厅采访册》卷之四《食货门》第297页

稗　俗呼茅稗，野生，茎叶似稻，穗如黍。一斗可得米三升，故曰"五谷不熟不如稊稗"。可酿酒。

民国《都匀县志稿》卷六《地理志·农桑物产》第245页

稗　古名龙爪果，又名鸭爪稗。

民国《普安县志》卷之十《方物》第460页

稗　即粟类，俗名穄子，三月种，八月收，水旱两种，水稗种水田，茎扁，上青下紫；旱稗种山地，茎通绿，梢头皆有扁穗，实如粟，粒色灰褐，磨面为食，味略涩，可酿酒。按《蒋志》以梁为穄子，似粟而大梁本小米，其误无疑也。

民国《岑巩县志》卷九《物产》第457页

稗　三月种，八月收。更有水稗，种水田，与稻同，其长大似高粱，俱分粘、糯。并以作饼、饭。又有草子，种、收同。水地山地俱可种。

民国《八寨县志稿》卷十八《物产》第305页

红稗　茎叶苍色，茎扁，梢头出扁穗，褐色，分数歧如鹰爪状。仅作餐饵，性涩味甘，食经饿，功效在荞上。

民国《独山县志》卷十二《物产》第537页

第四节　菽之属

豆　有黄豆、绿豆、黑豆、豌豆、藊豆、饭豆、蚕豆各种。

乾隆《贵州通志》卷之十五《食货志·物产·贵阳府》第284页

菽　居人谓之豆，黄豆最繁，黑豆、花豆次之，绿豆实小而圆，有名折角绿者，亦绿豆属也。蚕豆俗呼胡豆，又有豌豆、饭豆数种，均佐谷食。又一种藊豆，红白二色，白者入药，似菝豆，而长者名刀豆；又豇豆、四季豆二种，嫩荚可供蔬；又有肥山、画眉、鱼鳅等名，皆因形取肖。《广顺州志》云：大豆有黑、黄、青、碧、斑褐数色，黑豆蔓生，黄豆苗高一二尺，青豆一名毛豆，荚有毛。诸豆叶皆圆而有尖，子皆大如陆谷，圆而微扁。黄豆又自有大小二种。穞豆俗名料豆，即黑小豆也，小料细粒，可喂驴马，养生家早晚吞服小豆。又有赤豆、白豆、绿豆数种，赤豆一名红豆，繁小赤黯者稍大于绿豆，入药名赤小豆；鲜红与淡红者圆而微扁，大如黄豆，不入药。又有花豆，粒如大红豆，色淡紫而有斑纹。白豆一名饭豆，一名鱼眼豆，大如花豆，而色白。又有泥黄豆，淡黄如土色。绿豆小而圆微长且略方，色绿。又有帮秋豆，色淡绿而不鲜，皮薄粉多，煮汤色带红，不似绿豆之清。凡小豆科高尺许，叶皆长而尖，与大豆不同。又有豇豆、四季豆、扁豆，扁豆叶大如盏而有尖，其花有翅尾形，其荚质扁而长，两头尖大者长二三寸，阔及寸许，有如猪耳刀镰，小者长二寸，阔半寸，紫色红花者荚青带紫或全紫，红者其茎亦褐色，白花者荚亦白，茎色青，嫩时作菜，老则收子煮食，子似黎豆，而小大如指项，有黑白赤斑四色，白者良。

道光《贵阳府志》（点校本）卷四十七《食货略·土贡 土产》第 918—919 页

黄泥豆、红豆、绿豆、白果豆、茶豆、冬豆、靴豆、四季豆、泥鳅豆 按：以上诸豆，产兴义县者佳。

咸丰《兴义府志》（点校本）卷四十三《物产志·土产》第 625 页

豆 有青豆、黄豆、黑豆、花豆、红小豆、绿小豆等名。

光绪《水城厅采访册》卷之四《食货门》第 297 页

菽 俗谓之豆，有黄豆、黑豆、绿豆、一作菜豆、饭豆、巴山豆、豇豆、四季豆、篱笆豆（又名刀豆，架豆）、豌豆、蚕豆（一名胡豆）。黑豆可饲马，可为豉，绿豆可发芽作菜，可磨为粉，余豆均做菜蔬。黑、绿、红三种并可入药品。胡豆、豌豆尤为粮。惟黄豆之用最大，近日，西贾收买为出海之一大宗，邑中种此者多亦售为出口货一大宗，吾邑荒山不少，惜无种之者。

民国《瓮安县志》卷十四《农桑》第 193—194 页

菽 今名曰豆，为荚谷之总名，荚谷之茎叶与实大殊于禾谷，而为谷类之要品，佐食益生，裕闻资贸其功之将于稻麦与包谷异，国且争其利为固。大豆为之长，而小豆及其他诸豆亦各有其用，不能遗之，兹述县产数

种为：绿豆、蚕豆、豌豆、扁豆、刀豆、豇豆、四季豆。

民国《息烽县志》卷之二十一《植物部·谷类》第 189 页

大豆

豆 有黄黑二种，其颗大，又有颗小色杂。黄、红、黑者名为饭豆，熟之合于饭，为佐食之需。

乾隆《南笼府志》卷二《地理·土产》第 536 页

黄豆、黑豆、饭豆、䝁豆 按：黑豆产交那。䝁豆即饭豆之一种，《本草纲目》云："䝁豆，叶如大豆，可作饭作腐。"产兴义县者佳。

咸丰《兴义府志》（点校本）卷四十三《物产志·土产》第 624 页

黄豆 可以为腐。语云"菽水承欢"，即黄豆汁入碎菜于中名"菜豆腐"，一名"连渣菜豆腐"。

光绪《黎平府志》（点校本）卷三《食货志第三》第 1366 页

大豆 即菽类，四五月种，七八月收。苗高三四尺，一柄三叶，六月开花，蝶形，黄色荚，长寸余，外有褐色纤毛，内藏种子二三粒，色黄，亦名黄豆。粒稍小者曰季豆，又有色黑者曰黑豆，色微绿者曰青豆。富脂肪及蛋白，质可磨腐（少用黑豆、青豆因制成腐色不纯洁，故之）、榨油或作豉，发芽以供蔬，又用油炸食之（青豆、黑豆适宜）。季豆收获稍晚，不畏旱年，但大豆一遇旱潦失调，多有荚无子。邑产黄豆年输湘省销售颇多，惟黑豆、青豆种者较少。

民国《岑巩县志》卷九《物产志》第 457—458 页

豆 即菽，又名大豆，有黄、绿、白、黑等色。夏至前后种，八月收苗高三四尺，叶圆前锐，秋开白花，荚长寸余，子在荚中，或二或三，并可磨腐作豉及糙粉及其他食品，富脂肪及蛋白质。

民国《八寨县志稿》卷十八《物产》第 305 页

大豆 俗呼黄豆，清明后种，八月收。赤黑豆，名钟子豆，种、收同。并以磨豆腐、作豉及糙粉。

道光《遵义府志》（校注本）卷十七《物产》第 491 页

黄豆 按：黄豆即大豆，有黄皮、青皮二种，作腐，粉之用傅餐饵。

民国《独山县志》卷十二《物产》第 336 页

大豆 今人皆呼黄色为大豆。不知苗同、实同，而色有不同，如黑、如褐、如白者，皆大也。黄色者之为黄豆，黄豆之名则不惟国内之人咸呼之，异国之争利而不识中国文字之人，一皆准此音义以译移之，则黄豆之驾乎黑大豆、褐大豆、白大豆，而独专大豆之名者，亦自有其惟一之效用焉。无论都市与村落，其需豆腐、豆糵及豉酱各豆制物，食乃下咽者，则亦非异说也……今人之生存，衍嬗自昔。今人之名物，固不取泥于昔，而要不可忘其昔之所始也。菽为大豆之专名，且本诸文言；又可统诸豆而涵称之，则亦犹夫稻之于粳糯。更据今之习称，又当同呼高粱之兼包黍稷矣。县地所产之大豆，黄、褐、白、黑，不缺一焉。其于国中，又何以异之。

民国《息烽县志》卷之二十一《植物部·谷类》第189—190页

蚕豆

蚕豆 俗呼胡豆，九月种，四月收。

道光《遵义府志》（校注本）卷十七《物产》第491页

蚕豆 一名胡豆。《本草纲目》李时珍曰："豆荚状如老蚕，故名。"王桢《农书》谓其"蚕时始熟，故名"亦通。吴瑞《本草》，以此为豌豆，误矣。此种豆亦自西湖来，虽与豌豆同名、同时种，而形惟迥别。《太平御览》云："张骞使外国，得胡豆种归"，指此也。今蜀人呼此为胡豆，而豌豆不复名胡豆矣。秋末下种，冬生嫩苗，春中开花，紫白相间，状酷似蛾。花落则连缀结荚。嫩荚亦中蔬食。豆实甘软撷鲜，为馔颇称适口。干藏之供作酱及炒食，或蒸或煮，可饭可蔬。县产亦多。宋杨万里有《泳蚕豆诗》云："翠荚中排浅碧珠，甘欺崖蜜软欺酥。沙瓶新熟西湖水，漆櫃分尝晓露腴。味与樱梅三益友，名因蚕茧一丝绚。老大家稼方双学，谱入诗中当稼书。"

民国《息烽县志》卷之二十一《植物部·谷类》第191页

蚕豆 名胡豆，茎高一二尺，叶羽状柔滑。九月种，次年四月收。实可充蔬，或制粉、制酱均佳，又可饲马，叶可粪田、饲家畜。

民国《八寨县志稿》卷十八《物产》第306页

饭豆

米豆　有白者，斑者，有一种小而斑者为猫豆，又名爬山豆，种、收同。并以作饭。

道光《遵义府志》（校注本）卷十七《物产》第492页

饭豆　曰绿豆，曰黑豆，曰米豆，俗名饭豆，有红黄杂色数种。曰爬山豆即米豆之别者，皆可作粉。

光绪《黎平府志》（点校本）卷三《食货志第三》第1366页

饭豆　亦名小豆。苗有直立或蔓生者，叶似豇豆，种类不一。实有圆形及长圆、扁圆之殊，色分赤、白、黑、褐等种，各以形状颜色而异其名。邑产有红饭豆、黑饭豆、白饭豆、眉豆、打米豇、牛打脚等种，收期均与大豆同，可和米做饭，故名。

民国《岑巩县志》卷九《物产志》第458页

红小豆　总呼饭豆，红者又名朱砂豆，可作粉条，贫者亦供饭。

民国《独山县志》卷十二《物产》第336页

小豆　有赤者，白者俗名饭豆。苗高尺许，枝叶似豇豆。又有小黑豆，俗名药豆。赤而稍大者名宗豆，黑而稍大，绿而稍大者名爬山豆。黄而稍大者名六月黄，六月熟，周官九谷小豆居其一。

民国《都匀县志稿》卷六《地理志·农桑物产》第244—245页

小豆　又名饭豆。有赤、白、黑等色，高尺许，叶似豌豆，种收与大豆同，味亦佳。

民国《八寨县志稿》卷十八《物产》第305页

绿豆

绿豆　清明后种，八月收。以煮粥、作缆、供燕食。

道光《遵义府志》（校注本）卷十七《物产》第491—492页

绿豆　俗作箓豆，亦小豆类。茎高尺余，绝类赤小豆，叶有毛，六七月间开小花。荚细长，成熟时，壳黑实绿或绿褐色。宜粥饭或磨面，制成线粉及渍水发芽供蔬均可，播种期同大豆。

民国《岑巩县志》卷九《物产志》第458页

绿豆 苗高尺许，叶小有毛，荚细长，实如小豆，绿色（皮粗色鲜者为官绿，皮薄粉多者为油绿，皮厚粉少者为摘绿，宜粥饭、造酒，磨粉作糕，发芽供蔬）。凡豆之荚不可茹，然收而储之，牛马之冬粮也。

民国《都匀县志稿》卷六《地理志·农桑物产》第 245 页

绿豆 亦煮粥，亦与黄豆可渍之出芽，用充蔬、麻。

民国《独山县志》卷十二《物产》第 336 页

绿豆 《本草》著录之。李时珍曰："绿，以色名也。旧作菉者，非矣"。此亦小豆之一。其供药用，供蔬用；淀粉、生芽、可粥、可饵。性复良于诸小豆，功且侔于大豆。惟县产不多。

民国《息烽县志》卷之二十一《植物部·谷类》第 191 页

绿豆 苗高尺许，叶小有毛，荚细长，种收与大小豆同。宜粥饭，磨粉作糕，发芽供蔬均可。

民国《八寨县志稿》卷十八《物产》第 305 页

豌豆

豌豆 白者名白豌，斑者名麻豌，种、收同。并以和饭，作粉缆。

道光《遵义府志》（样注本）卷十七《物产》第 491 页

豌豆 俗作湾豆，有麻头白豌、菜豌，亦曰肉豌，并九月种，四月收。

光绪《黎平府志》（点校本）卷三《食货志第三》第 1366 页

豌豆 叶为羽状复叶，端有卷须，基部有托，叶甚大，次年春末开花如蝶形，结实成荚，藏种子三四粒。凡二种：花冠白色者名白豌，嫩荚亦坚韧，食必去荚壳，又名硬壳豌，种子可煮食，炒食，又可作淀粉。花冠色紫，嫩时可连荚供蔬者名菜豌豆，嫩叶名龙须菜，采取作茹尤清香适口，种收期均同胡豆。

民国《岑巩县志》卷九《物产志》第 458 页

豌豆 即《诗》之荏菽，《尔雅》之戎菽（《广雅》作䍷豆；《唐书》云出西戎回鹘地；《辽志》称曰回鹘豆，又称回回豆，系思邈《千金方》谓之青小豆；《陶隐居》谓之青斑豆）。凡二种，菜豌（俗曰肉豌），蔓生，茎长四五六寸，羽状，花作蝶形，紫色。实每荚四五粒，豆荚均可食，亦可洗粉，断其梢作茹，尤清香适口。一种曰白豌（俗呼壳豌），形质相同，惟荚有筋，去乃食。

民国《都匀县志稿》卷六《地理志·农桑物产》第 256 页

豌豆 一名胡豆，一名戎菽，一名理豆，一名青小豆，一名青斑豆，一名麻累，一名回鹘豆，一名淮豆，一名国豆。李时珍曰："胡豆，豌豆也。其苗柔弱宛宛，故得豌名，种出胡戎，嫩时青色，老则斑麻，故有'胡戎''青斑''麻累'诸名。"陈藏器《本草拾遗》虽有"胡豆"，但云"苗似豆，生田野间，米中往往有之"。然豌豆、蚕豆皆有胡豆之名，陈氏所云盖豌豆也。豌豆之粒小，故米中有之。《尔雅》："'戎菽'谓之'荏菽'。"《管子》："山戎出在菽、布之天下。"并《注》云："即胡豆也。"《唐史》："毕豆出自西戎回鹘地面。"张楫《广雅》："毕豆、豌豆，留豆也。"《别录·序例》云："丸药如胡豆、大者即青斑豆也。"孙思邈《千金方》云："青小豆，一名胡豆，一名麻累。"《邺中记》云："石虎讳胡，改胡豆为国豆。"此数说、皆指豌豆也。盖古昔呼豌豆为胡豆。今则、蜀人专呼蚕豆为胡豆。而豌豆名胡豆……人不知矣。又，乡人亦呼豌豆，大者为淮豆、盖回鹘音相近也。今贵州诸县所产之豌豆大约分两种。一种名白豌，又呼肉豌。一种名麻豌，又呼壳豌。壳豌之不同于肉豌者，则以虽嫩摘时，荚内系粒之间多一层薄筋，若啖其荚，非先去筋则不可。以言肉豌，无此筋矣。开花之时，即能辨之。肉豌多紫花，壳豌多白花；而亦间有不尽然者。叶嫩时亦中蔬用。摘取其尖入市叫卖，习呼豌豆颠，点汤更为清香甘美。县之产者多量，略如蚕豆。

民国《息烽县志》卷之二十一《植物部·谷类》第 190—191 页

豌豆 花白者名肉豌，荚可充蔬；斑者名壳豌，实皆可和米供饭，间作粉条，较饭豆做者劣。

民国《独山县志》卷十二《物产》第 337 页

角豆

角豆 按：角豆，产安南者佳。

咸丰《兴义府志》（点校本）卷四十三《物产志·土产》第 625 页

刀豆

刀豆 产贞丰者佳。《酉阳杂俎》谓之"挟剑豆",以荚形如刀剑也。三月下种,蔓生引一二丈,叶如豇豆叶而稍长大。五、六、七月开紫花,如蛾形,结荚长者近尺,微似皂荚,扁而剑脊,三棱宛然。嫩时煮食、酱食、蜜煎皆佳。李时珍云:"老则收子,大如拇指头,淡红色,同猪肉、鸡肉煮食尤美。"

咸丰《兴义府志》(点校本)卷四十三《物产志·土产》第 625 页

刀豆 又称篱笆豆,三月种,蔓长丈余,叶如豇豆,稍长大,五六月开紫白花,荚长数寸,作蔬,味亦佳。

民国《八寨县志稿》卷十八《物产》第 312 页

刀豆 ……今贵州处处非无刀豆也,而习呼已不同诸书之所载……。

民国《息烽县志》卷之二十一《植物部·谷类》第 192 页

刀豆 谷类植物。亦种园篱,边茎叶花冠俱类扁豆,惟花色紫碧,荚长者尺许,扁平如刀,嫩时可食,子淡红色。一种形状亦同刀豆,荚圆短而肥大,熟时皮黑附有白纤毛,俗名猫猫豆。嫩时采取略煮,晒干供蔬。

民国《岑巩县志》卷九《物产志》第 463 页

扁豆

蛾眉豆、羊眼豆 按:蛾眉豆、羊眼豆产兴义县者佳。蛾眉豆即扁豆,《别录》谓之藊豆。名以蛾眉,象豆脊形也。羊眼豆即扁豆之大者。

咸丰《兴义府志》(点校本)卷四十三《物产志·土产》第 625 页

扁豆 谷类植物。三月傍篱而种,茎甚长,以篱为架,任其蔓延,俗称篱笆豆。叶为复叶,似葛菜,略小而无毛,夏开蝶形,花色分紫、白,结实成荚形,扁阔者俗名扁豆,狭长而略曲者俗称猪牙豆。嫩牙供蔬,子有赤、白、黑、褐等色,可入药。

民国《岑巩县志》卷九《物产志》第 463 页

扁豆 一名沿篱豆,一名蛾眉豆,一名眉儿头豆。李时珍曰:"扁,本作扁荚,形扁也,沿篱曼延也。蛾眉,象豆脊白路之形也。蔓生、延

缠。叶大如杯，团而有尖。其花状如小蛾，有翅尾形。其荚凡十余样，或长、或如龙爪、虎爪，或如猪耳、刀镰，种种不同，皆累累成枝。白露后，实更繁衍。子有黑、白、赤、斑四色。一种荚硬不堪食，惟豆子粗圆而色白者可入药。"《本草》不分别，亦缺文也。今贵州人多呼之为架豆，或即以其搭架引蔓而生成之，取义乎。亦有以篱笆豆呼之者，当即沿篱之义略变之矣。县人之知为扁豆者，多属识字之一辈。他则概以架豆、篱笆豆杂呼之。

民国《息烽县志》卷之二十一《植物部·谷类》第191—192页

四季豆

扁豆 曰四季豆，曰豇豆，曰扁豆。豆荚有赤、白、青各杂色，长荚者曰鳅鱼豆，亦曰龙爪豆；豆荚厚大若皂形者曰刀豆；豆荚有毛曰老鼠豆。春种以时收数者，皆以为蔬。

光绪《黎平府志》（点校本）卷三《食货志第三》第1364页

四季豆 二月种，六月熟，可复种，四时皆有，蔓长丈余，结荚似扁豆而小，弯环可作蔬。

民国《八寨县志稿》卷十八《物产》第312页

四季豆 惊蛰后种，俗名惊豆，茎叶花冠亦类似扁豆，但花为黄白色，荚较扁豆扁小而曲，子红色，均可作蔬。一种荚略长，自茎梢先结，俗名倒豆。

民国《岑巩县志》卷九《物产志》第463页

四季豆 为刀豆之别种。荚虽略小，而粒颇相称。粒色又有白与粉红及略似槟榔纹者。而白者之味尤甘。嫩时则并荚为蔬。收成之后，则去荚久贮。煮且需时乃烂。小儿多喜食。会城久习于煮烂后沿街叫卖。诸县率多产。县人终岁佐食之品也。其得名之始，当以其四时供用之意乎？亦有书为"时季豆"者，则不常见。诸家本草、诸种树书，未著此物。《植物名实图考》乃揭其称曰："云口扁豆。"又说之曰："河南呼四季豆，或呼龙爪豆。"今贵州皆袭四季之称，而龙爪之名亦未之或闻矣。

民国《息烽县志》卷之二十一《植物部·谷类》第192页

菜豆

菜豆 有紫黑绿数种，并三月种，八月收。

光绪《黎平府志》（点校本）卷三《食货志第三》第 1366 页

豇豆

豇豆 旧志云："豇随时出。"按：豇豆，郡人呼为裙带豆，府亲辖境及兴义县尤多。此豆多红色，荚必双生，三四月种。一种蔓短，其叶俱本大末尖，嫩时可茹，其花有红、白二色，荚有白、红、紫、赤、斑驳数色，长者至二尺，其白荚、红荚者，俗又呼为白荚豆、红荚豆。李时珍云："此豆可菜、可果、可谷，豆中上品。"

咸丰《兴义府志》（点校本）卷四十三《物产志·土产》第 625 页

豇豆 谷类植物。三月种，蔓长丈余，以架承之。叶为复叶，夏开蝶形花，淡青带紫，结实成荚，长者至二尺，荚必双生。色有白、绿、紫三种。嫩荚供蔬，叶可饲猪。

民国《岑巩县志》卷九《物产志》第 463 页

豇豆 蔓长丈余，须承以架，荚长尺余，有红、白、紫、驳数色，荚必双生。可蔬，可谷，豆之上品，叶可饲豚。

民国《八寨县志稿》卷十八《物产》第 312 页

豇豆 一名䖳䖳。李时珍曰："此豆红色居多，荚必双生，故有豇䖳䖳之名。《广雅》指为胡豆、误矣。嫩时可茹。其花有红、白二色。荚有红、白、紫、赤、斑驳数色，长者至二尺。嫩时充菜，老则收子。此豆可菜、可果、可谷，备用最多，乃豆中之上品。而《本草》失收，豆子微曲，如人肾形，所谓豆为肾谷者，宜以此当之。昔卢廉夫教人补肾气，每日空心煮豇豆入少盐食之，盖得此理。"今贵州蔬圃人家靡不种之。乡农之利此者亦不为小。若县之人视此，则种之，用之，无殊于他县矣。

民国《息烽县志》卷之二十一《植物部·谷类》第 192—193 页

第二章 蔬果类植物

第一节 菜茹之属

蔬之属 芥、苋、茄、芋、笋、葱、韭、莱菔、青菜、薤、蒜、芹、姜、瓠、蕨、白菜、油菜、莴苣、菠薐、芫荽、王瓜、冬瓜、丝瓜、菜瓜、薯蓣、甜菜、黄菌、葫芦、茼蒿、豇豆、扁豆、春不老、胡萝葡、八月笋。

嘉靖《贵州通志》卷之三《土产》第273页

菜类 青菜、芹菜、荠荠菜、蕨菜、罗鬼菜、辣角。

乾隆《镇远府志》卷十六《物产》第117页

蔬之属 香芹、菠菜、蔓菁、芦菔、苋、红薯、葱、蒜、韭、芋、姜、南瓜、苦瓜、冬瓜。

乾隆《开泰县志》夏部《物产志》第40页

蔬之属 菜有青、白二种，薑、芥、苋、茄、韭、葱、蒜、芋、菠、豆、芹则随时而出。萝葡四时皆有，味甘脆。瓜分王瓜，东、南、丝、苦之类皆植园圃，非同蕨、笋之出于山也。

乾隆《南笼府志》卷二《地理·土产》第536页

蔬之属 青菜、白菜、同蒿、芥菜、芹菜、苋菜、菠菜、罗鬼菜、莴苣、萝卜、韭、葱、蒜、姜、木姜子、辣角、曰术（俗名琪菜）。

乾隆《独山州志》卷之五《食货志·物产》第163—164页

蔬类 葱、韭、蒜、芥、茄、菘（即白菜）、苋、青菜、油菜、莴苣、菜菔、扁豆、豇豆、四季豆、西瓜、王瓜、冬瓜、南瓜、蔡瓜、丝瓜、葫芦、瓠、姜、菠菜、芹菜、芋、苦瓜、南瓜。

乾隆《黔西州志》卷之四《食货·物产》第34页

蔬之属 按蔬菜如菘、蒜苔、莴笋、春茅、苋、芹皆专食其叶，谓之叶菜类。如萝卜、地萝卜、葱、孤芋、蕃薯、山药、甘薯、百合、荸荠、蒟蒻、蔓菁等皆专食其根，谓之根菜类。如瓜瓢、茄、辣子、花椒之类食其实，谓之果菜类。蘘荷、茭笋则食其茎，海菜食其花，均为膳之。品菌、鸡㙡、木耳、竹荪菌草属。薑、木姜、葱、蒜、花椒、辣子之类谓之香料。所以调和五味，为蔬菜辅助品，不能专用也。

民国《普安县志》卷之十《方物》第503页

姜

姜 食根，入酱入糖皆宜，新芽曰子姜。《广顺州志》云："子姜食之无筋，盐腌、糖拌、酱渍皆宜，老者亦可调和饮食，烹鱼更宜。"

道光《贵阳府志》（点校本）卷四十七《食货略·土贡 土物》第919页

姜 《吕氏春秋》："和之美者，蜀郡杨朴之姜。"《蜀都赋》："甘蔗辛姜，阳蓲阴敷。"

道光《遵义府志》（校注本）卷十七《物产》第494页

姜 同他郡。

咸丰《兴义府志》（点校本）卷四十三《物产志·土产》第628页

姜 御湿之菜。《说文》："御湿之菜，白沙地宜之，清明后三日种，芽长后从根旁㩉去老姜，耘锄不厌，七八月收。"《本草》："姜之用极广，有回阳通脉之功，为家食不可少。"

光绪《黎平府志》（点校本）卷三《食货志第三》第1366页

姜 亦称生姜。苗高一二尺，叶状如箭镞，对生，无花，无实。地下块茎，色黄，曲成拐拐。长大者名水姜，质脆味辛而香，拐小者名火姜，质稍韧，味尤辛，均可和蔬菜。亦以盐或糖渍之，供茶点。七月采者块茎近叶柄处，色紫称紫姜，质最脆。秋末采者称老姜，择干燥温暖地窖藏之，次年四月分种，生干均入药。别种形状似葵，惟茎比葵略短，小叶亦狭，春生，秋初开黄花，根部成块，绝类生姜而肥大俗名阳江，味干脆可

做盐酸。

民国《岑巩县志》卷九《物产志》第 461 页

姜 味辛，苗高二三尺，叶如箭竹而长，对生，苗之根黄无花、无实。秋时采根，根上茎微紫，谓之紫姜，秋后采者名老姜。藏之地至来年四月分种之，御湿寒，并可作药引。

民国《八寨县志稿》卷十八《物产》第 309 页

姜 县人种者，要亦不少。

民国《息烽县志》卷之二十一《植物部·蔬类上》第 195 页

葱

葱 叶中空，细者香葱，巨者大葱。又有野葱，居人谓之苦蒜，味辛。冬葱茎柔细而香，夏衰冬盛。木葱其茎粗硬而圆，末尖，其中空。又有角葱，茎上分歧，形如角。

道光《贵阳府志》（点校本）卷四十七《食货略·土贡 土物》第 919 页

胡葱 《群芳谱》："生蜀郡山谷，状似大蒜而小，形圆，皮赤，叶似葱，根似蒜，味似薤，不甚臭。"八月种，五月收。一名蒜葱，又名回回葱，茎叶粗硬。

道光《遵义府志》（校注本）卷十七《物产》第 492—493 页

葱 有旱葱、胡葱、四季葱三种。

咸丰《兴义府志》（点校本）卷四十三《物产志·土产》第 628 页

葱针、葱青、葱袍 皆葱名。葱初生曰葱针，叶曰葱青，衣曰葱袍，茎曰葱白。有数种，一曰硐葱，即冬葱，夏衰冬盛，茎叶俱软，能美食用，入药最良。分茎栽，无子，故人称慈葱。一曰汉葱，春末开花成丛，青白色，冬即叶枯。一曰四季葱，四时皆堪取用。

光绪《黎平府志》（点校本）卷三《食货志第三》第 1366 页

葱 《尔雅》："茖，山葱。"崔寔曰："二月，别小葱，六月，别大葱，七月可种大小葱。"《齐民要术》："葱子必薄布阴干，勿令浥 。"

光绪《增修仁怀厅志》卷之八《土产》第 295 页

葱 有大、小、野三种。

民国《咸宁县志》卷十《物产志》第 602 页

葱 本作蔥，叶中空成管有平行脉。邑产分三种，叶高二尺许者曰牛角葱，略短小者曰胡葱，俗名泡葱，亦称炕葱，皆八月种，次年三四月间开白花。丛集如球，五月枯地下。鳞茎扁圆大如薤可制盐酸，嫩叶用作茹，其叶极短小者可分茎而殖。四部曰葱白，葱白及须根均入药，又山野自生者名野葱，味辛。上游苗族呼苦蒜，叶比分葱细长，尺余地下，白茎，圆大如柏子，可作盐酸。

民国《岑巩县志》卷九《物产志》第 401—402 页

葱 有二种，火葱八月种，明年五月枯，可作茹。一曰四季葱，俗名分葱，四季不萎可入药，无子分茎而殖。

民国《八寨县志稿》卷十八《物产》第 308 页

山韭

山韭 《尔雅》："藿，山韭。"《本草》："山韭，一名䪥，形性与家韭相类，但根白，叶如灯心苗，山中往往有之。"按：土人呼为野葱，以和蔬，甚香美。贫儿锹易于市，亦微利也。

道光《遵义府志》（校注本）卷十七《物产》第 493 页

韭 《尔雅》："藿，山韭。"二月、七月种。

光绪《增修仁怀厅志》卷之八《土产》第 295 页

藿 山韭，一名䪥，俗名野葱，似家韭根，白叶，小如灯心草。山中往往有之，实、茎、叶均香美，可和蔬。

民国《都匀县志稿》卷六《地理志·农桑物产》第 247 页

韭

韭 腴土者佳。近城多蔬圃，春初售韭黄，嫩苗曰韭黄，长则茎白，叶绿扁而有剑脊，八月抽苔开花成丛，收取可腌藏供馔。

道光《贵阳府志》（点校本）卷四十七《食货略·土贡 土物》第 919 页

春韭 按：郡产春韭，肥嫩味美，较他郡为佳。

咸丰《兴义府志》（点校本）卷四十三《物产志·土产》第 628 页

丰 本韭也。礼韭曰丰，本丛生，叶青翠，八月开小白花，淹作茹，益人，多年交结则不茂，秋月掘出，去老根分栽，亦可子种。北人冬月移

根窖中，养以火坑，培以马粪，长尺许，不见风日。色黄嫩，谓之韭黄，味甚美。又曰大叶韭，四乡有之，叶长，味稍逊。

光绪《黎平府志》（点校本）卷三《食货志第三》第 1366 页

韭 叶扁，色青，丛生，食之微有臭气。秋月茎端开小白花成丛，根茎肥白而嫩，味较美，鸡痢用药，搓茸和米饲之即愈。邑产凡二种，其叶长大者名大叶韭，细而短者名细叶韭。

民国《岑巩县志》卷九《物产志》第 462 页

韭 一名丰，本丛生，叶青翠，七月开小白花。窨作茹，益人。根多年交结则不茂，秋八月掘老根分栽，以子种亦易蕃。别种曰大叶韭，四乡皆有，叶长味不佳。

民国《都匀县志稿》卷六《地理志·农桑物产》第 248 页

韭 有二种，叶大长者名大叶韭，细而短者名细菜韭。味香美，均可和蔬。

民国《八寨县志稿》卷十八《物产》第 308 页

韭 今县人多种于蔬圃，壅韭黄者，得值尤昂。山韭亦有采食者。

民国《息烽县志》卷之二十一《植物部·蔬类上》第 198 页

蒜

蒜 其有瓣丛生一种，大小相环，名子母蒜，其不作瓣者曰独蒜。味辛，辟瘴疠，解诸毒，冬食秧，夏食苔，以后食根。根作数瓣攒拱，每瓣有硬皮裹之，内白而光润，多汁，气甚薰臭。根外裹以白皮，皮薄如纸而光亮，大若核桃，亦有独头无瓣可分者。

道光《贵阳府志》（点校本）卷四十七《食货略·土贡 土物》第 919 页

蒜 则不异于他郡。

咸丰《兴义府志》（点校本）卷四十三《物产志·土产》第 628 页

蒜 有大、小、野三种。

同治《毕节县志稿》卷七《物产》第 413 页

大蒜 一名荤菜。昔张骞使西域回，始得大蒜种，八月分瓣种之，苗嫩时可生食，夏初食苔，秋月食瓣。必拔去苔，瓣乃肥大。又有老鸦蒜，生水边；山蒜、石蒜为其生于山或石边也，亦可食，郡人概称为大蒜。

光绪《黎平府志》（点校本）卷三《食货志第三》第 1366 页

蒜 《尔雅》："蒿，山蒜。"《说文》："蒜，荤菜也，八月初种，又有一种独瓣蒜。"

光绪《增修仁怀厅志》卷之八《土产》第 295 页

蒜 俗名大蒜。叶扁长，曰尺余，地下鳞茎名蒜瓣，依次互包如圆球者，叶间有苔俗呼观音蒜，参差互包者，叶间无苔俗呼百合蒜，惟茎之中部有细瓣又圆瓣独生者名独蒜。皆八月分瓣种之，次年三月食苔，四月掘瓣，生食解毒，茎叶均和茹，臭气熏人。苔、瓣味亦辛烈，用作盐酸佳，瓣以糖渍尤可口。

民国《岑巩县志》卷九《物产志》第 462 页

蒜 俗名大蒜，八月分瓣种之，叶可和茹，夏初食苔，五月食瓣。瓣味辛烈，能去毒。（醋糖密渍，久藏可食。获后种蒜，田不虫，稼恪培。）

民国《八寨县志稿》卷十八《物产》第 309 页

蒜 今贵州人只重大蒜。若小蒜之种较少，又皆呼家苦蒜。即所谓山蒜即石蒜，又即泽蒜者，又皆以野苦蒜呼之。亦有去野字而直呼苦蒜者。县人于大蒜，故皆种之，食之。小蒜非不有，乃忽而未审之。苦蒜一物，嗜食之多，更有讹其呼为苦葱者。夫葱、蒜之同有家莳、野生，然易辨而不容溷也。村农之讹呼，盖不知其所以然。执笔者不为之正是之，则奚其可！

民国《息烽县志》卷之二十一《植物部·蔬类上》第 197 页

老鸦蒜 捣之作饼，荒年粮之者甚众。

民国《兴仁县补志》卷十四《食货志·物产》第 460 页

薤

薤 即藠一种，根实累累，以小附大。

道光《贵阳府志》（点校本）卷四十七《食货略·土贡 土物》第 919 页

藠子 全郡皆产，形似蒜头，瓣如百合，色白而间以淡红，郡人多以盐腌食，实即薤之根也。李时珍云："薤，一名藠子，人因其根白，故呼为藠子。"其言可证。又云："如小蒜，一本数颗，相依而生，五月叶青则

掘之，否则肉不满。煮食、苴酒、糟藏、醋浸皆宜。"

咸丰《兴义府志》（点校本）卷四十三《物产志·土产》第628页

藠子 薤也。薤，一名藠子，根如小蒜，一本数颗，相依而生。王桢《农书》曰："生则气辛，熟则甘美，种之不蠹，老人尤宜。"

光绪《黎平府志》（点校本）卷三《食货志第三》第1366页

薤 茎如蒜瓣，如百合，即藠，也俗名藠头。糖醋渍食最良，盐拌、生食味辛。解毒、煮食、苴酒、糟藏皆宜。

民国《都匀县志稿》卷六《地理志·农桑物产》第248页

薤 俗名藠头。叶绿褐色，中空如葱而小，夏开细花，色紫。地下鳞茎谓之薤，白小者名苦藠，大者名鹅腿藠。生熟可食，制盐酸尤佳。

民国《岑巩县志》卷九《物产志》第462页

薤 今贵州人无论家莳、野生，皆呼藠头。至可异者，三十年前，群且讳藠，而改呼大苦蒜。以"藠""教"同音，盖袄教徒之横行，以呼藠头，为人之有意讥辱也。曾有不知改呼者，辄遭其徒之殴击，而无可控诉焉。国之不竞，能无寒心？遗此创痕，何日可雪？其毋谓斯小耻之不难于忍受也。今县人，差无大苦蒜之呼，然于藠头，又略有攸分。其大者，则谓之鹅腿藠，小者，则谓之苦藠。苦藠者，其非《尔雅》之所谓"蒚"呼？

民国《息烽县志》卷之二十一《植物部·蔬类上》第198页

薤 俗呼万头。

民国《普安县志》卷之十《方物》第503页

芥

芥 俗呼青菜，分青红二种，青者居多，秋种春收，蘸盐贮瓮，用倍他蔬。其蒸熟晾干者为霉干菜。一种鸡脚菜，叶上作锯齿形，雪中撷取煮食甚甘美，捣其子为末和蔬肉，曰芥末。

道光《贵阳府志》（点校本）卷四十七《食货略·土贡 土物》第919页

白芥 《群方谱》："白芥一名蜀芥，来自戎中，而盛于蜀。"八九月种，至春深，茎高二三尺，叶如花芥，叶、青白色，为茹盛美，茎易起而中空。三月开黄花，结角，子如粱米，黄白色。又一种茎大而中实者，子亦大。白芥子堪入药，味极辛美。

道光《遵义府志》（校注本）卷十七《物产》第 492 页

春不老 青菜别名。

道光《平远州志》卷十八《物产》第 454 页

芥菜 按：芥，俗呼为铳菜。

咸丰《兴义府志》（点校本）卷四十三《物产志·土产》第 628 页

腌菜 青菜也。青菜，北方所无，南方亦少，大约皆菘类也。惟茎叶皆青，性微凉，可供常食，清明前郡人取以作腌菜最佳。过此则抽苔而菜老矣。又一种叶色光润，虽清明后犹柔嫩，俗名春不老，以此非如北直之春不老也。又一种茎叶皆红，俱可食。

辣菜 芥也。芥，俗名辣菜，其气辛辣，有介然之义。种类不一，有青芥、紫芥、白芥，叶可生食，又可淹以为菹，可酿以为虀子，如苏子，色紫味辛，研末泡为芥酱，和菜侑肉，辛香可咦。白芥子尤堪入药。

光绪《黎平府志》（点校本）卷三《食货志第三》第 1366—1367 页

芥菜 《尔雅》翼芥似菘而有毛，极辛、苦。《农书》云："其气味辛烈，菜中之介，然者食之有刚介之象。"

光绪《增修仁怀厅志》卷之八《土产》第 295 页

芥 俗名青菜，茎叶皆有，亦有紫叶者，其叶比菘长，大面皱缩，缘边微有缺刻，下部缺刻尤深，叶柄有大小疣或亦无之，味略辣，可供常蔬。清明后采用，盐腌晒干曰道菜，味极香美，子可入药。

民国《岑巩县志》卷九《物产志》第 459 页

芥 ……今贵州各县，冬取为蔬，春收酸藏之青菜，谓非青芥也乎。自冬至春，日食多需之红油菜，谓非紫芥也乎。通呼之腊菜或辣菜者，谓非石芥也乎。通呼之大头菜或芥圪苔、芥蓝者，谓非花芥也乎。白芥如青芥而叶色稍淡，子入药用，不可以之混于白菜。荆芥则茎叶与子俱入药用，皆诸县之通产。县人无不莳之、食之，至谓大头菜为蔓菁者，其零已靠于王世懋之《苏蔬》，无怪不审者之多。特申言之，勿俾谬说之相袭无已也。

民国《息烽县志》卷之二十一《植物部·蔬类下》第 217—218 页

芥菜 俗名青菜。茎叶皆青，味浓厚，可供常蔬。性微寒，清明前

后，邑人采作盐菜，味最佳。

民国《八寨县志稿》卷十八《物产》第 307 页

白菜

菘　即白菜。

乾隆《黔西州志》卷四《物产》第 34 页

菘　俗呼白菜，重至二三斤，旧产者叶多青，近，园丁以沙壅根，束之以草，渐有黄芽白甲。瓢儿菜，叶厚而窝，俗名白菜。大叶四布，嫩叶中抽，旁茎扁薄而白。其叶长大，而末圆淡青色，秋日下种，冬日分栽，春月复种者俗名杨花白，夏月种者俗名夏白菜，冬末春初肥硕者俗名春不老。又有青白菜，似白菜而叶青，其矮科布地，叶大而皱厚，麻纹磊砢者，俗名瓢儿菜。

道光《贵阳府志》（点校本）卷四十七《食货略·土贡 土物》第 919 页

白菜　黄芽菘也。白菜，一名菘，诸菜中最堪常食，有三种：一种茎圆厚，微青；一种茎扁薄而白，叶皆淡，青白色；又一种叶卷心微黄，名黄芽白。皆八月种二月开黄花四瓣，如芥结角，亦如芥，惟产古州永从者最肥大而厚，一本或重十余斤。

光绪《黎平府志》（点校本）卷三《食货志第三》第 1367 页

白菜　即菘，东坡诗："白菘类羔豚。"李时珍《本草》按："《埤雅》云：'菘性凌冬，晚凋，有松之操，故曰松，今俗谓之白菜。'"

光绪《增修仁怀厅志》卷之八《土产》第 295 页

菘　即白菜。叶阔大，色淡绿，缘边无缺刻，叶柄扁薄，而白者以草使中心嫩叶层层包，互成醋酸圆柱形，俗名卷心白。质软味甘，熟食腌食均可。叶柄圆厚色微青者俗呼硬壳白，味逊之。别种名莲花白，味青脆，邑人少种。

民国《岑巩县志》卷九《物产志》第 459 页

菘　俗曰白菜。茎圆厚，微青或扁薄而白者皆大叶常品也；稍矮质酥脆者俗呼洋白菜，皆八月种，九十月束以草即卷心。二三月开黄花四瓣，结荚如芥（子入药，味鲜美），产西郭外及场坝大菜园者最佳，百里外争购致，籽皆来自河南。来岁收种再播，则色青若云苔矣。别种曰莲花白，尤清脆，百年内甫殖。

民国《都匀县志稿》卷六《地理志·农桑物产》第249页

菘 即白菜，茎圆厚，微青或扁薄而白者。八月种，九十月束以草即卷芯，俗名卷心白，味佳。别种曰莲花白，尤清脆。

民国《八寨县志稿》卷十八《物产》第307页

莲花白 新城最多，近则青山种，亦渐广。

民国《普安县志》卷之十《方物》第503页

白菜 按：郡产之白菜，甘美不亚于燕、鲁，其有一种，郡人呼为莲花白者尤佳。考《本草纲目》，白菜即菘，即《南史》所云之"秋末晚菘"是也。

民国《兴仁县补志》卷十四《食货志·物产》第460页

菘 白菜也……李时珍曰："菘，即今人呼为白菜者。有二种。一种茎圆厚微青；一种茎扁薄而白。其叶皆淡青白色。燕、赵、辽阳、杨州所种者，最肥大而厚，一本有重十余斤者。南方之菘，畦内过冬。北方者，多入窖内。燕京圃人，又以马粪入容壅培，不见风日，长出苗叶，皆嫩黄色，脆美无滓，谓之黄芽菜，豪贵以为佳品；盖亦做韭黄之法也。菘子如芸苔子，而色灰黑。八月以后种之，二月开黄花如芥花，四瓣，三月结角，亦如芥。其菜作蕴食尤良，不宜蒸晒。一种春种夏食，色味俱不及冬菘者，群呼曰热白菜。"大低贵州人之食菘也，无县无乡莫不侍为通常难少之蔬。其产之多，且夙称之为"尤脆美者"，则西去县三百里而弱之安顺县尚矣。县之辖境，固无不种之、食之。

民国《息烽县志》卷之二十一《植物部·蔬类下》第216页

菘 有青、白两种。普通使用茎叶醃渍作齑。为一般人日用蔬菜，秋冬两季农家以为副业，子可榨油，产量颇大，足供邑中油料之用。

民国《兴义县志》第七章第二节《农业》第252页

油菜

油菜 蔬麻之属，子，可为油，亦时种植。

乾隆《南笼府志》卷二《地理·土产》第536页

云苔 俗呼油菜子，可榨油，一名苔菜，一名油菜子，榨油黄色，燃

灯甚明亮，人因油利，种者甚广。

道光《贵阳府志》（点校本）卷四十七《食货略·土贡 土物》第919页

油菜 即芸苔。

道光《大定府志》卷之四十二《食货略第四下·经政志四》第625页

油菜 一名云苔，士人取其子为油。

光绪《增修仁怀厅志》卷之八《土产》第295页

油菜 八九月种，茎叶绿色，高四尺余。次年正二月开黄花，每花四瓣，为十字花冠，花后结角，中藏种子十余粒，圆大如栗，色赤或黑。三四月子熟用以榨油，为灯烛常品，或煎炸食物。茎叶嫩时供蔬，味略甜，俗名甜油菜，一种茎叶较甜，油菜高大，青色，其味辛，名苦油菜，子亦榨油，然油汁稍逊。

民国《岑巩县志》卷九《物产志》第460页

芸苔 今名油菜。此菜易起苔，采其苔食则分枝愈多，故名芸苔。子可榨油。

民国《独山县志》卷十二《物产》第338页

油菜 秋深播种，明春二月开黄花，形如十字结，荚四月熟。取子榨油供灯烛常品，冬春间茎叶供蔬。色紫者名红油菜，尤肥美。

民国《八寨县志稿》卷十八《物产》第308页

薹苔 即油菜

民国《普安县志》卷之十《方物》第503页

油菜 一名芸苔。

民国《兴仁县补志》卷十四《食货志·物产》第460页

芸苔 服虔《通俗文》谓之"胡菜"。陶弘景《名医别录》谓之"芸苔"。苏恭《唐本草》、孙思邈《千金食治》、陈藏器《本草拾遗》、马志开《宝本草》皆与陶同。而胡洽居士《百病方》乃谓之"寒菜"。陆佃《埤雅》又谓之"苔菜"。《大明一统志·沛志》谓之"苔芥"。李时珍《本草纲目》谓之"油菜"。徐光启《农政全书》、佩文斋《广群芳谱》、吴其濬《植物名实图考》皆谓之"芸苔菜"。然今惟"油菜"之名最通用。李时珍曰："方药多用，诸家《注》亦不明，令人不识为何菜。珍访考之，乃今油菜也。"九月、十月下种。生叶、形、色微似白菜。冬春采苔心为茹。三月则老不可食。开小黄花四瓣，如芥花，结英收子亦如芥子，灰赤色，炒过榨油，黄色，燃灯甚明，食之不及麻油。今人因有油利，种者亦广。吴其浚曰："近时，沿淮南北，水旱之禄，冬辄楼种于田。民虽菜色，道免饥馑。稽生亦时有之。若其积雪初消，和风潜扇，万顷黄金，动连山泽，觉'桃花净尽菜花开'语为倒置。"今贵州诸县人之重视此物，多以取油之功用。其油，群呼菜油。无论和食、燃灯，皆非别类子榨之油所能及。市贾多以罂粟花子所榨通谓"烟油"者，搀和之以惑人而取赢，则菜油之足贵可知矣。县人种此以备农缺者，固不让于他县。

民国《息烽县志》卷之二十一《植物部·蔬类下》第 222 页

芥菜 一名油菜，叶、块可食用兼作齑，为一般人日用蔬菜，秋冬两季农家以为副业。子可榨油，产量颇大，足供邑中油料之用。

民国《兴义县志》第七章第二节《农业》第 252 页

瓮菜

瓮菜 按：瓮菜，全郡皆产，兴义县及贞丰尤多。考瓮菜，本名雍菜，以此菜惟以壅成，故名。性宜湿地，畏霜雪，九月藏入土窖中，三四月取出，壅以粪土即节节生芽，一本可成一畦。干柔如蔓而中空，叶似菠薐及錾头形，味短，同猪肉食，煮令肉色紫乃佳。《北户录》言"叶如柳"，《草木状》言"叶如葵"，皆与今菜不合。

咸丰《兴义府志》（点校本）卷四十三《物产志·土产》第 629 页

瓮菜 俗名藤藤菜，近水生，可食半年。

光绪《增修仁怀厅志》卷之八《土产》第 295 页

壅菜 县人呼为"藤藤菜"……李时珍曰："今金陵及江夏人多莳之。性宜湿地，畏霜雪。九月藏入土窖中，三四月取出，壅以粪土，即节节生芽；一本可成一畦也。干柔如蔓而中空，叶似菠蕨及錾头形。味短，须同猪肉煮，令肉色紫乃佳。"吴其浚曰："虽详《南方草木状》。嘉祐《本草》始著录。花叶与旋花无异。惟根不甚长。解野葛毒。湖南误食水莽草，亦以此解之。江右湖南种之不减闽粤。疑与蕹蕹苗为一物。南方种为蔬；北方则野生麦田中徒供膊豕耳。其心空中，岭南夏秋间疑有蛭藏于内，多不敢食。种法如番薯，掐蔓插之即活。一畦足资八口之食。味滑如

葵。在岭南则为嘉蔬。余壮时，以盛夏使岭南，痒暑如焚，日吸冷商；抵赣骤茹蕹菜，未细咀而已下咽矣。每食必设，乃与五谷日益亲。盖其性滑能养窍，中空能疏滞，寒能抑热……按：此物性水陆均宜。贵州为山国，固不闻有莳于水者。若县人之知种此，则远不过三十年。有益于人之品，乃群以常蔬等之矣。

民国《息烽县志》卷之二十一《植物部·蔬类下》第223页

萝卜

萝菔 有红白二色，红者嫩脆略小，白者可至斤许，味松爽，子名菜蕨，各乡皆有，根圆如杯，大者或如碗，亦有长者。皮厚二三分，皮肉俱白，赤或紫。赤花紫色结荚，大腹尖尾，土黄色，荚中子大如火麻子，圆而微扁，黄赤色。秋初下种，八月食苗，冬食根叶，其叶辛甘而永，五月再种供食，名夏萝菔。

道光《贵阳府志》（点校本）卷四十七《食货略·土贡 土物》第919页

萝卜 有红、白二种。

道光《平远州志》卷十八《物产》第454页

萝卜 旧志云："萝卜，四时皆有，味甘脆。"按：萝卜，全郡皆产，即《尔雅》之芦萉。《尔雅·疏》云："芦萉，今谓之萝卜。"《后汉书·刘盆子传》谓之芦菔，《唐本草》谓之莱菔。今郡产有白、黄、红三种，黄红者即胡萝卜是也。李时珍云："胡萝卜有黄、赤两种。"

咸丰《兴义府志》（点校本）卷四十三《物产志·土产》第628—629页

萝菔 有红、白二种。

咸丰《安顺府志》卷之十七《地理志·通产 专产》第215页

莱菔 萝卜也。萝卜，一名莱菔，言能制面毒，𪊲䴷之所服也。其状有长、圆二类，根有红白二色，茎高尺余，苗稠则小，随时取食，令稀时则根肥大叶，大者如芜菁，细者如花芥，皆有细柔毛。春末抽高苔，开小花，紫碧色。夏初结荚子，大如麻子，黄赤色，圆而微扁，大抵生沙壤者脆而甘，生瘠地者坚而辣。根叶皆可生、可熟、可菹、可齑、可酱、可豉、可醋、可糖、可腊、可饭，乃蔬中之最有益者。

光绪《黎平府志》（点校本）卷三《食货志第三》第1371页

萝葡 一名芦菔，一名莱菔，一名雹突，一名土酥，有红白二种，土城所产最佳。

光绪《增修仁怀厅志》卷之八《土产》第 295 页

萝卜 有冷热红、白、紫三种。

民国《咸宁县志》卷十《物产志》第 602 页

萝葡 亦名莱菔。叶扁狭，基部羽状分裂。花四瓣，色淡紫色或白，为总状花序。实成长角不裂开，叶柄白者。根皮亦白，叶柄红者，根皮亦红，根有圆柱根及圆锥根之别。汁多质脆，消食解毒，生熟食或研食均可，种子入药。别种名胡萝卜，分赤黄两色，长约八九寸，大者茎寸许，初冬掘取，生熟可食。

民国《岑巩县志》卷九《物产志》第 459 页

莱菔 俗名萝卜。其茎消食解毒，甘脆可生食，又可入药。胡萝卜又名红萝卜，其有黄、赤两种。长四五寸，大者径寸，冬初掘取，可生熟食。

民国《八寨县志稿》卷十八《物产》第 308 页

萝卜 ……又《绛州志·物产》："萝卜，皆长大如牛角。三林出者，其大可十五斤一种，甘脆，略无辛味，生食之可代雪梨。"今贵州诸县所产之萝卜，种亦不一。其大者，虽不如《绛志》所言，然比诸翼城时，或有过之者。此物，除见上述诸名外，犹有"紫花菘""温菘""仙人骨""破地锥""夏生昫""秦菘""楚菘""荞根"诸呼。更有"菈"一称，早与蔓菁相混者。县人之种莳不少，买备冬蔬者尤多。更有一种春种夏食者，则坚而甚辛，群呼热萝卜，以别之……

民国《息烽县志》卷之二十一《植物部·蔬类下》第 220 页

萝卜 地下茎供食用，腌藏皆宜。

民国《兴义县志》第七章第二节《农业》第 252 页

胡萝卜

胡萝葡，色赤味甘气香，叶不可食。《广顺州志》云："冬日掘根，红赤色，形如钟柄，大盈握，长五六寸，味甘微带蒿气，生熟可啖，兼果蔬之用。"

道光《贵阳府志》（点校本）卷四十七《食货略·土贡 土物》第 919 页

胡萝卜 来虏中。胡萝卜，元时来自虏中，故名。有黄赤二种，长四五寸，大者盈握，冬初掘取，生熟皆可啖，有益无损，宜伏内畦种，肥地亦可漫种，产古州。

光绪《黎平府志》（点校本）卷三《食货志第三》第 1371 页

胡萝卜 俗呼红萝卜，有黄赤两种，长四五寸，大者径寸，冬初掘取，生熟皆可啖。（子有异香，堪和酒，宜三月播种，五月至七月植，开花时摘去顶上，小花结子多且美，风干后藏燥土中，来年三月取出更播，西洋名其茎曰赤柯利，切碎炒枯以充咖啡，植者甚众。）

民国《都匀县志稿》卷六《地理志·农桑物产》第 250 页

罗鬼菜

前胡 俗名罗鬼菜。

乾隆《毕节县志》卷四《赋役物产》第 257 页

前胡 后名姨妈菜。

同治《毕节县志稿》卷七《物产》第 414 页

前胡 又名罗鬼菜，俗名姨妈菜。

民国《兴仁县补志》卷十四《食货志·物产》第 460 页

前胡 遍生山麓间，春初发叶，士人采为羹，根即前胡，入药。（遵义北鸡喉开者，心如菊花，他处不及。数里外产者，晒之关上，即有菊花心，川广人岁于关上收买者甚众。）

民国《八寨县志稿》卷十八《物产》第 338 页

大头菜

大头菜 即芜菁也，亦谓之诸葛菜。本类萝卜，而大叶深绿，渍盐而食甚耐久。

道光《贵阳府志》（点校本）卷四十七《食货略·土贡 土物》第 919 页

大头菜 《桐梓志》："邑产。"按：《云南志》称树头菜，州县并产。

道光《遵义府志》（校注本）卷十七《物产》第 495 页

大头菜 一名撇兰。

道光《大定府志》卷之四十二《食货略第四下·经政志四》第 625 页

诸葛菜 按：诸葛菜产安南、贞丰，俗呼为菁，即蔓菁是也。《嘉话录》云："诸葛亮所止，令兵士独种蔓菁，取其才出甲可生啖，一也；叶舒可煮食，二也；久居则随以滋长，三也；弃不令惜，四也；回则易寻而采，五也，比诸蔬利溥，至今人呼为诸葛菜又名马王菜。"朱辅山《蛮溪丛话》云："苗地产马王菜，味涩多刺，即诸葛菜也。相传马殷所遗，六月种者根大叶蠹，八月种者叶美根小，七月初种者根叶俱良。春食苗，夏食心，亦谓之苔子，秋食茎，冬食根。其子，夏秋熟时采之。其叶根长而白，味辛苦，短茎粗叶，夏初起苔，开黄花，四出如芥，结角亦如芥。其子均圆，似芥子而紫赤色，其根削净蒸为菹甚佳。"

咸丰《兴义府志》（点校本）卷四十三《物产志·土产》第 629 页

蕹 一名大头菜，一名撇蓝。

咸丰《安顺府志》卷之十七《地理志·通产专产》第 215 页

蔓菁 俗呼诸葛菜，六七月种者良，八月种者茎小。春食苗，夏食苔，秋食茎，冬食其根。其子夏秋熟时采削根为菹，甚佳。

民国《都匀县志稿》卷六《地理志·农桑物产》第 251 页

芜菁 亦名曼菁，俗称大头芥。叶多深刻，其色深青，根部肉多，如小球，根形状扁圆，皮肉白色，质略如萝卜，汁多，生熟可食，盐腌最佳。

民国《岑巩县志》卷九《物产志》第 459 页

蔓菁 即诸葛菜。

民国《兴仁县补志》卷十四《食货志·物产》第 460 页

蔓菁 ……今按：此菜之名，亦为至繁。曰"蕦"、曰"葑"、曰"苁"、曰"薹"、曰"荛"、曰"大芥"、曰"辛芥"、曰"幽芥"、曰"菈"、曰"芜菁"、曰"蔓菁"、曰"诸葛菜"、曰"马王菜"、曰"九英菘"、曰"鸡毛菜"、曰"沙吉木儿"。其同类别种之呼，犹有所谓"水蔓菁""山英菁""野蔓菁"，见于《本草纲目》《农政全书》者……县之人有不莳、不食蘔儿菜者则已，若其莳之、食之，当知此物之即诸葛菜，更即蔓菁，他若所有繁名，亦不难会通矣。

民国《息烽县志》卷之二十一《植物部·蔬类下》第 217—218 页

燕菁 一名大头菜，地下茎供食用，腌藏皆宜。

民国《兴义县志》第七章第二节《农业》第 252 页

苦荬

苦荬菜 按：苦荬产兴义县，即《诗·邶风》之荼、《礼·月令》之苦菜是也。《诗》言荼苦，今苦荬味苦；《月令》言孟夏苦菜秀，今苦荬三月生，四月秀，六月花。茎中空而脆，折之有白汁，花黄似菊，一花结子一丛，如同蒿子。花罢则收敛，子上有白毛茸茸，随风飘扬。八月实黑，实落根复生，冬不枯。蚕蛾出时，折苦荬则蛾子烂，蚕妇忌食。味虽苦，若拗五六次后，味反甘滑。

咸丰《兴义府志》（点校本）卷四十三《物产志·土产》第 629 页

苦荬 《救荒本草》："苦荬俗名老鹳菜，采苗叶，煤熟，以水浸洗，淘净，淘洗净，油盐调食。"蚕时，忌食，又有山苦荬，苗高二尺余，茎似莴苣葶。

光绪《增修仁怀厅志》卷之八《土产》第 295 页

苦苣 苦荬也。苦荬，一名苦苣，叶狭而绿带碧，茎空，断之有白汁，花黄如初绽野菊花，春夏皆旋开，一花结子一丛，如茼蒿子花，罢则萼敛，子上有毛，茸茸随风飘扬，落处即生，味苦，寒夏月食之宜。

光绪《黎平府志》（点校本）卷三《食货志第三》第 1369 页

荼 《月令》之苦菜也，俗曰苦荬。三月生，四月秀，六月花茎中空而脆，折之有白汁。花黄如茼蒿，子有白茸茸，随风飘扬。八月实黑乃落根复生，冬不枯，蚕蛾出时折之，则蛾子烂，故蚕妇忌食。

民国《都匀县志稿》卷六《地理志·农桑物产》第 247 页

苦荬菜 即莴笋。

民国《兴仁县补志》卷十四《食货志·物产》第 460 页

苦栗

苦豆腐 苦栗也。苦栗，取汁作苦豆腐，夏月食之宜。

光绪《黎平府志》（点校本）卷三《食货志第三》第 1370 页

莴笋

藤 俗谓之莴笋，春末抽苔若笋，居人以玫瑰花一层、莴笋一层压入瓮中，加糖渍之，经月味香烈。莴苣叶似白苣而尖，色稍青，四月抽苔三四尺，粗如酒杯，剥皮食之味清脆，名莴笋脱菜，或谓之剥菜。与莴苣同叶，亦徽似莴苣，大而厚，可剥食，抽茎开花结子成穗，土黄色。

道光《贵阳府志》（点校本）卷四十七《食货略·土贡 土物》第 919 页

白苣 即云南莴莴苣，即莴笋，一物而二名也。白苣，俗名云南莴，可生食。又曰生菜，似莴苣而叶色白，断之有白汁，开花结子如苦，菜叶似白苣而尖嫩，多皱，色稍青，折之有白汁，四月抽苔，剥皮生食，味清脆，谓之莴笋。彭乘云"莴苣有毒，百虫不敢近，人中其毒，姜汁解之"。

光绪《黎平府志》（点校本）卷三《食货志第三》第 1367—1368 页

莴笋 初春种，叶有白汁，折之粘手，四月抽苔。剥皮生食，味如胡瓜，糟食、煮食、酱食均宜。

民国《都匀县志稿》卷六《地理志·农桑物产》第 248 页

莴笋 播种期与莴苣同叶，似长莴苣，有白汁，折之黏手。次年二三月茎高尺许，有上下略一致或上小下大者，均如竹笋状，故名去皮，生熟可食，腌藏亦佳。《博物志》云："有毒，百虫不敢近，蛇触之则目瞑，人中其毒，姜汁可解。"

民国《岑巩县志》卷九《物产志》第 460 页

菠菜

菠薐 《贵阳志稿》云："俗呼菠菜，根红，子有稜。"

道光《贵阳府志》（点校本）卷四十七《食货略·土贡 土物》第 919 页

菠菜 《询刍录》："南人呼菠菜，北人呼赤根菜。"苏轼诗："北方苦寒今未已，雪底菠覆如铁甲；岂知吾蜀富冬蔬，霜叶露芽寒更苗。"

道光《遵义府志》（校注本）卷十七《物产》第 492 页

菠菜 旧志云："土产芋、菠、豇、芹。"按：菠菜，本名菠薐菜。《嘉话录》云："菠薐，种自西国来，有僧将其种，云是颇陵国之种，语讹为菠薐耳。"又《唐会要》云："太宗时，波尼维国献波薐菜，类红蓝。"即此菜也。

咸丰《兴义府志》（点校本）卷四十三《物产志·土产》第 628 页

菠棱、菠薐 菠菜也。菠菜，一名菠棱，一名菠薐。草出西域颇陵国，茎柔脆，中空，叶绿腻，柔厚，直出一尖，旁出两尖，根长数寸，大如桔梗，色赤味甘美。四月起苔尺许，开碎白花，有雌雄。雌者结实有刺。此菜必过月朔乃生，即晦日下种，与十余日前种者，同出亦一异也。

光绪《黎平府志》（点校本）卷三《食货志第三》第 1367 页

菠菜 一名赤根，又名波斯草，昆虫草。《本略》曰："菠薐本出颇陵国，张骞带来。"

光绪《增修仁怀厅志》卷之八《土产》第 296 页

菠薐 亦名菠菜，本作菠薐。茎高尺余，叶绿互生，略如三角形而尖。基部又旁出，两尖花小而黄绿，单性雌雄异株，实有薐刺，故名根赤。味甜时供常蔬，多食可除痰。种之必过月朔乃生，晦日种者与上旬种同苗。

民国《岑巩县志》卷九《物产志》第 459 页

菠薐 俗名菠菜。叶绿作锐三角状，茎中空，根赤，长二三寸，味犹甜。四月起，茎尺许，开黄花、绿花，雌雄异株。种之必过月朔乃生，晦日插种者，常与上旬种同苗，冬令常食可除痰。

民国《八寨县志稿》卷十八《物产》第 310 页

菠薐 通名菠菜。一名波斯草，一名赤根菜，一名鹦鹉菜。《唐会要》："太宗时，泥波罗国献菠棱菜，类红蓝，实如蒺藜，火熟之，能益食味。"刘禹锡《嘉话录》："菠棱，种出自西国，有僧将其子来，云本是颇陵国之种，语讹为波棱耳。"苏轼《诗》："北方苦寒今未已，雪底菠棱如铁甲。岂知吾蜀富冬蔬，霜叶露芽寒更茁。"李时珍曰："八月、九月种者，可备冬食。正月、二月种者，可备春蔬。其茎柔脆中空。其叶绿腻柔厚，直出一尖，旁出两尖，似豉子花，叶之状而长大。其根长数寸，大如桔梗而色赤，味更甘美。四月起苔，尺许，有雄雌，就茎开碎红花，丛簇不显。雌者，结实有刺状，如蒺藜子。种时须研开易浸胀，必过月朔乃生，亦一异也。"吴其濬曰："此菜色味皆佳。广舶珊瑚，以色如菠菜茎者为贵，则亦可名珊瑚菜矣。南中四时不绝，以早春初冬时嫩美。大抵江以南皆富冬蔬，而北地之客生者，色尤碧，味尤脆也。惟此菜忽有涩者，乃不能下咽，岂瘠土不材耶！北地三四月间，菜把高人，肥壮无筋，焯而腊之入汤，鲜绿可爱，目之曰万年青。闻黑龙江菠薐厚，劲如箭镞，则洵如铁甲矣。"今县人莳之颇多。冬春之际，则与豌豆颠并，为点汤之所需矣。

民国《息烽县志》卷之二十一《植物部·蔬类下》第212—213页

蕹菜

蕹菜 俗名牛皮菜，叶厚而大，味带土气。

道光《贵阳府志》（点校本）卷四十七《食货略·土贡 土物》第919页

牛皮菜 按：牛皮菜全郡皆产，以形似牛皮故名。

咸丰《兴义府志》（点校本）卷四十三《物产志·土产》第628页

蕹菜 如菠棱、牛皮菜，蔗也。蕹菜，干柔如蔓，中空，叶似菠棱，产古州。

光绪《黎平府志》（点校本）卷三《食货志第三》第1368页

莙荙

莙蓬 俗名甜菜。

同治《毕节县志稿》卷七《物产》第414页

莙荙 甜菜，菜也。荍菜，俗作甜，一名莙荙，叶青白色，似白菜，叶而短茎，亦相类，但差小耳。煮熟食良，微有土气。

光绪《黎平府志》（点校本）卷三《食货志第三》第1368页

牛皮菜 叶绿，茎粗，味淡。

光绪《增修仁怀厅志》卷之八《土产》第296页

莙荙菜 贵州人通呼为牛皮菜。湖南人有呼厚皮菜者。其著录诸家种树书者，则曰荍菜、曰甜菜。陶弘景曰："荍菜，即合以作能蒸者。"韩保升曰："苗高三四尺，茎若蒴藋，有细棱，夏盛冬枯，其茎烧灰淋汁洗衣，白如玉色。"李时珍曰："荍菜，正二月下种，宿根亦自生，其叶青白色，似白菘菜叶而短，茎亦相类，但差小耳。生、熟皆可食，微作土气。四月开细白花。结实状若茱萸棣而轻虚，土黄色，内有细子。根白色。"吴其濬曰："味甜而不正，品最劣，易种易肥，老圃之惰懒者种之。"《滇本草》："治中膈、冷痰存于胸中，不可多食。滇多珍蔬，故宜见摈。夫人之嗜甘同也。甘而苦者，隽甘而酸者，爽甘而辛者，疏甘而咸者，津一于甘

若琴瑟之专一，谁能听之？然甘而清、甘而腴，犹有嗜者。嗜之久则齿虫与胃蛕虫生焉。谷之飞，亦为蛊甘而无所制也。至甘而浊且邪，则士大夫、农圃皆贱之，蒸菜是也。人之以甘悦人者多矣。而有悦，有不悦，岂独非同嗜乎？毋亦如蒸之浊且邪，为人所贱耶？谀人者，好谀者，必能辨之。"贵州之普产是物也，莳者以其种易，食者以其值廉。然尚有种红茎、而叶不纯青、气味全同，形状略小者，群呼红牛皮菜。虽亦有以为蔬者，又多被俚医取之治血症，时著效。县地固两种均有之。

民国《息烽县志》卷之二十一《植物部·蔬类下》第213页

冬苋菜

冬苋菜 性甘而滑，野俗名齐齐菜，又称戎葵为大齐齐菜，齐盖葵之转语也，冬苋盖即古之葵也。

道光《贵阳府志》（点校本）卷四十七《食货略·土贡 土物》第919页

冬苋菜 叶五歧。冬苋菜，冬春发，生叶有五歧，深青色，食之益人根，尤美。

光绪《黎平府志》（点校本）卷三《食货志第三》第1368页

冬苋 叶圆阔，色青，有粘液性，供餐，味浓厚，和阴炒米作粥可治盗汗。

民国《岑巩县志》卷九《物产志》第460页

茼蒿

同蒿 叶如艾，花黄，性香，蔬之美者。一名芃蒿，一作蓬蒿。

道光《贵阳府志》（点校本）卷四十七《食货略·土贡 土物》第919—920页

同蒿 按：同蒿产贞丰州，以其形气同乎蓬蒿，故名"同蒿"。八九月种，冬春采食肥茎。花叶微似白蒿，味辛甘作蒿气。四月起苔，高二尺余，开深黄色花，状如单瓣菊花，一花结子近百，成毬如苦荬子，最易繁茂。

咸丰《兴义府志》（点校本）卷四十三《物产志·土产》第629页

茼蒿 可佐日食。茼蒿，茎肥叶绿，有刻缺，微似白蒿，气芬香，以佐日食，可为佳品。

光绪《黎平府志》（点校本）卷三《食货志第三》第1367页

同蒿 八月就松浮沙泥播种，成苗移植，及冬万卉凋零，此独繁茂，摘以入市，易于得价。每开一花得子百余，为菜子之最多者。

民国《都匀县志稿》卷六《地理志·农桑物产》第 247 页

茼蒿 九月种，茎高三四尺。叶短狭互生，羽状深裂，略如初生罂粟。次年三四月开黄花，大如金钱，中部为管状，每花结子百余，乃菜中最多子者，茎叶嫩时供蔬香美。

民国《岑巩县志》卷九《物产志》第 460 页

茼蒿 一名蓬蒿，一名菊花菜……此菜自古已有。孙思邈载在《千金方·菜类》。至宋嘉祐中，始补入《本草》。今人常食者，而汪机乃不能识，辄敢擅自修纂，诚可笑嘅。吴其浚曰："开花如菊，俗呼菊花菜。汪机不识茼蒿，殆未窥园。李时珍斥之固当。但茼蒿实无蓬蒿之名。蓬、茼音近意不能通。《千金方》以茼蒿入菜类。蓬蒿野生，细如水藻，可茹，而非园蔬。若大蓬蒿，则即白蒿，与此别种。此菜，叶如青蒿辈，气亦相近，而黄花散金，自春徂暑，老圃容华，增其缛丽，可为晚节先导。"县人之莳者，恒见之。

民国《息烽县志》卷之二十一《植物部·蔬类下》第 222—223 页

茼蒿 冬甚繁茂，可作茹。每开一花结子百余，为菜之最多子者。

民国《八寨县志稿》卷十八《物产》第 308 页

蘩生

蘩生 白蒿也。白蒿，一名蘩生，山泽中二月发苗，叶似嫩艾而歧细，面青背白，茎或赤或白，辛香而美，盖佳蔬也。

光绪《黎平府志》（点校本）卷三《食货志第三》第 1367 页

苋

苋菜 红、白二种。

乾隆《平远州志》卷十四《物产》第 698 页

苋 有红绿二色，苋有数种。紫苋茎叶皆紫，红苋茎叶深红，白苋茎叶青白，又有脂麻苋，叶较小而尖，又有青紫兼者。

马齿苋 不种而生，叶如马齿，味酢，盐渍可食，能去淤血，解

热毒。

野苋 色青柔茎小，叶味比家苋更甚。

道光《贵阳府志》（点校本）卷四十七《食货略·土贡 土物》第920页

苋菜 苋有土苋、冬苋二种，兴义县尤多。

咸丰《兴义府志》（点校本）卷四十三《物产志·土产》第628页

苋 有大、小二种。

咸丰《安顺府志》卷之十七《地理志·通产 专产》第215页

苋 有红、白、花、野苋，马齿苋各种。

同治《毕节县志稿》卷七《物产》第414页

苋 赤苋、白苋、青苋、紫苋，皆苋菜，马苋如马齿。苋菜凡六种，赤苋、白苋、青苋、紫苋、五色苋、马苋，六苋惟白苋柔嫩，味胜他苋。五色苋即老少年，可供盆玩。马苋即马齿苋，处处有之，柔茎布地，叶对生并圆，整如马齿，故名，可入药。

光绪《黎平府志》（点校本）卷三《食货志第三》第1368页

马齿苋 野生，红杆，叶如豆瓣。《野菜谱》："草马齿苋，风俗相传食元旦，何事年来采更频，终朝赖尔供食饭。"夏采，沸汤瀹过，冬月旋食亦可。楚，元旦食之。

光绪《增修仁怀厅志》卷之八《土产》第296页

苋 有红、白、花、野、马齿各种。

民国《咸宁县志》卷十《物产志》第602页

苋 茎尺余，叶片狭长。三月种，秋开细花成穗，色黄绿，实细，色黑，状如黑天星米，嫩时供常蔬。邑产凡三种，叶面青而背紫者名赤苋，茎叶全紫者名紫苋，煎汁可作红料，茎短叶小，其形卵圆，色褐者名土苋，多系天然生。别种叶圆小而厚状如齿者名马齿苋，亦属野产，与土苋多充饲猪料，但以亦可食。

民国《岑巩县志》卷九《物产志》第460页

苋 苋……非一种，李时珍曰："苋，并三月撒种，六月以后不堪食。老则抽茎如人长，开细花成穗，穗中细子，扁而光黑，与青箱子、鸡冠子无别。九月收之。细苋，即野苋也，北人呼为糠苋，柔茎、细叶、生即结子，味比家苋更甚。又有一种马齿苋者，虽被苋名而殊于苋，其别名有马苋、五行草、五方草、长命菜、九头狮子草诸呼，野生而中食……其叶比并如马齿，而性滑利，似苋，故名。柔茎布地，细叶对生，六七月开细花，结小尖实。实中细子如葶苈子状。人多采苗，煮晒为蔬。"凡此皆诸载籍所最录，又皆贵州人所莳、所采、所食。县之习俗不能外之。

民国《息烽县志》卷之二十一《植物部·蔬类下》第 213—214 页

苋 有六种，赤苋、白苋、人苋、五色苋、马苋均可食，可四季种。紫苋，茎叶全紫，可取染红。

民国《八寨县志稿》卷十八《物产》第 309 页

地菜

地菜 生园圃、山地。地菜，冬月生园圃中，叶柔嫩，青白色，味极香。又一种生山地，叶粗硬而有毛，味亦逊。

光绪《黎平府志》（点校本）卷三《食货志第三》第 1368 页

广荷

广荷 即广菜，红荷即红广菜。广荷，俗名广菜，叶仰如荷茎，亦空。红荷俗名红广菜。

光绪《黎平府志》（点校本）卷三《食货志第三》第 1368 页

马蹄菜

马蹄菜 杜衡也；羊蹄菜，蓨也。杜衡，叶似马蹄，故谓之"马蹄菜"；蓨，叶较小曰"羊蹄菜"。

光绪《黎平府志》（点校本）卷三《食货志第三》第 1368 页

茨菇

慈姑 按：慈姑产兴义县。《别录》谓之"水萍"，《图经》谓之"白地栗"，苗名"剪刀草"。《别录》云："慈姑生水田中，似芋子而小，煮之可啖。"《图经》云："煮熟甘甜。"今邑之慈姑青茎中空，根以为果，须灰汤煮熟去皮食，乃不麻涩戟喉。

咸丰《兴义府志》（点校本）卷四十三《物产志·土产》第 660 页

慈姑 有大、小二种，大者家生，小者野生，出山谷中。土人厮地以取，味甚甜美。

咸丰《安顺府志》卷之十七《地理志·通产专产》第215页

水萍 慈姑也。慈姑，一名水萍，一根岁生十二子，如慈姑之乳众子，故名。三月，苗生浅水，色青绿，茎似嫩蒲，有棱，中空，甚软，每丛十余茎，叶如燕尾，前尖后歧，内根出一两茎，梢粗而圆，上分数枝，开小花四瓣，色白而圆，蕊深黄色，根大者如杏，小者如粟，色白而莹滑，冬及春初掘取煮食，味甘甜。

光绪《黎平府志》（点校本）卷三《食货志第三》第1372页

茨菇 一名藉姑，一名河凫茈，一名白地栗，一名水萍，较川地所生为小。

光绪《增修仁怀厅志》卷之八《土产》第296页

慈姑 一名茨菰，一名藉菇，一名水萍，一名乌芋，一名河凫此，一名白地栗。陶弘景曰："藉菇，生水田中。叶有桠状，如泽泻。其根黄，似芋子而小，煮之可啖。"王世懋曰："茨菇，古曰'凫茨'。种浅水中，夏月开白花，秋冬取根食，味亚于香芋。"李时珍曰："慈姑，一根岁生十二子，如慈姑之乳诸子，故以名之。作茨菰者，非矣。河凫茈、白地栗，所以别乌芋之凫茈、地栗也。生浅水中，人亦种之。三月生苗，青茎中空，其外有棱叶如燕尾，前尖后歧，霜后叶枯，根乃练结。冬及春初，掘以为果，须灰汤煮熟去皮，食乃不麻涩戟人咽也。"今按：此物不中果实，故变向来诸家纪载，列之蔬类。又，每蜀民之初来侨者，多指此物为荸荠，而反谓荸荠为慈菇，云彼地之习称如此。此误亦不自今之蜀人。唐宋以还，《本草》各书之含混实多，博辨如李时珍，犹以乌芋旧名属之荸荠。吴其濬讥之是矣。贵州人之名是物，固得其确。然又乌知蜀地之人，不以贵州所呼为误乎？误之与确，诚非浅俗所能辨也。

民国《息烽县志》卷之二十一《植物部·蔬类下》第238页

莴苣

莴 俗谓莴苣菜，能解热住寒，可生食。白苣以莴苣，而叶青白，野俗谓此为莴苣，谓莴苣为莴笋。

道光《贵阳府志》（点校本）卷四十七《食货略·土贡 土物》第 919 页

莴苣 按：莴苣，全郡皆产，俗呼为莴菜。正、二月下种，叶折之有白汁粘手，四月抽苔，剥皮生食，叶如胡瓜，糟食、酱食、煮食皆良，盐腌晒干谓之莴笋。杜甫有《种莴苣》诗，则此菜由来已久。又《续博物志》及《墨客挥犀》并云："莴菜自莴国来，故名。有毒，百虫不敢近，蛇、虺触之则目瞑不见物，人中其毒，以姜汁解之。"

咸丰《兴义府志》（点校本）卷四十三《物产志·土产》第 629 页

莴苣 杜甫《种莴苣诗》序："堂下理小畦，隔种一两席许莴苣，向二旬矣"，即此。

光绪《增修仁怀厅志》卷之八《土产》第 296 页

莴苣 邑产凡二种。叶片短阔而平滑者，其色灰白，俗名团莴苣或香莴苣，叶片长而皱缩者俗名长莴苣。八九月种，冬腊月采叶，熟食味香，质软。次年春末杂治蔬肴（邑人呼为豆腐笋是也），用生莴叶裹食别饶风味。

民国《岑县志》卷九《物产志》第 459 页

苣 俗名生菜。冬种春熟，可四季种，生熟食均宜。春夏省墓杂治殽馔，用其叶裹而食之，寖以成俗，故又名包生菜。性寒，冬日以马粪、蚕屎、石灰壅其根最宜。

民国《都匀县志稿》卷六《地理志·农桑物产》第 247—248 页

蕨

蕨 生山地中，白者为薇，紫者为，善治之可食。根滤为粉，荒岁赖以救饥。

乾隆《贵州通志》卷之十五《食货志·物产·贵阳府》第 284 页

蕨 滤粉可以救饥。

乾隆《毕节县志》卷四《赋役·物产》第 257 页

蕨 《贵阳志稿》云："生山地中，白者为萁，紫者为蕨，以米泔浸之，经秋叶酸，可治腹泻。根滤为粉，荒岁救饥。"其茎谓之蕨萁，其根紫色，皮肉有白粉，捣烂洗澄取粉名蕨粉，亦名山粉，可作糇粮，即儳

子，食之，色淡紫而滑美。

道光《贵阳府志》（点校本）卷四十七《食货略·土贡 土物》第920页

蕨 《尔雅翼》："蕨，紫色而肥，野人今岁焚山，则来岁蕨菜繁生，其旧生叶之处，蕨叶老硬敷披，人志之，谓之蕨基。"《戊己编》："蕨有二种，一曰甜蕨，采食软滑有味，俗谓蕨苔。长者尺余，末散如鸡爪形，细叶鳞次，俗谓蕨基。根如竹节，皮黑，白而有筋。掘其根，洗净，入木槽捣烂之，则曰蕨凝。以其凝置缸中，和水，反复淘，杵其汁，以棕皮滤去滓，别盛之，经宿，凝淀如膏，则曰蕨粉，味甘美。乾隆庚寅、戊子，两丁歉岁，流民四集，长林旷野，掘取一空，赖活甚众。一种苦蕨，形相同，但味苦，亦可食。又有猫蕨，初生时有白膜裹头，茎如蒜苔，青绿色，不可食。"《荒年杂咏》："在水边生者名蔓蕨。"按：成蕨粉后，抟为饼，蒸食，曰蕨巴。以粉洒釜中，微火起之，曰蕨线，待干定，煮之，如水引，亦可煎食。

道光《遵义府志》（校注本）卷十七《物产》第495—496页

蕨 遇岁歉、人民采根取粉，可以充饥。

道光《大定府志》卷之四十二《食货略第四下·经政志四》第625页

蕨 旧志云："蕨出于山。"按：蕨，全郡皆产，而府亲辖境尤多，郡人呼为蕨菜。考蕨之名，见于《诗·召南》及《尔雅》。《尔雅注》云："初生无叶，可食。"《诗·疏》云："初生似鳖脚。"《埤雅》云："蕨初生状如雀足之拳，又如人足之蹶，故名蕨。"李时珍云："蕨二、三月生芽，拳曲如小儿拳，长则展开如凤尾，高三四尺。其茎嫩时以汤煮去涎滑，晒干作蔬，味甘滑，亦可醋食。其根紫色，皮内有白粉，捣烂再三，洗澄取粉，作粔籹，荡皮为线，食之，色淡紫而甚滑美。"今郡人烹蕨为汤，沃以鸡汁，叶尤美。

咸丰《兴义府志》（点校本）卷四十三《物产志·土产》第627—628页

蕨 生山地中，白者为薇，紫者为蕨。善治之可食，根滤为粉。

咸丰《安顺府志》卷之十七《地理志·通产 专产》第215页

蕨 甜蕨、苦蕨、蕨萁皆蕨类。蕨有二种，一曰甜蕨，采食柔滑有味，长数寸或尺余，茎青有筋，梢似鸡爪，老则渐细，叶鳞次，谓之蕨萁，农人取以肥田。根如竹节，皮黑质白，掘其根洗净入木槽捣烂之，去其皮筋粗质，以其余置缸中和水，反复取汁，以楼布滤去渣别盛之，经宿凝淀如膏，则曰蕨粉。味香美，剪食可当饭，可点茶，可作粉团备用。凡遇歉岁，土人争采之，已救饥。旷野深山掘取一空，全活甚众。一曰苦蕨，形与甜蕨相同，味微苦，亦可食。

光绪《黎平府志》（点校本）卷三《食货志第三》第1373页

蕨 《尔雅》释："蕨为虌。"郭注："初生叶可食，本境秋后采蕨根滤为粉充粮。"

光绪《增修仁怀厅志》卷之八《土产》第295页

蕨 一名龙爪菜，根可作粉，救锐。

民国《威宁县志》卷十《物产志》第602页

蕨 羊齿类植物。二三月叶柄由地下茎抽出，长八九寸，其端卷曲如拳，微向下，供蔬，味不苦者，俗名甜蕨。后成复叶，高三四尺，遂不可食，贫民掘其地下茎制成淀粉曰蕨粉，和水煮熟成饼名蕨粑，凶年多赖此充饿。一种嫩叶柄，端卷曲向上者俗呼爪蕨，味苦，又名苦蕨，地下块茎亦制蕨粑。

民国《岑巩县志》卷九《物产志》第463页

蕨 有甜苦二种。野，今岁烧山则来岁蕨繁生，茎紫色，可充蔬，根如竹节，皮色黑白而有筋。掘之洗净，入木槽梼烂置缸中和水淘，杵取汁以棕滤其渣，别盛之，经宿凝如膏曰蕨粉，供烹饪或抟饼蒸食，或以粉漉釜中，微火起之如腐皮。清光绪乙末，岁歉藉此全活者甚众。

民国《独山县志》卷十二《物产》第338页

蕨 有二种。甜蕨软滑，其幼芽俗称蕨茎，长六八寸，顶端卷曲如拳成复叶，即不可食，高三四尺。掘其根洗净，入木槽捣烂以棕布滤之渣，别盛之，经宿凝如膏曰蕨粉，入釜熟之，抟为饼曰蕨粑。岁歉，邑人四集长林旷野，掘取一空。以之充饥腹，果而色黑黄，病力疲气软免死而已。苦蕨形质同，味稍苦。

民国《八寨县志稿》卷十八《物产》第315页

蕨 ……滇、蜀山民腊而粥之，长几有咫，而孤竹之墟所产尤肥。以蕨绝音同，更曰"吉祥""伏腊""燕亭"转以佳名，登翠釜，不复忆夷齐食之而夭矣。至其灰可以烧瓷粉，可以浆丝，民间习用而纪载阙如。今

县人之采此食，以充蔬、救荒，甜苦并登矣。

民国《息烽县志》卷之二十一《植物部·蔬类上》第 204 页

繁缕

繁缕 俗呼为鹅儿肠，又有鸡肠草。

道光《贵阳府志》（点校本）卷四十七《食货略·土贡 土物》第 920 页

鸡腿根

鸡腿根 根如初生细卜萝根，其肉白色，板取食之，味甘微有土气。

道光《贵阳府志》（点校本）卷四十七《食货略·土贡 土物》第 920 页

茄

地英菜、茄 有紫白二种，高尺余。一种海茄，形如柿，不可食。茄结实有蒂包之，蒂分数尖，实长五六寸，大如斧柄，色紫而光润，或直或弯或曲如环，肉松而色青白，秋后则腹内生子，繁密如白脂麻子。又有圆茄或浑圆或圆而微长，大小如盘，味亦相似。

道光《贵阳府志》（点校本）卷四十七《食货略·土贡 土物》第 920 页

茄子《元和郡县志》："漆州开元贡茄子。"

道光《遵义府志》（校注本）卷十七《物产》第 493 页

茄 有紫、白二种，紫者充蔬，白者栽为盆景。

咸丰《兴义府志》（点校本）卷四十三《物产志·土产》第 628 页

茄 有羊角、合包二种。

咸丰《安顺府志》卷之十七《地理志·通产 专产》第 215 页

茄瓜 似蜀葵，秋后食发眼疾。茄瓜，有紫青白三种，老则黄如金，茎粗如指，紫黑，有刺，叶如蜀葵，以紫黑有刺，开花时摘其叶，布通衢，令人物践踏之，则结实多。实有长者，有圆者，皆可蒸、可煮、可炙、可糟、可酱，但忌用秋后茄，令人发眼疾。

光绪《黎平府志》（点校本）卷三《食货志第三》第 1372 页

茄《本草》一名洛苏，五代《贻子录》作酪酥，盖以其味如酪酥，也有白、紫、青数种。

光绪《增修仁怀厅志》卷之八《土产》第 296 页

茄 有紫、白二种。

民国《威宁县志》卷十《物产志》第 602 页

茄 高尺余，叶椭圆有刺，开紫花，结实如瓜，长而椭圆，紫赤色，蒂有刺。性寒，宜种新地，一年一易，收乃丰。根茎干后可沤作肥，不可为薪，为薪治食损人。

民国《都匀县志稿》卷六《地理志·农桑物产》第 248—249 页

茄 俗名茄子或茄瓜，叶椭圆，有刺，茎高尺余。三月种，夏开紫花，花实皆紫，实有长圆形，如王瓜者有略，形卵圆，凹凸成瓣者，其蒂有刺，色亦紫，性寒。又一种实形长圆，浅绿色，名白茄，可食，并可入药。土宜均须一年一易收始丰。

民国《岑巩县志》卷九《物产志》第 461 页

茄子 ……李时珍曰："茄种宜于九月黄熟时收取，洗净曝干。至二月下种移栽。株高二三尺，叶大如掌。自夏至秋，开紫花，五瓣相连，五棱如线，黄蕊绿蒂，蒂包其茄，茄中"有瓤，瓤中有子，子如脂麻。其茄有团如栝楼者，长四五寸者。有青茄、紫茄、白茄，白茄亦名银茄，更胜青者。诸茄至老皆黄。苏颂以黄茄为一种，似未深究也。"今贵州亦有大树所生之茄，则独界连广西之罗甸县，且与番椒同一著称。若寻常草木之物，依李时珍所言者，则诸县皆有。而中药用者，又惟白茄。县之莳茄者，要亦不少……

民国《息烽县志》卷之二十一《植物部·蔬类下》第 224—225 页

茄 叶椭圆，有刺，开紫花，结实如王瓜，椭圆形，紫赤色，茎高尺余，蒂有刺。性寒，宜新地一年一易，收必丰。

民国《八寨县志稿》卷十八《物产》第 309 页

胡椒菜

胡椒菜，一名蔊菜，一名辣米菜。冬月布地丛生，长二寸，柔根绿叶，正二月开小黄花，野人连根叶拔而食之，味辛辣。

道光《贵阳府志》（点校本）卷四十七《食货略·土贡 土物》第 920 页

芹

芹 园种者为家芹，自生于涧泽间者为小芹。以宿根养于沙地，初冬发嫩苗，白而香脆，春月渐长，茎青白圆实而有节，粗如筋，肥者如脂，其味香甘而脆。可炒食，可腌作菹。叶青而尖长有刻缺。亦可食。老则高三四尺，其花成簇，蓓蕾不开，青黄色。又有药芹、水芹，生水涯，旱芹生平野，叶对节而生，似芎䓖，茎有节稜而中空，其气芬芳。又有马芹，丛生白毛蒙茸，菜似水芹而微小。

道光《贵阳府志》（点校本）卷四十七《食货略·土贡 土物》第920页

芹菜 有家生、野生二种。

咸丰《安顺府志》卷之十七《地理志·通产 专产》第215页

楚葵 芹，亦名楚葵，有水芹，有旱芹。水芹生沟溪陂泽之涯，茎色赤；旱芹生园圃中。二种皆芬芳，堪作菹，旱芹比水芹更美，可子种。

光绪《黎平府志》（点校本）卷三《食货志第三》第1367页

芹菜《尔雅》："芹，楚葵，叶如凤尾，茎可为馔。"

光绪《增修仁怀厅志》卷之八《土产》第296页

芹 有香芹、水芹二种。

民国《威宁县志》卷十《物产志》第602页

芹 有家野二种。家芹，种园圃润湿肥沃地，亦名旱芹。茎有棱，高尺余，中空，叶为羽状，复叶互生，色深绿，夏间开小白花。嫩时供食，香脆可口，为他县产者所不及，与清溪所产萝卜并称，马城外、小河坝、新街、都哨、街上、下瓦窑住民皆种此，运售各乡场及邻县，每年获利不少。野芹，形状亦类似家芹，但茎叶为浅绿色，多产田间或河畔近水处，故名水芹，味香，亦可供餐。别种名药芹，又名土当归，亦种园圃内，形状相近旱芹，惟茎略短，叶较阔，专取其根入药，不可不辨。

民国《岑巩县志》卷九《物产志》第459页

芹 ……李时珍曰："芹，有水芹、旱芹。水芹生江湖陂泽之涯。旱芹生平地，有赤、白二种。二月生苗，其叶对节而生，似芎䓖，其茎有节稜而中空，其气芬芳，五月开细白花，如蛇床花，楚人采以济饥，其利不小。"贵州人所食之芹菜，乃有二种。一种呼野芹菜，无香气。一种呼家芹菜，气颇芬芳。固老圃所莳者。二种茎叶虽不大差，而家芹菜独为人所重。然按诸典籍之所载者，皆李时珍之所谓水芹菜也。是今之野芹菜与家芹菜者，古岂无其种乎？抑虽有之，乃古人不能如今人之善择其香者而莳之乎？又非然也！凡一物，而地有所宜，时有所变，因以渐移。其形色、香味者，岂独芹菜之为异乎？且家莳之物，从来无不原于野生者。野生，则一任天然，自少变化。家莳者，则培壅灌溉之功，经千百年之潜移默化，而谓物性之坚贞，竟不为人所夺乎？是又今日家芹菜之优于野芹菜者，实非有所异也……今贵州之野芹、家芹，二种实中李时珍之谓旱芹。而野芹，赤茎，无香；家芹则芬芳而白茎，若典籍所载。李时珍之谓水芹者，非不有之，惟食者无多。县之所产，亦惟家芹、野芹二种而已。

民国《息烽县志》卷之二十一《植物部·蔬类下》第215页

芹 有水芹、旱芹、洋芹三种，邑中旱芹最多。可供香料之用，取其根以益妇科药品，俗名土当归。

民国《八寨县志稿》卷十八《物产》第308页

胡荽

香荽 按：香荽，产贞丰。考香荽本名胡荽，李时珍云："张骞使西域得种，故名胡荽。"《唐本草》云："石勒讳胡，呼胡荽为香荽，又名芫荽。"芫，叶散貌，俗作芫荽，非。今香荽八月下种，晦日尤良，叶有花歧，根软而白，冬春采之，香美可食，亦可作菹，道家五荤之一。《齐民要术》云："六月种者可竟冬食，春接子沃水生芽者，小小供食而已。"王桢《农书》云："香荽于蔬菜中子叶皆可用，生熟俱可食，甚有益于世。"

咸丰《兴义府志》（点校本）卷四十三《物产志·土产》第630—631页

胡荽 芫荽也。芫荽，亦名胡荽，张骞得种于西域，故名。甚辛香，子叶俱可用，生熟皆可食。

光绪《黎平府志》（点校本）卷三《食货志第三》第1367页

蒝荽 ……李时珍："其茎柔，叶细而根多须，绥绥然也。张骞使西域，始得种归，故名胡荽。今俗呼为芫荽。芫，乃茎叶布散之貌，俗作芫花之芫，非矣。八月下种，晦日尤良。初生柔茎圆叶，叶有花歧，根软而白。冬春采之香美可食，亦可作菹。立夏后开细花成簇，如芹菜花，淡紫

色。五月收子，子如大麻子，亦辛香。"吴其濬曰："胡荽，嘉祐《本草》始著录。《南唐书》谓'种胡荽者，作秽语则茂。今多呼芫荽。《东轩笔录》吕惠卿语："王安石园荽能去面黯，盖皆有所本。"今贵州人之于此物，嗜食者有之，恶食者亦有之。县人之种者，亦不少矣。

民国《息烽县志》卷之二十一《植物部·蔬类上》第198—199页

香荽 即胡荽或元荽。

民国《兴仁县补志》卷十四《食货志·物产》第460页

鼠曲

鼠曲 俗名曲耳菜，春时采叶，可和米粉为馎饦。

道光《贵阳府志》（点校本）卷四十七《食货略·土贡 土物》第920页

黄花菜

萱 俗名金针，可入馔。北地呼为黄花菜。花六出，叶大如蒲蒜，质柔弱四垂。五月抽茎开花，六出，花甚长而色黄，微带红晕，北人采其花跗干而货之，名为黄花菜，又呼金针菜。又一种叶较窄，秋开淡黄花，名秋萱。

道光《贵阳府志》（点校本）卷四十七《食货略·土贡 土物》第920页

海菜 一名子午莲，生水中，一茎长五、六尺，细如箸，无叶无枝，茎末生一黄花，微似水仙，花浮水面。郡之绿海尤多，故俗呼为海菜。煮食，调以醋，味似瓮菜，五六月市者极多，异菜也。

咸丰《兴义府志》（点校本）卷四十三《物产志·土产》第628页

黄花菜 即黄瓜菜，叶细有歧。黄花菜，生田中，无茎，一本数十叶，皆贴地，叶细而有歧，开黄花，味清凉可食。

光绪《黎平府志》（点校本）卷三《食货志第三》第1369页

金针 花可为菜，三月出。

光绪《增修仁怀厅志》卷之八《土产》第295页

萱花 俗名金针花，一名黄花菜。种田塍及其他隙地。叶似菖蒲而柔狭，花稍类百合，色黄（野生者色深黄），暴干为蔬，清凉甘芳。

民国《都匀县志稿》卷六《地理志·农桑物产》第253页

萱 今贵州人通呼之金针花或黄花者，即载籍所称之萱草也……李时珍曰："萱草，宜下湿地。冬月丛生，叶如蒲蒜辈而柔弱，新旧相代，四时青翠。五月抽茎开花，六出四垂，朝开暮蔫，至秋深乃尽。其花有红、黄、紫三色。细实，三角内有子，大如梧子，黑而光泽。其根与麦门冬相似，最易繁衍。"徐光启曰："花、叶、芽俱嘉蔬。根亦可作粉。"吴其浚曰："忘忧、宜男，乡曲讬兴，何容刻舟胶柱，世但知呼萱草摘花作蔬。又有一种鹿葱者，与萱草为同类异种。诸家本草混而不别。"贵州且不多莳，不附其说。金针花或黄花之中食也，由行省以逮下县僻乡，鲜不知之。县人莳之、食之，盖亦溥矣。

民国《息烽县志》卷之二十一《植物部·蔬类下》第 215—216 页

海菜 一名子午莲，俗呼黄花菜，无枝叶，多生水际。

民国《普安县志》卷之十《方物》第 503 页

茭笋

茭笋 水种，秋孕臂可食。一名茭瓜，一名茭白，池塘栽，称叶如湖泽所生之茭叶，八月起苔，大如莴笋而色白，质松味甘，老则中有黑点。

道光《贵阳府志》（点校本）卷四十七《食货略·土贡 土物》第 920 页

茭笋 按：茭笋产兴义县，即菰。《说文》谓之"茭草"，《通志》谓之"茭白"，《日用本草》谓之"茭笋"，今土人又误呼为"冬笋"。生陂泽水中，叶如蒲，春末中心生白苔如笋，状如小儿臂而白软。味甘滑，生食、熟食皆宜。

咸丰《兴义府志》（点校本）卷四十三《物产志·土产》第 630 页

茭白 《本草纲目》："菰，有米，谓之雕菰。"江南人呼菰为茭，以其根交结也，菰笋一名茭笋，茭白，菰菜。

茭笋 俗呼水泡，二三月自生水田间，采取暴干，贩运川粤。

民国《独山县志》卷十二《物产》第 338 页

菰 即茭笋，生陂泽中，叶如菖蒲，春末生白茎如笋状，若小儿臂。色白，质软，味甘滑，均宜生熟食。

民国《八寨县志稿》卷十八《物产》第 315 页

浮藤

浮藤 俗名染饭子，斗红能染物，叶可食，即落葵也。

道光《贵阳府志》（点校本）卷四十七《食货略·土贡 土物》第920页

芋

芋 有青、红二种。

道光《平远州志》卷十八《物产》第454页

芋 《益部方物赞》："芋种不一，蹲芋则贵；民储于田，可用终岁。"王维诗："巴人讼芋田。"《群芳谱》："芋，在在皆有之，蜀汉为最。"《东坡杂记》："蜀中人接花果，皆用芋膠合其罅。"

道光《遵义府志》（校注本）卷十七《物产》第493页

芋 俗呼芋头，水种。一种旱芋，又名广芋，食根。贵阳多旱芋，茎高尺许，叶大如扇，似荷叶而稍长，本大末尖，老而不糙，老根名芋魁，俗名芋母，大如盆。其旁生者名芋子，大者如鸡子，小者如弹丸，皮黄黑色，肉白色，腻而滑。芋魁有红皮者。皆可蒸煮而食之，兼蔬果之用。

道光《贵阳府志》（点校本）卷四十七《食货略·土贡 土物》第920页

芋 有红、白二种。

咸丰《安顺府志》卷之十七《地理志·通产 专产》第215页

芋 一名蹲鸱，言大如蹲鸱也，见《汉书·货殖传》。有水芋、山芋二种。《农政全书·备荒论》曰："蝗之所生，凡草木叶无有遗者，独不食芋、桑与水中菱茨，宜广种之。"

光绪《增修仁怀厅志》卷之八《土产》第296页

芋 有水、旱两种，供蔬食用。

民国《兴义县志》第七章第二节《农业》第252页

芋 凡二种。种园土者曰山芋，种水田者曰水芋。年年用分茎法使之繁殖。叶片极宽阔，略如荷叶而长，色深绿，前端尖，后端生柄处有大缺刻，叶柄肥大，其色绿者为青芋，色红紫者为紫芋，长二三尺。地下块茎如圆锥，中央一个最大名魁芋，子均含淀粉，质及黏液，可熟食，叶柄亦供蔬。一种名广芋，仅种园土中，形状无异，惟叶面色浅绿，叶背、叶柄俱灰白，食其柄。又有形色绝类广芋者名老虎芋，生润湿肥沃地，叶面更阔，柄亦长大，不可食，惟地下块茎可供药用。

民国《岑巩县志》卷九《物产志》第 461 页

芋 修文有此物，而嗜食甚稀。

民国《息烽县志》卷之二十一《植物部·蔬类上》第 209 页

山药

山药 出山谷中，土人斫地以取，味甚甜美。

乾隆《贵州通志》卷之十五 《物产·贵阳府》第 284 页

山药 出石缝内，形匾而涧甚香美。

乾隆《平远州志》卷十四《物产》第 698 页

山药 蔓生结子，其子大小长圆不一，皮黄黑色，皮肉绿色，肉白色，煮熟去皮，味与根同。根细者如脂，粗者如酒杯，皮黄褐色，肉白色，长者尺许，佛掌茄即山药。

道光《贵阳府志》（点校本）卷四十七《食货略·土贡 土物》第 920 页

山药 《群芳谱》："原名薯蓣，处处有之，蜀道尤良。"

道光《遵义府志》（校注本）卷十七《物产》第 493 页

山药 有黑、白二种。

咸丰《安顺府志》卷之十七《地理志·通产 专产》第 215 页

山药 一名薯蓣，《本草衍义》曰："薯，英朝讳，蓣，唐代宗名，故改为山药。"

光绪《增修仁怀县志》卷十八《物产》第 295 页

薯蓣 俗名山药。多年生蔓草，细长，缠扳他物。叶为心脏形，五月开花淡红色。实大如小指头，惟今年之根形如臂，而长三四尺不等，刮皮熟食味极甘美。

民国《八寨县志稿》卷十八《物产》第 314 页

薯蓣 山药为今之通名。其一名土藷，一名玉延，一名修脆，一名藷薁，一名山芋，一名藷薯，一名儿草，一名藷……修文之种以供蔬，山药与脚板薯。薯、藷音近，而藷音之或读若珠、若苕，出之闽人之方言，已见苏

颂之说。而贵州人呼薯或藷之二字之音，亦不妨以读若韶之例为注脚……

民国《息烽县志》卷之二十一《植物部·蔬类上》第205—206页

凉薯

土瓜 状如茯苓，亦可充饥。

乾隆《毕节县志》卷四《赋役·物产》第257页

甘薯

山薯 薯音若殊，亦若韶，或呼为山蕷，今各乡亦种之，根形圆而长，本末皆锐，皮黄紫，而肉白，亦有黄肉者，味较香甘，扑地传生，一茎蔓延，节节生根，折而栽插，蕃衍无尽。叶似芋叶而小，又如荇叶而尖长，有红白二种，居人广种以佐饔飧。

道光《贵阳府志》（点校本）卷四十七《食货略·土贡 土物》第920页

甘薯 《南方草木状》："甘诸，盖薯蕷之类。或曰，芋之类。根叶不如芋，皮紫而肉白，蒸煮可食。"《异物志》："甘诸，南方民家以二月种，十月收之，其根似芋，亦有巨魁，大者如鹅卵，小者如鸡鸭卵。剥去紫皮，肌肉正白如肪，南人当米谷、果食，炙皆香美。初时甚甜，经久，得风，稍淡。"《荒年杂咏》："有一种野生者，俗名茅狗薯，有制以乱山药者。饥年，人掘取作饽。"《田居蚕室录》："俗呼苕，薯声之转。有红白二种，山农广种者，收多至三四十石，即煮以当粮。亦可碎切，和米作饭。一种充园蔬者，名云板薯，又名脚板薯，草墩薯，皆以形名。大者径一二尺，肌白甚，蔓间结子，拾而窖于火畔，俟春种之。"

道光《遵义府志》（校注本）卷十七《物产》第495页

薯 有红、白二种。

道光《平远州志》卷十八《物产》第454页

薯蕷 《识略》云："兴义府平地处宜种红薯。"按：薯蕷郡产甚多，俗呼为"红烧"，又谓之"山芋。"即《山海经》之诸署，《异物志》之甘藷。陈祈畅《异物志》云："二月种，十月收，其种似芋，亦有巨魁，大者如鹅卵，小者如鸡鸭卵，剥去紫皮，肉正白如肌，人用当谷食，蒸、炙皆香美，初时甚甜，经久得风则稍淡。"又《本草衍义》云："宋避英宗讳，改名山药。"今考薯蓣、山药本是二物，山药细而长，皮肉皆白，味淡；薯蓣形稍短，味甘，而皮有红、白二种，故俗有"红烧"之名，郡之贫民多用以代饭。

咸丰《兴义府志》（点校本）卷四十三《物产志·土产》第 630 页

番薯、甘薯 薯也。甘薯，音除，亦音署，自海外得此种，又名番薯。形圆而长，本末皆锐，巨者如杯如拳，亦有大如瓯者。皮紫肉白，或皮肉俱白，气味甘平，久食益人。生时香似蔷薇，露扑地传生，一茎漫延至数十百茎，节节生根。一亩种数十石，胜种谷二十倍，闽广人以当米谷，有谓性冷者非二三月及七八月俱可种，但卵有大小耳。卵八九月始生，冬至乃止。始生便可食。若未须者，顿掘令居土中，日渐大。到冬至，须尽掘出，否则败烂。制用之法，可生食，可蒸食，可煮食，可煨食，可切米晒干收作粥饭，可晒干磨粉作饼饵，其粉可作粳子，可造酒，但忌于醋同用。

光绪《黎平府志》（点校本）卷三《食货志第三》第 1370 页

甘薯 俗名黄苕，亦名红山药，《农政全书》："薯有二种，一名山薯，一名番薯。"

光绪《增修仁怀厅志》卷之八《土产》第 295 页

番薯 一作甘薯，俗呼红薯。蔓生，一茎延数十茎，节节生枝，形圆而长，本末皆锐，巨者如盂，皮黄紫肉白，味甘美。二三月种，夏令剪新芽，修六七寸，雨后植，数日生长，数耨而槿，其茎勿任滋蔓，茎三四尺即断其梢，根遂肥大。立冬乃掘择完者窖藏，可经年不坏，损者可煮以当粮，亦可切片和米作饭，黄瘠土种之最宜。

民国《八寨县志稿》卷十八《物产》第 312—313 页

甘薯 番薯为今通名。尚有朱薯、玉枕薯、红薯、红山药……今贵州之种之、食之者，固不及闽广之多、之重。然凡过城市、村落中，见买卖此物者，无时无之。又闻西辟高瘠之威宁县，其人民之恃此及土芋以为生者，率得十之六七焉。则其超于为蔬而大济谷食之功，犹有何物足以方之？从前诸种树书所腾说，独有谷气之芜菁，其能不让此物出一头地，而犹将何能以抗之乎？且今环瀛，究心民食之流，其于植物之讲求，靡不以专门教授而启学者之精研，岂曾闻有以甘薯不重视于中国之古典，而必抑

其功用之下于芜菁乎？夫中食、中蔬、中药、中刍；造酒，不弱于葡萄；制糖，犹将与甘蔗而并驱。虽芦菔之材，或有所不逮，方今国家多难，盗炽民贫，乏食之虞，无间岁月，终有资此物以济人之一日，而人之措意于此者，乃若不多见焉。县境之所产、所用，亦备蔬而已矣。

民国《息烽县志》卷之二十一《植物部·蔬类上》第207—208页

甘薯 俗呼红苕。

民国《普安县志》卷之十《方物》第503页

薯 有红、白两种。两种均供蔬食之用。红薯栽培多不用肥料，白者反是。

民国《兴义县志》第七章第二节《农业》第252页

马铃薯

洋芋 即黄独。

道光《大定府志》卷之四十二《食货略第四下·经政志四》第625页

马铃薯 茎供食用，兼作饲料。山地均可栽种。

民国《兴义县志》第七章第二节《农业》第252页

马铃薯 俗名洋芋。

民国《兴仁县补志》卷十四《食货志·物产》第461页

洋芋 即马铃薯，有红、白、乌三种。

民国《威宁县志》卷十《物产志》第602页

土芋 通呼阳芋。其异名则有黄独、土卵、土豆、马铃薯诸称。吴其浚曰："黔滇有之。绿茎，青叶；大小疏密、长圆，形状不一。根多白须下结圆实。压其茎则根实，繁如番薯。茎长则柔弱如蔓。疗饥救荒，贫民之储。秋时根肥连缀。味似芋而甘，似薯而淡。羹臛煨灼，无不宜之。叶味如豌豆苗。"按：酒侑食，清滑隽永。开花紫五角，间以青纹，中擎红的绿蕊一缕，亦复楚楚。山西种之为田，俗呼山药蛋，尤硕大，花色白。闻终南山氓种植尤繁，富者岁收数百石。今闻省内西境之威宁县人，恃此以终身者实有大半。他县之储以备荒者，随在有之。县人种于山地及瘠圃，常有以备蔬者。

民国《息烽县志》卷之二十一《植物部·蔬类上》第209—210页

蕃薯 即洋芋。

民国《普安县志》卷之十《方物》第 503 页

磨芋

磨芋 即蒟蒻也，叶大而多桠，茎作黑白点，掘根磨之，煮以灰汁，凝作块，可充蔬食。磨煮时忌多语，否则汁凝不化。

道光《贵阳府志》（点校本）卷四十七《食货略·土贡 土物》第 920 页

蒟蒻 常璩《巴志》："园有芳蒻。"《蜀都赋》："其圃则有蒻菊。"刘渊林注："蒻，草也，其根名蒟头，大者如斗，其肌正白，可以灰汁煮则凝成，可以苦酒渍食之，蜀人珍焉。"《本草纲目》："一名蒻头，一名鬼芋，出蜀中，呼为鬼头。"《马志》言"其苗似半夏"，杨慎《丹铅录》言"蒟酱即此者"，皆误。《戊己编》："秋冬间采根，拭去粗皮，切细，磨研成浆，煮之，用大匕和，不令成饼，俟熟，用石灰或莜灰水点之，待凝，画成块，味甘滑。乾隆丙子、丁丑，家园所生，红茎高二三尺，色如火，皆剑戟形。后缅甸用兵，滇黔不宁，乃知此兵兆也。"按：其芽俗名鬼鼻，以为种，五六月朝露时，以竹竿拍其叶，露所滴即旁生。磨煮时忌多语，否则汁凝，煮之不化，或成水。

道光《遵义府志》（校注本）卷十七《物产》第 495 页

蒟酱 出牂柯，与蒟蒻殊。蒟蒻，前汉《南越传》："使唐蒙风晓南越，食蒙蒟酱，问所从来，曰'道西北牂柯江'。"《黔书》："蒟花如流，藤叶如荜，拨子如桑葚，其味辛香，近于桄榔之面。岭南人取其叶和桄榔食，呼为"蒟"，亦蒌也。沥其油醇为酱，故曰'蒟酱'。二物微不同，然资以调燥淫疏积滞消瘴功，则一。

光绪《黎平府志》（点校本）卷三《食货志第三》第 1371 页

蒟蒻 一名鬼芋，俗呼磨芋。

民国《普安县志》卷之十《方物》第 503 页

蒟蒻 一名魔芋，本蒟蒻，可滰作腐。

民国《威宁县志》卷十《物产志》第 602 页

蒟蒻 俗名魔芋。多年生草，高二尺余。叶为掌状，复叶、叶柄黑褐色，间以白点，状如花蛇，花单性，六七月间开，有肉质，穗状，花序、

花苞颇巨。根圆若球，大如碗，七八月掘之，洗净磨酱和稻灰汁或炉灰汁同煮，用大竹匕常搅至熟成块水洗，更煮一二次俟冷，切丝拌盐醋，食之凉爽，或炒以供餐，与蒟酱不同，俗呼魔芋豆腐或鬼豆腐。按《遵义府志》："其芽俗名鬼鼻以为，种五六月朝露时，以竹竿拍其叶露，听滴即旁生磨，煮时忌多语，否则湿，煮之不化，或成水。"邑人亦云磨时如多语则乎蒟其酱，必麻木，先以茶油涂手亦无患，至煮忌多语及拍露旁生，均如《遵义府志》所言。

民国《岑巩县志》卷九《物产志》第461页

蒟蒻 俗呼魔芋。外茎花如蛇，内茎入地中，大者如碗。秋间采之去粗皮磨研成酱，煮之用大匕时时和之，不令成饼，俟熟用石灰水点之，待凝成块，切薄片和盐醋或更煮食之。甘滑凉爽，宜解暑，俗呼魔芋豆腐，杨慎《丹铅录》谓之："《汉书》蒟酱也。"

民国《八寨县志稿》卷十八《物产》第310—311页

蒟蒻 磨芋也。一名蒻，一名蒻头，一名鬼头，一名鬼芋……李时珍曰："蒟蒻出蜀中，施州亦有之，呼为鬼头。闽中人亦种之。宜树阴下，掘坑积粪，春时生苗，至五月移之，长三尺，与南星相似。但多斑点，宿根亦自生黄。经二年者，根大如碗及芋魁。其外理白，味亦麻人。秋后采根须净擦，或捣或片段，以酽灰汁煮十余沸，以水淘洗，更煮五六遍，即成冻子。切片，以苦酒五味淹食，不以灰汁则不成也。切作细丝沸汤汋过，五味调食，状如水母丝。此物有毒。诸家本草及诸家论种树者，皆备列于毒草中。今则家莳为多。生取其根，试舐之以舌，其麻口不亚于半夏、南星。然人以之备常蔬，几于四时取给，不闻有中其毒者，大都石灰制化之功。"今贵州诸县人之食磨芋豆腐者，固不少也。其制之最精，匀白细貳，市价当取倍蓰者，则又呼白磨芋筋，推安顺县人所造为优。又有取根磨浆，微火煮熟，粘浓可比稻、麦诸面所成者，以橙破布或纸，以为履之里托者。更有不堪之用……县人之种莳为不乏，而宿根自生者尤多。

民国《息烽县志》卷之二十一《植物部·蔬类上》第210页

竹荪

竹荪 产竹林中，见日即腐，菌属也。色白味芳，用为盛馔，其顶有盖如网如络，茎高于常菌。(旧时人疑之毒菌，近渐知取，犹不如安顺丰也)。

民国《都匀县志稿》卷六《地理志·农桑物产》第251页

竹荪 菌属也。见日即腐，茎如杵顶，有盖如网如络，阴干用，为盛馔，味极鲜脆。(邑之多年竹林中则有之，旧时人不知取以为毒菌，今则采之无遗。)

民国《八寨县志稿》卷十八《物产》第311页

竹荪 系烂竹根所生，熟煮不烂，愈炖愈脆，味极鲜矣，称为上品。鸡枞清香竝美，竹荪商人采购，远售南粤、滇、蜀，利颇不赀。

民国《普安县志》卷之十《方物》第503页

海椒

海椒 俗名辣角，土苗用以代盐。

乾隆《贵州通志》卷之十五《食货志·物产·贵阳府》第285页

海椒 俗名辣角，为草高如茄，而茎较细，开白花，结果红色，研末拌蔬，黔人每饭必设。一种尖小而上指者，名朝天椒，辣尤甚。《本草纲目》谓之地椒、香椒，俗名大椒。青茎绿叶，叶大倍指头而有尖，五六月开小白花，小瓣五出，花心色黑，结实生青，熟则鲜红，长三四寸。近蒂粗而末尖，皮肉薄而多子，子圆白大于茄肉之子，薄而成荬，去子取皮肉磨粉，味甚辛辣，司调和饮食。又有本团末尖如鸡心者，有圆而微扁如小柿者。

道光《贵阳府志》(点校本)卷四十七《食货略·土贡 土物》第920页

番椒 《草花谱》："番椒，丛生，白花，子俨似秃笔头，味辣，色甚红，可观。子种。"按：郡人通呼海椒，亦称辣角，园蔬要品，每味不离。盐酒渍之，可食终岁。其形状有数种，长细角似者，名牛角海椒；细如小笔头、丛结、尖仰者，名纂椒，二种尤辣。一种扁园形，色或红或黄，味不甚辣，名柿椒，中盆玩。

道光《遵义府志》(校注本)卷十七《物产》第495页

辣椒 按：辣椒全郡皆产，俗呼为辣子。大寸余，嫩时色青，熟则色朱红，味辛辣，滋食味，郡人四时用以佐食。其圆者俗呼为灯笼辣椒。或谓辣椒即秦椒，非也。考《本草》，秦椒色黑粒细似川椒，非即辣椒。又考食茱萸，一名辣子，虽有辣子之名，亦非即今辣椒也。

咸丰《兴义府志》(点校本)卷四十三《物产志·土产》第640页

海椒 俗名辣子，又名大椒。

咸丰《安顺府志》卷之十七《地理志·通产专产》第215页

海椒 番椒，名辣角。番椒、海椒即广椒，俗名辣角。夏初开花结子，似秃笔头，味辣，色甚红可观，园蔬妙品，每味不离。其形状有数种，长细似角者名牛角椒，细如小笔头丛结尖仰者名朝天椒，二种尤辣。又有结实甚大或似金桔形者，名灯笼椒，不甚辣，并可以供盆玩。

光绪《黎平府志》（点校本）卷三《食货志第三》第1367页

海椒 俗呼辣子，黔人每食，不可少。

光绪《增修仁怀厅志》卷之八《土产》第295页

海椒 即蕃椒，亦名辣角。二三月种，茎高尺余，夏开白花，结实，生青，老红，味辣，为黔中园蔬要品，犹齐鲁之姜食，燕晋、秦陇、吴越、闽广之用胡椒也。盐酒渍之可食终年，并可晒干杵面以和蔬。邑产分四种，其实长细略曲者名牛角辣，细如笔头，长寸许，丛尖仰者名纂椒，俗称七姊妹。辣二种，为甚烈，长曰二寸而肥大者名菜辣椒；味逊，扁圆，肉厚形如灯笼，色红或黄者名柿饼辣，可泡净坛，供蔬味略甜。

民国《岑巩县志》卷九《物产志》第462页

番椒 俗名海椒，又名辣角。夏初开白花，结子味辣，色青，老则红。黔中园蔬要品。犹齐鲁之姜食也。盐酒渍之可食终岁。长细者名牛角，海椒细如小笔头。丛结，尖仰者名纂椒二种甚辣，仅堪调味。一种扁圆或红或黄，味不甚辣，名柿椒，供蔬，亦中盆玩。

民国《都匀县志稿》卷六《地理志·农桑物产》第249页

番椒 一名海椒，一名辣椒，一名辣角。吴其浚曰："辣椒处处有之。江西、湖南、黔、蜀种以为疏，其种尖圆，大小不一，有柿子、笔管、朝天诸名。《疏谱·本草》皆未晰，惟《花镜》有番椒即此。"《遵义府志》："番椒通呼海椒，一名辣角，每味不离，长者曰牛角海椒，细如小笔头，丛结，尖仰者名纂椒，二种尤辣。一种扁圆形，色或红或黄不甚辣，名柿椒，中盆玩。味之辣至此极矣。或研为末，每味必偕。或以盐醋浸为蔬，甚至熬为油脯，诸火啮之者甚，胸膈寒滞乃至是哉。古人之食必得其酱，所以调其偏而使之平，故有食医掌之，后世但取其味膏腴，庖炙即为富贵。膏盲贫者，茹生菜，山居者或淡食。而产庶之区乃以饴为咸，虽所积不同，而留著胸中，格格不能下，则一也。姜桂之性尚可治其小患，至脾胃抑塞，攻之不可，则必以烈山焚泽，去其顽梗而求通焉。番椒之谓矣。"……番椒之一物，县人于家园山地，无不种之。山地者，尤辛辣，则此物不适于滋肥之征也。

民国《息烽县志》卷之二十一《植物部·蔬类上》第195—196页

海椒 又名辣角，夏初开白花，结子，色青味即辣，老而红，辣尤甚。黔中蔬园要品。

民国《八寨县志稿》卷十八《物产》第309—310页

木姜子

木姜子 产深箐中，实如胡椒，味辛香，可佐食。

乾隆《贵州通志》卷之十五《食货志·物产·贵阳府》第285页

木姜子 树高四五尺，产深箐中，实如胡椒，味辛香，可佐食，性热治胃寒，及暑月霍乱吐泻等症，极效。

道光《贵阳府志》（点校本）卷四十七《食货略·土贡 土物》第920页

木姜 《礼记·内则》："三牲用藙。"注：藙，煎茱萸也，《尔雅》谓之榝。《疏》："贺氏云，今蜀郡作之，九月九日，取茱萸，折其枝，连其实，广长四五寸，一升实可和十升膏，名为藙也。"《益部方物略记》："艾子，大抵茱萸类也，实正绿，味辛，蜀人每进羹臛，以一二粒投之，少选，香满盂盏。或曰，作为膏尤良。"按扬雄《蜀都赋》："当作藙，藙、艾同字。"赞曰："绿实若萸，味辛香芯，投粒羹臛，椒桂之匹。"李时珍《本草纲目》曰："食茱萸，一名藙，即榄子，蜀人呼为艾子。"按：扬雄《蜀都赋》称木艾，今郡人通呼木姜，其花味尤香美。

道光《遵义府志》（校注本）卷十七《物产》第494页

木姜 似胡椒。木姜乃俗名也，生山上，春初开黄花，夏秋结子如胡椒，食品中投一二粒，香满盘盂，其花微尤香美。

光绪《黎平府志》（点校本）卷三《食货志第三》第1367页

碧澄茄 俗呼木姜子。

民国《兴仁县补志》卷十四《食货志·物产》第460页

木姜 十冬月花苞未开采之和蔬香美，次年五六月摘实以盐渍之，食

可避瘴气。

民国《岑巩县志》卷九《物产志》第 463 页

木姜 《益都方物略记》："艾子大抵茱萸类也，实正绿，味辛，蜀人每进腥，以一二粒投之，少选香满盂盏，或曰作为膏尤良。"按《蜀都赋》称木艾，今通称木姜，五六月，吾邑出产尤多，食之可避瘴气，花尤香美。

民国《八寨县志稿》卷十八《物产》第 315 页

木姜子 贵州人之嗜食此物者不少。然遍检前载，鲜此名称。今即气味形象而索考之，非茱萸而何？……县人采之于山，而卖于市，与会城及他县不异。

民国《息烽县志》卷之二十一《植物部·蔬类上》第 199—200 页

椒

椒 《蜀都赋》："或蕃丹椒。"《本草纲目》李时珍曰："'蜀椒'子光黑，如人之瞳，人故谓之椒目。"《群芳谱》："椒，一名花椒，川椒肉厚、皮皱、粒小、子黑、外红里白，入药以此为良，他椒不及。"明《四川志》："各州县俱出椒。"《戊己编》："结实色青者，曰青椒；其红者，曰花椒，用入药。"《陈志》："州县皆产。"

道光《遵义府志》（校注本）卷十七《物产》第 494 页

海椒 按：海椒产兴义县。考海椒即花椒，即《尔雅》之椒，郡俗讹呼为海椒，以檓、海音近而讹之。《尔雅》云："檓，大椒。"郭璞注云："椒丛生，实大者为檓。"李时珍云："即花椒。"《图经》云："可入饮食中，及蒸鸡豚用。"今郡人治庖用之。

咸丰《兴义府志》（点校本）卷四十三《物产》第 640 页

椒 辛热之物。即花椒，辛热之物，叶青皮，红花、黄膜、白子，黑气香最易繁衍。惟闭口者不可食。又有野生者，其气味较逊。

光绪《黎平府志》（点校本）卷三《食货志第三》第 1366 页

花椒 即川椒。为落叶灌木，高丈许，有刺叶，对生，为羽状，复叶。春开小花，黄绿色，雌雄异株，实圆大如胡椒，熟则色赤，壳裂黑子，外见如眼珠。然六月初采之，去子和蔬，味辛，性热，可入药或研末入盐腌肉，味鲜美。壳不裂者有毒。别种称野生者名狗椒，味劣不可食。

民国《岑巩县志》卷九《物产志》第 462—463 页

椒 俗称花椒，性辛、熟，复叶对生如羽状，开黄绿花，雌雄异株，实圆小，实则色赤而裂黑子，外见如眼珠。然不裂者毒，别种野生名狗椒，味劣。

民国《八寨县志稿》卷十八《物产》第 309 页

椒 一名椴，一名大椒，一名花椒，一名秦椒，一名川椒，一名巴椒，一名蜀椒，一名南椒，一名藙莍，一名点椒，一名含丸使者……树不高大，叶青皮红，花黄膜白，子黑气香。最易繁衍。味辛性热，宜和腥食，药用亦夥。一种野生者，名蔓椒，或名猪椒、豕椒、彘椒、豨椒、狗椒、金椒。叶与子皆似椒，其性味则不及。山中人亦间采食之。

民国《息烽县志》卷之二十一《植物部·蔬类上》第 195—196 页

地萝卜

地萝卜 今郡又有地萝卜一种，大如拳，色白，生食似梨，微有蒿气；熟食，味似荸荠，极甘美，为诸书所未载。似金幼孜《北征录》所言之"沙萝卜"，而又小异。

咸丰《兴义府志》（点校本）卷四十三《物产志·土产》第 629 页

地萝卜 地瓜也。地瓜，俗名地萝卜，叶柔蔓生山野间，其根结实如瓜，味甘脆，产古州下江。

光绪《黎平府志》（点校本）卷三《食货志第三》第 1372 页

白地瓜 俗名地萝卜。

民国《咸宁县志》卷十《物产志》第 602 页

地萝卜 俗名沙萝卜，一名地瓜。茎柔，蔓生，茎结地中，大如拳，宜沙地，味甘脆，可生熟食，黄土不甚宜。

民国《八寨县志稿》卷十八《物产》第 308 页

地萝卜 惟味、形、色与萝卜绝殊，而亦蒙萝卜之名，载籍从未著录，方志惟见之都匀。乃贵州人之于此物也，春种之，而秋冬遍食之。或果或蔬，生熟皆宜。味甘、汁浓，而性大寒。衰老虚损之人最不可食。有不慎而食之者，鲜不破腹败耗也。柔蔓，细叶，夏末开淡紫花，结荚每荚

有四五子，似大豆而扁，其色淡白，不闻有以之作何用者。初秋即锄土取之，如碗、如拳、如鸡子，视种莳之力而验其大小。有薄皮裹之，皮极易剥。实甚白而松脆。四川之人侨居者，则多呼地瓜。《都匀县志》有"沙萝下"之一呼。旧闻久寓广东，回籍者称曰："广州市上亦颇富是物，惟其呼全异于贵州，乃曰'番鬼葛'也。县人每岁虽多种莳，然子必购自他县者乃生。"《都匀县志》亦谓："种极贵，多自遵义贩来。偶询之遵义人，所言不差。惟遵义之通呼则地瓜为尚，夫固川蜀割余之素习矣。"至可异者，博洽之《遵义府志》，其《物产》中，亦若不知有此物。岂此物之种之达于遵义也，犹在有府志之后耶？若非然者，则府志之仍不免于疏漏也。

民国《息烽县志》卷之二十一《植物部·蔬类下》第 221 页

地萝卜 产于罐子窑附近，岁出数万斤。

民国《普安县志》卷之十《方物》第 503 页

蒢子

蒢子 可饭。蒢子，有水陆二种，茎叶皆如广荷，有青紫之别。其根每一本生十二子，应月之数也。子皮黄，肉白，去皮煮食极面，并可当饭，其叶亦可作蔬。

光绪《黎平府志》（点校本）卷三《食货志第三》第 1372 页

地笋

地笋 根如藕而小，可溃食，即草食蚕也。

道光《贵阳府志》（点校本）卷四十七《食货略·土贡 土物》第 920 页

地笋 即草石蚕。

道光《大定府志》卷之四十二《食货略第四下·经政志四》第 625 页

地钮 一名地蚕。

同治《毕节县志稿》卷七《物产》第 414 页

地牯牛 土葫芦也。土葫芦，俗名地牯牛，其根形如葫芦，色白，泡食极美。

光绪《黎平府志》（点校本）卷三《食货志第三》第 1372 页

地笋 野生类，竹节八月生。

光绪《增修仁怀厅志》卷之八《土产》第 296 页

草石蚕 今呼地牯牛及地笋，一类二种之物……今贵州人所蒔、所食之地牯牛及地笋，显系二种。以地牯牛，果如连珠形。而地笋之长于地牯牛，有倍蓰之差，又非连珠，略分三四节。其味与实用法，则不异。色至白也。乃以之与番椒同醃入罐中，不经旬则全黑，且变其味。惟单以盐水渍食之，则色不变，又略可经久。县人当秋冬之交，恒于城市及村市买取之。

民国《息烽县志》卷之二十一《植物部·蔬类下》第 211 页

马兰

马兰 泽边、堤上、田旁俱多，二月生苗，赤茎白根长叶，叶末微圆，又有叶作刻齿者，俗名花马兰，采汋为蔬，晒干亦可。

道光《贵阳府志》（点校本）卷四十七《食货略·土贡 土物》第 920 页

马兰苔 菜苔也。马兰苔，生原湿间，亦菜名，食其苔，味香美。

光绪《黎平府志》（点校本）卷三《食货志第三》第 1368 页

龙须菜

龙须菜 野生可备荒。

民国《威宁县志》卷十《物产志》第 602 页

茴香

蒔萝 一名回香，气甚香美，子入药用。

道光《贵阳府志》（点校本）卷四十七《食货略·土贡 土物》第 920—921 页

小茴香 兴义县及安南、贞丰皆产。茴香有数种，嵇康《茴香赋》未析言。考《本草》《图经》诸书，产交广者为土茴香，产宁夏者为大茴香，产广西者为八角茴香。土茴香即《唐本草》之"怀香"是也。大茴香，一名野茴香，即《尔雅》之"牛蕲"是也。此小茴香，《开宝本草》谓之"蒔萝"，又谓之"慈谋勒"，皆番名，盖其种自外国来。《本草拾遗》云："生佛誓国，实如马芹子，辛香。"唐李珣《海药》云："《广州记》言生波斯国，色褐而轻，善滋食味。"《图经》云："三四月生苗花，实如蛇床

而簇生，辛香，六七月采实，人多用和五味。"明陈嘉谟《蒙筌》云："内有黑子，色褐不红。"今郡人治庖多用之。

咸丰《兴义府志》（点校本）卷四十三《物产志·土产》第639—640页

怀香 茴香也。茴香，亦曰怀香，宜向阳地，以子种之，生苗作丛，肥茎绿叶，五六月开花，色黄，子如麦粒，轻而有细棱，十月砍去枯梢，以粪壅之即滋生。

光绪《黎平府志》（点校本）卷三《食货志第三》第1366页

小茴 陶弘景曰："煮臭肉能去臭而香，故名，亦曰怀香。"

光绪《增修仁怀厅志》卷之八《土产》第301页

莳萝 即小茴香。为多年生草，高二三尺，十月剪去枯茎加施肥料，次年三四月生苗。叶细如丝，略如柏叶状，五月开小黄花，瓣内曲结。实成簇，实有细棱，椭圆微扁，子极细，黑褐色，气味芳辛，可调味，制甜酱多和之。一种木本名大茴，结实扁圆，大如铜钱，由十余角瓣环结而成，缘边多角，俗名八角茴，亦供调味，大小茴均入药。

民国《岑巩县志》卷九《物产志》第462页

小茴 即茴香也。十月斫去枯梢，粪之，三四月生苗及长叶，长细如松针而密，俗名羊胡子，五月开黄花。实如麦粒而有细棱，簇生，辛香，六七月采实，和五味治庖、制酱多用之。

民国《八寨县志稿》卷十八《物产》第310页

蘹香 一名茴香，一名八月珠，一名香丝菜。李时珍曰："俚俗多怀之衿衽咀嚼，恐蘹香之名或以此也。茴香宿根深。冬生苗作丛，肥茎，丝叶。五六月开花而色黄。结子大如麦粒，轻而有细棱，俗呼为大茴香。"吴其濬曰："《唐本草》始著录。圃中亦种之。土呼香丝菜。别有一种名莳萝，一名慈谋勒，一名小茴香者。"李时珍："莳萝、慈谋勒，皆番言也。其子簇生，状如蛇床子而短，微黑，气辛臭不及茴香"。吴其濬曰："开宝《本草》始著录，即小茴香。子，以为治肾气，方多用之。"今贵州辖境内，俱产蘹香与莳萝也。惟两种均针叶丛根。其别择者，则蘹香最密，而莳萝至疏。一般人漫不知察，亦不问谁为大茴香，谁为小茴香，概以小茴香混呼之。一般俚医之主方时，或有用大茴香者，又皆以广产之八角茴香当之。不知八角茴香之为四字之专名，虽其性味与茴香不殊，然其原著录之书，及原产地之不辨，亦不能辞其为闭惑矣。县地皆产是二物，而县人之不知别择者，未始无之。

民国《息烽县志》卷之二十一《植物部·蔬类上》第 198—199 页

木耳

木耳 一名木蛾，生于朽树之上，无枝叶，曰耳、曰蛾，象形也。色黑质软而脆。石耳生岩石上，似地耳质硬而厚。

道光《贵阳府志》（点校本）卷四十七《食货略·土贡 土物》第 921 页

木耳 韩文称为树鸡，或又称为木菌，称为耳，象形也，生于木上，故曰木耳。

咸丰《兴义府志》（点校本）卷四十三《物产志·土产》第 627 页

木耳 《本草》一名木㮕，一名木菌，一名木枞，一名树鸡，一名木蛾。

光绪《增修仁怀厅志》卷之八《土产》第 295 页

木耳 菌类，生桑、槐、楸、栎等树枯枝上。形如人耳，大者二三寸，里面平滑，其色黑褐，背有纤毛如绒。邑产仅黑耳一种，可鲜食，干后煮食嚼有微声。

民国《岑巩县志》卷九《物产志》第 465 页

木耳 一名木橘，一名木菌，一名木坝，一名木蛾，一名树鸡。今贵州之通产通用，厥有三品，而白者为上，其值之昂，至比于辽产人参；黄者为次，值亦倍蓰；黑者斯下。而用为多，入馔者十之八九，入药者或不及一二也。

民国《息烽县志》卷之二十一《植物部·蔬类下》第 237 页

木耳 生树上，以其形如人耳，故名，边粤山中多产之，黑者曰黑木耳，供常蔬（质粗者曰沙耳，细者曰云耳）。白者曰白木耳，价昂难得（黑白均入药）。

民国《八寨县志稿》卷十八《物产》第 311 页

石耳

石耳 《日用本草》云："生诸山石崖上，远望如烟。"李时珍云：

"状如地耳，采曝馈远，洗去沙土，作茹胜于木耳，佳品也。"

咸丰《兴义府志》（点校本）卷四十三《物产志·土产》第627页

菌

菌 扬雄《蜀都赋》："瑶英菌芝。"《蜀语》："地芝曰菌，音郡。菌之大者名斗鸡菇。生桑树上者名树鸡，生栎松林中，有黄白赤绿四种，可食。其面上如石灰者，杀人；用黄土和水浆食之可治。又音捲。夏月天雨，生山中石骨上，土人名地菌，皮可食。"《田居蚕室录》："夏菌，五六月。秋菌，八九月。雨后生。种类至伙，俗随形呼。其大脚菇、青糖菇、刷帚、松毛、黄丝诸种，无毒。一种，爪其盖即出白汁，名荼菌，又名羊奶菌，味尤香美。又一种，名冻菌，形半圆，肉之软嫩胜杨妃乳，生树头上，四时有之。不能干蓄。至一种红盖者，多生槲林，曰青杠菌，又曰一群羊，食者多中毒。凡菌有毒者，经炊烟熏干即无。"

道光《遵义府志》（校注本）卷十七《物产》第494页

菌 有冻菌、羊肚、青桐、茅草、青草数种。冻菌生于冬月，枯木间形体相连。羊肚菌生细草中，俗以形名，美彷鸡枞。生青桐省为青桐菌，生茅草、青草者为茅草菌。青草菌若独生者为毒菌，不可食。

咸丰《安顺府志》卷之十七《地理志·通产 专产》第215页

菌 松菌、核桃菌、谷菌、栗菌，木生；茅菌、䅟菌，草生。菌，香菇之外有数种，曰松菌，春季生松林中，盖蒂微黑色，味香美。曰核桃菌，曰谷树菌，皆各生于其树，形色与松树菌同味，易香美。曰茅菌，夏秋之间生草中，盖红蒂，白比茅草菌略大。又下江永从所产曰䅟菌，数者皆感天地不正之气而生，非若香菇之因种而出也，食之慎之。但凡菌有毒者，经炊烟熏干则无，如有中毒者，用黄土和水，浆食之可治。

光绪《黎平府志》（点校本）卷三《食货志第三》第1368页

香蕈 按：三物产兴义县；香蕈，安南县亦产。考《玉篇》云："蕈，地菌也。"宋陈仁玉《蕈谱》以香蕈居第七品。《日用本草》云："蕈生桐、柳、枳木上，紫色者名香蕈。"《食物本草》云："香蕈生深山烂枫木上，小于菌而薄，黄黑色，味香美。"李时珍云："蕈、从覃，香蕈，味隽永，有覃延之意。"

咸丰《兴义府志》（点校本）卷四十三《物产志·土产》第 627 页

香菌 香菇也。香菌，即香菇，蔬中上品，产下江，永从土人于深山中伐槠树卧地，俟木将腐，用香菇浸水洒之，越十数日，菌即出，其味芳美，比他省产者尤妙。惟冬菇肉厚味最佳，春菇肉薄，味稍逊。

光绪《黎平府志》（点校本）卷三《食货志第三》第 1367 页

香菌 生深山烛枫木及桐、柳、枳木上。小于常菌而薄，黄黑色味隽永（紫从覃有覃延之意）。

民国《都匀县志稿》卷六《地理志·农桑物产》第 252 页

香菌 《广菌谱》作"香蕈，生桐、柳、枳、棋木上，紫色。蕈字从草从覃，覃延也。冀味隽永有覃延之意"。今贵州之产，又以水城县者为尤著。县产亦多。

民国《息烽县志》卷之二十一《植物部·蔬类下》第 235 页

香菌 财神塘亦出。

民国《咸宁县志》卷十四《风土志》第 602 页

地卷皮 地菌皮也。地菌皮，俗名地卷皮，夏月天雨生山中石骨上。又，露菌生菰草中，皆可食。

光绪《黎平府志》（点校本）卷三《食货志第三》第 1368 页

菌 或生湿土，或生朽木，种类甚多，亦有毒者，须别择之。

光绪《增修仁怀厅志》卷之八《土产》第 296 页

冻菌 凡胡桃、乌桕、油桐、皂角、松、桑等枯树干上，久雨润湿将腐者辄天然生之。或取各树枯朽木材，勿去皮，置于阴润处，覆以薄草，每晨用米泔水漉之，亦生色白者名白冻菌，质柔滑，味芳美。色灰黑色者曰乌冻菌，尤佳，为蔬中上品。各树又生一种名鸡油菌，盖小如金钱，柄亦细，其色微黄，味亦可口。

民国《岑巩县志》卷九《物产志》第 465 页

松菌 俗名松树菌。生松地上，大者菌伞，茎三寸许，柄长二寸，伞下有壁襀，四周有后边，色红紫，质脆，香气芬烈，鲜食，味美，和油炸焦，用罐贮之，称菌油，调羹尤佳。按：菌之种类极多，形状不一，可食者名食用菌。含毒质而不可食者名有毒菌。《八寨县志稿》谓："误食菌毒

用黄土和水食之可解。邑人食菌以蒜瓣及橙草同煮言可解毒。邑产菌有数种，润肥地生者形状与乌冻菌同名，路菌可食，生于火烧后之茅草地者名茅草菌，俗称火烧菌，与鸡油菌相似，味亦佳。六七月间，栎槲林中常生菌，四种菌伞上面鲜红者名红菌，俗称麻栎菌，全体黄褐色折白汁者曰奶浆菌，均可食。色微绿者名绿色白，味辛者名石灰菌，均有微毒，土人亦煮后，晒干供蔬尚无碍。一种生于山野肥沃处名阳鹊菌，以春月阳鹊鸣后乃生，故名。菌伞圆长绝类未伸开之雨伞且皱缩如蜂巢，绿黑色可食。至有毒菌更多不必赘述，但视其色较食用菌美丽，其气恶臭，其味苦、咸、辣、涩，汁如乳与银，凡此皆不可食。"

民国《岑巩县志》卷九《物产志》第465页

冻菌 斯品之美，香菌无其细腻，鸡以无其清隽。《本草》及《菌谱》皆不见其名。若非昔人之或遗。则必为贵州所独有，亦不让蘑菇之著籍矣。其形，茎短而盖张，且生必绵延骈叠，全异他菌之单盖独茎。盖顶见灰褐色，肉则甚白……贵州之为地，山既不名，而岩亦不绝，独能荫此凡品，又不知谁人而肯举一"冻"以名之。冻解冻结于何纪年，而此凡品之滋胤不息。今虽挤而还之洎灌菌芝之原纪。谅此凡品之不灵、不瑞、不祥，必不见抗，而永中我贵州人群之常蔬矣。诸县皆有，而县产特多。小贩以之计赢于会城，冬春之际尤属绵延。茅草菌、青草菌、黄丝菌、松毛菌诸品，春夏有之。羊奶、羊肚菌、青柄菌、荞粑菌、诸品秋冬有之。其随俗形呼，汇类非一。马勃虽不中食，然固无毒之菌类，尤能备药。他如有毒之石灰菌，人皆知之弃之，间有寻常能食之品，时忽杀人，不则发狂、发疮、陷人于苦者，率常见之。详识而慎择之，以口腹而致累，诚非保身立世之通道也。

民国《息烽县志》卷之二十一《植物部·蔬类下》第236—237页

冻菌 士人于园圃伐胡桃、松、乌桕、茬桐各树之枯而腐者，卧地，每晨以淘米水漉之，菌即生，味芳美，胡桃树生尤佳，为蔬中上品，次则老桑树，皂角之枯根亦生，味稍劣，别种曰土冻菌，生土中形同冻菌，稍脆有毒，误食用黄土食之可解。（外有种曰茅草菌，夏秋间生草中，盖红蒂白，形圆而小曰紫菌，色红紫，坚脆，秋冬间，有雨多生丛毛树，晒干作蔬，味亦香。别种曰石灰菌，面如石灰，有毒，食之杀人。）

民国《八寨县志稿》卷十八《物产》第311—312页

羊肚菌

羊肚菌 亦生于细草中，俗以形名美，仿鸡㙡。

乾隆《贵州通志》卷之十五《食货志·物产·贵阳府》第 285 页

鸡㙡菌

鸡㙡 出府属，有紫、白二种，白者不可食，初秋生蔓草中，始奋如笠，既如盖，渐则纷披如鸡羽，故曰鸡，以其从土中出故曰㙡，蒸食甚美，然不可多得，不如滇产之广。

乾隆《贵州通志》卷之十五《食货志·物产·贵阳府》第 285 页

鸡㙡 其状下有脚如钉，上有盖若伞，面紫黑而光，背色黄而起薇，如刻丝然，煮食甚鲜。

道光《贵阳府志》（点校本）卷四十七《食货略·土贡 土物》第 921 页

鸡㙒 《广菌谱》："鸡㙒。"按：《通雅》作鸡㙇。《云南志》谓之鸡㚄。鸡以形言；㚄者，飞而敛足之貌，说本杨慎。或作蚁蜒，以其产处下皆蚁穴。《贵州志》云："下有蚁，若蜂房状，又名蚁夺。"《滇黔纪游》："鸡㙒，黔中亦产，但不如滇之蒙化者佳。有紫白两种，白者恒杀人。初秋生蔓草中，始奋如粒，既如盖，渐则纷披如鸡羽，故曰鸡；以其从土中出，故曰㙒。"《云南志》："六七月大雨后，生沙土中，或松间林下，鲜者香味甚美。土人咸而腊之，经年可食。若熬液为油，以代酱豉，其味香美。"《田居蚕室录》："生无常地、常时，色香味俱蕈中第一。惟仅生一朵者，不可遽食。有土人得一朵，高且大，携市之。及返，经采处，复一朵如前，疑而掘其下，一巨蛇正张口嘘气，急返告市者，已登盘，将入口矣，赖以免其毒。"

道光《遵义府志》（校注本）卷十七《物产》第 496—497 页

鸡㙡菌 《庄子》所云之鸡菌也。《集韵》作㙇，《集韵》云："㙇，土菌也。"《字汇》云："土菌，高脚散头，土人采烘寄远以充方物，点茶烹肉皆宜，气味似香蕈，其价颇珍。"又《黔书》中载丁炜一说，谓鸡㙡酱即蒟酱，昔汉武帝食而甘之，遂开通西南夷。梁武帝瞰觉美，曰："与肉何异？"敕复禁之。今郡人以鸡㙡入酱油，味尤旨。

咸丰《兴义府志》（点校本）卷四十三《物产志·土产》第 625 页

附诗：田雯《鸡㙡说》："负苞之族，肉芝之远裔也。一名蚁夺，所生之下多白蚁，气所蒸也。秋七月生浅草中，初，奋地则如立，渐如盖，移晷则纷披如鸡羽，故曰鸡；以其从土出，故曰㙡。种有二，惟紫者可茹，白能伤人，盖窃其似以乱真，不可以不察也。又有肥瘠之殊，肥者味厚，瘠则薄，理固然也。蹲而采之，来岁可再得；立则否，然亦视其雨旸之愆若为羡耗。以之充庖，甘鲜殊可悦，炽而藏之，膏而渍之。《埤雅》引《庄子》'鸡菌不知晦朔'；《集韵》：'㙡，土菌也。'鸟飞而敛足，菌形如之。见《黔书》。"

咸丰《兴义府志》（点校本）卷四十三《物产志·土产》第626页

附诗：张之洞《鸡纵菌赋》："淡烟漠漠雨初晴，郊外鸡㙡菌乍生。采满筠篮归去也，有人厨下倩调羹。时维七月，序近三秋，菌芽乍吐，菌苗将抽，名以鸡而《黔书》曾解，名以㙡而《字典》都收。梅诞生详言其状，李濒湖省悟其由。性清神而益胃，形高脚而散头。观其冒雨忽生，惊风乱飐，前山后山，三点五点。白质兮宜分，赤茎兮宜捡，如鸡羽之初垂，似鸡足之欲敛。草杂萋萋，人来冉冉。望原隰兮山色苍，锁群峰兮对夕阳。花仡兮仲女，荷笠兮携筐，陟崎岖之鸟道，登崩岉之羊肠。非佳节而挑菜，岂春尽而寻芳？采将奇菌，佐我羹汤。若夫苋名马齿，菜号龙须，荇则凫葵是唤，莎则鸭脚相呼。虽佳名之并妙，比异品分悬殊。重以初似笠张，继如盖起，客离冀北之乡，名重滇南之美，问价则数解青蚨。依根而丛生白蚁，美得地分黔中，知滋荣于雨里，水之湄兮山之波，伊人采兮踏绿莎。既珍馐之可荐，复病痔之能瘥。香飘清冽，影弄婆娑，尝嘉蔬之风味，爰志异而兴歌。歌曰："香菌号鸡纵，托根依芳草。有客异味尝，雅欲黔南老。"又歌曰："雨后空山有足音，鸡纵香菌餍依心。乱峰迢递烟岚锁，知在深山何处寻。""

咸丰《兴义府志》（点校本）卷四十三《物产志·土产》第626页

附诗：杨慎《鸡㙡》："海上天风吹玉芝，樵童睡着不曾知。仙翁近住华阳洞，分得琼英一两枝。"路孟达《鸡㙡》："茸茸如盖绕山城，若个乡关取次评。千朵筠篮传画意，一肩晓市听秋声。甘同香菌难专美，采向且兰独擅名。几度园林频指点，瓜壶风景助诗情。"

咸丰《兴义府志》（点校本）卷四十三《物产志·土产》第627页

鸡㙡 六七月生，初生如笠，既如盖，渐则纷披如鸡羽，故曰鸡。以从上中生，故曰㙡。蒸食甚美，人云若于得菌之日记来年对日求之，当再得菌。

咸丰《安顺府志》卷之十七《地理志·通产 专产》第 215 页

鸡㙇 即鸡㙡也。《广菌谱》："鸡㙇，《通雅》作鸡㙡。《云南志》谓之鸡蓤，或作蚁㙇，以其下皆蚁穴。"《贵州志》："下有蚁若蜂房状，又名蚁夺。"《滇黔纪游》："鸡㙇，黔中亦佳，但不如滇之蒙化者佳，有紫白二种，白者恒杀人，初秋，生蔓草中，始奋如粒，既如，盖渐则纷披如鸡羽，故曰鸡；从土中出，故曰㙇。"《云南志》："或沙土，或松下，鲜香味美，土人碱而腊之，经年可食。熬液为油，以代酱豉，其味香美。"《田居蚕室录》："生仅一朵者不可食，有土人得一朵，高且大，携市之，返经采处，复一朵如前，疑而掘其下，一巨蛇正张口嘘气，急返告市者，已登盘，将入口矣，赖以免其毒。"

光绪《黎平府志》（点校本）卷三《食货志第三》第 1374—1375 页

鸡㙡菌 一曰鸡㙇蕈，一曰鸡菌，一曰鸡菌，一曰鸡㙡菌，一曰蚁坝，一曰蚁夺……今按：贵州皆产是物，而尤以安顺、镇宁、紫云诸县之产为肥硕。安顺，当初秋时，人人皆得而适口。烘干储售、或赠远道，则他县人所不及。有谈者，言曾旅云南之临安。临安之鸡㙇，实为云南诸县所产之冠。及道安顺，适见是物，则赞其不亚于临安。若县境之是物，初出时固有嗜其鲜者，烘干储售、或赠远，或少闻之。

民国《息烽县志》卷之二十一《植物部·蔬类下》第 235 页

鸡㙇菌 即庄子鸡菌也，所生下多白蚁。秋七月生浅草中，初奋如立，渐如盖，移暑则纷披如鸡羽，惟紫者可茹，白者伤人（田雯《黔书》引丁伟说又谓即蒟酱也）。

民国《都匀县志稿》卷六《地理志·农桑物产》第 251 页

百合

百合 叶、茎、花俱类百合，根如大拳，遇岁歉，采根取粉，可以充饥。

道光《大定府志》卷之四十二《食货略第四下·经政志四》第 625 页

百瓣 百合也。百合，俗名百瓣，春生，苗高二三尺，干粗如箭，

叶生四面如鸡距，又似柳叶，青色，近茎微紫，茎端碧白，四五月开花，有香，根如蒜而大，叠生二三十瓣，可研粉作面食，最宜人，和肉食最佳。

光绪《黎平府志》（点校本）卷三《食货志第三》第 1372 页

百合 一名蟠，一名强瞿，一名强仇，一名蒜脑藷，一名摩罗，一名重箱，一名中逢花，一名重迈，一名中庭……王世懋《花疏》："根甜可食，宜多种圃中间，取佳者为盆供，宜兴山中最多。人取其根馈客，香不如家园所种。"李时珍曰："一茎直上，四向生叶，叶似短竹叶，不似柳叶。五六月，茎端开大白花，长五寸，六出，红蕊，四垂向下，色亦不红。红者叶似柳，乃山丹也。百合结实，路似马兜铃，其内子亦似之。其瓣种之如种蒜法。山中者，宿根年年自生。"今贵州之有是物，或由种莳，或由野生。野生者，多见于丹江、台拱、炉山诸县之雷公山中，采之淀制成粉，遐售远馈，比于安顺所制之荸荠粉。种莳者则诸县亦惟以充肴。若入药救饥，大抵多取自野生。县境固有野生之品，而种莳则罕闻。野生又有山丹、卷丹二种，实为百合一类。惟百合之瓣纯白，而山丹与卷丹皆紫，且不中食，以其味不若百合之甘，惟主治疮毒，俚医每用之而效。世无弃物，况山丹、卷丹之备载《本草》诸书者乎！吴其浚《植物名实图考》且载有"山百合、红百合、绿百合"之三品，皆亲见之于云南。山丹固亦有红百合之名。则云南所产其异于贵州者，当亦无几。而山百合、绿百合之名，其惟吴氏始甄采而籍记之。

民国《息烽县志》卷之二十一《植物部·蔬类下》第 238 页

元修菜

元修菜 巢菜也。一曰薇，一曰野豌豆，一曰大巢菜。诗"采薇礼芼豸，以薇皆此物"，宋人巢元修好之，故名。

光绪《黎平府志》（点校本）卷三《食货志第三》第 1372 页

木莲蓬

木莲蓬 薜荔也。薜荔，二种，皆不花，而实平如莲房，曰木莲蓬。圆而酵起，曰鬼馒头，六七月青黑色，内空，微红，有白汁，捣烂，布袋揉洗，制如蕨粉，食之解郁热。

光绪《黎平府志》（点校本）卷三《食货志第三》第1372页

蘘荷

蘘荷 根似姜赤色，秋初掘取，同子姜食之。谚曰："七月蘘荷八月姜"，言其盛也。

道光《贵阳府志》（点校本）卷四十七《食货略·土贡 土物》第919页

蘘荷 按：蘘荷产兴义县。考蘘荷，即《离骚》之苴蒪。《离骚·大招》云："醢豚若狗脍苴蒪。"王逸注云："苴蒪，蘘荷也。"《别录》云："赤者为蘘荷，白者为覆苴，食以赤者为胜。"今兴义县所产之蘘荷，春初生，叶似甘蕉，根似姜芽而肥，其叶冬枯，根可为菹。其性好阴，在木下生者尤美，故潘岳《闲居赋》云："菹荷依阴，时藿向阳。"又可盐藏以为蔬果，故《荆楚岁时记》云："仲冬以盐藏蘘荷，用备冬储，又以防虫。"《急就篇》云："蘘荷冬日藏。"杨慎注云："蘘荷，即今甘露。"《古今注》云："蘘荷，似芭蕉而白，其子花生根中，可食。"又王名《山居录》云："蘘荷，宜树阴下，二月种之，一种永生，不须锄耘但加粪耳。八月初，踏其苗令死则根滋茂。九月初，取其傍生根为菹，亦可酱藏。十月中，以糠覆其根下则过冬不冻死。"其说皆与今合。

咸丰《兴义府志》（点校本）卷四十三《物产志·土产》第630页

阳禾 浸食美。阳禾，茎叶俱如姜苗，七八月间根生红芽，每个十数层，水浸食极美。

光绪《黎平府志》（点校本）卷三《食货志第三》第1372页

蘘荷 俗名阳藿。多年生草，山野园圃皆自生。高二三尺，叶尖长，比姜茎长阔，亦类似草果叶。夏秋花轴自地下茎生出，长二寸，赤萼互包八九层，略如嫩竹笋，尖端花被大小不一，色淡黄，花轴供食，味香质韧。根可入药，治虫毒、疮毒、蜇毒、稻芒入目，以根心捣汁注之即出。

民国《岑巩县志》卷九《物产志》第460页

蘘荷 俗名阳藿。高二三尺，叶如姜叶而大，长尺余。夏秋之际，花轴自地下茎抽出嫩叶及花序，供食用。有赤、白二种。赤者充蔬。白者入

药，治虫毒疮毒，蛰毒、稻麦芒入目，以根以根心捣汁注之即出。

民国《八寨县志稿》卷十八《物产》第 314 页

蘘荷　有紫、白两种。紫中蔬，而白中药。古今之方音辗转，而其名不一。曰蓍苴，曰苴，曰复菹，曰猼苴，曰巴且，曰嘉草，曰阳荷，曰仰藿，曰蘘草，曰姜花，曰姜笋，曰洋百合，曰野姜花，曰八仙庆寿草……今贵州人之通呼阳荷，惟白者则加白字于上以别之，更无他呼。县人之植此者，亦中食者惟多，供药用不当十之二三也。

民国《息烽县志》卷之二十一《植物部·蔬类上》第 201 页

番茄

番茄　春生茎，高数尺，梢蔓延。叶为羽状，复叶深裂，有纤毛。夏开小黄花，实扁而圆滑，亦有皱裂成瓣者，径二寸余，色白或淡绿，近秋则熟，色转红，味甘美，和蔬可代酱。俗名秋茄，亦称酱辣子。

民国《岑巩县志》卷九《物产志》第 465 页

香椿芽

香椿芽　按：香椿芽，郡产极多，郡人或腌食，或瀹食，或和肉煮食，味皆香美。李时珍云："椿木赤嫩叶，香美可茹。"《生生编》亦云："嫩芽瀹食，消风祛毒"，而《蜀本草》云："椿芽多食令人神昏，血气微，和猪肉、热面食，中满壅经络，则味虽香美，不宜多食也。"

咸丰《兴义府志》（点校本）卷四十三《物产志·土产》第 631 页

荠

荠　一名地米。

道光《大定府志》卷之四十二《食货略第四下·经政志四》第 625 页

荠菜　按：荠菜产兴义县及贞丰，即《诗·邶风》所云"其甘如荠"之荠是也。花茎扁，味美，冬至后生苗，二三月起茎，开细白花，整整如一。结荚如小萍而有三角，荚内有细子。

咸丰《兴义府志》（点校本）卷四十三《物产志·土产》第 630 页

荠　随处生，县属土者以荠与蒂近，俗呼蒂蒂菜，又为采时须连根蒂拔取，故名。茎高尺余，叶在下部者羽状分裂，在上部者有缺刻，花四瓣，色白，实三角而扁平，中有细子，嫩叶食之香美。

民国《岑巩县志》卷九《物产志》第 465 页

笋

竹笋 旧志云："笋出山。"按：竹笋，全郡皆产。有二种：一种味佳，一种味苦，俗呼为苦竹笋。

咸丰《兴义府志》（点校本）卷四十三《物产志·土产》第 630 页

竹萌，笋也。笋，竹萌类，有数种，随竹名之，曰南竹笋，曰燕竹笋，曰金竹笋，曰贵竹笋，曰毛头竹笋，数者皆园囿所种。曰斑竹笋，曰水竹笋，曰箭竹笋，曰冬竹笋，曰苦竹笋数者，生山谷间壑间，或采于野或拔于园，四时皆有。笋为南竹林中于八月萌芽，至冬十月，虽未出土而土微裂，相土掘之，即得笋，曰包笋，又曰冬笋。其味脆嫩甘美，为诸笋之上品。若非掘出则仍壤于土中矣。春惊蛰后，南竹又有笋，才出土即掘之曰春笋，虽亦柔嫩，不及包笋之为美。苦竹笋多产古州，必先煮之漉出，苦味乃减。冬竹不甚高，颇坚实，秋月出笋，味亦香美。斑竹笋在立夏前后，遍山皆有味，亦佳。

光绪《黎平府志》（点校本）卷三《食货志第三》第 1372—1373 页

笋 ……按：笋之为蔬，其来也久。诸家本草以其不甚益人，故多未著意，而历代诗人咏之者不少，岂非以其颇清脆适口耶？夫竹类至烦，而竹皆有笋；惟苦竹之笋略不中食，他则均为人用。或又以为有毒，生姜麻油能解，而实鲜闻食笋中毒者。若贵州之竹，亦不让于秦、蜀、吴、楚。遁水之竹儿，且见于记载；虽荒邈之难稽，亦竹种之异闻矣。有竹之地，即有笋。笋之可鲜食者，春夏之交，不入口者，当非多数。淡干与盐道，行贩、赠远，往往不绝；惟各省则多来自楚蜀。毗近楚蜀之县境，或间有之。省内腹地诸县，固皆春夏之鲜笋是甘。县产之笋，略不异于他县。

民国《息烽县志》卷之二十一《植物部·蔬类下》第 232 页

笋 竹芽也。金竹、斑竹、丝竹皆园林中产；水竹、苦竹、箭竹、方竹偏生山野间；皆惊蛰后生曰春笋。箭竹、方竹八月生，名八月笋，均干

脆。苦竹笋稍苦而清凉。

民国《八寨县志稿》卷十八《物产》第 314—315 页

花椰菜

花椰菜 新自西洋，输入俗呼洋莲花菜，食花为最鲜美。

民国《普安县志》卷之十《方物》第 503 页

多心菜

多心菜 按：多心菜产贞丰，即苔心菜。

咸丰《兴义府志》（点校本）卷四十三《物产志·土产》第 627 页

甘蓝菜

撖蓝 一名芥蓝菜。

民国《兴仁县补志》卷十四《食货志·物产》第 460 页

粉葛

粉葛 《明一统志》云："安南卫产葛。"《安南志》云："安南产葛藤。"《通志》云："南笼府产粉葛，蔓延遍野，根可漉粉，花可解醒，有甘、苦二种。"

咸丰《兴义府志》（点校本）卷四十三《物产志·土产》第 628 页

第二节 瓜之属

瓜 瓜之事实，不胜视缕。然自唐代以上之典籍，率以一"瓜"字言之。究不指为瓜之何种。今之瓜名，则甚众矣。瓜之可果可蔬者，前人虽曾分明言之；然典籍所记之瓜，大要多属于果者，属于果之瓜，则为生食。而唐代以前，中国不见西瓜之名，则为甜瓜一种。今不产于贵州。贵州之果瓜，则西瓜惟一矣。余瓜皆中蔬用者，略分列如次。

民国《息烽县志》卷之二十一《植物部·蔬类下》第 226 页

瓠

瓠 夏初结实，肥白性甘淡。四月结实，长一尺二三寸，亦有短者，粗如人肘，曲直不一，亦有如环者。两头相似，味淡，可煮食，不可生啖。

道光《贵阳府志》（点校本）卷四十七《食货略·土贡 土物》第 921 页

瓜瓠 扬雄《蜀都赋》："瓜瓠饶多。"按：南瓜、冬瓜、丝瓜、苦瓜、黄瓜，无家不种。西瓜，仁怀种之。其南瓜早实者，名白瓜煦，俗名金瓜。其长者名大黄瓜。

道光《遵义府志》（校注本）卷十七《物产》第 493 页

匏瓜 旧志云："产匏瓜。"按：匏瓜即匏，又名匏瓜，即《诗·豳风》所云"八月断壶"之壶是也。苏恭云："形似越瓜，长尺馀，头尾相似，夏中便熟，秋末便枯。"今郡之匏瓜，味与冬瓜相似。

咸丰《兴义府志》（点校本）卷四十三《物产志·土产》第 631 页

瓠子 似葫芦。瓠子，蔓生，叶花俱如葫芦，结子长一二尺，亦有短者，粗如人肘，中有瓤，两头相似，味淡，可为夏月常用。

光绪《黎平府志》（点校本）卷三《食货志第三》第 1369 页

瓠子 《群芳谱》曰："江南名扁蒲，就地蔓生，处处有之。苗、叶、花，俱如壶卢。结子长一二尺，夏熟；亦有短者，粗如人肘。中有瓤，两头相似，味淡，可煮食，不可啖。夏日为日用常食，至秋则尽，不堪久留。"吴其浚曰："瓠子，方书多不载。而《唐本草》所谓'似越瓜，头尾相似'，则即今瓠子，非瓠匏也。"又引《滇本草》："瓠子，又名龙蛋瓜，又名天瓜。味甘寒。治小儿初生周身无皮，用瓠子烧灰调菜油擦之甚效。又治左瘫右痪，烧灰用酒服之。亦治痰火、腿足疼痛，烤热包之即愈。又治诸疮脓血流溃、杨梅结毒、横担鱼口，用荞面包好入火烧焦，去面为末，服之最效。用生姜同服，治咽喉肿痛甚效。"按：所治病甚伙，而自来《本草》遗之，足以补缺，此物要为匏瓠之别种。种莳既易，而恒蔬之需为多，与各种匏瓠并见重于贵州诸县之农圃。其名，士大夫者乃多忽之。

民国《息烽县志》卷之二十一《植物部·蔬类下》第 230—231 页

葫芦

壶卢 壳老而坚大者，可为瓢，腰细者可盛酒，圆大微扁者为匏，上小

下大顶尖腹圆者为壶，长柄而圆者为悬匏，似壶而细腰如两截者为药胡卢。

道光《贵阳府志》（点校本）卷四十七《食货略·土贡 土物》第921页

胡芦 有甜、苦二种。

道光《大定府志》卷之四十二《食货略第四下·经政志四》第625页

匏壶 葫芦也。葫芦，匏也。蔓生，茎长，须架起则结实，圆正，大小数种，有大如盆盎者，有小如拳者，有柄长尺余者，有中作亚腰者，皆利水道，止消渴。陆农师曰："项短大腹曰瓠，细而合上曰匏，似匏而肥圆者曰壶。"

光绪《黎平府志》（点校本）卷三《食货志第三》第1369页

匏瓜 一名壶，俗曰葫芦，分甘苦二种。《诗经》："南有樛木，甘瓠累之。"《小雅》："幡幡瓠叶，采之烹之。"皆甘瓠也。

光绪《增修仁怀厅志》卷之八《土产》第296页

壶卢 李时珍曰："壶，酒器也。卢，饮器也。此物各象其形。又可为酒饭之器，因以名之。俗作葫芦者，非矣。名状不一，其实一类各色也。处处有之；但有迟早之殊。正二月下种，生苗、引蔓、延缘。其叶似冬瓜叶而稍团，有柔毛，嫩时可食。大小长短各有种色。新中之子，齿列而长，谓之瓠犀。窃谓壶瓠之属，既可烹晒，又可为器。大者可为瓮盎，小者可为瓢樽，为要舟可以浮水，为笙可以奏乐，肤瓤可以养豕，犀瓣可以浇烛，其利溥矣。"今按：此物有甘苦之分，甘者中食，而苦者则否；然其可备器用一也。农圃人家盛贮之具，土陶而外，舍此莫由。甘苦同功，纷言何取！

民国《息烽县志》卷之二十一《植物部·蔬类下》第230页

壶卢 俗曰壶芦瓜。清明节种，数日发芽，以肥料壅之，结壶必多。嫩时可食，八九月即老取下。悬檐风干纳石灰其中，熟烂子出，可用为器以载茶酒，远行最宜。

民国《八寨县志稿》卷十八《物产》第313页

冬瓜

冬瓜 皮粉白，大者可二十斤。

道光《贵阳府志》（点校本）卷四十七《食货略·土贡 土物》第921页

白瓜 东瓜也。东瓜，一曰白瓜，蔓生，茎粗如指，有毛，中空，叶大而青，有白毛如刺，开白花，实生蔓下。长者如枕，圆者如斗，皮有毛，初生青，经霜则青，皮上白如涂粉，肉及子亦白，八月断其梢，捡实小者摘去，只留熟，味香美。

光绪《黎平府志》（点校本）卷三《食货志第三》第1368页

东瓜 一曰白瓜。蔓大如指，中空，叶大而青，皆有毛。三月种，六七月开花，结瓜如枕，青色。熟则凝霜如传粉，肉及子均白。八月取之供蔬，切片糖渍曰东瓜片，味佳。

民国《八寨县志稿》卷十八《物产》第313页

冬瓜 至冬而熟，一名越瓜，又名白瓜。

光绪《增修仁怀厅志》卷之八《土产》第296页

菜瓜

菜瓜 皮绿有直纹，入酱脆美。

道光《贵阳府志》（点校本）卷四十七《食货略·土贡 土物》第921页

菜瓜 一名生瓜。

民国《咸宁县志》卷十四《风土志》第602页

南瓜

南瓜 蔓生，长圆不一，肉黄味甘，去瓤食，亦名番瓜，北人呼倭瓜。

道光《贵阳府志》（点校本）卷四十七《食货略·土贡 土物》第921页

南瓜 郡产南瓜最多，尤多绝大者，郡人以瓜充蔬，收其子炒食，以代西瓜子。

咸丰《兴义府志》（点校本）卷四十三《物产志·土产》第631页

南瓜 附地，蔓生，茎粗而空，有毛，叶大而绿，亦有毛，开黄花结实，形横圆而竖扁，亦有肥而长者，生青熟黄，有白纹界之，微凹者熟食，味面而腻，亦可和肉作羹。

光绪《黎平府志》（点校本）卷三《食货志第三》第1371—1372页

南瓜 供蔬菜用。

民国《兴义县志》第七章第二节《农业》第252页

南瓜 李时珍曰："种出南番，转入闽浙，今燕京诸处，亦有之矣。二月下种，宜沙沃地。四月生苗。引蔓甚繁。一蔓可延十余丈，节节有根，近地即着。其茎中空。其叶状如蜀葵而大如荷叶。八九月开黄花如西瓜花，结瓜正圆，大如西瓜。皮上有棱如甜瓜。一本可结数十颗。其色或绿、或黄、或红。经霜收置暖处，可留至春。其子如冬瓜子。其肉厚、色黄，不可生食。惟去皮、瓤，瀹食。味如山药。同猪肉煮食更良。亦可蜜煎。"今按：此瓜初结如拳、如碗时，清松适口。圃人摘贾于市，得值较多；群呼小瓜，或呼嫩瓜崽。至皮坚、肉黄时，则味尤甘。圃人多剖而卖之，群呼老瓜。世之研讨植物者，皆谓老瓜能制糖，信乎其能制糖也。

民国《息烽县志》卷之二十一《植物部·蔬类下》第226—227页

南瓜 其籽可食。

民国《兴仁县补志》卷十四《食货志·物产》第461页

南瓜 蔓空叶大，均有纤毛，夏初开黄花，结瓜扁圆，大者如斗，生青，熟黄，微凹处有白纹如橘瓣，味甘。老瓜中子可啖，根可澄粉。

民国《八寨县志稿》卷十八《物产》第313页

搅瓜

搅瓜 藤叶似南瓜，叶色深青，边多锯齿，实似南瓜而小，形长，食时断为两截，浮之水中，以箸搅之成细丝，不假刀切，故名搅瓜。

道光《贵阳府志》（点校本）卷四十七《食货略·土贡 土物》第921页

茭瓜 茭瓜味如茭白，并充蔬食。

咸丰《兴义府志》（点校本）卷四十三《物产志·土产》第632页

搅瓜 名不见于前籍。惟陈藏器《本草拾遗》有天罗勒云："生江南平地，主溪毒，挼碎傅之。"李时珍曰："陈氏注此不详。"又"江南呼丝瓜为天罗，疑即此物。然无的据"。吴其濬《植物名实图考》则图说綦详，云："搅丝瓜生直隶。花叶俱如南瓜。瓜长尺余，色黄，瓤亦淡黄，自然成丝，宛如刀切，以箸搅，取油盐调食，味似撇蓝，性喜寒。携种至南，秋深方实，不中食矣。"夫陈藏器之囫囵言"天罗勒"，李时珍乃疑即丝瓜。今搅瓜不以刀切断，置釜中以答搅之，天然成丝，或亦天罗勒之所以名欤？然其是否天罗勒，姑例李时珍之存疑。今贵州人之于搅瓜，诚莳之食之；则吴其浚之言，容有所未尽矣。

民国《息烽县志》卷之二十一《植物部·蔬类下》第228页

丝瓜

丝瓜 长尺余，老则坚韧，皮有霜，煅之可疗喉热。大寸许，长一二尺，甚则三四尺，深绿色，皮厚而皱，肉青白而松，其味甘滑。

道光《贵阳府志》（点校本）卷四十七《食货略·土贡 土物》第921页

布瓜 天丝瓜也。丝瓜，一名布瓜，一名天丝瓜，蔓生，茎绿色有棱而光，叶如黄瓜叶而大，无刺，深绿色，宜高架，喜背阳向阴，开大黄花结实，色绿，有短而肥者，有长而瘠者，九月将老者取子，留作种，瓤丝如网，可涤器。

光绪《黎平府志》（点校本）卷三《食货志第三》第1368—1369页

丝瓜 即缣瓜也，嫩小者可食，老则成丝。

光绪《增修仁怀厅志》卷之八《土产》第296页

丝瓜 茎细长而卷须，宜高架。叶如胡瓜但无刺，掌状分裂，片尖锐。夏开黄花，雌雄同株，实长者至二尺，径寸余。色深绿，嫩时供食，八九月熟后，取子作种，果肉内有强韧之。纤维如纲称丝瓜，络供厨中涤器佳，一种实短而肥大有棱，味亦甘美。

民国《岑巩县志》卷九《物产志》第463页

丝瓜 一名天丝瓜，一名天罗絮，一名蛮瓜，一名布瓜，一名鱼鰦，一名虞刺，一名洗锅罗瓜。李时珍曰："丝瓜，唐宋以前无闻。今南北皆有之，以为常蔬。二月下种，生苗引蔓，延树竹或作棚架。其叶大如蜀葵而多丫尖，有细毛刺，取其汁，可染绿。其茎有棱。六七月开黄花五出，微似胡瓜花，蕊瓣俱黄。其瓜大寸许，长一二尺，甚则三四尺，深绿色，有皱点，瓜头如鳖首。嫩时去皮可煮、可曝，点茶充蔬。老则大如杵，筋络缠纽如织成，经霜乃枯，惟可藉靴履涤釜器，故村人呼为洗锅罗瓜。内有隔，子在隔中，状若苦蒌。子黑色而扁。其花苞及嫩叶卷须皆可食也。"吴其浚曰："此瓜无甚味而不宜人。乡人易种而耐久，以隙地种之。江湖

间有长至五六尺者。"又引陆游《老学奄笔记》云："丝瓜涤研磨洗余渍皆尽，而不损研。则菅蒯之余，乃登大雅之席。"

民国《息烽县志》卷之二十一《植物部·蔬类下》第 228 页

丝瓜 宜高架，蔓绿有棱，叶如胡瓜而无刺，开黄花，瓜大寸许长盈尺，色深绿，去皮可食，八九月老。储子作种，瓜瓤涤器最可。（叶可染蓝，以瓤销鞋底可防湿。）

民国《八寨县志稿》卷十八《物产》第 313—314 页

黄瓜

黄瓜 可生食，长尺许，即胡瓜。

道光《贵阳府志》（点校本）卷四十七《食货略·土贡 土物》第 921 页

胡瓜 即黄瓜。黄瓜，一名胡瓜，蔓生，叶五尖而涩，有细白，刺如针芒，茎五棱，亦有细白刺，开黄花结实，青白二色，质脆嫩多汁，有长数寸者，有长一二尺者，遍体生刺如小粟粒，味清凉，解烦止渴，可生食，种阳地，暖则易生。

光绪《黎平府志》（点校本）卷三《食货志第三》第 1369 页

黄瓜 一名南瓜，一名胡瓜，《齐民要术》曰："收越瓜欲饱霜，收胡瓜候色黄。"

光绪《增修仁怀厅志》卷之八《土产》第 296 页

黄瓜 一名胡瓜。陈藏器曰："北人避石勒讳，改呼黄瓜，至今因之。"李时珍曰："张骞使西域得种，故名胡瓜。按杜宝《拾遗录》云：'隋大业四年避讳，改胡瓜为黄瓜'，与陈氏之说微异。今俗以月令王瓜生，即此误矣。胡瓜处处有之。正二月下种，三月生苗引蔓，叶如冬瓜叶，亦有毛，四五月开黄花，结瓜围二三寸，长者至尺许，青色，皮上有痈痈如疣子，至老则黄赤色。其子与菜瓜子同。一种五月种者，霜时结瓜，白色而短。并生熟可食，兼蔬蓏之用。"

民国《息烽县志》卷之二十一《植物部·蔬类下》第 227 页

胡瓜 俗名黄瓜。蔓五棱，叶五出，均有纤毛。花黄，结瓜青色，熟则黄，质脆多汁。解烦止渴，可生熟食。

民国《八寨县志稿》卷十八《物产》第 314 页

苦瓜

苦瓜 青皮，痱磊，熟则裂，瓤赤色。

    道光《贵阳府志》（点校本）卷四十七《食货略·土贡 土物》第921页

苦瓜 一名锦荔枝，味苦色黄，熟则自裂，内有红瓤，状如荔枝。

    咸丰《兴义府志》（点校本）卷四十三《物产志·土产》第631页

苦瓜 可腌菹。苦瓜，蔓生，茎青色，有棱，叶多歧，微青色，开黄花结实而皱，如荔枝壳状，有长数寸者，有长一尺余者，味清凉，可煮食，亦可腌以为菹。

    光绪《黎平府志》（点校本）卷三《食货志第三》第1369页

苦瓜 皮皱如癞，味苦性凉。

    光绪《增修仁怀厅志》卷之八《土产》第296页

苦瓜 一名锦荔枝，一名癞蒲萄。周宪王《救荒本草》曰："锦荔枝即癞蒲萄。蔓延草木，茎长七八尺。茎有毛，涩，叶似野葡萄而小。"又"开黄花，实大如鸡子，有皱纹，似荔枝"。李时珍曰："苦瓜。原出南番，今闽广皆种之。五月下子，生苗引蔓，茎叶卷须并如葡萄而小。七八月开小黄花五瓣如碗形。结瓜长者四五寸，短者二三寸，青色，皮上痱瘟如癞及荔枝壳状。熟则黄色自裂，内有红瓤裹子。瓤味甘可食。其子，形扁如瓜子，亦有痱癌，南人以青皮煮肉及盐酱充蔬，苦涩有青气。"今贵州诸县皆有之。

    民国《息烽县志》卷之二十一《植物部·蔬类下》第228页

苦瓜 蔓有棱，叶多岐。青色开黄花。结实皮皱如簇尤长，有盈尺者味稍苦而清凉。

    民国《八寨县志稿》卷十八《物产》第314页

金瓜

金瓜 形圆有瓣，色如赤金，居人摘供盘玩，味淡不中食，长者名珊瑚枕。

    道光《贵阳府志》（点校本）卷四十七《食货略·土贡 土物》第921页

金瓜 按：金瓜产府亲辖境，俗呼为大黄瓜。

    咸丰《兴义府志》（点校本）卷四十三《物产志·土产》第631页

金瓜 蔓、叶与花，均类黄瓜；种时熟时亦不小异。瓜形圆而扁，似南瓜之老，又大不逾碗，色赤辩显，味似甜而不中食。又一种有三足者则呼香炉瓜。又一种形长者，则呼珊瑚枕。均摘供盘玩。

民国《息烽县志》卷之二十一《植物部·蔬类下》第 229 页

甜瓜

甜瓜 《蜀都赋》："瓜畴芋区。"《广志》："蜀地温良，瓜冬熟。有春日瓜，细小，小瓣，宜藏。正月种，三月熟。有秋泉瓜，秋种，十月熟，形如羊角，色苍黑。"

道光《遵义府志》（校注本）卷十七《物产》第 493 页

王瓜

王瓜 二月种，四、五月熟。《本草》曰："王瓜上瓜也，非今世俗所谓王瓜。"

光绪《增修仁怀厅志》卷之八《土产》第 296 页

菜瓜

菜瓜 似西瓜而小，可腌食。

光绪《增修仁怀厅志》卷之八《土产》第 296 页

菜瓜 一名越瓜，一名稍瓜，一名羊角瓜。陈藏器曰："越瓜生越中，大者色正白。越人当果食之，亦可糟藏。"李时珍曰："越瓜，南北皆有。二三月下种生苗，就地引蔓，青叶黄花，并如冬瓜花叶而小。夏秋之间结瓜，有青、白二色，大如瓠子。一种长者至二尺许，俗呼羊角瓜。其子状如胡瓜子，大如麦粒。"再按《群芳谱》，则菜瓜亦有苦瓜之一名，而与稍瓜分列，稍瓜亦复有菜瓜之一名。综较诸家所说，大约亦同类而异种。惟今贵州所产之菜瓜，不能作果食。食法正与南瓜相同。其子虽不如南瓜子之大，亦无小如黄瓜子者。且瓜形多长而不圆，色则淡白而满布青花斑。小瓜时，南瓜未熟，人颇食之；若南瓜已出，则皆嫌其味甚薄，圃人多以之饲畜矣。

民国《息烽县志》卷之二十一《植物部·蔬类下》第 227 页

土瓜

土瓜 《锄经堂集》："土瓜柔蔓，生山野间，其根，俗呼土蛋，童子常掘食之。"岁饥可助粮。

道光《遵义府志》（校注本）卷十七《物产》第497页

土瓜 按：土瓜产安南县。《图经》云："月令四月王瓜生"，即此也。《别录》云，土瓜"土瓜生篱间，子熟时赤如弹丸。"郑元注"月令王瓜生，以为菝葜"，殊谬。今安南所产之土瓜，三月生苗，嫩时可茹。六七月开小黄花，子熟时有红、黄二色，皮粗涩，根如栝楼根之小者。澄粉甚白腻，须深二三尺乃得正根，作蔬食味如山药。

咸丰《兴义府志》（点校本）卷四十三《物产志·土产》第631—632页

土瓜 生食、菜用均宜。

民国《兴义县志》第七章第二节《农业》第252页

木瓜

木瓜 按：木瓜产安南县，香极清远，形大而色黄嫩，作案头清供最佳。产府亲辖境者，形小而色青，香亦微逊，郡人多切片盐食，然味酢不堪食。

咸丰《兴义府志》（点校本）卷四十三《物产志·土产》第632页

木瓜 《郭璞注尔雅》云："木实如小瓜，医家用治湿疹，脚气。"

光绪《增修仁怀厅志》卷之八《土产》第296页

木瓜 《尔雅》谓之楸。

民国《兴仁县补志》卷十四《食货志·物产》第462页

木瓜 有家、野二种，家寔甚大野甚小。

民国《咸宁县志》卷十《物产志》第602页

北瓜

北瓜 按：北瓜大如盏，圆而扁，色红，郡人以为案头清供。

咸丰《兴义府志》（点校本）卷四十三《物产志·土产》第632页

西瓜

西瓜 土产者瓤少味薄,城南种者颇老佳。

道光《贵阳府志》(点校本)卷四十七《食货略·土贡 土物》第921页

西瓜 按：西瓜产贞丰、册亨之红水江滨者，形虽仅小如碗，味颇甘。府亲辖地所产西瓜则形小味淡，不堪食。

咸丰《兴义府志》(点校本)卷四十三《物产志·土产》第632页

西瓜 一名寒瓜，一名杨溪瓜……今贵州之西瓜，虽种者不少，然瓜实不大，且白瓤者多。间有红瓤者，则甘美远不如湖南，遑论山西诸瓜！惟此为果瓜，以皆瓜类，故不别出。县之所产，固不大殊于行省内矣。又有"金瓜""套瓜"之二种，皆不中食，然亦瓜类也。宜同见之。

民国《息烽县志》卷之二十一《植物部·蔬类下》第228—229页

西瓜 其籽可食。

民国《兴仁县补志》卷十四《食货志·物产》第461页

地瓜

地瓜 地瓜大如碗，皮青有白点。

咸丰《兴义府志》(点校本)卷四十三《物产志·土产》第632页

第三节 果之属

果之属 柑、橙、桃、李、杏、梨、柿、香橼、金橘、枣、莲、梅、栗、瓜、蕉、林檎、花红、石榴、枇杷、软枣、杨梅、银杏、核桃、葡萄、茨菰、木瓜、荸荠、樱桃、扁桃、地石榴。

嘉靖《贵州通志》卷之三《土产》第273页

果属 果则梨有数种，以雪梨为最。桃有胭脂、黄蜡、白蜡之名。李、杏、樱桃、栗、榴、枇杷、山查、花红之属，皆为土之所宜余，则虽植之，不能成宝。

乾隆《南笼府志》卷二《地理·土产》第536页

果属 又按县产果树虽多，能销售于境外者为银杏、栗、胡桃为大宗详林业。余因不能久贮，故仅销于邻属。

民国《普安县志》卷之十《方物》第503页

李

李 省治桃李盛于他处，花时灿若云霞，芳菲夺目。李实惟紫李最佳，俗呼"麦熟李"。

乾隆《贵州通志》卷之十五《食货志·物产·贵阳府》第284页

李 紫李最佳，俗呼麦熟李，牛心李，味甘，又有郁李，实小如豆，野生，味苦涩。

道光《贵阳府志》（点校本）卷四十七《食货略·土贡 土物》第921页

李杏 旧志云："果有李、杏。"《识略》云："册亨树多李、杏。"按：李、杏，今全郡皆产。

咸丰《兴义府志》（点校本）卷四十三《物产志·土产》第658页

麦熟、红瓤、朱砂 皆李名。李，黎郡有数种，如麦熟李、红瓤李、朱砂李之类，用桃树接者，生子甘红，正月朔望日以砖石着李树歧中，可令实繁，实不沉水者不可食。

光绪《黎平府志》（点校本）卷三《食货志第三》第1375页

李 《齐民要术》嫁李法："正月一日，或十五日，以塼石著李树歧中，令实繁。"本境有鸡血李，色红。又有内江李、月黄李、江安李、桐李。

墨李 色青如弹子，秋后熟。

光绪《增修仁怀厅志》卷之八《土产》第296页

李 种于园圃内，李种类亦多，中以麦熟李为良。

民国《兴义县志》第七章第二节《农业》第252页

李 落叶亚乔木，高丈余。叶卵圆而长枝干，类似梅树。春开白花五瓣。邑产果实凡数种，割麦时熟，形圆色青而微黄者名麦李；皮肉色紫而小者名鸡血李，状如牛心，皮紫肉黄者名牛心李，形略扁圆；皮肉均黄者名蚌壳李，似蚌壳李而肥大者名瓜李味，均甘酸，惟鸡血李稍脆。别种野生，实小味酸苦曰苦李。

民国《岑巩县志》卷九《物产志》第466页

李 熟时与桃同。匀产凡四种，曰珍珠李，大如樱桃色；赤曰麦熟李，皮肉皆赤，味甘酸，不可多食，不沉水者亦勿食。别种野生曰山苦李，八九月熟，肉薄，味涩，乡人呼玉外絮，中者曰八月酸，盖取况于此。

民国《都匀县志稿》卷六《地理志·农桑物产》第257页

李 邑产凡三种。实形如牛心，曰牛心李；色赤味佳，色青熟微赤，麦熟时食之曰麦熟李，味亦可；皮肉通黄如黄蜡李，味干脆。别种野生曰苦李，形小味酸苦。

民国《八寨县志稿》卷十八《物产》第316页

李 ……贵州李产之多，亦侔于桃。县产则五种为最：一麦熟李、一黄蜡李、一鸡皮李，一江安李，一苦李。

民国《息烽县志》卷之二十一《植物部·果类》第286页

李 有大、小、红、黄数种。

民国《咸宁县志》卷十《物产志》第602页

桃

桃 实大而黄者为黄腊桃，皮青而核红者名朱砂桃，秋熟者号秋桃，冬熟者号冬桃。又柿饼桃、胭脂桃，或以形色名。叶狭长，花开稍后于杏，五瓣，瓣稍长而尖，野桃粉红娇媚，家桃嫣红鲜艳，又有白花者、二色者、千叶者。结实圆而顶有微尖，一旁稍隆，一旁作缝，有界痕。野桃粘核，五月早熟，纯红带紫而多汁；家桃离核六月熟，味最胜。毛粘桃味恶，七月熟。

道光《贵阳府志》（点校本）卷四十七《食货略·土贡 土物》第921页

胭脂桃、黄蜡桃、白蜡桃 《识略》云："册亨树多桃。"按：大桃，产府署之古桃树，硕大而色佳味甘；他桃，全郡皆产。胭脂桃，皮红如胭脂。黄蜡桃即金桃，《图经》云："金桃色淡黄。"《种树书》云："柿接桃则为金桃。"白蜡桃即银桃是也。今郡人有李树接桃者，李实而桃核。

咸丰《兴义府志》（点校本）卷四十三《物产志·土产》第657页

金桃、脆桃 皆桃名。桃，五木之精也。黎郡有数种，如红桃、白桃、碧桃、乌桃、毛桃之类。用柿树接者曰金桃，味甘色黄；李树接者曰李桃；

梅树接者曰脆桃，皆不宜多食。栽树三年便结实，不耐久，以皮紧故也。四年后以刀斫其皮至生枝处，使胶尽出，可多活数年。又桃实太繁，则多坠，以刀横斫其干数下乃止。又桃子蛀者，以煮猪首，汁冷浇之，则蠹出而不蛀。又，或生小虫如蚊，用多年竹灯悬挂树梢，则虫自落，甚验。

光绪《黎平府志》（点校本）卷三《食货志第三》第 1375 页

桃 李时珍《本草纲目》："生桃切片洗过，晒干，可充果实。"《种树书》曰："柿接桃则为金桃，李接桃则为李桃，梅接桃则为脆桃，本境有白花桃，大如杯花，白实亦白色，又有万寿桃，实红。"

毛桃 花淡红色，实于八九月熟。

光绪《增修仁怀厅志》卷之八《土产》第 296 页

桃 一名接桃，种于园圃内，桃种类亦甚多。

民国《兴义县志》第七章第二节《农业》第 252 页

桃 落叶亚乔木，高丈余。叶狭长，边有细锯齿。仲春开淡红花。五六月果熟，分白桃、黄桃、红桃三种，表皮均有纤毛，白桃、黄桃且有细红斑。红桃亦称血桃，肉紫色，色味俱甘美，多食不易消化，种子去核名桃仁入药。一种状如白桃独先熟称先桃。以种子难萌芽，用接木法栽植，俗名接木桃，味极干脆，惟栽植稍费手续，邑产无多。又开重瓣花者色赤红，名碧桃，无实，可供观赏。别种曰樱桃，山谷多天然生者，为落叶灌木。冬末春初开白花，结实如小豆，粒熟时赤红，味甘酸，不脆。

民国《岑巩县志》卷九《物产志》第 463—464 页

桃 叶狭长，边有锯齿。仲春花，五六月熟。凡三种，白桃、红桃，又名血桃、黄桃，味俱甘美，皮均有纤毛，难消化，多食之易生病，仁均可入药。别种曰樱桃，树矮小，实亦细，熟红如珠，味酸不脆，又羊桃藤生子，赤状如鼠粪。

民国《八寨县志稿》卷十八《物产》第 316 页

桃 ……贵州桃种之多，不烦赘言。县产则白花、黄蜡、胭脂三种为甚。

民国《息烽县志》卷之二十一《植物部·果类》第 286 页

桃 有大、小、红、黄、白数种。

民国《咸宁县志》卷十《物产志》第 602 页

樱桃

樱桃 实大而味酸，产于山者，实细而微苦。

乾隆《贵州通志》卷之十五《食货志·物产·贵阳府》第284页

樱桃 即含桃实，大者味甘，色似珊瑚，产于山者，实细微苦，一枝数十颗，大如指顶，形正圆，色深红而有光，味甘多汁，核如梨核。

道光《贵阳府志》（点校本）卷四十七《食货略·土贡 土物》第921页

樱桃 《尔雅》曰"楔荆桃"，郭璞注曰："今樱桃其实大而甘者，谓之崖蜜；深红色者，谓之朱桃；紫色，皮里有细黄点者，谓之紫樱桃。"又有正黄明者，谓之蜡樱；小而红者，谓之樱珠。四月间，笋芽初苗，樱桃上市，山中风味亦甚佳也。

道光《大定府志》卷之四十二《食货略第四下·经政志四》第625页

樱桃 旧志云："果有樱桃。"按：樱桃，全郡皆产，即《月令·仲春》"天子以含桃荐宗庙"之含桃是也。本名鹦桃，《说文》云："鹦桃，鹦所含食，故又曰含桃。"《尔雅》则谓之楔，《尔雅》云："楔，荆桃。"孙炎注云："即今樱桃，最大而甘者谓之崖蜜。"《图经》云："深红者谓之朱樱。"《山家清供》云："樱桃经雨则虫自内生，人莫之见，用水浸良久则虫皆出，乃可食，试之验。"今郡之樱桃多未熟即采市，故色不深红而味酸。

咸丰《兴义府志》（点校本）卷四十三《物产志·土产》第657页

樱桃 亦名含桃。《尔雅》"楔荆桃"。

光绪《增修仁怀厅志》卷之八《土产》第296页

樱桃 有家、野二种。

民国《咸宁县志》卷十《物产志》第602页

洋桃（猕猴桃）

羊桃 苌楚也。羊桃，蔓生山谷，不能为树，结实如桃，皮黄黑色，肉青色，内有细子，熟透时亦可食。味甜酸相并，其叶可以肥猪，其藤及根性粘腻，可为造纸和泥之用，即苌楚也。

光绪《黎平府志》（点校本）卷三《食货志第三》第1376页

羊桃 灌木类。喜硗确之山谷地，枝干如藤叶，似葡萄叶而涩。七八月实熟为长圆形，果皮薄，外有褐色纤毛，肉绿味甘。枝干有黏液，浸水为造纸原料，供乡间糊灶用。

民国《岑巩县志》卷九《物产志》第469页

梅

梅 有红白二种，实味酸，多野生。其种之园林中者，花千叶，间亦结实。树似杏而色带黑，枝多樛曲，高者丈许，短者尺余，先花后叶，花五出，圆如杏而略小，其香特甚。实小于杏而圆，生青熟黄，其味酸。

道光《贵阳府志》（点校本）卷四十七《食货略·土贡 土物》第921页

梅子 按：梅子，全郡皆产。

咸丰《兴义府志》（点校本）卷四十三《物产志·土产》第656页

梅 可调鼎和齑。梅似杏，最耐久，熟则黄，微甘酸可啖。贾思勰曰："梅实小而酸，杏实大而甜。梅可以调鼎，杏则不任此用。乃知天下之美，有不得兼者矣。"制用之法，取大者，以盐渍之，日晒夜渍十昼十夜编成白梅。调鼎和齑，所在任用，或以篮盛梅，突上薰黑即成乌梅，以稻灰淋汁润湿蒸过，则肥泽不蠹，亦可糖藏蜜煎作果，夏月调水解渴。乌梅洗净捣烂水煮，滚入红糖，使酸甜得宜，水内泡冷，暑月饮甚妙。

光绪《黎平府志》（点校本）卷三《食货志第三》第1375页

梅子 《食经》曰："蜀中藏梅法：取梅极大者，剥皮阴乾，勿令得风。经二宿，去盐汁，内蜜中。月许更易蜜。经年如新也。"

光绪《增修仁怀厅志》卷之八《土产》第296页

梅 落叶乔木，枝干略似李树。花有红白二种，白者冬间开放，红者近春始开，花冠分单瓣、重瓣，花后乃发叶，卵形而尖，边有锯齿。单瓣花者结实如杏，立夏后熟，味有酸甜，生时色青，称青梅。熟时色黄，称黄梅。复瓣花者无实，专供观赏。

民国《岑巩县志》卷九《物产志》第469页

山楂

山楂 旧志云："果有山查。"按：山楂，全郡皆产。《尔雅》谓之

"杭"，又谓之"檕梅"。郭注云："机树如梅，其子大如指头，赤色，似小柰可食，即山楂也。"山楂，旧志作"山查"，误。李时珍云："山楂味似楂子，故名。世俗作'查'字，误，查音槎，乃水中浮木，与楂何关？"今郡俗又呼为"山里红"，考王璆《百一选方》云："山里红果即山楂也，今人多去皮核，和糖蜜捣制为楂糕。"

咸丰《兴义府志》（点校本）卷四十三《物产志·土产》第656页

棠棣子 山楂也。山楂，尤美棠棣子，生山中，树高数尺，多枝柯叶，有五尖，色青背白，桠间有刺，三月开小白花，实有赤黄二色，肥者如小林檎，小者如指顶，可作果食并入药。

光绪《黎平府志》（点校本）卷三《食货志第三》第1376页

山楂 一作山查，硗瘠山野随处有之。高一二尺，桠间有刺，叶卵形，边有锯齿。春末开紫白色花，九月实熟，形扁圆而小，色有紫黄色，啖食助消化，可入药。

民国《岑巩县志》卷九《物产志》第468页

山樝 一作山楂，俗名山裏红。桠间有刺，三四月开白花，九月实熟有黄有赤，啗食助消化，亦可作糕、入药。邑产随地皆有，三合、都江商民广收，转运外省备药材。

民国《八寨县志稿》卷十八《物产》第320页

杏

杏 有甘酸二种，沙杏实大而味甘，叶似梅差大，花二月开，色淡红，圆而五瓣，实正圆。

道光《贵阳府志》（点校本）卷四十七《食货略·土贡 土物》第921页

甜梅 杏也。杏，一名甜梅，根最浅，以大石压根，则花盛子牢。用桃树接者，实红而且大，又耐久不枯。中杏毒即用杏枝切碎煎汤服用即解。

光绪《黎平府志》（点校本）卷三《食货志第三》第1375页

杏子 一名甜梅，《农政全书》："桃树接杏，结果红而且大，又耐久不枯。"

光绪《增修仁怀厅志》卷之八《土产》第296页

杏 枝干如桃，其花叶与梅相似，色浅红，实圆大，色深黄而有红斑者名金杏，亦称黄杏，成熟最早，味甘可口，实略小；色浅黄亦有红斑者名沙杏，又称水杏，汁多味甜，仁均入药。

民国《岑巩县志》卷九《物产志》第466页

杏 叶树，实与桃相似，但实形稍小，肉白，味酸，仁入药。

民国《八寨县志稿》卷十八《物产》第320页

杏 一名甜梅……今会城及诸县，无不皆产。其种之称亦不一。而以沙杏为上。药用之杏仁，则以取之苦杏者乃佳。

民国《息烽县志》卷之二十一《植物部·果类》第285页

杏 有大、小二种。

民国《威宁县志》卷十《物产志》第602页

枣

枣 有曰鸡蛋枣者，有曰米枣者，皆美中食，一种野生者名酸枣。

道光《贵阳府志》（点校本）卷四十七《食货略·土贡 土物》第921页

枣 按：枣，全郡皆产，色淡绿而微白，味不甚甘。

咸丰《兴义府志》（点校本）卷四十三《物产志·土产》第658页

百益红 佳枣也。枣，《齐民要术》曰："旱涝之地，不任稼穑者，堪种枣。枣能开胃健脾，可久留，生熟皆可食，故名百益红。"

光绪《黎平府志》（点校本）卷三《食货志第三》第1376页

枣子 土城最多，枣脯颇可口。

光绪《增修仁怀厅志》卷之八《土产》第297页

枣 落叶亚乔木。高二丈许，枝间有刺。叶作小卵形，互生，色绿而光泽。五月开小黄花，结实椭圆，七八月熟，味甘脆者名糖枣，味稍劣者称糠枣。生啖、蜜饯均可，晒干入药补脾。其木材坚致可制器、刊板尤佳。按：枣大，棘小，木坚，色赤，刺粗而长者曰马棘，色白者为白棘，实酸者曰樲棘，孟子所谓养其樲棘是也。

民国《岑巩县志》卷九《物产志》第466—467页

枣 木赤，心有刺，叶形小，光泽互生。五月开小黄花，实椭圆，七八月熟，味甘者曰糖枣，稍劣者曰糠枣。生啖、蜜饯均可口，入药健

脾开胃。

民国《八寨县志稿》卷十八《物产》第 319 页

枣 ……李时珍曰："枣木，赤心，有刺。四月生小叶，尖锐光泽。五月开小花，白色微青，南北皆有。惟青、晋所出者，肥大甘美，入药为良。"今贵州诸县所产之品，率多细小，又汁少味淡，不及山、陕之名物。然，自是佳果，入药、馈宾，咸资取之。县之所产，无异于别境也。

民国《息烽县志》卷之二十一《植物部·果类》第 287—288 页

枣 仅小枣一种。

民国《咸宁县志》卷十《物产志》第 602 页

梨

梨 实大，核小，松脆而甘美，霜后乃佳。

康熙《贵州通志》卷十二《物产志·安顺府》第 3 页。

梨 镇宁等州，美异他郡。

乾隆《贵州通志》卷之十五《食货志·物产·安顺府》第 285 页

梨 有金盖、香水、青皮、黄皮之分，俱松脆可食，惟棠梨质小味酸。一巨梨树坚实，可刻字，胜于枣木。实大而圆，顶微有凹。将棠梨、桑树接过乃佳。自北而来者，有秋白梨、紫酥梨二种，秋白大而淡黄，肉白汁多；紫酥色紫肉白，质细润。凡梨中心粗硬，分数隔，每隔一子，子黑而坚，如栌核。

道光《贵阳府志》（点校本）卷四十七《食货略·土贡 土物》第 921 页

梨 《蜀都赋》："紫梨津润。"按：桐梓娄化里泥马庙有树，围二丈许，土人名水梨子。

道光《遵义府志》（校注本）卷十七《物产》第 498 页

梨 有雪梨、沙梨、冬梨、香水梨、棠梨数种。

咸丰《安顺府志》卷之十七《地理志·通产 专产》第 217 页

雪梨 旧志云："梨有数种，雪梨为佳。"《识略》云："册亨树多梨。"按：雪梨产府亲辖境及安南、册亨者佳。大者重十余两，皮淡黄，肉白如雪，味甘而爽脆。考雪梨即乳梨。《图经》云："梨种类殊多，乳梨皮厚而肉实，其味极长。"李时珍云："乳梨即雪梨，上巳无风则结实佳，故古语云：'上巳有风梨有蠹，中秋无月蚌无胎。'"《物类相感志》云："梨与萝卜相间收藏，或削梨蒂种于萝卜上藏之，经年不烂。"

咸丰《兴义府志》（点校本）卷四十三《物产志·土产》第657页

香水 佳梨也。梨，一名土乳，二月开花如雪，上巳日无风则结梨必佳。黎郡有数种，惟香水梨、青梨、恶梨、安顺梨，味极美。雪梨藏至冬末春初，亦可，余则皮厚肉粗，且性墙。梨宜接换结实，乃甘硕，否则变为棠杜矣。藏梨之法，与萝卜相间，收或削梨蒂插于萝卜内，皆可经年不烂，或就树上以囊包裹过冬，摘下亦佳。

光绪《黎平府志》（点校本）卷三《食货志第三》第1375页

梨 《齐民要术》："种者，梨熟时，全埋之。经年，至春地释，分栽之；多著熟粪及水。至冬叶落，附地刈杀之，以炭火烧头。二年即结子。"

毛梨 实大如鸡卵，皮青，味涩，渣粗，冬可食，以别枝接之，则为接梨。

光绪《增修仁怀厅志》卷之八《土产》第296页

梨 木坚，叶卵形而端尖，季春花五瓣如雪压树。实大而圆，秋熟，皮有细点。匀产数种，惟东边王家司之青皮香水梨甘美，媲昭通产，虽镇宁雪梨，弗逮也；次曰冬梨，味亦清香。他种皮厚，肉粗。凡果均须移接他树，味乃旨。藏梨之法，以萝卜相间收，或削梨蒂插萝卜内，可经年不坏，护以棕囊悬之，亦可经冬。

民国《都匀县志稿》卷六《地理志·农桑物产》第257页

雪梨 以产于海坝者良名。按邑中梨种类甚多，不枚举。

民国《兴义县志》第七章第二节《农业》第252页

海子梨 为特产，质松而细，色白如雪，味甘可口，与天津雪梨相伯仲。

民国《兴义县志》第七章第二节《农业》第258页

梨 叶卵形而端尖，春末开白花五瓣，实为浆果。邑产分四种，实圆略长，皮有细点，色绿而润滑者名青皮梨，收早谷时，熟亦称早谷梨，味甘汁多而质脆实圆大；皮色深黄者名黄皮梨，俗呼半边红，质略粗，味甘美，实稍扁圆。皮色淡黄者味略酸，名酸梨，实扁圆而小者，经冬始熟曰

冬梨，俗名硬头香，清香可爱。藏梨法须以萝卜相间收，或削梨柄插萝卜内经年。

民国《岑巩县志》卷九《物产志》第 466 页

梨 邑产凡四种。木坚，叶卵形而端尖，花五瓣，白如雪压树，实大而圆。皮有细点曰青皮梨又曰香水梨，味甘美，不亚都匀王家司所产，又可与通州昭通相埒。曰黄皮梨，稍小扁圆，味微酸而香。曰冬梨，清香无比。凡果均移接他树乃甘旨。藏梨之法，以萝卜相间收，或削梨蒂插萝卜内，经年不坏，护以棕囊悬之，或以砖石镶地洞藏之亦可，忌酒气，藏柑橘、橙子亦然。

民国《八寨县志稿》卷十八《物产》第 317 页

梨 有青、黄、乌三种，以稻田坝所产黄梨为最佳。

民国《威宁县志》卷十《物产志》第 602 页

橄榄

橄榄 所在皆有，根可漉粉，花可解醒，有甘苦二种。

康熙《贵州通志》卷十二《物产志·安顺府》第 3 页。

橄榄 一名谏果，《旧志》谓与青果味同而实细。

咸丰《安顺府志》卷之十七《地理志·通产 专产》第 217 页

余甘子

余甘子 《通志》云："橄榄本闽广所产，今安南亦出，即青果。"旧志云："与青果味同而实细。"按：橄榄，今全郡皆产。《梅圣俞集》谓之"青果"，以其虽熟色亦青也。然考《海药》云："橄榄两头尖，核亦两头尖，有核三窍，窍有仁可食。"而今郡之橄榄，形圆而两头不尖，颇似楝子，色微黄，郡人以盐渍市，特味近橄榄，而郡人误呼为橄榄，实即余甘子，非橄榄也。见《唐本草》，梵书名"庵摩勒"，初食苦涩，良久更甘，故名余甘。《齐东野语》云："黄山谷曰：蔡次律家轩外有余甘树，余名其轩曰'味谏'。诗云：'方怀味谏轩中果，忽见金盘橄榄来。'"《群芳谱》云："余甘类橄榄。"陈祈畅《异物志》云："余甘树叶如夜合，子圆大如弹丸，色微黄，初入口苦涩，良久饮水更甘，盐而蒸之尤美。"《本草拾遗》云："核圆有棱。"《图经》云："余甘子，木高一二丈，枝条甚软，朝开暮敛如夜合。"李时珍云："余甘状如川楝子，味如橄榄，可蜜渍盐藏。"《临海异物志》言："余甘子、橄榄，一物异名，然橄榄形长尖，余甘形圆，叶形亦异，盖二物也。"李时珍辨余甘、橄榄为二物，极是。今郡误呼之橄榄，考之诸书其为余甘子无疑。

又按：《本草拾遗》云："余甘子补益强气，压汁和油涂头生发，令发生如漆黑。"《海药》云："久服轻身，延年长生。"《本草衍义》云："黄金感伏，故能解金石毒。"

咸丰《兴义府志》（点校本）卷四十三《物产志·土产》第 656—657 页

木瓜

木瓜 味酸，酿酒利气去湿导滞，花如西府海棠，叶较大，树如柰。三月开花，深红，色如海棠。按《本草》有木瓜、木桃、木李之殊，大抵长者为木瓜，圆者为木桃，小者为木李。今山东曹县有极大而长者，有小如杯，圆而微长者，以其掌中可握，谓之手爪。色皆生青熟黄。

道光《贵阳府志》（点校本）卷四十七《食货略·土贡 土物》第 921 页

栗

栗 清平出者味佳。

乾隆《贵州通志》卷之十五《食货志·物产·都匀府》第 286 页

毛栗 大小二种。

乾隆《毕节县志》卷四《赋役·物产》257 页

栗 树可合抱，结实一毡二瓣者曰板栗；小树丛生，毡自坼拨者曰茅栗。又一种树与栗异，实小可食曰丝栗。生熟皆可食，风干者离膜而甜。

道光《贵阳府志》（点校本）卷四十七《食货略·土贡 土物》第 921 页

栗 《蜀都赋》："榛栗罅发。"文同诗："苍蓬蔟藜大。紫壳槟榔软；蜀都名果中，推之为上选。"《戊己编》："郡产栗四种：一、毛栗，又名板栗，树高大者数丈，白皮，长叶。有棱刺球，大如巨杯，八月熟。木理坚致，修屋、造器贵之。一、猴栗，大者树连抱，皮淡红色。叶厚长三寸许。球大于毛栗，亦八月熟。木坚实厚重，多以为棺。毛栗壳赤，肉黄，猴栗壳灰，肉白，味亦不同。一、榭栗，树即榭枥，其大连抱。细叶光滑，四五月开细白花，结细球攒攒，亦有刺。九月熟，风动子落，响如撒沙。子大如大豆，黑壳、白粒。木性直而致，斧斯之，直裂到颠，材中栋梁。一、狗爪栗，小树不高。球攒结如狗爪形，亦有刺。粒如豌豆，味同毛栗。"乾隆庚寅作《饥民诗》"寻山狗栗尽，入室鸡粮无"谓此。

道光《遵义府志》（校注本）卷十七《物产》第500页

栗 旧志云："果有栗。"按：栗，今全郡皆产，极多，俗呼为板栗。《唐本草》云："板栗树大。"考栗之大者为板栗，稍小者为山栗，山栗之圆而末尖者为锥栗，圆小如橡子者为榛栗，即榛子是也。小如指头者为茅栗，即《尔雅》之栭栗是也，可炒食之。《事类合璧》云："栗木高，苞多刺如猬毛，中子或单或双，或三或四，九月霜降乃熟，其苞自裂而子坠地，可久藏，未裂者易腐。花作条大如筋头，长四五寸，可以点灯。"

咸丰《兴义府志》（点校本）卷四十三《物产志·土产》第656页

板栗、锥栗、毛栗、撕栗、猴栗 皆栗类。栗，苞生，外壳，刺如猬，毛其中，着实或单或双或三四，多者实小，少者实大。实有壳，紫黑色，壳内膜甚薄，色微红黑，外毛内光，膜内肉外黄内白，八九月熟，则苞自裂而实坠，生食则甘，熟食则面。黎郡有数种，一曰板栗，树高大结实如弹。一曰锥栗，小菜独实，末锐体圆，高数丈，木理坚直，造屋制器贵之。一曰毛栗，树仅三五尺，遍山皆有，结实较细，味与板栗、锥栗同，九十月熟，贫人采取易粮，亦荒山遗利也。一曰撕栗，树连抱，细叶光滑，结荄攒，攒大者如豆，黑壳白粒，俗名甜珠子，味较薄。一曰猴栗，树亦连抱，叶光泽宽厚，长五六寸，结荄含实，体圆末锐，与锥栗同。里人取以作凉粉。栗木坚劲，皆有用之材。

光绪《黎平府志》（点校本）卷三《食货志第三》第1377页

板栗 《食经》说："藏千栗的方法：拿秸秆灰淋取灰汁，浸渍板栗。捞出来，太阳底下晒，使栗肉焦燥不畏虫，可以贮藏到明年春夏。"

光绪《增修仁怀厅志》卷之八《土产》第297页

栗 多种于山地，利用空地栽植。

民国《兴义县志》第七章第二节《农业》第252页

栗 树高三四丈。叶如栎，初夏开花成穗，黄绿色。实为刺毬，攒簇不可扣，八九月熟则自裂，种子落出，俗呼板栗。外有硬壳，大者色紫黑而光泽，名油板栗，小者灰褐色而有纤毛，名毛板。均一房一实或二三实，仁为蛋黄质，生熟可食，用以制粉滋养之功胜于篓茨。按《本草》主益气，厚肠胃，补肾气，令人忍饥，多食滞气，作粉胜篓茨，嚼生者涂疮上疗筋骨断碎、疼痛肿淤甚效。

民国《岑巩县志》卷九《物产志》第 468 页

栗 叶如栎树，高三四丈，初夏开花成穗，实有房刺，攒簇不可扣，八九月熟则自裂（房可染皂）。邑有二种，大者曰板栗，一房二实，小者曰毛栗，一房一实或二实。壳紫黑，仁白，外有黄衣包之，生熟皆可食。

民国《八寨县志稿》卷十八《物产》第 319 页

栗 有板栗、毛栗二种。

民国《咸宁县志》卷十《物产志》第 602 页

榛

榛 出普安州，生山间，仁可食。

康熙《贵州通志》卷十二《物产志·安顺府》第 3 页。

榛 树高大，一苞一实，实圆而尖。

道光《贵阳府志》（点校本）卷四十七《食货略·土贡 土物》第 921 页

榛子 《明一统志》云："普安州产榛。"《通志》云："榛出普安州山间。"按：榛子，今全郡皆产。考榛古作亲，《曲礼》云："妇人之挚，具榛脯。"《释文》云："榛，古文作亲。《左传》云：'女贽不过榛栗'。《说文》作亲栗，云亲果实如小栗。"《繋传》云："今五经皆作榛。"《尔雅翼》云："郑玄《礼记注》云：'关中多此果，关中秦地，榛字从秦，盖取此意。'"《图经》云："实大如杏子中仁，皮子形色与栗无异，但小耳。"《诗·疏》云："榛有两种，一种子小形如橡子，味如栗，枝茎可为烛，即《诗》'树之榛栗'者也。一种子作胡桃味。"今郡之榛子，实如栎实，下壮上锐，生青熟褐，其壳厚而坚，其仁白而圆，大如杏仁，亦有皮尖，然多空者，故谚云"十榛九空"，俗呼为榛栗。

咸丰《兴义府志》（点校本）卷四十三《物产志·土产》第 656 页

榛 一名厚朴，一名赤朴。生山谷中，叶如槲叶，四季不凋，花红，实青。皮极鳞皱而厚，三月、九月、十月采皮阴干入药（即厚朴），厚肉，紫色者良。

民国《都匀县志稿》卷六《地理志·农桑物产》第269页

柿

柿 味涩，黄时摘下，以蓼根汁浸三五日，味转甘，或去皮烟熏以为干饼。一种小而子多者，野生，青可涂伞，即乌椑也。大小如梨，光而滑，或正圆，或微扁，而腰有横缝，界之下皆有蒂，蒂黑褐色，实青绿色，八九月乃熟，生柿置器中，或置米或糠内，自然变红，涩味尽去，其甘如蜜者，谓之烘柿。生柿以温水浸缸中，上盖稻草、桑叶、外用糠火烧围之一宿取出，黄赤可啖，谓之燠柿。大柿去皮，捻扁日晒夜露自干，纳瓮中，待生白霜乃取出柿饼，其霜曰柿霜。不捻扁者谓之柿锤。以核少或无核者为佳。

道光《贵阳府志》（点校本）卷四十七《食货略·土贡 土物》第921页

柿 按：柿，全郡皆产。郡柿有二种，一种大而形圆，微扁，即《礼·内则》所言之柿，《图经》所言之红柿是也。一种小而形圆，微长，名牛奶柿，即《吴都赋》所言之"君迁子"是也。《吴都赋》云："平仲君迁注云：'君迁，柿之小者。'司马光《名苑》云：'君迁子似马奶，即牛奶柿也。'"又按：柿字当作柹，《说文》云："柹，赤实果。"《集韵》云："俗作柿，非。柿音肺，削木片也。或作杮，亦非。

咸丰《兴义府志》（点校本）卷四十三《物产志·土产》第658页

柿 有牛奶、丁香各种。

同治《毕节县志稿》卷七《物产》第414页

朱果 佳柿也。柿，朱果也。昔人谓柿有七绝：一多寿，二多阴，三无鸟巢，四无虫蠹，五霜叶可玩，六嘉实可啖，七落叶肥厚，可以临书。柿有大小二种，大者如碟如拳，小者如鸭子鸡子。生者涩不堪食，置器中，自然红熟，涩味尽去，其甘如蜜。生时去皮捻扁，日晒夜露至干，纳瓮中待生白霜取出，谓之柿饼，霜即饼所出也。

光绪《黎平府志》（点校本）卷三《食货志第三》第1376页

柿子 大如拳头，色红，味极甜，又有一种，土人呼为山柿子，亦名金子，极小。

光绪《增修仁怀厅志》卷之八《土产》第 297 页

柿 叶圆泽大如掌，四月开小花黄白色，九十月熟。产麦冲者最良，有三种。大者曰柿饼，形微扁，而尤小者曰油柿，俟微黄，摘藏谷中，经月熟，亦可食，未熟时捣而渍之用涂雨伞最佳，俗名柿油。

民国《都匀县志稿》卷六《地理志·农桑物产》第 258 页

柿 落叶乔木。叶圆泽为卵形，端尖，四月开小花，黄白色，单性雄花，较小，实扁圆。八九月熟，将熟时，色黄，削去果皮，日晒或或烘，夜间露之至干，压扁名柿饼，纳瓮中，待生白霜取食，味极甘美，入药润肺，大熟时，红亮内软，入口消融，味甘性凉。县属大有，驾鳌等乡所产不少。别种名油柿，实略小，色黄，味涩，捣取其汁曰柿漆，俗称柿油，用以涂纸伞，斗笠及行李之包裹纸，可御湿防腐。

民国《岑巩县志》卷九《物产志》第 467 页

柿 叶圆泽大如掌，四月开小花黄白色，九十月实熟。有二种，曰柿饼，形圆将熟时，味甘脆，大熟时，红亮肉软，入口消融，尤甘美；曰油柿，稍小，形如猪心，微黄，摘藏谷中，经月熟，亦可食，未熟时捣而渍之用涂雨伞最佳，俗名柿油。

民国《八寨县志稿》卷十八《物产》第 317—318 页

柿 ……李时珍曰："柿高，树大，叶圆而光泽。四月开小花，黄白色，结实青绿色。八九月乃熟。生柿置器中自红者，谓之烘柿。日干者，谓之白柿。火干者，谓之乌柿。水浸藏者，谓之醂食。"今贵州所产，多方柿。其略小者，又名鸡蛋柿，以其形如鸡子也。干柿之制，皆以出自独山县者为佳。县人亦颇制之。

椑柿 柿之别种，一名漆柿，一名绿柿，一名青椑，一名乌椑，一名花椑，一名赤棠椑……李时珍曰："椑，乃柿之小而卑者，故谓之椑。他柿至熟则黄赤，惟此虽熟亦青黑色。捣碎浸汁，谓之柿漆，可以染罾扇之物，故有柿漆之名。"今按：贵州距县十日程之印江县，所出纸质之伞颇合用，彼地人皆谓之柿油伞。盖以此物之汁而涂敷之。甚合李时珍漆柿之说。则贵州之产是物，岂马志、苏颂所能限！县人虽未操纸制雨伞之枝，而此柿之别种，亦恒有之。

民国《息烽县志》卷之二十一《植物部·果类》第 293—294 页

花红

花红 树似西府海棠，实似林檎而小。

康熙《贵州通志》卷之十二《物产志·贵阳府》第 2 页

花红 树如西府海棠，实间红白色，故名。

乾隆《贵州通志》卷之十五《食货志·物产·贵阳府》第 284 页

花红 花、叶俱似西府海棠，实间红白，故名。北人呼沙果，即柰也。

道光《贵阳府志》（点校本）卷四十七《食货略·土贡 土物》第 921—922 页

救兵粮 如天竹子，生道旁园坎，熟于秋末冬初，其色紫赤，味甜可食。昔征苗时，军粮不继，以此充食，故名救兵粮。吴中丞其浚《滇程纪行集》诗曰"迎春柳带早梅斜，料得春深烂似霞。的的救兵粮正熟，霜前啅雀坠丹砂"是也。刘祖宪《橡茧图说》谓其根可烧以烘蚕茧。

道光《大定府志》卷之四十二《食货略第四下·经政志四》第 625 页

花红 旧志云："山查，花红之属，皆为土之所宜，馀则虽植之不能成实。"按：花红全郡皆产，即林檎之酢者，酢而圆，色带胭脂红者为花红；甘而微长，色绿而微白者为林檎。花红，即红林檎之味酢者也。试院"纳旭亭"前即有此树。又贞丰州西三十余里那坎有花红树，大合抱，根绕数丈皆浮土面，树如张盖，实大如柑，色艳丽，气清香，惟味酸涩。中央一枝，不花不实，叶亦不同，好事者每欲上观，竟不可得。

咸丰《兴义府志》（点校本）卷四十三《物产志·土产》第 655—656 页

花红 即林檎。花红，《群芳谱》无此名，即林檎，有二种，产蜀中者名林檎，色深绿微红。《蜀都赋》："其圆则有林檎、枇杷。"产黔中者红绿相间，亦有纯红者，俗名花红。山地皆生，盖他省只称林檎，滇黔皆称花红，实一物也。郡产以柰树缚接，二月开粉红花，子如柰小而差圆，六七月熟，有甜酸两种，纯红者甜，早熟而脆美，深绿者迟熟，而味酸。又一种较大，俗名苹果。郭义泰《广志》："林檎似柰，亦名黑檎，一名来禽，言味甘，熟来众禽也。"北人呼为频婆果，郡产少此。

光绪《黎平府志》（点校本）卷三《食货志第三》第 1376—1377 页

花红　一名沙果，味微甜，不及近省所出。

光绪《增修仁怀厅志》卷之八《土产》第297页

沙棠　一名羊娴子，枝干似棠梨枝而色微白，叶似棠叶而窄小，色亦颇白，又似女儿茶，叶却大而背白，结子如豌豆大，味酸甜。

民国《八寨县志稿》卷十八《物产》第321页

花红　种于园圃内。

民国《兴义县志》第七章第二节《农业》第252页

花红　即柰。

民国《兴仁县补志》卷十四《食货志·物产》第461页

林檎　如苹果而差小。

康熙《贵州通志》卷之十二《物产志·贵阳府》第2页

林檎　即苹果类。

乾隆《平远州志》卷十四《物产》第699页

林檎　一名来禽，有二种：甘者早熟，味颜肥美。酢者差晚，可疗消渴。

乾隆《贵州通志》卷之十五《食货志·物产·贵阳府》第284页

林檎　按：林檎全郡皆产。考林檎一名来禽，本名林禽。王羲之有《来禽帖》，洪玉父云："此果味甘，能来众禽于林，故有来禽、林禽之名。"《述征记》云："林檎实佳美，字乃作檎。林檎，二月开粉红花，子如柰，差小而圆，六七月熟。"《图经》云："有甘、酢二种，白者早熟味肥美，酢者差晚烂熟乃堪啖。医家干之，入治伤寒药，谓之林檎散。"《物类相感志》云："林檎树生毛虫，埋蚕蛾于下，或以洗鱼水浇即止，此物性之妙也。"李时珍云："其类有金林檎、红林檎、水林檎、蜜林檎、黑林檎，以色、味立名，黑者色似紫柰。林檎熟时，晒干研末，点汤服甚美。"今郡之林檎，蜜林檎较多。

咸丰《兴义府志》（点校本）卷四十三《物产志·土产》第655页

林檎　树高丈余，叶椭圆，有锯齿。二月开花五瓣，色粉红，五六月实熟，果皮微绿，略带淡红或深红色，形圆而微长，味干脆可口。一种形状相似，实扁圆略小，名花红，味稍逊。按《洛阳草木记》："林檎之别有六，花红亦林檎之一种，耳又咸淳。"《临安志》："林檎士人谓之花红。"

民国《岑巩县志》卷九《物产志》第467页

林檎 名禽,一名蜜果,一名文林郎果,一名冷金丹。又有以为即苹果者。而李时珍则果东之异名。或又有以为名苹婆者。其浚则据周去非《岭外代答图》:"苹婆之名,形如肥皂荚,子皮黑,肉白,味如栗。又呼'凤眼果,则与此相去更远。"县西距之安顺,更出一种形味相似而状特小,不及食指顶者,彼地人亦呼苹果,则诸家种树书所未见者,要亦奈之别种,若林檎之异于花红然。县产之林檎,不能多于花红;则其树难于花红之易植也。

民国《息烽县志》卷之二十一《植物部·果类》第286—287页

苹果

频果 即频婆,一名文林郎果,似花红而大。近岁种者始多,较北实差小味甘。

道光《贵阳府志》(点校本)卷四十七《食货略·土贡 土物》第922页

苹果 按:苹果产贞丰。考苹果即奈,梵书谓之"苹婆"。《别录》云:"与林檎相似。"李时珍云:"实似林檎而大,白者即素奈,赤者即丹奈,青者即绿奈。"今贞丰所产可与燕、滇所产比美,色香味三者皆全,珍果也。

咸丰《兴义府志》(点校本)卷四十三《物产志·土产》第655页

奈 苹果也,形似而小者曰花红。叶似藜而青稍软,二月开粉红花,五六月实熟,红白相间。味干脆似花红而微长者曰林檎。林檎经五六年即多蛀,埋蚕蛾树下或以洗鱼水浇之即止,或以火药照蛀处熏之,亦止。有云:移接地瓜根上而成者,永无蛀患,味尤甘香。

民国《八寨县志稿》卷十八《物产》第318页

奈 奈之名果,遍见载籍。乃贵州人识其字而不变其物者,比比也。"花红"之呼,见于宋南渡后。明人徐光启《农政全书》标以"沙果子"之名,而又系之曰:"一名花红,南北皆有。"今贵州备产备称之"花红",宁非载籍之奈乎?且奈之与"林檎""苹果",为向来竞执同异者,愈说愈淆其实。花红之酥软,不识字人皆能辨之。一类二种之说,则李时珍为得其要。前人说柰之种不一。今贵州通产之花红亦繁其种。近县之清镇，产多而优美。若县之所出，自等鲁卫于他县矣。

民国《息烽县志》卷之二十一《植物部·果类》第286页

鸡距

鸡距 俗名鸡爪，一名拐枣，野生、形如爪，实可解酒，即枳也。

道光《贵阳府志》（点校本）卷四十七《食货略·土贡 土物》第922页

拐枣 《四川志》：木密，俗名拐枣。《诗·小雅》："南山有枸。"陆机疏："枸树一名狗骨，今官园种之，谓之木密，古语曰'枳椇来巢'。言其味甘，故飞鸟慕而巢之。本从南方来，能令酒味薄。若以为屋柱，则一屋之酒皆薄。"《古今注》："枳椇子一名树蜜，一名木饧。"《本草》："枳椇一名木槁三四丈，叶圆，大如桑柘。夏月开花枝头，结实如鸡爪形，长寸许，纽曲，开作两三岐，俨若鸡之足距，嫩时青色，经霜乃黄，味甘如蜜。每开岐尽处结一二小子，状如蔓荆子，内有扁核，赤色，如酸枣仁形。"《救荒本草》："拐枣，叶似楮叶，无花叉，面多纹脉，边有细锯齿，开淡黄花，结实状似生姜，拐叉而细短，深褐色，故名。味甜。"《田居蚕室录》："拐枣子，鸭食之须臾即死，此不可解者。"

道光《遵义府志》（校注本）卷十七《物产》第499—500页

枳椇 俗名拐枣。

同治《毕节县志稿》卷七《物产》第414页

鸡爪 枳椇也。枳椇，俗名鸡爪，树高大，叶圆如桑柘，夏月开花，枝头结实如鸡爪，形长寸许，扭曲开作两三歧，俨若鸡之足距，嫩时青色，经霜乃黄，味甘如蜜，每开歧尽处，结一二子，状如蔓菁子，内有酸枣仁。诗"南山有枸"，枸即椇。

光绪《黎平府志》（点校本）卷三《食货志第三》第1377页

枳椇 落叶乔木。叶卵形，边有细锯齿，互生。夏开小花，色黄绿。实有肉质之柄状，类似姜拐，色深黄色，俗名拐爪，味甘如蜜，其拐肥大者曰龙爪糖，能解酒。屋有此木，以酒近之，则味淡，鸭食其子立毙不可救。

民国《岑巩县志》卷九《物产志》第468页

石瓜

石瓜 俗名八月瓜。

同治《毕节县志稿》卷七《物产》第414页

八月瓜 一名野木瓜，一名八月㯕，一名杵瓜。朱棣《救荒本草》："出新郑县山野中，蔓延而生，妥附草木之上。叶似黑豆叶，微小光泽，四五叶攒生一处。皆瓜如肥皂大。味酸，采嫩瓜换水煮食。树熟者亦可摘食。"《农政全书》及《植物名实图考》一依之。但未免皆局于"出新郑县"之见。今县东三里，阳明洞侧之八月瓜，究其蔓实，曾何异于三家所说新郑之独产？无怪县人又袭龙岗以外不再见之语。物之一地遍生者，固有之，此则不能独然矣。

民国《息烽县志》卷之二十一《植物部·果类》第297页

胡桃

核桃 壳薄肉肥，异于他省。

乾隆《贵州通志》卷之十五《食货志·物产·贵阳府》第284页

胡桃 俗名核桃，壳薄肉肥，仁可食。实如青桃，取核为果，黄白色。壳圆而坚，两片两粘处起棱，敲之始分。壳内作房，内有仁两片，状皆凸凹，每片两两相对，如蝶翅然，仁肉白色，内外膜嫩白老黄，去膜食之，味脂而永，嫩时尤佳。

道光《贵阳府志》（点校本）卷四十七《食货略·土贡 土物》第922页

核桃 按：核桃，全郡皆产，极多。此果外有青皮肉包之，其形如桃，果乃其核，故名核桃。其树叶厚多阴，叶两两对生，颇作恶气。三月开花，如栗花，结实至秋如青桃，熟时沤烂皮肉，取核为果。

咸丰《兴义府志》（点校本）卷四十三《物产志·土产》第657—658页

核桃 胡桃也。核桃，即胡桃，张骞自胡羌得其种，故名。树高大，三月开花如栗花，穗结实如青梨，沤烂皮肉，取核内仁为果，食之最有益者。种树必移栽数次，俟树高大以斧斫皮，出浆结实，壳薄多肉而易碎，否则壳厚肉难取。又一种曰山胡桃，俗名野核桃，沤去皮肉，形微尖，壳甚厚，须椎之方破，味香而濇，取以榨油，亦香美。

光绪《黎平府志》（点校本）卷三《食货志第三》第1377—1378页

胡桃 多种于山地，利用空地栽植。

民国《兴义县志》第七章第二节《农业》第 252 页

胡桃 落叶乔木。高二三丈，叶为奇数，羽状、复叶。夏初开淡黄绿花，雌雄花皆如栗穗下垂，结实如梨。秋间熟后，沤烂皮肉，取核而食其种子，亦名核桃。核壳薄者，子肥满谓之子核桃。壳厚者，子乃小，称铁核桃。《博物志》谓："张骞使西域远而得名，子又可入药或榨油。以制石碱涂器光泽，木材坚致，制器具及步枪壳佳。"

民国《岑巩县志》卷九《物产志》第 466 页

胡桃 俗名核桃，季春花如栗穗，结实如青梨，去皮取核，壳薄仁肥者佳。可入药或榨仁取油，以制石碱，涂器物有光泽，木质坚，制器尤良。

民国《八寨县志稿》卷十八《物产》第 316 页

银杏

银杏 出府属，名白果。

乾隆《贵州通志》卷之十五《食货志·物产·都匀府》第 286 页

银杏 俗名白果，叶光泽，花夜半开，树可合抱，仁供烘食。

道光《贵阳府志》（点校本）卷四十七《食货略·土贡 土物》第 922 页

银杏 按：银杏，全郡皆产，俗呼为白果。考银杏，叶似鸭掌，故本名鸭脚。《格物论》云："银杏一名鸭脚，因叶相似。梅尧臣诗云，'鸭脚类绿李'，其名因叶高是也。宋初入贡，因其形似小杏而核色白，改名银杏。欧阳修诗云'绛囊初入贡，银杏贵中州'是也。今俗呼为白果。二月开花成簇，青白色，花开多在二更后，子、丑、寅三时，闪然有光，随即谢落，人罕见之。一枝结子百十，状如楝子，经霜乃熟，烂去肉取核为果。其核二头尖，三棱为雄，二棱为雌，下种须雌雄同种，其树相望乃结实。木理白腻，术家取刻符印。"

咸丰《兴义府志》（点校本）卷四十三《物产志·土产》第 658 页

银杏 白果也。白果，一名银杏，树高大，可作栋梁，叶如鸭脚而绿背，淡白有刻缺。二月开花成簇，青白色，二更开旋落，人罕见，结子如小杏，色青，经霜乃熟，色黄而气臭烂，剥去外皮取核，为果核，两头尖中圆大而扁，三棱为雄，二棱为雌，其仁嫩时绿久则黄，煮熟亦可食，但

食满千颗杀人。昔有岁饥，以白果代饭，食满千者皆死，小儿尤不可多食。

光绪《黎平府志》（点校本）卷三《食货志第三》第1379页

  白果 即银杏，夜开花。

光绪《增修仁怀厅志》卷之八《土产》第297页

  银杏 俗呼白果。

民国《普安县志》卷之十《方物》第503页

  银杏 俗名白果。花开旋落，人罕见。一枝结子百千，经霜乃熟，子两端尖，三棱为雄，二棱为雌。可熟食，食必去其胚芽，否则患瘤。叶扇形，常三裂，至秋而黄，花小无被，生自短枝叶及鳞片叶间，雄雌异株。材黄色致密，供器具及建筑用。（其根田鼠所嗜，叶枯其下必有鼠穴，宜掘除之，叶经霜则黄，可为田肥。）

民国《都匀县志稿》卷六《农桑·物产》第261页

  银杏 落叶乔木，名公孙树，亦曰鸭脚树。宜于稍湿之深厚土地，干端直挺，高四五丈，叶作扇面式，秋深则黄，落其花，雌雄异株，实白肉绿，曰白果，可食并入药。材质坚致，可作器具及雕刻材、算盘珠之用。

民国《岑巩县志》卷九《物产志》第466页

  白果 一名银杏，一名鸭脚子……李时珍曰："树高二三丈。叶薄纵理，俨如鸭掌形，有缺刻，面绿背淡。二月开花成簇，背青色。二更开花，随即卸落，人罕见之。一枝结子百十，状如楝子，经霜乃熟，烂去肉取核为果。其核两头三棱为雄，二棱为雌。其仁绿时绿色，久则黄，性温有小毒，多食令人胪胀。"今按：叶将落时，尽变作淡黄色。落者多为儿童拾玩。国内皆产。县产略与他县等。

民国《息烽县志》卷之二十一《植物部·果类》第297页

石榴

  石榴 子多而味酸苦。

乾隆《贵州通志》卷之十五《食货志·物产·贵阳府》第284页

  石榴 房由青而红，熟时自裂，子多，有酸甜二种。又云花有大红、粉红、红锦边、全白四种。均千叶重台。又云春深枝上出红芽，展则成叶，叶绿狭而长，实中子粘核而多汁，核白色。

道光《贵阳府志》（点校本）卷四十七《食货略·土贡 土物》第922页

榴 旧志云："有榴。"按：榴，全郡皆产，本名安石榴。考《博物志》云："张骞使西域，得涂林安石国榴种归，故名安石榴。"又考《齐民要术》云："凡植榴，须安僵石枯骨于根下，即花实繁茂，则安石之名义或取诸此。潘岳《榴赋》云：'榴天下之奇树，九州之名果，千房同膜，千子如一，御饥疗渴，解醒止醉。'"

咸丰《兴义府志》（点校本）卷四十三《物产志·土产》第658页

安石榴 子红如朱砂。石榴，一名安石榴，郡产有此种，张骞自安氏国得其种以归，故名。或以子种，或折其条盘土中，最易生。有甜酸二种，惟千叶者不结实。榴实圆如球顶，有尖瓣，大者如杯，皮赤色，有黑斑点，皮中如蜂窝，有黄膜隔之如人齿，白者似水晶，淡红者似水红宝石，红者如朱砂，秋后经霜则实裂。一种子小而不甚红，名土石榴。

光绪《黎平府志》（点校本）卷三《食货志第三》第1378页

石榴 《博物志》曰："张骞为汉使外国十八年，得涂林安国石榴种以归，故名安国石榴。"

光绪《增修仁怀厅志》卷之八《土产》第297页

石榴 种于园圃内。

民国《兴义县志》第七章 第二节《农业》第252页

榴 亦名石榴。五月开单瓣，花红艳炫目，实大如盂，果皮淡红，有褐色斑点，八月熟，皮自裂开，内如蜂房，有瓣，间以黄薄膜，子如儿齿，其色红白而光泽，味甘可口，不宜多食。一种开重瓣花俗名双石榴，不结实，专供观赏。

民国《岑巩县志》卷九《物产志》第466页

榴 一名石榴，五月开花红艳炫目（古诗云五月榴花照眼明），实大于盂，八九月熟，有瓣间以膜形似蜂房，子如儿齿，有红白二色，味甘酸可口，不宜多食。

民国《八寨县志稿》卷十八《物产》第319页

石榴 本名安石榴。一名若榴，一名丹若，一名金罂，一名金庞，一名天浆……今按：国内固无地无此物。而当西南之陬，尤以云南产者为

最，且藏颇得法，易年之初夏，犹远贩于黔境。黔人恒重视之。县之有此，亦所在多见。而东南距县城十五里之石安寨产者，更称于县人。而实乃酸甜，曾无所谓苦也。

民国《息烽县志》卷之二十一《植物部·果类》第294—295页

枇杷

枇杷 冬华春实夏熟，实如金丸。又云实大如弹子，熟时色如黄杏，微有茸，核大如毛栗，黄褐色。

道光《贵阳府志》（点校本）卷四十七《食货略·土贡 土物》第922页

枇杷 《清异录》："枇杷，襄、汉、吴、蜀、湖南、北皆有。"宋祁《枇杷诗》："有果产西蜀，作花凌早寒。树繁碧玉叶，柯叠黄金丸。上都不可寄，味咀独长叹。"刘渊林《蜀都赋注》："枇杷冬华，黄实，本出蜀。"

道光《遵义府志》（校注本）卷十七《物产》第498页

枇杷 旧志云："有枇杷。"按：枇杷，全郡皆产。郡人未熟即摘市，故多小而味酸，鲜甘大者。

咸丰《兴义府志》（点校本）卷四十三《物产志·土产》第658页

枇杷 秋萌冬花。枇杷树，四时不凋，冬开白花，四月成实，簇结有毛，大者如鸡子，小者如龙眼，味甜而酢白者为上，黄者次之，皮肉薄，核大如毛栗。相传秋萌冬花，春实夏熟，备四时之气。

光绪《黎平府志》（点校本）卷三《食货志第三》第1377页

枇杷 一名芦橘。《孔氏谈苑》："枇杷须接乃为佳果，一接核小如丁香。"

光绪《增修仁怀厅志》卷之八《土产》第296页

枇杷 常绿亚乔木，高二丈余。长椭圆形，大于骡耳，边有锯齿，面青背有褐色，茸毛甚密。冬月开小白花五瓣，结实丛集，次年四月熟，形圆皮黄皮，有细毛。去皮食之，味甘性滑，采花以蜜炙之或用叶拭去毛，入药均治肺咳。

民国《岑巩县志》卷九《物产志》第467页

枇杷 邑多产，树高丈余，叶大于骡耳，背有黄茸毛，四时不凋。实结成垂,金黄色,味甘性滑。用花熬膏或用叶拭去毛,煎服均能治肺咳。

民国《八寨县志稿》卷十八《物产》第318页

枇杷 司马相如《上林赋》:"枇杷燃柿。"《西京杂记》:"上林苑枇杷十株。"《唐书·德宗本纪》:"大历十四年闰月戊寅,罢山南贡枇杷。"杨万里诗:"大叶耸长耳,一梢堪满盘。荔枝多与核,金橘却无酸。雨压低枝重,浆流冰齿寒。长卿今在否,莫遣作园官。"郭义恭《广志》:"枇杷易种,叶微似栗,冬花春实,其子簇结有毛。四月熟,大者如鸡子,小者如龙眼。白者为上,黄者次之。"今贵州诸县皆产之枇杷,鲜见白者。县产不外此例。

民国《息烽县志》卷之二十一《植物部·果类》第287页

枇杷 产黑章。

民国《咸宁县志》卷十《物产志》第602页

橘

橘 出府属,白花、赤实。秋深,金颗压枝,离离可观。

乾隆《贵州通志》卷之十五《食货志·物产·平越府》第286页

橘 出府治者佳,土人呼为金橘。

乾隆《贵州通志》卷之十五《食货志·物产·都匀府》第286页

橘 色赤味甘,一种小橘名公孙橘,花实相间,经年不歇,可供盆玩。一种寿星橘,树小而实长,瓤酸皮可食。

道光《贵阳府志》(点校本)卷四十七《食货略·土贡 土物》第922页

橘 《史记·货殖传》:"蜀汉,江陵千树橘,其人与千户侯等。"《蜀都赋》:"户有橘柚之园。"

道光《遵义府志》(校注本)卷十七《物产》第498页

橘 按:橘产兴义县与普安厅交界之顶效者佳,大如茶杯,皮薄而味香甘,媲美于蜀、闽橘。贞丰所产次之。

咸丰《兴义府志》(点校本)卷四十三《物产志·土产》第654页

紫罗橘 《通志》云:"紫罗橘出安南,俗名密筒,香色似密罗而小,皮薄有穰。"

咸丰《兴义府志》(点校本)卷四十三《物产志·土产》第654页

橘 产古州，实如柚。橘树，枝多刺，生茎间，叶厚，两头尖，绿色，四月开小白花，结实如柚而小，至冬黄熟，大者如杯，包中有数瓣，瓣外有筋，内有核，实小于柑，味甘微酸。黎郡皆有，产古州者佳。

光绪《黎平府志》（点校本）卷三《食货志第三》第 1378 页

橘 赤实，皮馨香，有美味。

光绪《增修仁怀厅志》卷之八《土产》第 297 页

橘 产于附城、安贞乡、马岭乡一带。按：本邑橘除自给外，尚有多数销售外地。

民国《兴义县志》第七章第二节《农业》第 252 页

橘 枝干花叶及土宜均类柑，惟实稍小而扁圆，果皮比油柑更薄，亦有毛窍状之，细纹，色红，易剥开，汁多味甘。硗瘠或荒芜地产者略酸，不耐久。橘红亦名陈皮，种子曰橘核仁均入药。县城外新街及上下瓦窑产者佳，附郭农民以柑橘获利者不少，如再运用科学方法培植，按季施肥，冬间剪枝，随时除去虫害、物害，使其枝叶翁郁结实累累，洵为一致富之源。

民国《岑巩县志》卷九《物产志》第 468 页

橘 树常绿，灌木高丈余，有刺，叶深青色而滑。四月开白花，实色青，冬熟则红累累然。味甘辛，微酸，肉多筋脉，性畏霜雪。邑产有限。邻县麻哈、炉山多有之。

民国《八寨县志稿》卷十八《物产》第 320 页

橘 产最少。

民国《威宁县志》卷十《物产志》第 602 页

柑

柑 麻哈州出者佳，他属不及。

乾隆《贵州通志》卷之十五《食货志·物产·都匀府》第 286 页

柑 皮细者佳。

乾隆《贵州通志》卷之十五《食货志·物产·镇远府》第 286 页

柑 色黄赤，绉皮者名狮头柑，味甘美，皱皮者略小，味微酸。

乾隆《贵州通志》卷之十五《食货志·物产·安顺府》第 285 页

柑 《群芳谱》:"柑,江南及岭南为盛,川蜀次之。"《益部方物赞》:"碧叶春葩,颜包之珍。丹衷既披,香液始津。"

乾隆《贵州通志》卷之十五《食货志·物产·安顺府》第285页

佛手柑 《通志》:"亦出仁怀。"

乾隆《贵州通志》卷之十五《食货志·物产·安顺府》第285页

蜜罗柑 蜜罗柑、藤本,实大如瓜,皮黄厚如佛手,白肉无穗,甜与蜜同,作清供,香色经日不散,出永、镇等州山间。

乾隆《贵州通志》卷之十五《食货志·物产·安顺府》第285页

佛手柑 指长而舒者佳,一种实圆如香橼者,名密罗柑。

道光《贵阳府志》(点校本)卷四十七《食货略·土贡 土物》第922页

蜜罗柑 《仁怀志》:"三岁一熟,芳馨可遗。"

道光《遵义府志》(校注本)卷十七《物产》第498—499页

柑 按:柑,全郡皆产。《图经》云:"似橘而大,生青熟黄。"李时珍云:"柑皮比橘色黄而稍厚,理粗而味不苦,橘可久留,柑易腐败,柑树畏冰雪,橘树略可,此柑橘之异也。"考韩彦直《橘谱》,柑有乳柑、生枝柑、海红柑、狮头柑、洞庭柑、甜柑、木柑、朱柑、馒头柑诸种。今郡之柑皮多肿厚,俗因呼为肿皮柑。

咸丰《兴义府志》(点校本)卷四十三《物产志·土产》第655页

佛手柑 按:佛手柑产贞丰,状如手有指,故名。皮如橙而厚,皱而光泽,色生绿熟黄,味淡而微甘,清香袭人,置几案可供赏玩。安芋片于蒂,以湿纸围护,经久不瘪;或捣蒜罨蒂,则香更充溢。郡人切片以糖制市,名曰佛手片。《异物志》云:"浸汁浣葛衣,胜似酸浆。"

咸丰《兴义府志》(点校本)卷四十三《物产志·土产》第655页

黄果 按:黄果全郡皆产,极多,此果载籍所不载。大如碗,形圆,色黄而皮薄,瓤肉如橘,生时味微酸,熟则甘美,较橘别有风味,藏之经久不坏。

咸丰《兴义府志》(点校本)卷四十三《物产志·土产》第655页

柑 俗名梳头柑,大如碗,皮厚,味佳。

咸丰《兴义府志》(点校本)卷四十三《物产志·土产》第655页

柑 产赤水。

同治《毕节县志稿》卷七《物产》第 414 页

柑子，味香甜。柑树似橘，少刺，实亦似橘而圆大，未经霜犹酸，霜后始熟，皮皱作丹黄色，味香而甘甜，故名。柑子，黎郡皆有，产古州者佳。

光绪《黎平府志》（点校本）卷三《食货志第三》第 1378 页

蜜筩柑 紫罗橘也。《黔书》："或曰即南海之紫罗橘。视佛指而少擘，指形悉具，屈而不伸，剖食如蜜类，楚泽之萍实也。黄棠、元吉，其臭如兰，嘴嚼之，馨流齿颊矣。其子可以艺。盘州之上，咸有之，蓄之树，以涘岁荐之拌，则弥月而色不衰，香亦不变，可谓果实中之幽人志士矣。丁炜曰'数行可当'。"《橘颂》尝有"咏柚"。二语云"应讶萍为实，从呼橘作孙"，移赠筩柑，以当弋获。产古州者佳。

光绪《黎平府志》（点校本）卷三《食货志第三》第 1378 页

佛手柑 树似朱栾。佛手柑树，似朱栾而叶尖，长枝间有刺，植之近水乃生。其实如人手，有指长数寸，皮如橘柚而厚皱而光泽，生绿熟黄，内无瓤，切片浸酒，清香袭人，古州多。

光绪《黎平府志》（点校本）卷三《食货志第三》第 1378 页

黄果 形如柑。黄果，柑属，形如柑，而皮光有瓤，无瓣，切食之味，香而甜，兼能耐久。产古州者佳。

光绪《黎平府志》（点校本）卷三《食货志第三》第 1379 页

佛手柑 一名飞穰，近日合江多植之。

光绪《增修仁怀厅志》卷之八《土产》第 296—297 页

香橼 一名枸橼，实大，味酢，人爱其香气，亦谓之香圆。

光绪《增修仁怀厅志》卷之八《土产》第 296—297 页

柑 土名曰黄果。

民国《册亨县乡土志略》第四章《物产》第 597 页

黄果 江西坡、让里皆有之。

民国《普安县志》卷之十《方物》第 503 页

广柑 多产于南盘江一带，一名黄果，味不亚于橘，惟产量不多。

民国《兴义县志》第七章第二节《农业》第 252 页

柑 树与橘、橙、柚均为常绿，灌木植于河畔砂质壤土或肥沃黏土之园圃最宜，干高丈余，有稀刺，叶为长卵形，色青而滑，四月开白花。十月实熟，色黄。县属龙洞河、注溪以下沿岸均产，以城郊为最，其他各乡地势稍高，冬令冰雪较重，植之未易生长或不结实。邑产分三种，实比橘略大，白瓤囊，汁多味甘曰油柑；实比油柑更大，果皮厚而有起伏之皱痕，亦易剥开，汁多味甘香曰皱皮柑；实大如皱皮柑，果皮稍薄而紫纹细而滑，最难剥食，时以刀削之，瓤囊外另有白厚膜，用指刮去，乃食，味极甘香曰广柑，亦称黄果柑类，惟此耐久存，保藏得法不近酒气者至次年七八月间不坏，汁味亦不减。

民国《岑巩县志》卷九《物产志》第468页

黄果 柑属也，皮不皱，瓤有味，瓣尤甘香，亦耐久存。（别种曰香橼，尤香美，其形圆而微长，至五六寸者曰长生果，色淡黄，香益清，虫长其枝俟将化蝶乃取而酒渍之，治气疾良。）

民国《都匀县志稿》卷六《农桑·物产》第261页

黄果 柑属也，皮滑不皱，瓤味甘香，亦耐久存。

民国《八寨县志稿》卷十八《物产》第321页

柑 一名端圣奴。夫橘、柚、柑、橙，同类异种；其叶、其花、其实，又必经霜而熟，亦极相似；然不难辨。《本草》诸家，乃强谓橘与柑为一类，柚与橙为一类者，得无自蹈于矛盾纷纭之境界乎？且四物中，皮之入药者，惟橘为最，次或以柑取充，若柚之与橙，则难入选。四物之中，又自以地宜之故，而伙蒙异称。若尽稽载籍，则尤觉惮烦。然诸家《橘谱》，固亦略寓目。以橙为柚者，间亦有之。若以柑为橘者，则从未之闻也。县自产柑。而柑之中食，何异于他境！惟指柑言柑者，县与他境固均有其人。乃习闻会城暨安顺毗近诸县，人之称黄果者，其物究为柑耶？橙耶？县似不多产橙，故不具列。若柑之得为黄果也，是贵阳与安顺之黄果曾不离乎柑之轨辙。镇宁县西距三十里而近，有地名黄果树，说者以其多产是物，遂蒙斯称。又有谓黄果自黄果，略不与于橘、柚、柑、橙者，兹乃无从取证。存之以俟将来。

民国《息烽县志》卷之二十一《植物部·果类》第298—299页

香橼

香橼 《通志》："出仁怀者，皮粗而大，香于他郡。"

乾隆《贵州通志》卷之十五《食货志·物产·安顺府》第285页

香橼　大如巨梡，色黄皮赋不甚香。

道光《贵阳府志》（点校本）卷四十七《食货略·土贡 土物》第922页

香橼　浸酒香。香橼，柚属，皮若橙，光泽可爱，外黄内白，无瓣，切片浸酒，芬香袭人，产古州。

光绪《黎平府志》（点校本）卷三《食货志第三》第1378页

香橼　即枸橼，与佛手柑同种。枝间有刺，叶似橘而大，实圆皮厚，色黄，芳香扑鼻，味极酸。按蒋志有此，今少见之。

民国《岑巩县志》卷九《物产志》第469页

枸橼　今之香橼与佛手柑，形本不同，而色香味几于难辨。其实，皆《本草》著录之"枸橼"也……香橼与佛手柑之产于县，固不为殊异之品。其纪及蜜筒、蜜罗，则物有其类，用备遗轶。

民国《息烽县志》卷之二十一《植物部·果类》第300页

橙

橙　即柚，形圆长不一，瓤有赤白二色，味别甘酸。

道光《贵阳府志》（点校本）卷四十七《食货略·土贡 土物》第922页

橙　《明一统志》云："安南卫、普安州土产橙。"按：橙，今全郡皆产。考橙，橘属，大于橘而香，皮厚而皱。柚，早黄难留。橙，晚熟耐久。橙叶有两刻缺如两段。《合璧事类》云："橙大如碗，色黄皮厚，香气馥郁，其皮可薰衣，可芼鲜，可和菹醢，可为酱齑，可以蜜煎，可以糖制为橙丁，可以蜜制为橙膏。嗅之香，食之美，诚佳果也。"又《本草衍义》云："橙皮，宿酒未解者食之速醒，故梅尧臣诗云，'金盘按酒助杯香'。"

咸丰《兴义府志》（点校本）卷四十三《物产志·土产》第654页

橙　晚熟，产古州者佳。橙，橘柚属也。叶似橘，有刺，实似柚而香，晚熟耐久，大者如盘，经霜始熟。叶大，有两刻缺如两段，皮厚，蹙毵如沸，香气馥郁。黎郡皆有，产古州者佳。任志儒《古州橙》诗："秋过橙树饱经霜，苍翠丛中点缀黄。向晓摘来舟满载，香分晴日渡榕江。"

光绪《黎平府志》（点校本）卷三《食货志第三》第1378页

橙　干高丈许，枝多粗刺，可植园畔作篱，俗呼铁篱笆。叶长卵形，大于橘叶。花白。实经霜熟，味极酸。果皮香气甚烈，曰枳壳，实嫩时曰枳实，均入药。按：枳壳，枳实原为一种，今亦采嫩柚充枳实用。

民国《岑巩县志》卷九《物产志》第469页

长生果

长生果 按：长生果，全郡皆产。一名蜜香果，形圆而微长，长五六寸，色淡黄，其香极清，可为案头清供，郡人呼为香橼。实则香橼形圆，长生果形长，长生果非即香橼也。

咸丰《兴义府志》（点校本）卷四十三《物产志·土产》第655页

杨梅

杨梅 紫者微甜，白者酸。

乾隆《贵州通志》卷之十五《食货志·物产·贵阳府》第284页

杨梅 树多合抱，翠叶经冬不凋，实大者作胭脂色，味甘，居人以浸酒宴客，一种实小者而色淡，味亦劣。

道光《贵阳府志》（点校本）卷四十七《食货略·土贡 土物》第922页

杨梅 《北户录》："杨梅，播州有白色者，甜而绝美。"周必大《次韵杨梅诗》："越人一枝古所重，蜀无他杨谱则同。"《通志》："杨梅出绥阳、仁怀二县。"按：各属并多。

道光《遵义府志》（校注本）卷十七《物产》第497—498页

杨梅 按：杨梅，产安南。

咸丰《兴义府志》（点校本）卷四十三《物产志·土产》第659页

草薦 有红、白二种。

同治《毕节县志稿》卷七《物产》第414页

杨梅 实如楮。杨梅，生山地，二月开花，结实如楮，实子肉在核上，无皮壳。五月熟生，青熟则有白、红、紫三色，红胜白，紫胜红，颗大者核细，盐藏、蜜渍、糖制、火酒浸皆佳。

光绪《黎平府志》（点校本）卷三《食货志第三》第1376页

草薦 有红、白二种，称杨梅。

民国《咸宁县志》卷十《物产志》第602页

杨梅 叶如龙眼，经冬不凋。二月开黄白花。结实似薦而大，五月

熟，色赤黑，味甘酸，可解渴，糖拌密渍、酒浸皆佳（酒浸经年不坏），治五更泻最有效。(《北户录》："杨梅播州有白色者甜而绝美。"周必大《次韵·杨梅诗》："越人一枝古所重，蜀无他物谱则同。)"。

民国《八寨县志稿》卷十八《物产》第318页

杨梅 一名朹子……段公《路北户录》："播州有白色者，甜而绝大。"县距播州只一乌江之隔，白杨梅亦间见之。若行省所辖之诸县，遍盘、乌经流境界，何地曾无此物？差不让于吴越。熟时取食及腌藏诸法，人皆知之。

民国《息烽县志》卷之二十一《植物部·果类》第287页

无花果

无花果 出永宁，不花而实，生于枝叶之间，其大如李。

乾隆《贵州通志》卷之十五《食货志·物产·安顺府》第286页

无花果 味与柿同，无花而实，妇人食之能下乳。

道光《贵阳府志》（点校本）卷四十七《食货略·土贡 土物》第922页

无花果 《桐梓志》："邑产。"按：各属皆有。

道光《遵义府志》（校注本）卷十七《物产》第499页

无花果 按：无花果产安南县盘江之滨。树大者可作柱，叶似枇杷，自根层累环结，无花而结果。每一果覆一叶，初结青色，熟时微红，形类地瓜而甘美过之。大者如碗，小者如杯，熟时取之蒂上即出白浆，复结成一果，六七八月熟，余月虽结不熟。李时珍云："无花果三月发叶，五月内不花而实，实出枝间，状如木馒头，其内虚软，采以盐渍压扁日干充果食。此果即《便民图纂》之映日果，一名优昙钵，又名阿驵。"《方舆志》云："优昙钵，不花而实，状如枇杷。"又《酉阳杂俎》云："阿驵，无花而实，色赤类棉柿，味亦如柿，即此果也。"又按，《食物本草》云："无花果开胃、止泻痢。"《本草纲目》云："无花果治五痔、咽喉痛。"又《本草补遗》云："无花果之叶治五痔肿痛，煎汤频薰洗之效。"

咸丰《兴义府志》（点校本）卷四十三《物产志·土产》第659页

无花果 叶如盘，不花而实，故名，又名长寿果。

光绪《增修仁怀厅志》卷之八《土产》第297页

棠梨

棠榔果 树如丛刺,遍山皆有,春开花,夏结果,红子如橄榄,形味甜。

乾隆《毕节县志》卷四《赋役·物产》第 257 页

棠梨 实有大小,味酸涩。

民国《威宁县志》卷十《物产志》第 602 页

芭蕉果

芭蕉果 按:芭蕉果,全郡之红水江滨皆产。考芭蕉果有数种,未熟时皆苦涩,熟时皆甜脆,味如葡萄,可以疗饥。一种羊角蕉果,大如拇指,长六七寸,锐似羊角,皮黄白色,味最甘美。一种牛乳蕉果,大如鸡卵,有类牛乳,叶微减。又一种大如莲子,长四五寸,形正方者,味最弱。皆可密藏为果。又《海槎录》云:"板蕉果大而味淡,佛手蕉果小而味甜。"又《虞衡志》云:"牛乳蕉果,去皮取肉软烂如绿柿,味甘冷,饲小儿、去客热。一种牙蕉果尤香嫩甘美。"今郡之江滨各种蕉果皆产。

咸丰《兴义府志》(点校本)卷四十三《物产志·土产》第 659 页

芭蕉果 多产于南盘江一带。

民国《兴义县志》第七章第二节《农业》第 252 页

野荔枝

野荔枝 山中间有之,味劣。

道光《贵阳府志》(点校本)卷四十七《食货略·土贡 土物》第 922 页

荔支 常璩《蜀志》:"江阳郡有荔支。"又《巴志》:"果实之珍者,树有荔支。"蔡襄《荔支谱》:"洛阳取于岭南,长安来于巴蜀。"又云:"蜀所出,早熟而肉薄,味甘酸。"邓庆采《荔支谱》:"蜀中荔支,泸、叙之品为上。"郑谷《荔支树诗》:"二京曾见画图中,数本芳菲色不同。孤棹今来巴徼外,一枝烟雨思无穷。夜郎城近含香瘴,杜宇巢低起瞑风。肠断渝泸霜霰薄,不教叶似霸陵红。"按:荔支、仁怀、桐梓并产。《仁怀

志》言，相传兹土有荔支，惟旧县有二株、挺生，味酢。非其实也。

道光《遵义府志》（校注本）卷十七《物产》第 498 页

荔枝 出大金沙。

光绪《增修仁怀厅志》卷之八《土产》第 296 页

红子

红子 生山野及篱落间，干有刺高六七尺，春开白花，秋间结累累，红如丹砂，儿童撮食之，味涩，一名救军粮。

道光《贵阳府志》（点校本）卷四十七《食货略·土贡 土物》第 922 页

红子 《四川志》："名救军粮云，小木本，实硃红色，累累如珊瑚，味甘，可食。昔有军粮不足，以此充食，故名。"《仁怀志》："弥冈被野，红碧可把，花干与天竺花相似，古之青精饭，闻用天竺子汁以渍米食之，或此种未可定。"《戊已编》："红子，木类，山谷道旁多有之。高二三尺，丛生拳密，根最坚深，枝间刺如锥。二三月开细白花，结子圆扁，有如大豆者，有如细豆者。大者味极甘，细者稍苦涩。子红如火，亦有黄色者，八九月熟。若至冬经霜雪其味尤佳。尝有句云：'黄茅傲雪棱偏利，红子经霜味更甜。'"按：今贫家，及其熟时，争摘之，磨以蒸饼作粮。惟久食则难便。道光一、二年，郡大歉，民多赖以饱。语云："嘉庆接道光，红子当正粮。"

道光《遵义府志》（校注本）卷十七《物产》第 500—501 页

红子 为救军粮。红子，一名救军粮，小木本，实朱红色，累累如珊瑚，味甘可食。昔有军粮不足，以此充实，故名。《戊已编》："红子，木类，山谷道旁多有之，高二三尺，丛生，拳密，根最坚深，枝间刺如锥，二三月开细白花，结子圆扁，有如大豆者，如细豆者，大者味极甘，细者稍苦涩，红如火，亦有黄色者，八九月熟，若至冬经霜雪，其味尤佳，尝有句云'黄茅傲雪棱偏利，红子经霜味更甜'。贫家摘之，磨以蒸饼，遇歉岁民赖以饱者多矣。"

光绪《黎平府志》（点校本）卷三《食货志第三》第 1376 页

红子 茎有刺，俗呼救军粮，又一名曰红子刺。

民国《普安县志》卷之十《方物》第 503 页

红子 俗名救军粮,天然生于山野,随处有之。根茎坚深,枝间有刺,叶小,椭圆形,边有锯齿,开小白花。结实累累,冬初熟,色红中有细黑子,可并啖之,汁少味甘酸。

民国《岑巩县志》卷九《物产志》第469页

红子 俗名救军粮,士人呼为红刺果。根坚深,枝间有刺如锥,春开小白花,结实累累,色类珊瑚,味甘酸。道旁、山谷多有之。(相传诸葛武侯南征粮乏,以此充实,故名救军粮)。

民国《八寨县志稿》卷十八《物产》第320页

红子 一名救军粮……今按:此物味兼酸涩。其木虽小而极坚,薪樵以外,作连架诸小器多资之,亦非弃材。而《本草》从未甄采。大都黔蜀之遍产,其见遗当不止一物也。县之山隈田塍,靡不遍生。深秋之季,挈负入市,小儿喜争购。

民国《息烽县志》卷之二十一《植物部·果类》第292—293页

红子 救军粮,一名红子果。

民国《兴仁县补志》卷十四《食货志物产》第461页

葡萄

葡萄 蔓生,有水晶、马乳二种,一种野生实小亦可食。实正圆,色绿皮厚肉滑,内微甘,远逊北方所产。

道光《贵阳府志》(点校本)卷四十七《食货略·土贡 土物》第922页

葡萄 按:葡萄,全郡皆产,有紫、绿二种。《群芳谱》云:"其根茎中空相通,暮溉其根,至朝而水浸其中,故俗呼其苗为太通。以麝入其皮,则葡萄尽作香气;以甘草作针,针其根则立死。"

咸丰《兴义府志》(点校本)卷四十三《物产志·土产》第658页

葡萄 有紫葡萄、水晶葡萄二种。水晶者至红紫色味更美。

咸丰《安顺府志》卷之十七《地理志·通产 专产》第217页

葡桃 葡萄也。葡萄,一名葡桃,藤蔓极长。春月萌包生叶,似括蒌叶而有五尖,生须蔓延。三月开小花成穗,黄白色,旋着实。七八月熟,有水晶葡萄,晕色带白,如着粉,形有圆者,长者一茎或二三十枚,味甚甜。又有山葡萄,蔓生,苗叶花实无异,但实小而有紫黑二色,熟时味

亦甜。

光绪《黎平府志》（点校本）卷三《食货志第三》第1377页

葡萄 《博物志》张骞使西域遂得葡萄。本境有牛孔一种，味甘，六月熟。

光绪《增修仁怀厅志》卷之八《土产》第297页

葡萄 种于园圃内，有本国、美国两种。

民国《兴义县志》第七章第二节《农业》第252页

葡萄 蔓生之木本植物。有卷须宜高架引升任其牵延，叶平滑，掌状分裂。春末叶腋间抽花穗簇生小花，色黄绿，为长圆锥花序。实密，七八月熟，其色紫黑者称紫葡萄，白绿者名水晶葡萄。味均甘美可生食，酿酒尤佳。

民国《岑巩县志》卷九《物产志》第467页

葡萄 蔓长，宜高架。正月发苞，叶似栝蒌五出，生须蔓延。三月开小花成穗，实繁，七八月熟。有紫、黑、白三种，味均佳，可生食，酿酒尤妙。（种法不必根栽，雨水节斫其藤，连两端共留三节头，以两端插入地，露中节不盖泥，芽即由此萌，久则成根也，蔓延时搭架于池沼上，引而升之罩于水面，实尤繁大。）

民国《八寨县志稿》卷十八《物产》第319页

葡萄 其字，或书作"蒲桃""蒲陶"。一名"赐紫樱桃"，一名"草龙珠"……今按：此物遍产于国内，惟北方者，其形味终胜于南。云南之种，又非贵州所能及。且贵州人鲜有以之制酒者。县之所产，亦水晶、马乳两种而外，不他觏矣。

民国《息烽县志》卷之二十一《植物部·果类》第288页

萄 有水晶、黑色二种。

民国《咸宁县志》卷十《物产志》第602页

刺梨

刺梨 野生，干如蒺藜，花如荼蘼，实如小石榴，有刺、味酸，取其汁入蜜熬之，可为膏。黔属俱有，越境即无。更有重胎者，花甚艳，可艺为玩。

乾隆《贵州通志》卷之十五《物产·贵阳府》第284页

刺梨 野生，干如蒺藜，花如荼蘼，实如小石榴，壳有刺，熟时可食，味清微酸。取汁入密可熬为膏，亦可和米酿酒，野属俱有，越境即无。

道光《贵阳府志》（点校本）卷四十七《食货略·土贡 土物》第 922 页

刺梨 《滇黔纪游》："刺梨，野生，夏花秋实，干与果多芒刺，味酸，食之消闷。煎汁为膏，色同楂梨。四封皆产，移之他境则不生。每冬月，苗女子采入市货人，得江浙楚豫客买之，苗女喜曰：'利市。'谓得佳客交易也。本省人为之买，则倍其价。江南人或物色之，则举筐以赠。曰'爱莫离'！'爱莫离'者，华言与你有宿缘也。或有调戏之，则大怒曰，'落勿浑'！'落勿浑'者，华言没廉耻也。《通志》："干如蒺藜，花如荼蘼，实如小石榴，有刺，味酸，取其汁入蜜熬之。黔属俱有，越境即无。"《戊巳编》："红子刺梨二物，山原之间，妇馌未来，午茶不继，则耕牧之粮也；途左道旁，贩夫肠吼，行子口干，则中路之粮也。黔中当乾隆己丑庚寅大歉，饥民满山塞野，以此全活者多。"《田居蚕室录》："考之《本草纲目》，金樱子一名刺梨子，一名山石榴，一名山头鸡子。"苏颂云："丛生郊野中，大类蔷薇，有刺，四月开小白花，夏秋结实，亦有刺，黄赤色，形似小石榴。"按此，则金樱正是今刺梨。金樱当作金罂，与石榴、鸡头、皆以形象立名。白居易有《山石榴诗》，是咏蜀产。《滇黔纪游》及《贵州通志》并云黔属始有，他境不生。余尝在湖北丽阳驿南五里许一山寺侧见有数株，与黔产无稍异；南游滇中，亦到处有此，可见旧说不尽然也。古方有金樱酒，今黔人采刺梨蒸之，曝干，囊盛，浸之酒盎，名刺梨酒，味甚佳，是古制也。今药肆金樱，非《本草》所名，反以刺梨为别一物，谬矣。

道光《遵义府志》（校注本）卷十七《物产》第 501 页

茨梨 俗以酿酒。

同治《毕节县志稿》卷七《物产》第 414 页

刺梨 野生，杆为蒺藜，花如荼蘼，实如小石榴，有刺，酸，可为酒。黔地处处有之，本境土里尚多。

光绪《增修仁怀厅志》卷之八《土产》第 297 页

茨梨 干时可酿酒。

民国《威宁县志》卷十《物产志》第 602 页

刺梨 俗呼刺栗，丛生郊野，随处皆有，叶小卵形为羽状，复叶，枝

叶间有刺。春开淡红花五瓣，结实如小石榴，通体细刺密集。八九月熟，味甘香，可生食，又晒干和甜酒渍数日，再入烧酒浸之称刺梨酒，色黄，味甘，气香美，固封瓮口，次年春夏间饮之，尤佳。

民国《岑巩县志》卷九《物产志》第467页

刺梨 丛生郊野，随处皆有。春开红白花，秋实形如小石榴，通体刺密如猬，味甘香，霜后熟透尤佳，宜生食。邑人多采取于九日酿酒，色黄更香美，名曰重阳酒，宴佳客最宜。（莫友芝刺梨诗：芒果说山樝，循名欲把疑。形模难适眼，风味竟舒眉。品以经霜别，芳缘入酿奇。不须忙采摘，但就菊花期。琐宝漫阡谷，卑枝乱棘榛。花时亦可喜，山国驻荒春。功亦贤篱落，村原谢席珍。元深王会里，毛岯等远巡。）

民国《八寨县志稿》卷十八《物产》第317页

柚子

柚 按：柚产兴义县、贞丰州。考柚之名见于《禹贡》，《尔雅》谓之"櫠"，又谓之"椵"。郭注云："櫠，大柚也，实大如盏，皮厚二三寸，子似枳，食之少味。"《图经》云："柚比橘黄白色而大。"李时珍云："柚有大小二种，小者如柑如橙，大者如瓜如升，有围及尺余者亦橙类。"今郡人呼其黄而小者为蜜筒，大者为柚子。

咸丰《兴义府志》（点校本）卷四十三《物产志·土产》第655页

柚核 可接柑橘。柚、柑属也。树叶皆类橙，三月开花，气甚香，结实后生青熟黄，有大小二种，小者如柑，味酸不可食，大者如盘，或青瓤或红瓤，味甘美。种其核，俟长成，以接柑橘，则味不变。古州尤多。

光绪《黎平府志》（点校本）卷三《食货志第三》第1378页

柚 似橙而大于橘，味酸。

光绪《增修仁怀厅志》卷之八《土产》第297页

柚 枝有刺，叶亦长，卵形，柄有翼状小片，花白五瓣，实圆大而顶高，径四五寸。果皮极厚，色黄绿，不易剥脱，以刀剖之瓤囊，亦比柑厚，肉粒有红白二种，汁多，味分甘酸。树性不畏冰雪，然亦植低地为佳。

民国《岑巩县志》卷九《物产志》第469页

橙 柚属，皮极苦，不可向口，大如儿头，叶树与柑相似，壳极厚，瓣有红白二色，味甘酸，红者佳，白者逊。

民国《八寨县志稿》卷十八《物产》第 321 页

柚 柚字一作櫾。《尔雅》："柚，条"；又曰"櫠，椵"。《说文》："椵木，可作床几。"今按：皆同类别种之物，其与橘则分大小说，具见"橘"。其异称，则有"壶柑""臭橙""镭柚"之三名。《群芳谱》："实大而粗，柑橘中下品也。三月开花奇大，香甚馥郁。实亦如橘，有甘有酸。厚皮而臭。树皆类橙。实有大小二种。小者如柑、如橙，俗呼为'蜜筒'。大者如升、如瓜，俗呼为'朱栾'。有围及尺余者，俗呼为'香栾'。闽中、岭外、江南皆有之。南人种其核，云长成以接柑橘甚良。又有名'文蛋'、名'仁崽'者，亦柚类也。"吴其濬曰："以朱栾、蜜筒并为一种，殊未的。"今按：蜜筒即香橼，则吴说优矣。县之产此，不侔于橘。既不中食，时或阴干以捻作小器玩。故植者不多。

民国《息烽县志》卷之二十一《植物部·果类》第 298 页

鸡嗉子

吴榆子、羊奶子、鸡嗉子 按：吴榆子、羊奶子、鸡嗉子并产兴义县。

咸丰《兴义府志》（点校本）卷四十三《物产志·土产》第 660 页

鸡嗉子 状似鸡嗉，故名。

民国《咸宁县志》卷十《物产志》第 602 页

莲

莲 一名荷花，有红白二种，子可清心健脾。其根为藕，可生食，亦可漉粉。别一种子午莲，花白而小，午开子谢，可供盆玩。一云清明后生叶，形正圆，始如钱，成如盖，六月开花，花有红、白、粉红三色，花瓣长大而厚有尖，花心有黄蕊，长寸余，内即莲也。花褪莲房成菂房，青绿，底圆面平，内虚松，药圆而长色青，其在房如蜂子在窠之状。六七月采嫩者生食脆美，中心绿心如嫩茶芽曰薏，其味苦。至秋房枯子黑，八九月收之，研去黑壳谓之莲肉。白花开时，嫩藕莹然，清脆无滓，尤宜生

食，其花白者香，红者艳，千叶者不结实。

道光《贵阳府志》（点校本）卷四十七《食货略·土贡 土物》第922页

菱莲 扬雄《蜀都赋》："草叶莲藕，荣华菱根。"石湖诗自注，蜀中无菱，至蜀州西湖始见之。按：郡城西天池菱藕最盛，环山二十里，为郡中大观。池畔居民，秋后，时采莲子、菱角入市卖之。惟水深，藕不易得。城北十里菱角堰，有异莲，五六年一发叶开花，余时根叶俱未见。

道光《遵义府志》（校注本）卷十七《物产》第499页

菱角 近城陂塘中多种之。

道光《贵阳府志》（点校本）卷四十七《食货略·土贡 土物》第922页

荷根 藕也。藕，荷根，月生一节，遇闰多一节，有孔有丝，大者如臂，可生啖，花下者尤美，可作粉。

光绪《黎平府志》（点校本）卷三《食货志第三》第1376页

石莲子 食去心。莲子，莲禀清芳之气，得稼穑之味，乃养脾之果也。六月开花，有数色，惟红白二色居多，花褪莲房成菂，菂在房如蜂子在窝，六七月采食，宜去心。又，菱莲叶小于莲，秋后生菱角，民采入市卖之，味甜。

光绪《黎平府志》（点校本）卷三《食货志第三》第1378页

落花生

落花生 实生土中，甘平无毒，种之美者。

道光《贵阳府志》（点校本）卷四十七《食货略·土贡 土物》第922页

落花生 《正安志》："州产。"

道光《遵义府志》（校注本）卷十七《物产》第499页

落花生 按：落花生产兴义县、安南县。以花落于地，而其花即结成果，因名，俗呼为花生。

咸丰《兴义府志》（点校本）卷四十三《物产志·土产》第659页

落花生 土复生子。落花生宜沙地，藤牵地内，每节开花后以土复之即生子，壳长而皱，内肉二三枚，白色味极香美。产古州。

光绪《黎平府志》（点校本）卷三《食货志第三》第1379页

落花生 为制糕饵辅助品，出旧营等处。

民国《普安县志》卷之十《方物》第 502 页

落花生 一曰番豆，又曰及地果，蔓生，叶为偶数，羽状复叶。夏秋间开花，花后子房入于地中，遂结实有荚如豆子，供茶点榨油，芳香宜人。

民国《都匀县志稿》卷六《农桑物产》第 67 页

落花生 一名番豆，一名地豆，一名土豆，一名香芋，一名落花松，一名落花松，一名鞋生，一名长生果。今贵州通俗简呼花生。草本果品中，最为适用之需。生食、炒食、榨油皆宜。檀萃《滇海赏衡志》："落花生，为南果中第一。其资于民用者最广。宋元间与棉花、番瓜、红薯之类，粤估从海上诸国得其种归种之。呼棉花曰'吉贝'，红薯曰'地瓜'，落花生曰'地豆'；滇曰'落花松'。"今按：此物早遍植于国中。县之产者固非异也。

民国《息烽县志》卷之二十一《植物部·果类》第 297 页

落花生 蔬食、饼饵之用。

民国《兴义县志》第七章第二节《农业》第 252 页

梧桐子

梧桐子 按：梧桐子产兴义县。

咸丰《兴义府志》（点校本）卷四十三《物产志·土产》第 660 页

梧桐子 夏生。梧桐子，四月开花，五六月结子，荚长三寸许，五片合成，老则开裂如箕，子缀其上，多者五六，少者二三，大如黄豆，皮皱，淡黄色，仁肥嫩，可生啖，亦可炒食，味极香。

光绪《黎平府志》（点校本）卷三《食货志第三》第 1379 页

葵花

葵花 即葵子。葵子，树单茎，叶如芙蓉，六月放花花随日转，朝东暮西，秋后花落尽即有盘，如蜂窝，子累累在房，老则壳黑亦有杂色，壳内肉白，食之味香。

光绪《黎平府志》（点校本）卷三《食货志第三》第 1379 页

葵子 系草本，一名向日葵。

民国《兴仁县补志》卷十四《食货志物产》第461页

向日葵、朝阳子 即葵花子。

民国《咸宁县志》卷十《物产志》第602页

松子

松子 多种于山地。

民国《兴义县志》第七章第二节《农业》第252页

甘蔗

甘蔗 断节去皮而食味甘，罗斛有之。

道光《贵阳府志》（点校本）卷四十七《食货略·土贡 土物》第922页

甘蔗 《识略》云："兴义县蔗浆收美利。"按：甘蔗产府亲辖境及兴义县、安南、贞丰、册亨江滨。考甘蔗古名柘，《楚辞·招魂》云："有柘浆些。"注云："柘，一作蔗。"《上林赋》云："甘柘巴且。"即甘蔗，古柘、蔗音同通。至《南都赋》云"诸蔗姜蟠"，字始作蔗。《南方草木状》云："诸蔗，一名甘蔗，长丈余，甚甘。"《野史》云："吕惠卿言凡草皆正生，惟蔗侧种，根上庶出，故字从庶。"今郡人又俗呼为蔗竿。考《南方草木状》又作"竿蔗"，谓其茎如竹竿也。《糖霜谱》云："蔗有四色：杜蔗即竹蔗，绿嫩薄皮，味极醇厚，专用作霜。西蔗色浅白。芳蔗亦名蜡蔗，即荻蔗，色微黄可作沙糖。红蔗亦名紫蔗，即昆仑蔗，色红，只可生啖，不堪作糖。凡蔗榨浆饮固佳，不若咀嚼之味隽永也。"

又《物类相感志》云："同榅子食则渣软，味尤隽永。"郡之蔗各种皆有，味极甘美可敌闽蔗。惟郡人皆以蔗为性热，然王维《樱桃诗》云："饱食不须愁内热，大官还有蔗浆寒"，则蔗性寒明矣。故《别录》云："蔗利大肠。"《大明本草》云："蔗性冷，除心胸烦热，解酒毒，惟制成糖则性变热。"《晁氏客话》云："甘蔗煎饴则热是也。"或云蔗皮青白者寒、红者热，说颇近理。

咸丰《兴义府志》（点校本）卷四十三《物产志·土产》第659—660页

甘蔗　《说文》:"薯蔗也。"《农政全书》:"甘蔗、糖蔗二种,土城较佳。"

光绪《增修仁怀厅志》卷之八《土产》第297页

荸荠

荸荠　水种,味甘脆,力能毁铜,有野荸荠,细小味淡,居人以之作粉,一名地栗,俗名土栗,生浅水田中,苗如龙须,其根至冬月,成实,大者如核桃、林擒,小者如山楂,中有脐,有白蒻薄皮数重裹之,长二三分,皮土黄色,近脐阔大,以下渐小。野生者颗黑而小,食之多滓。种出者红紫而大,肉皆洁白多汁,味甘,生熟皆可食。

道光《贵阳府志》(点校本)卷四十七《食货略·土贡 土物》第922页

荸荠　按:荸荠产兴义县者佳。考荸荠,即《尔雅》之"凫茈",《别录》之"乌芋"。李时珍云:"乌芋,以其根如芋而色乌也,凫喜食之,故名凫茈。"郑樵《通志》谓之"地栗",《本草衍义》谓之"荸脐",今郡人又呼为蒲荠。生浅田中,叶上无枝如龙须草,结果如栗而脐有芽,野生者色黑、味淡、多渣,种生者色紫、味甘、无渣,生食熟食皆良。

咸丰《兴义府志》(点校本)卷四十三《物产志·土产》第660页

荸荠　色如栗子。荸荠,生浅水中,其苗三四月出土,一茎直上,无枝叶,状如龙须,色正青,秋后结根如山楂、栗子,皮薄色淡紫,肉白而细,甘脆可食。府境及古州尤多。

光绪《黎平府志》(点校本)卷三《食货志第三》第1377页

荸荠　状如慈姑,皮黑肉白,质脆味甘美,能消痞积,化铜为水。(误吞铜器,食一二斤即无。)

民国《八寨县志稿》卷十八《物产》第321页

地瓜

地瓜　蔓生,实附于根,可食。

道光《贵阳府志》(点校本)卷四十七《食货略·土贡 土物》第922页

木瓜

木瓜　实如小瓜。木瓜,枝叶花俱如海棠,叶光而厚,春开花,红色

微带白，结实如小瓜，或似梨梢长，皮光，色微黄，味甘，酸性清凉。《尔雅》楸木瓜注："实如小瓜，酢可食。"《广志》："木瓜，枝一尺，百二十节。"《本草》："木瓜，最疗转筋。呼其名及书，土作木瓜，字皆愈。"

光绪《黎平府志》（点校本）卷三《食货志第三》第1377页

木瓜 落叶灌木，枝干绝类梨，叶为椭圆形。至春先叶后花，花色淡红。实椭圆而皮黄，蒂间别有重蒂如乳状，香气颇佳。生啖味酸涩，糖渍可口，入药主疗转筋足疾。

民国《岑巩县志》卷九《物产志》第467页

木瓜 《诗》"投我以木瓜"是也。叶长椭圆形，花淡红，作房，实圆，长自二寸至四五寸。味甘酸，入药主疗转筋足疾，生啖糖渍皆宜。（《都匀志》："津润味甘为木瓜，味酸而涩者为木桃，无鼻较大者为木李。"）

民国《八寨县志稿》卷十八《物产》第322页

木瓜 《尔雅》："楸，木瓜。"《诗·卫风》："投我以木瓜。"《孔丛子》："孔子曰：'吾于木瓜，见苞苴之行'。"《陶谷清异录》："段文昌既贵，竭财奉身，晚年尤甚，以木瓜益脚膝，银棱木瓜胡样桶濯足，盖用木瓜树解合为桶。"陆佃《埤雅》："谚曰：'梨，百损一益；楸，百益一损。'投人之道，宜有以益之，而报人，则欲坚久。故《诗》曰：'投我以木瓜，报之以琼琚。'"李时珍曰："木瓜，可种可接。其叶光而厚，其实如小瓜而有鼻。"省内通产。县产无异于他境。

民国《息烽县志》卷之二十一《植物部·果类》第287页

金樱

金樱 茎长丈余而有刺蔓，生山野，叶尖狭，边有细锯齿，春开白花五瓣，实小而形如罂，亦有细刺，冬月熟，深黄色，干香如蜜，俗名蜂糖罐，可生嚼，毛可入药。

民国《岑巩县志》卷九《物产志》第467—468页

西瓜

西瓜 种来西域。西瓜，以种来自西域，故名。蔓生，花如甜瓜，叶大多桠缺面深青，背微白，叶与茎皆有毛如刺，微细而硬，结实或圆或长或大或小，其瓤或白或黄或红，红者味尤胜，皆去皮食之，其子色不一而黑者居多，可为果味极香。

光绪《黎平府志》（点校本）卷三《食货志第三》第1379页

西瓜 有卷须，蔓延地上。叶三裂至七裂，羽状复叶。实圆大而略长，果皮深绿色微带网状细黑纹，近皮略有白肉瓤，心全红，种子壳则黑色，汁多味甜，食之解渴，子亦供茶点。一种名水瓜，形状绝类西瓜，惟实形正圆，近皮多白肉瓤，心微红，种子壳亦红色，甘味稍逊，子不供食。

民国《岑巩县志》卷九《物产志》第469页

第三章 竹木类植物

第一节 竹之属

竹之属 斑竹、紫竹、苦竹、筋竹、箭竹、绵竹、水竹、丛竹、凤尾竹、潇湘竹、画眉竹。

嘉靖《贵州通志》卷之三《土产》第273页

竹 分茎、粉，亦有苦橼之名。紫竹种于园亭，茨竹生于山菁，至棕竹之坚秀，可作器杖，又其最美者。

乾隆《南笼府志》卷二《地理·土产》第537页

竹类 笏竹（笏，岭南南竹。又名涩勒。东坡诗："倦看涩勒暗蛮村"是也。《肇兴府志》："笏，俗名刺竹。节有芒刺，可作藩落。"又名勒竹。勒，刺也。广人以勒为刺，故名。今镇远亦多此竹）、慈竹（即蔓竹，可为索）、方竹（出柳露）。

乾隆《镇远府志》卷十六《物产》第118页

竹属 金竹、慈竹、凤尾竹、紫竹、南天竹、水竹、棉竹、棕竹。

咸丰《安顺府志》卷之十七《地理志·通产 专产》第217页

纸竹、蒲竹、毛竹、野竹、竿竹 按：此五种竹并产兴义县。纸竹可为纸；毛竹皮厚而坚，可为刑杖。

咸丰《兴义府志》（点校本）卷四十三《物产志·土产》第643页

竹、麻、楮 均为造纸原料。竹、麻让里多产之，故有大竹麻山、小竹麻山之名。楮皮下厂河一带最多。火麻苗族多用之，以织麻布口袋，为家家必用之品，岁获近万圆。棉花出产于棉花砦，岁产千余斤。苎麻楼下河湾塘等处产最多，岁可七八千斤。

民国《普安县志》卷之十《方物》第 505 页

通竹

通竹 戴凯之《竹谱》："直上无节而空洞，出溱州。"按：溱州有二。今属河南之汝南，唐代以前之溱州也；今之四川綦江县迤南，毗贵州桐梓县境，则宋代之羁縻溱州也。而戴凯之为晋人，所称之溱州，究不知何指。惟今贵州行省所辖境内，其产此通竹者，亦非限于何县。其削制为杆售给吸草烟者，粗不及食指，细或如小指，长三尺以上，短不及二尺。色微类紫竹，其呼则簴竹，或通天竹者，得非即通竹乎？县人之持用此物，盖往往见之。而谓县之果不产通竹也可乎？

民国《息烽县志》卷之二十一《植物部·竹类》第 272 页

斑竹

斑竹 性坚，围七八寸许，可作竹器。

道光《贵阳府志》（点校本）卷四十七《食货略·土贡 土物》第 926 页

斑竹 按：斑竹产贞丰，即湘妃竹，制扇及烟筒佳。考《博物志》云："舜二妃曰湘夫人，舜死苍梧，二女啼于洞庭，以涕挥竹，竹尽斑，至今有此一种斑竹。"其说虽出古书，殊不经，不足信也。

咸丰《兴义府志》（点校本）卷四十三《物产志·土产》第 641 页

斑竹 出笋，味佳。斑竹，生山中，不甚高，大二三月出笋，味最佳，长成亦可作器用。

光绪《黎平府志》（点校本）卷三《食货志第三》第 1385 页

麻壳竹、笔竹 贵竹也。贵竹，俗名麻壳竹，有斑点，长三四丈，径四五寸，四月出笋，功用与楠竹同，但不及楠竹之坚劲。黔省遍地皆有。《黔书》：黔称贵竹。《竹谱》：又作"笔竹"，不从"筀"而从"贵"，以竹王故也。

光绪《黎平府志》（点校本）卷三《食货志第三》第 1385 页

班竹 簴有班，文质理甚坚。

光绪《增修仁怀厅志》卷之八《土产》第 298 页

斑竹 土宜及形状悉与金竹同，但节稍稀，细笋，箨有斑点，故名，用途甚广。

民国《岑巩县志》卷九《物产志》第 477 页

斑竹 大概分二种，一灰斑，质深绿色，箨未解时，色灰；一红斑，质色块黄，箨未改时，色红，二名盖因箨以命也。木工多所需用红斑尤坚韧，凡取竿者尚之。

民国《独山县志》卷十二《物产》第 342 页

斑竹 叶干与筋竹相似而节稍细，笋箨斑点，故名。阳山竹俗呼钓鱼竹，又名慈竹，大者围三四寸，丛生，叶浓绿，根不外引，其密间不容笱。七八月出笋箨脱成竹，性柔韧，可织席、作绳、制缆，箨中制鞾，新竹可造纸。（《遵义志》：人家宜植一二十窠，耕种时用牵用束，视他竹尤柔劲，兼可护墙落、园圃。）

民国《八寨县志稿》卷十八《物产》第 331 页

筀竹 即今贵州通呼之斑竹也。《山海经》："龟山又东七十里曰丙山，多筀竹。"僧赞宁《笋谱》："筀竹，吴越多生。"屈大均《广东新语》："筀竹，叶细，节疏，宜作篾丝。"《都匀县志》："高三丈余，大者径五寸。笋芒种前后出，可食。箨有斑，故名。中制器，作舁竿。别种曰铁斑竹，一名晒坡竹。野生，干大如指，色黄质坚，编篱作杖耐久。"按：《群芳谱》有斑竹，而非此之谓，乃世所称湘妃竹，其斑如泪痕者。多产辰沅间，湘人贩运来黔，黔人固恒见之。不得与筀竹之偏呼斑竹而并溷其实也，县产之斑竹，其形状与作用，曾如《都匀志》之所言，二十年前弥望成林，均是物也。今则斩伐不息，且忘培壅。物之盛衰，有同于人。

民国《息烽县志》卷之二十一《植物部·竹类》第 270 页

筀竹 高三丈余，大者径三寸，笋芒种前后出，可食箨，有斑故名斑竹，中制器作舁竿。别种曰铁斑竹，一名晒坡竹，野生干大如指。色黄质坚，编篱笆、作杖耐久。

民国《麻江县志》卷十二《农利·物产下》第 413 页

斑竹 俗名轿杠竹。

民国《威宁县志》卷十《物产志》第 603 页

观音竹

观音竹 出占城。观音竹，冬月出笋，高二三尺，可供盆玩。《八纮译史》：观音竹，色黑如铁，出占城。

光绪《黎平府志》（点校本）卷三《食货志第三》第 1386 页

观音竹 色黑，叶细密，无高大者，种者可供玩。

民国《八寨县志稿》卷十八《物产》第 332 页

苦竹

苦竹、椽竹 旧志云："竹有苦、椽之名。"按：苦竹产府亲辖境及贞丰，一名青地枝。考《永嘉郡记》云："张廌隐居，家有苦竹数十顷，竹中为屋，常居其中。王右军闻而造之，廌逃避竹中，不与相见，一郡号为'竹中高士'。"又，《宋书》云："卜天生，取苦竹，削其端使利，交横布坑内，呼类共跳，并惧。天生跳之，往返十余，曾无留碍。"即此苦竹也。《竹谱》云："苦竹，有白有紫。"《图经》云："苦竹有二种，一极粗大，笋味殊苦，不可噉；一肉厚而叶长阔，笋微有苦味。"又，《海录碎事》云："青地枝，苦竹也。"

椽竹 产府亲辖境及兴义县，一名䈽竹，可为屋椽，故名椽竹。《广志》云："䈽竹可为屋椽。"《搜神记》云："蔡邕曰：'尝经会稽高迁亭，见屋东第十六竹椽可为笛，取用果有异声。'"即此椽竹。

咸丰《兴义府志》（点校本）卷四十三《物产志·土产》第 642 页

苦竹笋 烧食美。苦竹，产古州，叶大似箭竹，粗者径二三寸，质脆，他无所用，惟作香烛心，笋烧食亦美。

光绪《黎平府志》（点校本）卷三《食货志第三》第 1385—1386 页

苦竹 夏生，笋味苦，性凉。

光绪《增修仁怀厅志》卷之八《土产》第 298 页

苦竹 土宜亦同，金竹高者二三丈，叶黄绿，节最稀，每节附箨处有褐色纤毛，质比金竹稍薄而脆，用作晒衣竿、棚架或劈作香烛心之类。三四月生笋，供蔬味，略苦，箨可制鞋底。

民国《岑巩县志》卷九《物产志》第 477—478 页

苦竹 类有白紫，叶堪入药。

民国《独山县志》卷十二《物产》第342页

苦竹 （笋味苦）有白、有紫，长者二三丈，叶黄绿，节稀疏，附箨处有纤毛。质脆，用者少，只宜作香，竹心制器逊诸竹。

民国《八寨县志稿》卷十八《物产》第332页

苦竹 戴凯之《竹谱》："苦竹有白，有紫，而味苦。"贾思勰《齐民要术》："苦竹之丑有四：有青苦者，有白苦者，有紫苦者，有黄苦者。"今按：县之所产，长者至三四丈。比筭竹、筋竹而过之。绿叶，疏节，节附箨处有纤毛。笋则夏至前后出，水浸去苦味，亦可食叶，多入药，箨中制履。竹身惟箍物及造香烛者以为心，箍物者且嫌其薄而不韧也。

民国《息烽县志》卷之二十一《植物部·竹类》第271页

筋竹

篁竹 出府属养龙诸苗寨，最有筋力，为用甚多，俗名筋竹。

乾隆《贵州通志》卷之十五《食货志·物产·贵阳府》第285页

筋竹 亦曰篦竹，一名金竹，性坚耐用。凤尾竹，丛低叶细，庭院种之。

道光《贵阳府志》（点校本）卷四十七《食货略·土贡 土物》第926—927页

筋竹 按：筋竹，旧志误作"茎竹"。"茎"字，字书所无，盖杜撰，以筋、茎音近而讹也。考《竹谱》云："筋竹，长二丈许，围数寸，至坚利，南土以为矛，其笋未成竹，堪为弩弦。"

咸丰《兴义府志》（点校本）卷四十三《物产志·土产》第640页

粉竹 即筀竹，以皮白如粉，故名，产府亲辖境及册亨。《竹谱》云："筀竹坚而促节，体圆而质劲，皮白如霜，大者宜制船，细者可为笛。"

咸丰《兴义府志》（点校本）卷四十三《物产志·土产》第640—641页

史叶竹 筋竹也。戴凯之《竹谱》："筋竹长二丈许，围数寸至坚利，南土以为矛。其笋未成竹时，堪为弩弦。农家制晒席、簸箕之类，视斑竹尤坚。"

光绪《黎平府志》（点校本）卷三《食货志第三》第1386页

筀竹 苏颂《图经本草》及刘美之《续竹谱》并云："筀竹，坚而促节，体圆而质劲，皮白如霜。大者宜刺船，细者可为笛。取沥并根叶皆入药。"按：贵州诸县人通呼一种适用甚多之竹曰绵竹，而《竹谱》及《本草》乃缺是物。四川有县曰"绵竹",建置自昔,其非以地产斯品而得名欤?《都匀县志》又以绵竹为慈竹之别种,颇谓为不然。就苏、刘之说,篁竹而细绎之,得非绵竹之篁竹乎?且按之韵书,篁字有平上二音,其读平音者,几与筋竹之筋字无殊。则所食之笋,当未必无篁竹者也。县人既习呼绵竹,则其笋之名,自亦不离绵竹也。

民国《息烽县志》卷之二十一《植物部·竹类》第272页

筋竹 长二丈许,围数寸长高,干渐杀,叶成个字形,经冬色不变。清明前后根发芽,是为笋,可食用味亦佳。箨赤褐色,脱后成竹,性坚劲。农家用作晒垫、簸箕、筐、箱之类。视斑竹尤坚,别种为毛筋竹,末小、节密,用途亦广,笋亦可供蔬。

民国《八寨县志稿》卷十八《物产》第331页

筋竹 《竹谱》:"长二丈许,围数寸,至坚利,南土以为矛。"郑珍《田居蚕室录》:"至大者,径四五寸,随地皆宜。农家制晒席、箕簸之类。视斑竹尤坚,舁竿必需此。人家若岁生水竹三百个,筋竹一百个,斑竹五十个,可售多钱。"《都匀县志》:"别种曰毛筋竹,似筋竹而末尤小,节数,质厚、劲,舟子以为篙,笋供蔬食。"今按:县之产用此筀竹,而多逾苦竹。村人植之成林者,弥望皆是。资生足器,其益实宏。

民国《息烽县志》卷之二十一《植物部·竹类》第270—271页

笻竹

笻竹 《通志》云:"《竹谱》载,高节实中,状若人形,俗谓之扶老竹。"张孟阳云:"产兴古盘江县,今普安州是也,俗名罗汉竹。"按:笻竹,今产普安县、兴义县,皆昔普安州地也。考《汉书》云:"张骞言在大夏见笻竹杖。"刘逵《蜀都赋注》云:"笻竹出兴古盘江县,中实而高节。"《竹谱》云:"竹之堪杖,莫尚于笻,磈砢不凡,状若人功,岂必蜀壤,亦产馀邦,一曰扶老,名实具同。"考刘逵、张孟阳并云"产盘江县",误,古无盘江县,当云兴古郡漏江县,即今普安县地是也。

咸丰《兴义府志》(点校本)卷四十三《物产志·土产》第641页

罗汉竹 即邛竹,可为杖。

光绪《增修仁怀厅志》卷之八《土产》第298页

罗汉竹 节肿质薄脆，庭园中多植，节数截为玩具，累累如贯珠，颇饶雅致。

民国《八寨县志稿》卷十八《物产》第332页

蛮竹

蛮竹 按：蛮竹产府亲辖境之南乡，册亨尤多，长数丈，大如柱，极大者可为吸水器，即䈽䇢竹是也。《异物志》云："䈽䇢生水边，长数丈，围尺五六寸，一节相去六七尺，或相去一丈。"《竹谱》云："䈽䇢竹最大，大者中甑，亦中射筒。"《后汉书》云："竹王，生大竹中。"《异苑》云："建安有䈽䇢竹，节中有人，长尺许，头足皆具。"即此竹也。

咸丰《兴义府志》（点校本）卷四十三《物产志·土产》第641页

蛮竹 俗呼南竹，高数丈，大为柱，可为汲水器，即䈽䇢竹。近东区有种者，冬取笋最佳。

民国《麻江县志》卷十二《农利·物产下》第416页

水竹

水竹 节长而质薄。

乾隆《贵州通志》卷之十五《食货志·物产·平越府》第286页

水竹 性柔，年久作花，花后即萎，复生竹。苦竹，性脆，笋苦。

道光《贵阳府志》（点校本）卷四十七《食货略·土贡 土物》第926—927页

水竹 按：水竹产兴义县及贞丰、册亨，生江滨水际。《淮南子》云："竹以水生，不可以得水。"即指此水竹也。

咸丰《兴义府志》（点校本）卷四十三《物产志·土产》第642页

水竹 可制轮。水竹生溪壑间，不甚大，器用资之。《田居蚕室录》："近溪农家制水轮，辐大者必八十个以下轮广之，小者无异焉。若不市于人，一轮二岁减三千钱。"

光绪《黎平府志》（点校本）卷三《食货志第三》第1385页

水竹 似金竹而小。

光绪《增修仁怀厅志》卷之八《土产》第298页

水竹 适湿润地，溪谷河畔均有。高丈余，大者径二寸，结疏，质薄，其性柔直，用制箫笛及各种器具，编卧席尤宜，并供农家造田车编筐夹壁之用。野生之细茎者可作圆篱及竹帚。清明前后生笋，亦供食用，新竹并可制纸。

民国《岑巩县志》卷九《物产志》第478页

水竹 高丈余，叶似筋竹，节数于苦竹而平，围二三寸，笋春分前后出，质薄性柔直，精制箫管及诸器必资焉。野生者大小不一，供农家制水车及夹壁之用。

民国《都匀县志稿》卷六《地理志·农桑物产》第271页

水竹 戴凯之《竹谱》："出黔南管内，于岩下潭水中生。"……今县人之需乎此物，要多有之。

民国《息烽县志》卷之二十一《植物部·竹类》第271页

水竹 叶似筋竹，节疏，高丈余，至大者径二寸。笋清明前后出，质薄性柔直。制箫及诸器尤宜，并供农家制水输、编筐夹壁之用。

民国《八寨县志稿》卷十八《物产》第331—332页

青竹

青竹 按：青竹产兴义县，一名红鹊尾。李时珍云："青竹，色青如玉。"《海录碎事》云："红鹊尾，青竹也。"

咸丰《兴义府志》（点校本）卷四十三《物产志·土产》第642页

金竹

金竹 按：金竹产安南县。李时珍云："色黄如金。"

咸丰《兴义府志》（点校本）卷四十三《物产志·土产》第642页

荆竹 金竹也。金竹，一名荆竹，其竹不大，可作舆杆，乡人食其笋利，黔地多有，故又有金筑之称，竹、筑同音也。

光绪《黎平府志》（点校本）卷三《食货志第三》第1385页

金竹 似水竹而大。

光绪《增修仁怀厅志》卷之八《土产》第298页

金竹 喜润湿地，但过湿则不宜，茎高二丈余，似兰竹小而薄。清明前后生笋，供蔬味佳，箨色赤褐，茎性坚韧，可制晒簟筛、簸箕、篓、筐

箱之属，新竹并供造纸。别种曰毛金竹或白金竹，性尤坚，末小，节密为用亦广，春生笋，亦可食。

民国《岑巩县志》卷九《物产志》第 477 页

毛竹

毛竹 猫竹也。猫竹，一作毛竹，二三月出笋，干坚劲而厚，异于众竹，可以作器。

光绪《黎平府志》（点校本）卷三《食货志第三》第 1385 页

方竹

方竹 出府属，体如削成，劲挺，堪为杖。

乾隆《贵州通志》卷之十五《食货志·物产·都匀府》第 286 页

方竹 生岩，不甚长。

光绪《增修仁怀厅志》卷之八《土产》第 298 页

方竹 叶似苦竹而小，干高丈余，有钝梭四，大者径寸，供玩具。一种曰箭竹（《尔雅》会稽之竹箭）。

民国《都匀县志稿》卷六《地理志·农桑物产》第 272 页

方竹 叶似竹，不甚大，惟体皆作方形。

民国《独山县志》卷十二《物产》第 342 页

方竹 戴凯之《竹谱》："体如削成，劲挺，堪为杖。"刘美之《续竹谱》："生岭外，大者如巾筒，小者如界方。"宋祁《益部方物略记》："圆众，方寡，取贵方者。"今按：县之所产，叶似苦竹而小，干高丈余，有四棱。人多以为玩品。

民国《息烽县志》卷之二十一《植物部·竹类》第 271 页

方竹 似苦竹而小，竹个皆圆，此独方形，可供玩具制杖亦佳。

民国《八寨县志稿》卷十八《物产》第 332 页

箭竹

箭竹 《尚书》：筱簜既敷，筱，箭竹也。

光绪《增修仁怀厅志》卷之八《土产》第 298 页

箭竹 可作匕。箭竹，大叶，可为角黍，茎细而节长，可作匕箸，乡人借以获利甚夥。

光绪《黎平府志》（点校本）卷三《食货志第三》第1385页

冬竹

冬笋、黑笋 冬竹也。冬竹，笋生八九月间，中实，产下江永从尤多。土人以火烘之，即名黑笋，冬月售卖颇获利。

光绪《黎平府志》（点校本）卷三《食货志第三》第1385页

凤尾竹

凤尾竹 按：凤尾竹产兴义县。《群芳谱》云："凤尾竹纤细可玩，高二三尺。"李时珍云："凤尾竹，叶细三分。"

咸丰《兴义府志》（点校本）卷四十三《物产志·土产》第642页

凤尾竹 月月出笋，初如针，渐长仅一二尺，纤小伊娜，稍如凤毛，植盆中可供玩。

光绪《黎平府志》（点校本）卷三《食货志第三》第1386页

凤尾竹 根大，末小，形如凤尾。

光绪《增修仁怀厅志》卷之八《土产》第298页

凤尾竹 高二三尺，纤小猗那，植盆中可供清玩。

民国《独山县志》卷十二《物产》第342页

青风竹

青风竹 出永宁、关岭，俗名蓝贵竹。

乾隆《贵州通志》卷之十五《食货志·物产·安顺府》第286页

清风竹 按：清风竹产安南县，俗名蓝竹。考清风竹，乃青松竹之讹，谓其形如青松也。高五六尺，通其节可为筧，引水灌田。

咸丰《兴义府志》（点校本）卷四十三《物产志·土产》第642页

蓝竹 又名清风竹。

民国《兴仁县补志》卷十四《食货志·物产》第461页

淡竹

淡竹 按：淡竹产兴义县，即甘竹。《竹谱》云："甘竹似篁而茂，即淡竹也。"《图经》云："入药惟用淡竹，肉薄，节间有粉者。"

咸丰《兴义府志》（点校本）卷四十三《物产志·土产》第642页

月竹

月竹 丛生，每月生笋。

光绪《增修仁怀厅志》卷之八《土产》第298页

琴丝竹

琴丝竹 节长尺许，大仅如指，叶碎无筠，密丝縈，结直上，夏生。

光绪《增修仁怀厅志》卷之八《土产》第298页

楠竹

楠竹 出后漕，大者围圆二尺余。厅境向无楠竹，乾隆三十四年，闽人黎理泰自福建上杭县携三根栽种，今种者渐多，冬笋味美。

光绪《增修仁怀厅志》卷之八《土产》第298页

楠竹 作器美。楠竹，高大径五六寸，长三四丈，三月出笋，性刚而能柔作诸器，皆美，但不喜平地，宜深冲，向南之土，自下窜上，可生百余杆，值钱百余文，农家之生息也。

光绪《黎平府志》（点校本）卷三《食货志第三》第1385页

人面竹

人面竹 按：人面竹产府亲辖境。《群芳谱》云："人面竹，竹径几寸，近本二尺节极促，四面参差，竹皮如鱼鳞，面凸颇似人面。"《五杂俎》云："人面竹，节纹一覆一仰，如画人面然。"

咸丰《兴义府志》（点校本）卷四十三《物产志·土产》第642—643页

人面竹 叶似水竹节错，形似人面，故名，冬生。

光绪《增修仁怀厅志》卷之八《土产》第298页

铁甲竹

铁甲竹 极坚硬，可做军器，春生。

光绪《增修仁怀厅志》卷之八《土产》第 298 页

慈竹

慈竹 性韧可作竹器，有大如碗者，秋笋成竹时，柔稍下垂，形如钓竿，一名钓鱼竹，取嫩竹可作纸。

道光《贵阳府志》（点校本）卷四十七《食货略·土贡 土物》第 927 页

慈竹 旧志云："茨竹生于山箐。"按：慈竹产府亲辖境及兴义县、安南、册亨。旧志讹作"茨竹"，以音近而讹也。考慈竹，一名子母竹，又名孝竹，又名义竹，又名紫云，《诗义》云："子母竹，今慈竹是也。"又，《述异记》云："汉章帝三年，子母竹生白虎殿前，时谓之孝竹，群臣作《孝竹颂》。"又，《开宝遗事》云："太液池岸有竹数十丛，枝叶未尝相离，密密如栽，明皇呼为义竹。"又，李时珍云："慈竹一名义竹，丛生不散，人栽为玩。"又，《海录碎事》云："紫云，慈竹也。"

咸丰《兴义府志》（点校本）卷四十三《物产志·土产》第 641 页

绵竹、慈竹 俗名绵竹，丛生，根不外引，其密间不容笋，极茂密。《益部方物略记》赞曰"根不他引"，是得慈名，中实外坚，笋不时萌，末或下垂，冉弱绿萦，其竹性绵可绳索。

光绪《黎平府志》（点校本）卷三《食货志第三》第 1385 页

慈竹 丛生，性最柔，其尾夏垂，亦如凤尾，七月生笋，可食。

光绪《增修仁怀厅志》卷之八《土产》第 298 页

慈竹 宜植宅舍之肥沃壤地，丛生之，子母相依。根不外引，其密间不容笴，长干中小外护。叶浓绿向阳则茂大者，径三四寸，亦名子母竹，俗呼阳山竹。七八月生笋，箨未解完，笋渐长高，其端下垂如柳丝。成竹后，质极薄而性最柔韧，可作绳、制缆，用织卧席尤佳，新竹可造纸，箨为寿鞋底用料。别种名绵竹，绝类慈竹，干较高大，性更柔韧，功用亦同。

民国《岑巩县志》卷九《物产志》第 478 页

慈竹　性丛生，生必向内，根不外引，别有钓丝竹。慈竹弱质垂地。

民国《独山县志》卷十二《物产》第342页

慈竹　王象晋《群芳谱》既列《慈竹》，又出《慈孝竹》。令之谈植物者，则以慈孝竹即慈竹。慈竹之别一种，有钓丝竹者。当即斯时贵州诸县及县人通名之钓鱼竹。钓鱼竹虽有大而高者，然节疏，体弱，视苦竹、水竹，且逊其韧质。至于丛生而根不外向，及弱稍垂地之形，则有如王说。叶更浓绿冬青，生笋亦可食。箨有褐色细毛，甚蜇人，去其毛亦可制履。《都匀县志》以为可织席制缆，然均不适于县人之用。若以之造纸，则县之北而迤西诸地，尚有人资之以为生者。

民国《息烽县志》卷之二十一《植物部·竹类》第271页

慈竹　即绵竹。

民国《普安县志》卷之十《方物》第505页

燕竹

燕竹　性柔。燕竹植园中，长丈余，较他竹性柔，制器能耐久。本省各属皆有，遵义、黎平尤多。

光绪《黎平府志》（点校本）卷三《食货志第三》第1385页

蔓竹

蔓竹　府属俱出。《广南志》："皮青、内白、软韧可为索。"俗名棉竹，用以织筐篚等器。

乾隆《贵州通志》卷之十五《食货志·物产·镇远府》第286页

实竹

实竹　自根以上约三尺心皆实，殆竹根出土成干者用镌图章、担干，甚轻便。

民国《都匀县志稿》卷六《地理志·农桑物产》第273页

实竹　又名实心竹，邑龙泉山顶多有之，高曰三四尺，围不盈寸，叶细密，自根以上皆实心，质坚，邑人取作炕干豆腐之用。

民国《八寨县志稿》卷十八《物产》第333页

实竹 土宜与箸竹同，亦名实心竹，邑人称刺竹者即此。茎中不空，高五尺许，径不盈寸，叶细密，竹性坚实，用途少，九十月生笋，供蔬，味美。

民国《岑巩县志》卷九《物产志》第 478 页

刺竹

笏竹、箭笏 岭南竹也，又名涩勒。东坡诗"倦看涩勒暗蛮村"是也。《肇庆府志》："笑竹俗名刺竹。"《竹谱》曰："芭竹，有刺，可作藩落。"《本草纲目》化为刺竹。

乾隆《贵州通志》卷之十五《食货志·物产·镇远府》第 286 页

刺竹 一名观音竹，野生，大如指，可作笔管。

道光《贵阳府志》（点校本）卷四十七《食货略·土贡 土物》第 927 页

刺竹 《明一统志》云："安南土产刺竹。"按：刺竹产安南县。考刺竹一名笏竹，又名勒竹，又名涩勒竹。《肇庆府志》云："笏竹俗名刺竹，有刺而坚，可作篱。肇庆旧无城，宋郡守黄济募民以此竹环植之，鸡犬不能径。"又《广东新语》云："刺竹一名涩勒，广人以刺为勒，苏轼诗'涩勒暗蛮村'，即此竹。长芒密距，枝皆五出如鸡足，可蔽村寨，其材可桁桷，蔑可织，皮可物，土人制为琴样，以砺指甲。置于杂佩之中，用久微滑，以酸浆渍之，复涩如初。"

咸丰《兴义府志》（点校本）卷四十三《物产志·土产》第 640 页

刺竹 生于岩，六七月生笋，大如指节，周围有刺。

光绪《增修仁怀厅志》卷之八《土产》第 298 页

刺竹 高丈余，叶似方竹，干小而厚，节数，质坚劲，古以为箭。并产城西金钟山中，编屋壁，制杖尤佳。

民国《都匀县志稿》卷六《地理志·农桑物产》第 272 页

刺竹 是当即古之箭竹也。《竹谱》："高者不过一丈，节间三尺，坚劲中矢。"《都匀县志》："以编屋壁及制杖。"若县人之取用或不异之。

民国《息烽县志》卷之二十一《植物部·竹类》第 271 页

荆竹

荆竹 《安南志》云："安南产荆竹。"按：荆竹，今安南及兴义县皆产。

咸丰《兴义府志》（点校本）卷四十三《物产志·土产》第640页

紫竹

紫竹 府属皆有。

乾隆《贵州通志》卷之十五《食货志·物产·平越府》第286页

紫竹 一名黑竹，大者可为椅轿之属，小者作烟杆。

道光《贵阳府志》（点校本）卷四十七《食货略·土贡 土物》第927页

紫竹 旧志云："紫竹种于园亭。"

咸丰《兴义府志》（点校本）卷四十三《物产志·土产》第641页

黑竹 紫竹也。紫竹，初生质绿，年余变紫渐转黑，园池间种之，以供景色。其性坚韧可制器用，俗呼黑竹。

光绪《黎平府志》（点校本）卷三《食货志第三》第1385页

黑竹 大如指，皮似漆，春生。

光绪《增修仁怀厅志》卷之八《土产》第298页

紫竹 俗呼黑竹，高丈余，叶似笙竹，大者围二三寸。笋立夏前后出，初解箨质绿，年余乃变紫，渐转黑。植庭园供景玩，织席取为文，作杖可辟猲犬。（按：紫竹亦名凤尾竹，又名吴竹。）

民国《都匀县志稿》卷六《地理志·农桑物产》第271—272页

紫竹 宋祁《益部方物略记》："蜀诸山中尤多，园池亦种为玩。生二年，色乃变。三年而紫。"刘美之《续竹谱》："其茎如染，出青城峨眉山中。可用作茎、竽、箫管。"按：今人亦通呼黑竹。大者围三四寸。笋立夏前后出。初解箨质绿，年余变紫，渐转黑。为杖，可制猲狗。根亦入药用。县产不多也。

民国《息烽县志》卷之二十一《植物部·竹类》第271页

紫竹 大者围二三寸，立夏前后出笋，初解箨质绿，年余乃变紫，（《益都方物略记》：诸山中尤多，池园亦种为玩。具然生二年色乃变。赞曰：竹生二岁色乃变紫，伐干以用，西南之美。）渐转黑又名黑竹。性韧，以为几案、杖架诸具，甚雅洁可观。

民国《八寨县志稿》卷十八《物产》第332页

黑竹　类紫竹，色理如铁。

民国《独山县志》卷十二《物产》第 342 页

芦竹

芦竹　中实而坚，可作扇骨，其大者作杖。

道光《贵阳府志》（点校本）卷四十七《食货略·土贡 土物》第 927 页

桃竹

桃竹　通名棕竹，出独山州。

乾隆《贵州通志》卷之十五《食货志·物产·都匀府》第 286 页

桃竹　出余庆，通名棕竹。

乾隆《贵州通志》卷之十五《食货志·物产·平越府》第 286 页

桃竹　出府属乌江等处，可以作杖。

道光《贵阳府志》（点校本）卷四十七《食货略·土贡 土物》第 927 页

桃枝竹　按：桃枝竹产兴义县，一名赤玉脂。考《尔雅》云："桃枝，四寸有节。"郭注云："桃枝竹，节间相去多四寸。"又，《山海经》云："嚻（yín）水上多桃枝竹。"李时珍云："竹性滑者，可以为席，谓之桃枝。"又，《海录碎事》云："赤玉脂，桃枝竹也。"

咸丰《兴义府志》（点校本）卷四十三《物产志·土产》第 642 页

棕竹　丛生，茎细，叶长六七寸，可裹粽。

道光《贵阳府志》（点校本）卷四十七《食货略·土贡 土物》第 927 页

棕竹　旧志云："棕竹坚秀，可作器杖。"《识略》云："普安县产棕竹。"按：棕竹，府亲辖境及安南皆产，制为扇骨及案几皆幽雅可人。《益部方物记》云："棕竹有皮无枝，实中而干。"李时珍云："棕竹一名实竹，其叶似棕，可为拄杖。"

咸丰《兴义府志》（点校本）卷四十三《物产志·土产》第 641 页

桃竹　亦名棕竹，似棕有刺，其中实而不虚。

光绪《增修仁怀厅志》卷之八《土产》第 298 页

棕竹　生石崖间，坚实不空，性硬可为杖及扇骨、伞柄等用，县属有

出售者。

民国《普安县志》卷之十《方物》第505页

桃竹　（《尔雅》）作桃枝，俗名棕竹。高者可丈余，茎及花实似棕榈而小，叶之裂片亦较少。干中，实坚韧，可做杖（粤人采莲作扇骨，幽雅可人），古用以制席。

民国《都匀县志稿》卷六《地理志·农桑物产》第272页

桃竹　一名桃枝，一名棕竹，二名棕榈竹。《尔雅》："桃枝，四寸，有节。"《周礼·春官》："司几筵加，次席黼纯。"郑《注》："次席，桃枝席。有次列成文书顾命敷重篾席。"《尔雅义疏》以为"即桃枝席也"。《山海经》："西山经嶓之山，中山经骄山、高梁之山、龙山"，并云"多桃枝钩端。"郭璞《注》："钩端，桃枝属也。"左思《吴都赋》："桃笙象簟。"刘逵《注》："桃笙，桃枝簟也，又可作杖。"《蜀都赋》："灵寿桃枝。"李衎《续竹谱》："棕榈竹，两浙、两广、安南、七闽皆有之，高七八尺，叶似棕榈而尖，小如竹叶，自地而生。每一叶脱即成一节，肤色青青，一如竹枝。"宋祁《益部方物略记》："《赞》：叶棕身竹，族生不漫，有皮无枝，实中而干。"陆游且有《占城棕竹柱杖诗》。王象晋《群芳谱》："叶如棕，身如竹，密节而实中，犀理瘦骨，盖天成柱杖也。出巴谕间。出豫者细纹，一节四尺，北人呼为桃丝竹。"《续竹谱》以为"即棕竹"。按：棕竹纹细，桃竹纹粗，一类而二种也。吴其浚引《十道志》曰："巴蜀纸惟十色，竹则九种，棕竹其一。"今按：县之西北两境皆产。人固有以为杖者。且中他用尤多。

民国《息烽县志》卷之二十一《植物部·竹类》第272页

桃竹　通名棕竹（《通志》），叶如棕身，如竹密节，实中厚，理瘦骨，盖天成拄杖也，有贩运者。

民国《独山县志》卷十二《物产》第342页

白竹

白竹　按：白竹产兴义县，一名山白竹。李时珍云："山白竹即山间小白竹也。"

咸丰《兴义府志》（点校本）卷四十三《物产志·土产》第642页

白竹 生溪谷，山野中土宜，形状用途均同水竹，茎大者少。

民国《岑巩县志》卷九《物产志》第478页

箬竹

箬竹 茎细如笔管，节长，高数尺，性易挠屈。农家以制器、夹壁，折叶作笠，名箬笠，又编篾，铺叶护背名背蓬，栽秧后用叶包角黍名粽粑。

民国《八寨县志稿》卷十八《物产》第332页

箬 此则实草似竹之一物，一名篛，一名辽叶。李时珍曰："若竹而弱，故名。其生疏辽，故又谓之辽。生南方山泽。其根与茎皆水竹。其节箨与叶皆似芦荻。而叶之面青背淡，柔而韧。新旧相代，四时常青。南人取叶作笠，及裹茶、鬻，包米粽，女子以衬鞋底。"今按：此物省辖亦靡地不产。县人之取用者，每端午节作角黍而外，他无所需矣。

民国《息烽县志》卷之二十一《植物部·竹类》第272页

罗汉竹

罗汉竹 节肿质脆薄。大小视土，宜多植庭园，佳者节数节，为玩具，累累如贯珠，殊饶雅致。

民国《都匀县志稿》卷六《地理志·农桑物产》第272页

罗汉竹 多植庭园中，节密质韧。下部节间肿起累累若贯珠，截为杖或玩具，雅致可观。县属天马、钟灵、雨乡产此。

民国《岑巩县志》卷九《物产志》第478页

花竹

花竹 一切竹器多取材于此。

民国《独山县志》卷十二《物产》第342页

匾竹

匾竹 僧赞宁《笋谱》："匡庐山中多有之。其竹匾而长。笋出亦匾。"今按：县之诸山中，亦间有之。大者如杯如碗，而形不正圆。人多就其有

觚棱者，雕镂以为玩品。

民国《息烽县志》卷之二十一《植物部·竹类》第 272 页

烟竹

烟竹 按：烟竹产府亲辖境及兴义县，纹细而滑，节长而肉厚，郡人多制为烟具。

咸丰《兴义府志》（点校本）卷四十三《物产志·土产》第 643 页

翻竹

翻竹 又名黄冈竹，产江西坡，楹约尺余，可作桶以汲水，最宜制器物，□民以利用之。

民国《普安县志》卷之十《方物》第 505 页

野竹

野竹 俗名扫帚竹。

民国《威宁县志》卷十《物产志》第 603 页

第二节　木之属

木之属 松、柏、杉、樟、楠、褚、桐、桧、冬青、桑、柘、槐、椒、柳、枫、棕、梼、皂荚、水杨、黄杨、白杨、罗汉松、血珀、蒙子、花桑、黄心、鸡爪、丁木、椿木、猪元。

嘉靖《贵州通志》卷之三《土产》第 273 页

木 有松、柏、杉、楸、白杨、青柳、香火、皂荚、槐、楮、冬青之类皆植之。为取材之资，至山菁杂木，又难以名状矣。

乾隆《南笼府志》卷二《地理·土产》第 537 页

松

松 出西望、南望等山，皮如青铜，针密色翠，其叶丛簇如帚，细如猪鬃，长四五寸，青绿色，飘子落处即生松秧，宜山冈，数载便可参天，千百成林，高者数丈，小者数尺，虽微风皆有松涛。其树可任意修剪，充柴炭之用，亦可锯解作板。然香而多脂，名松香，其实亦可供爨。山东称为马尾松。

道光《贵阳府志》（点校本）卷四十七《食货略·土贡 土物》第925页

罗汉松 旧志云："木有松。"《安南志》云："凤凰山在安南县东一百里之者蜡，上建佛刹，纯植松杉。"《通志》云："罗汉松古名尘尾松，出普安。"又云："松岜山在普安县城西北三十里，奇松翠竹，与山色竞秀。"《滇黔纪游》云："普安县出南门上坡至观音洞，过九峰寺，遍山皆罗汉松。"又云："普安县鹦哥嘴，嘴岭甚险，有鹦鹉寺大殿，制府蔡公一联云："一峰天半闻鹦语，万籁松间只马蹄"。《识略》云："普安县产松。"按：罗汉松产普安县，县之松岜山观音洞、鹦鹉岭所产尤多，而府亲辖境及兴义县、安南、贞丰、册亨亦间产。

咸丰《兴义府志》（点校本）卷四十三《物产志·土产》第643—644页

松 下有茯苓，上有兔丝。松，俗作枞。一物也。为百木之长，犹公，故字从公。螺砢多节，盘根樛枝，皮粗厚，望之如龙鳞，四时常青不改柯。叶三针者为栝子松，七针者为果松。千岁之松下有茯苓，上有兔丝。府地产松最多，飞子成林，不用人植。大者数抱，若作屋，年久易蛀，藏水底作地龙，千年不朽，贫人卖薪亦取此。又一种名罗汉松，叶光润而厚，结子如人形，宜盆景。

光绪《黎平府志》（点校本）卷三《食货志第三》第1379页

松 《群芳谱》松树二三月抽蕤生花，长四五寸采其花蕊，名松黄。本境有油松颇坚，马尾松性泡。

光绪《增修仁怀厅志》卷之八《土产》第297页

松 俗名棕毛，皮作龙鳞状，叶青长如须，有两须、五须、七须之异，匀产皆两须，二三月开花，长四五寸，结实为毬，长卵形，不中啖。（檀萃《虞衡志》云："松身似青铜，叶五须、七须而深浓，高不过一二丈，此结松子者也。"）材重多油，供薪亦可，造屋惟易腐蛀耳。

民国《都匀县志稿》卷六《地理志·农桑物产》第264页

青松 即赤松，俗名枞树，燥瘠土地皆能生，深厚或沙质壤土更宜，

过湿之地则生长不良。干耸直，多节皮，赤色而粗厚，裂如龙鳞状。针叶青而细长，二三月间花单性，雌花丛生，枝顶下多黄色粉之雄花，丛结为毯。果长卵形，干则绽裂，种子飞散而萌芽，俗称飞籽成林。木质坚硬，颇具弹性，多树脂，经久不腐，充建筑及各种器具材。县属尚无人造林，但天然林随处皆有，亦多供薪用。根部分，浅液汁在地面不朽性，黏易燃，谓之松脂（邑人称为枞树屎），俗呼松香，贫家取之热溶裂为圆柱，外裹树叶或蘸以谷秆，用代灯多年。老树根下掘之有琥珀及茯苓，均可入药，但琥珀难得，用作饰物，故珍贵。

民国《岑巩县志》卷九《物产志》第470页

松 有青松、黄松、万年松三种。

民国《威宁县志》卷十《物产志》第603页

松《书·禹贡》岱畎、丝、集、铅、松、怪石。《诗·卫风》："淇水悠悠，桧楫松舟。"又《郑风》"山有桥松"。又《小雅》："如松柏之茂，无不尔或承。"又《鲁颂》"徂徕之松"。《周礼·夏官》："河内曰'冀州，其利，松柏'。"《礼·礼器》："其在人也，如竹箭之有筠也，如松柏之有心也，二者居天下之大端矣，故贯四时而不该柯易叶。"《左氏传》"培塿无松柏"。《论语》"夏后氏以松"，又"岁寒，然后知松柏之后凋也"。《苏颂》曰："松处处有之，其叶有须、五须、七须，岁久则实繁，中原虽有不及塞上者佳好也。"李时珍曰："松树磥砢修耸多节，其皮粗厚有鳞形，叶后凋，二三月抽蕤生花，长四五寸，采其花蕊为松，黄结实状如猪心，叠成鳞砌，秋老则子长鳞裂，然叶有二针、三针、五针之别，三针者为栝子松，五针者为松子松。其子大如柏子，惟辽海及云南者，子大如巴豆，可食，谓之海松子。"今按县之产松，亦所在皆有，其材虽中栋梁，要不及梓之与杉与柏之为坚实。

民国《息烽县志》卷之二十一《植物部·木类》第242页

罗汉松 鲁土营土司署有此松一株，高二三丈，结实如罗汉，色赤味甘，此为仅见。接枝移种不能活也。

民国《兴仁县补志》卷十四《食货志·物产》第461页

柏

柏 性坚可为屋材，紫柏、翠柏均以色别之。一种侧柏，叶入药用。

树竿直，其叶扁而侧，叶繁密若剪刻，青翠如云，脂液可疗疥癞。

道光《贵阳府志》（点校本）卷四十七《食货略·土贡 土物》第 925 页

  柏 旧志云："木有柏。"按：柏，今全郡皆产。

咸丰《兴义府志》（点校本）卷四十三《物产志·土产》第 644 页

  柏 沙杉也。柏，阴木也。木皆属阳，而柏向阴指西。盖木之有贞德者，故字从白，白，西方正色也。其木坚实细腻，大者数抱，洵为有用之材，以之制棺入土，经久不坏。昔人所以有千年松万年柏之称也。

光绪《黎平府志》（点校本）卷三《食货志第三》第 1379 页

  柏 《六书精蕴》："柏，阴木也，木皆属阳而柏向阴，指西，故字从白，曰西方正色也。"本境有血柏，红色。侧柏，叶侧生；刺柏，树多刺。土人云："冷杉，热柏，山巅栽杉树，岩腰方栽柏树，土城以下处处栽植。"

光绪《增修仁怀厅志》卷之八《土产》第 297 页

  柏 一作椈，叶成片，侧聚名侧柏，入药。树耸直，皮薄，高数丈，大者熟围。质坚致，老而青，制器造屋称良材，实压油名柏子油。

民国《都匀县志稿》卷六《地理志·农桑物产》第 264 页

  柏 李时珍曰："柏性后凋而耐久，禀坚劲之质，乃多寿之木，所以可入服食。"吴其浚曰："有圆柏、侧柏即栝，有赤心者俗名血柏。别有刺柏，叶如针刺人，圃人多剪其叶，揉其干，为盆玩。或亦曰刺松。"如吴之言，则县所产柏固有所谓栝及刺松者矣，良材美质为用非一。修文县阳明洞左侧有老柏二株，高可参天，大愈合抱，传为王文成公手植，县人陈嘉言诗云："故柏两章，巍然并峙。厥体斯直，不偏不倚。深根磅礴，劲节峥嵘。大哉文柏，世莫与京，文柏百寻，万木所尊，贻之楷模，树之风声。其叶青青，其柯苍苍，勿剪勿伐，勇作甘棠。"

民国《息烽县志》卷之二十一《植物部·木类》第 242—243 页

  柏 宜于润湿之山腹地，但干燥地亦有之。树分乔木、灌木两种，有扁柏、侧柏、罗汉柏之别。叶皆细而为鳞片状。实亦毬果。用为观赏树，其木美丽质坚致。富有油质，耐久不腐，为建筑桥梁、棺材、车辆各种器具雕刻之用。侧柏叶与子均入药。邑人呼侧柏为柏香树，扁柏通称之曰松。

民国《岑巩县志》卷九《物产志》第 470 页

桧

桧 按：桧产贞丰。《尔雅》云："桧，柏叶松身。"《诗·廊风》云："桧楫松舟。"《尔雅》云："桧性耐寒，其树大可为舟。"

咸丰《兴义府志》（点校本）卷四十三《物产志·土产》第648页

桧 一名栝……晋《群芳谱》："桧叶坚硬，谓之栝。今人名圆柏，以别侧柏。"按：此亦国内南北并产之物，县之北境更多见之。

民国《息烽县志》卷之二十一《植物部·木类》第255页

桧 亦名栝，又称圆柏。植地土质不拘，但以燥湿适中之，沙质壤土为最宜。树大耐寒，叶尖，类柏，干似松，故《尔雅》谓桧，柏叶松身。木质致密不甚硬，耐久不腐，色暗红而有香气，用充建筑器具、室内装饰用品及作铅笔用材。

民国《岑巩县志》卷九《物产志》第470页

杉

杉 《贵阳志稿》云："有青杉、沈水杉、油杉，多产定番，红线杉产龙里，条生直上，皮上生小叶如刺，可作屋材，亦中作桿。"一名沙树，一名檄树，生深山中，大者数围，高十余丈，文理条直，而质轻，自栋梁以至器用小物无不需之，作屋造船尤宜。

道光《贵阳府志》（点校本）卷四十七《食货略·土贡 土物》第925页

杉 旧志云："有杉。"《识略》云："普安县产杉，贞丰多杉，册亨无杉。"按：杉，今府亲辖境及普安、安南、贞丰皆产，郡人用为屋材。府城之总兵署有杉六，安南之都司署有杉三，并大数围，数百年物。杉字古文作樧，《安南志》云："凤凰山纯植松樧，樧即杉也。"

咸丰《兴义府志》（点校本）卷四十三《物产志·土产》第644页

杉木 《明统志》："杉木，府县俱有。"按：桐梓城南三十里毛坝，有杉树大三十围。

道光《遵义府志》（校注本）卷十七《物产》第510页

杉 有数种。

道光《平远州志》卷十九《杂识》第456页

樠 沙杉也。杉，一名樠，一名沙，类松而干端直，大者数围，高七八丈，纹理条直，南人造屋及寻常器具皆用之。叶粗厚微扁，附枝生有刺，至冬不凋，结实如枫，有赤白二种。赤杉实而多油沙松，浮而干燥，有斑纹如雉尾者，谓之野雉斑，入土不腐，作棺不生白蚁。黎郡遍山皆杉，约栽植二三十年可作屋材，五六十年可作棺具。棺具有二种，一名阳贵，一名阴贵。阴贵者，培养经数百年，条理坚劲，色或红黄；阴贵者，其木因崩陷淹没于土或藏之水底，经千百年色变为黑。二者皆油泽，入土不腐，洵为贵重之物。

光绪《黎平府志》（点校本）卷三《食货志第三》第 1379—1380 页

杉 《尔雅》："被黏。"郑樵《通志》："松类也，而材为良。"本境有陀杉，尖顶杉、油杉、红杉、错节杉诸种，自猿猴以下，山多种杉。

光绪《增修仁怀厅志》卷之八《土产》第 297 页

杉 宜植温暖润湿之山地，或富于腐殖质之沙质土壤最宜，但瘦瘠当风之山谷中生长不良。干端直挺，高至数丈，对节四面分枝叶，附枝生排列如篦状，端锐若针花，单性雄花亦出黄粉。实为毬，果裂作鳞状。木理通直，坚软得宜，其含油质多者称油杉，质较坚，耐久不腐，为修屋造船、制器及电杆、桥梁、棺材之用。皮可盖屋。县属驾鳌乡土质不宜，少有之。此外，则天然林颇多。曩者常运售湘省，获利不少。现值政府明令强制造林之际，如能群起遵行，多加人工培养，亦为民生之一大资源。一种俗名老鼠杉或背阴杉，叶柔滑而端扁不作针形。木质坚硬，多含油质，极难腐，用造棺材之木，称为上品，邑产无多。

民国《岑巩县志》卷九《物产志》第 470—471 页

樠 俗名杉木，类松而直，叶附生如针状，肌白虚而干燥，可为船，为棺，为柱，埋之不腐（今交通建筑用尤多）。种之法：先一二年必树麦，欲其土之疏也，杉历十数寒暑乃有子，枝叶仰者乃良撷而蓄之其鳞而坠者弃之，春至粪土束刍覆之，缊火煴之乃始布子，午以枝茎交蔽之，使不速达。稚者曰杉秧，长尺咫则移而植之，皆有行列，沃以肥壤，状而拳曲者剪刈而别植之，于是结根竦本，垂条婵媛，宗生高冈，族茂幽阜，不二十年而尊尊蓁蓁，若邓林矣（节《黔语》）。

民国《都匀县志稿》卷六《地理志·农桑物产》第 264 页

杉 ……县之杉产，其与松柏相间，于冈阜弥望皆然，而沙种之错列其中，又乌在不有之。不识字之山农，则概以沙木呼之。稍识字而不解辨析诸物之人士，亦惟知杉名之近雅，而竟以沙木为俗呼，是皆不可。

民国《息烽县志》卷之二十一《植物部·木类》第243—244页

杉 干直挺然高耸，对节，四面分枝，叶附枝生，排列如篦状，端锐若针，苍青色，四时不凋。邑出产甲全黔，高可十余丈，大可数十围，修屋、造船、制器作棺多用之。入水可千百年不腐，土中亦经百余年，诚良才也。在三十年前，商运三江及两广，售者不知凡几利颇厚，近虽此业不歇，不及前时十之一，且皆脚货，以其无人广培养，弃利于地，曷胜浩叹。

民国《八寨县志稿》卷十八《物产》第323—324页

杉 有红杉、白杉、油杉三种。

民国《咸宁县志》卷十《物产志》第603页

枫

枫 《贵阳志稿》云：实如毯，霜后叶殷红色，俗呼枫香树。树似白杨，大者数围，叶短而阔，近蒂近圆而前有三歧，蒂长善摇，风来多声。秋深露冷，色红如丹，冬则枯槁零落。结实作毯，圆如弹子，有刺长半寸，黄褐色，刺不甚密，拨去其刺，中心燥裂而不坚，八九月实成，烧之颇香。

道光《贵阳府志》（点校本）卷四十七《食货略·土贡 土物》第925页

枫香 《南方草木状》："枫香，似白杨，叶圆而歧分，有枝而香。其子大如鸭卵，二月发华，乃着实，八九月熟，暴干可烧。"《戊已编》："枫香，数抱，干云插汉，叶薄，三棱，球大如李。窍穴流白液，凝如琥珀状，有香气。"木性冷湿，误卧，中风毒，即拳曲不伸。遵郡产白杨，枫木二木最多，土人常材。然木理白杨轻腻，枫香粗脆，善裂，良楛以此。

道光《遵义府志》（校注本）卷十七《物产》第510页

香枫 《明一统志》云："安南产枫木。"《通志》云："枫香树出安南，树似白杨，叶三歧，经霜则丹，有香，岁久则生瘿，文理坚致，土人或得之深山中，俗呼为瘿木。"旧志云："木有香火。"《识略》云："贞丰州树多枫香。"按：香枫，旧志讹为"香火"，今安南及府亲辖境、兴义县、贞丰州皆产。其瘿纹似交枝蒲萄者佳，以为案几，有奇致，俗呼为瘿木，又呼为影木，以其纹如影也。考香枫，《尔雅》谓之"摄摄"，《尔雅》云："枫，摄摄。"郭璞注云："树似白杨，叶圆而歧，有脂而香，今之枫香是也。"又孙炎注云："生江上，有寄生枝，高三四尺，生毛，一名枫子。天旱，以泥泥之即雨。"《南方草木状》云："枫香树，子大如鸭卵，曝干可烧，用之有神，难得之物。"《述异记》云："枫子，枫木之老者为人形，亦呼为灵枫，盖瘿瘤也。"荀伯子《临川记》云："枫木，岁久生瘤如人形，遇暴雷大雨则暗长三五尺，谓之枫人。"《谭子化书》云："老枫化为人，无情而之有情也。"《图经》云："枫子，巫得之以雕刻鬼神，可致灵异。"又《金楼子》云："枫脂入地，千年化为琥珀。"又《说文》云："枫木，厚叶弱枝，善摇。"《埤雅》云："枝善摇，故字从风，叶作三脊，霜后色丹，谓之丹枫。"今郡产之香枫，枝干修耸，大者数围，性坚，有赤、白二种。白者细腻，其实成球有刺。《金光明经》谓其香为须萨折罗婆香。又《山海经》云："枫木，蚩尤所弃桎梏。"王瑾《轩辕本记》云："黄帝杀蚩尤于黎出之丘，掷其械于大荒之野，化为枫木之林。"其说并荒诞不足信。

咸丰《兴义府志》（点校本）卷四十三《物产志·土产》第643页

枫香 树似白杨，叶三歧。经霜则丹有脂而香岁久。则生瘿，土人或得之深山中，俗呼高瘿木。

咸丰《安顺府志》卷之十七《地理志·通产 专产》第217页

枫 有香不可作榻，生菌，忌食。枫树，高大似白杨，枝条修耸，大者数抱干云，纹理细而坚，叶圆而作歧，有三角，霜后丹。二月开白花，旋着实成球，有柔刺，大如鸭卵。八九月熟，曝干可烧，树有窍，流白液如膏，有香气，即为枫香，今人多以松香之清莹者伪之。木性冷湿不可架榻。树生菌，忌食。

光绪《黎平府志》（点校本）卷三《食货志第三》第1382页

枫 俗名枫香，以有脂而香也（《广韵》云：脂入地千年化为虎魄），子大如李（《南方草木》：鸭卵，勻产）。叶乃著实，实球状有刺，八九月熟，暴干可烧，婴儿痘麻时，蒸室中可辟秽。木坚而性冷湿，误认者往往中风，拳

曲。材善裂而戾，故鲜取者。

民国《都匀县志稿》卷六《地理志·农桑物产》第 265 页

枫 亦名枫香，以有脂而香也。按《韵会》："脂入地千年化为琥珀。"山坡、溪谷、河畔均适，湿润之沙质土更宜。干高三四丈，二三月发叶为掌状，三裂有细锯齿。经秋而红。春间花黄褐色，雌雄同株，丛集为圆球状，结毬果，八九月熟，曝干可烧，婴儿痘麻时，爇之可辟秽气。木结坚硬可充建筑器具及茶叶箱之用，惟其性冷湿，久卧其上必中风。

民国《岑巩县志》卷九《物产志》第 471 页

枫香 一名香枫，一名灵枫，高大似白杨，枝叶修耸，有赤、白二种，白者木理细腻，叶圆而歧作三角。霜后丹，二月开白花，旋作实成毬，有柔刺，大如鸡卵，其脂为白胶香。

民国《独山县志》卷十二《物产》第 341 页

枫 《尔雅》："枫，欇欇。枫，香脂。"《唐本草》始著录，"枫"子如球。郭注："枫树似白杨，叶圆而歧有脂而香。"今之枫香是《说文》枫木也。厚叶弱枝善摇，一名摄。嵇含《南方本草状》："五岭之间多枫木，岁久则生瘤瘿，其脂为白胶香，五月斫为炊，十一月采之。"苏颂曰："枫树甚高大似白杨，叶圆而作歧，有三角而香。二月有花白色乃连着实，大如鸭卵。八九月熟时暴干可烧。"李时珍曰："枫木枝干修耸，大者连数围，其木甚坚。有赤有白，白者细腻，其实成毬，有柔刺。"今按：枫虽有用之木，而为屋材则易蛀、易裂，作小器用更多不适。其脂为胶入药，其叶则霜后悉成丹色。山林之点缀亦有天然之风致。县产固有不异，于他境惟其材之颇逊于松、楸矣。

民国《息烽县志》卷之二十一《植物部·木类》第 244 页

枫 俗名枫香树。

民国《咸宁县志》卷十《物产志》第 603 页

杨

杨 柳之类也，条不下垂，质可为箭。一种麻柳生水边，质粗。

道光《贵阳府志》（点校本）卷四十七《食货略·土贡 土物》第 925 页

白杨

白杨 性韧可作柱及窗槛之用。凡伐白杨木，梯飞到之处着地辄生，成材亦速，不过五六年耳。

道光《贵阳府志》（点校本）卷四十七《食货略·土贡 土物》第925页

白杨 《戊已编》："树高数仞，皮色外白内黄，叶圆尖，枝柯柔脆。"二三月结线，长二三寸，吐白丝如绵，飞散晴空，高下若雪。冬间取其皮，斧细遍撒土中，来年二三月丛生如林，此植白杨之法。

道光《遵义府志》（校注本）卷十七《物产》第510页

白杨 黄白二种。

道光《平远州志》卷十九《杂识》第456页

白杨 旧志云："有白杨。"按：白杨，全郡皆产。考《古今注》云："白杨叶圆，青杨叶长。"《藏器拾遗》云："白杨，人多种墟墓间，树大皮白。"今郡之白杨木高大，叶似梨而肥大、有尖，面青而光，背甚白色，有锯齿，木肌细白，性坚直，用为梁栱终不挠曲。

咸丰《兴义府志》（点校本）卷四十三《物产志·土产》第643页

白杨、青杨 皆杨木。杨有二种，一白杨，树耸直圆整，微带白色，叶圆尖，枝柯柔脆，二三月结线，长二三寸，途白丝如棉飞散。树高者十余丈，大者径三四尺，堪栋梁之任，并制器。一青杨，树比白杨较小，叶似杏稍大，青绿色。其干亦耸直，高数丈，大者径一二尺，堪用。二种俱于冬间取其皮，斧细遍撒土中，来年二三月丛生如林，可分栽，见《戊已编》。

光绪《黎平府志》（点校本）卷三《食货志第三》第1382页

白杨 易生，易长，大者长三四丈。

光绪《增修仁怀厅志》卷之八《土产》第297页

白杨 高达数丈，皮暗灰色，初泽后槌，叶长椭圆形，端尖有钝锯齿。面青背白，春月开花成穗，实疏，熟则四裂，子附纤毛如绵。材坚直，用为梁栱，终不挠曲，亦中雕刻。

民国《都匀县志稿》卷六《地理志·农桑物产》第265页

白杨 宜深厚之土壤低地尤佳，高数丈，叶圆而阔，大端，尖有钝锯

齿，面青白。春末开花成穗，实疏。木质纹理匀细，工作易施，为建房屋、做家具、木耷、火柴杆用材及造纸原料，并植为风景树。

民国《岑巩县志》卷九《物产志》第 473 页

白杨 ……《群芳谱》："杨有二种。一种白杨，叶芽时有白毛裹之，及尽展，似梨叶而稍厚大，淡青色，背有白茸毛，蒂长，两两相对，遇风则簌簌有声，人多植之坟墓间。树耸直圆整，微白色，高者十余丈，大者径三四尺，堪栋梁之任。一种青杨树，比白杨较小，亦有二种，一种梧桐青杨，身亦耸直，高数丈，大者径一二尺，材可取用。叶似杏叶而稍大，色青绿。其一种身矮多岐枝，不堪大用。北方材木全用杨、槐、榆、柳四木，是以，人多种之。"今按：北地之产木，亦多宜于南方。而南产则每不宜于北。故杨、槐、榆、柳之为用，于贵州境内，虽不及松、柏、楸、杉，然亦不可少之物品也。县境之有白杨，固较柳与榆、槐充作物制器矣。

民国《息烽县志》卷之二十一《植物部·木类》第 254 页

白杨 《说文解字》："杨，蒲柳者。"段玉裁注："按，蒲盖本作浦，浦水濒也，生水边，枝劲细，任失用则微植耳去，白杨远甚广。"《群芳谱》："白杨株甚高大，叶圆如梨，皮白色，质坚直，堪任栋梁，蒂弱，微风善摇。"一种曰青杨，较白杨为小，亦耸直，高数丈者，径一二尺，叶似杏而稍大，木工镂刻各器，多取材于此。

民国《独山县志》卷十二 物产》第 341 页

柳

柳 丝下垂，俗名杨柳树，枝条长软，叶青而狭长，又有长条数尺或丈余下垂者名垂柳。今人取其细枝，火逼令柔屈作筐及篓与笆斗。

道光《贵阳府志》（点校本）卷四十七《食货略·土贡 土物》第 925 页

柽柳 《本草》："南齐时，益州献蜀柳，条长状若丝缕"，即此。

道光《遵义府志》（校注本）卷十七《物产》第 510 页

柽 俗名观音柳。

道光《贵阳府志》（点校本）卷四十七《食货略·土贡 土物》第 925 页

柳 旧志云："青柳之类皆植之，为取材之资，至山箐杂木又难以名状矣。"按：柳，全郡皆产，而府城西二十里之柳树井汛及府城北之招堤，尤多古柳。**西河柳** 按：西河柳产兴义县。考西河柳本名河柳，即柽柳，又名观音柳。《尔雅》云："柽，河柳。"郭注云："河旁赤茎小杨也。"《诗·草木鱼虫疏》云："生水旁，皮赤如绛，枝叶如松。"《尔雅翼》云："叶细如丝，婀娜可爱，天之将雨，柽必知之，起气以应。"《诗疏广要》云："负霜雪不调。"今邑之西河柳，小干弱枝，种之易生，赤皮，细叶如丝，摇曳婀娜。《三辅故事》云："汉武帝苑中有柳状如人，号曰'人柳'，一日三眠三起。"即此柳也。一年三次作花，故《本草衍义》云："又名三春柳，以其一年三秀也。"花穗长三四寸，水红如蓼花色。李时珍云："亦曰观音柳，相传观音用此洒水。"

咸丰《兴义府志》（点校本）卷四十三《物产志·土产》第 645 页

西河柳 俗名三春柳。小儿痧、麻、痘、疹，洗之解毒。

咸丰《安顺府志》卷之十七《地理志·通产专产》第 217 页

垂柳、柽柳 皆柳类，絮入水化萍。柳，易生，性柔脆，枝条长软，叶青而狭长。春初生荑，渐次生叶，三月开花结子，子上带白絮如绒，名柳絮，随风飞舞，着毛衣即生虫。入池沼隔宿化为浮萍，其长条数尺或丈余，袅袅下垂者名垂柳。又一种干小枝弱皮赤叶细如丝缕，婀娜可爱，名柽柳。

光绪《黎平府志》（点校本）卷三《食货志第三》第 1383 页

柳 《齐民要术》种柳法：六七月中，取春生，少枝种之。

麻柳 叶碎，树产水边，不甚直。

光绪《增修仁怀厅志》卷之八《土产》第 297 页

柳 随处皆产，河堤多种，可妨溃决易生之物也。一种名河柳，又名观音柳，即柽柳也。小干弱枝，赤皮细叶，摇曳阿那。花穗长三四寸，色红如蓼花。（《诗》："草木虫鱼疏云：'陆生、水旁皮赤如绛，枝叶如松。'"《尔雅翼》云："叶细如丝。"）

民国《都匀县志稿》卷六《地理志·农桑物产》第 269 页

柳 宜润湿轻松之地，用插条法造林最易生长。多植河堤以防溃决。邑产凡三种：干高大，余弱枝如线下垂摇曳。叶狭长，端尖，面绿，背灰白色者，俗名吊柳。干高一二丈，叶颊，吊柳枝亦细，但起而上挺者曰细

杨，俗呼火柳，其木质皆柔软，可充火柴杆及制火药炭之用。又一种干高三四丈，叶为羽状，复叶色青，粗枝旁伸向上，曰大杨，俗呼鬼柳。木材细致用，以建筑制器雕刻均可。溪谷河畔多天然林，三者均开穗状花，夏初白絮飞散。（按：杨柳一物二种，《齐风》"折柳樊圃"，《陈风》"东门之杨"是也。合而言之者，《小雅》"杨柳依依"是也。《本草》云："杨枝硬而扬起，故谓之杨。柳枝弱而垂流，故谓之柳。"）

民国《岑巩县志》卷九《物产志》第 473—474 页

柳 俗名三春柳，小儿麻疹、痘疹，洗之解毒。蒸汤服之，亦可止咳。

民国《兴仁县补志》卷十四《食货志·物产》第 461 页

柳 ……此物易生而不难长成。道上、圃中、溪畔、池侧，春仲迎风，秋季凋零。高及累丈，大俞合抱者，无在无之。惟性本疏松，作屋制器，易见腐蠹。若为薪炭，尤不胜火力。然终不为弃材者，或亦和易近人之故。

民国《息烽县志》卷之二十一《植物部·木类》第 253 页

银杏

银杏 州南关外南林寺殿前有银杏二株，数百年物也。大可三四人合抱，直干参天，碧叶垂阴。炎天坐其下清风徐徐，顿觉暑气全消。蒙香庙记有云，婆娑乔阴之下不亦说乎信然。

道光《平远州志》卷十九《杂识》第 461 页

桂

桂 《蜀都赋》："其树则有木兰、楈桂。"刘渊林注："楈桂，木桂也。"

道光《遵义府志》（校注本）卷十七《物产》第 510 页

菌桂、牡桂、丹桂、金桂 皆桂名。桂有数种，菌桂生交趾，牡桂生南海、黎郡桂无此二种。树高大，木理细腻，叶厚而尖，深绿色。八月开红花者名丹桂、黄者名金桂，气甚香，材堪适用。

光绪《黎平府志》（点校本）卷三《食货志第三》第 1382 页

桂 常绿亚乔木，名岩桂，又名木樨，宜湿润之沙质土壤，庭院多栽植之。叶为椭圆形对生，八月叶腋丛生小花，冠下部连合，色分黄白，黄者名金桂，白者名银桂，香气浓厚。别种高一二尺，四季有花名月月桂，可供盆玩。又一种生山谷中，名牡桂，俗呼柴桂，皮薄少脂，气味不及肉桂辛烈，可入药。

民国《岑巩县志》卷九《物产志》第474页

榉

榉 俗名槐柳。

道光《贵阳府志》（点校本）卷四十七《食货略·土贡 土物》第925页

黄杨

黄杨 性坚极难长，故有厄闰之说，凡雕镂者用之。

道光《贵阳府志》（点校本）卷四十七《食货略·土贡 土物》第925页

黄杨 按：黄杨，全郡皆产。叶攒簇上耸，似初生槐芽而青厚，不花不实，四时不调。其性难长，俗说岁长一寸，遇闰则退，今试之，但闰年不长耳。其木坚腻，作梳、列、印最良。《酉阳杂俎》云："世重黄杨，以无水也，用火试之，沉则无火。凡取此木，必以阴晦夜、无一星，伐之则不裂。"

咸丰《兴义府志》（点校本）卷四十三《物产志·土产》第645页

黄杨 常绿小灌木。枝条繁茂，高尺许，必百年乃及丈，故俗呼千年矮，又呼万年青。叶小对生，卵形攒簇上耸。春月枝梢缀小黄花，木理坚腻，中制刻印。

民国《都匀县志稿》卷六《地理志·农桑物产》第265页

黄杨 宜于肥沃黏土之园囿中，为常绿小灌木。茎高二尺许，细枝繁密难长，俗呼矮子树，亦称千年矮。（《埤雅》："性艰难长，岁长一寸，闰年倒长一寸。"又苏轼诗有"园中草木春无数，惟有黄杨厄闰年"之句。）叶小，卵形，对生。质厚而柔软，攒簇上耸，春开黄绿小花。木甚坚致，色黄而滑，可制木梳。利刻及小用具之类，人皆植为观赏树。邑产无多。

民国《岑巩县志》卷九《物产志》第473页

黄杨 俗名千年矮，叶小而厚，色黄，性坚致，难长，岁长一寸，有闰年反缩一寸。东坡诗云："园中草木春无数，惟有黄杨厄闰年。"

民国《独山县志》卷十二《物产》第 341 页

樗

樗 俗名臭棒。

道光《贵阳府志》（点校本）卷四十七《食货略·土贡 土物》第 925 页

樗 按：樗，全郡皆产，俗呼为枹木，郡人呼软为枹也，又讹呼为爆木。考樗即臭椿，《尔雅》谓之栲。《尔雅》云："栲，山樗是也。其木拥肿松软，不可为器，仅堪作薪。"故《诗·豳风》云："采荼薪樗。"庄子云："吾有大树，人谓之樗，其大本拥肿，不中绳墨；其小枝卷曲，不中规矩。"《诗·草木疏》云："樗树皮似漆，青色叶臭。"李时珍云："樗之生山中者本极大，梓人或用之，然爪之如腐朽，故古人以为不材之木。"或云，今郡俗所谓枹木者疑即朴，《尔雅》云："朴，枹者。"注云："朴属，丛生为枹。"其说非也。

咸丰《兴义府志》（点校本）卷四十三《物产志·土产》第 648 页

椿

椿 易生，一岁即高六七尺，春初摘芽食之，渍以盐可久储，俗名香椿，嫩叶香气薰人可食。

道光《贵阳府志》（点校本）卷四十七《食货略·土贡 土物》第 925 页

椿 叶初生，香甘可茹。元好问诗："溪童相对采椿芽"，即此木也。

光绪《增修仁怀厅志》卷之八《土产》第 297 页

椿 按：椿，全郡皆产。考椿，《禹贡》作"杶"。《禹贡》云："杶干栝柏"是也。《左传》作"橁"，《左传》云"孟庄子斩其橁以为公琴"是也。《说文》又作"櫄"。椿、杶、橁、櫄，盖一字而异体尔。《庄子》云："大椿以八千岁为春，八千岁为秋"，即此木也。《唐本草》云："椿、樗二树形相似，但樗木疏，椿木实。"《藏器拾遗》云："椿木实而叶香可瞰，樗木疏而臭。"今郡之椿，春时生芽甚多，郡人茹之。

咸丰《兴义府志》（点校本）卷四十三《物产志·土产》第 647—648 页

香春 椿也。椿，一作杶，俗名香春。树高大最寿，故曰"以八千岁为春，八千岁为秋"，称人父者，比之于椿。郡人居室，栋梁皆用此。每岁枝头发芽，嫩时香甘，生熟盐腌皆可茹。其木色赤，纹理细腻，可制器。

光绪《黎平府志》（点校本）卷三《食货志第三》第1382页

椿 山谷、河边、田畔旁均适，深厚之沙质黏土更宜。高三四丈，叶为羽状，复叶，嫩时色红。作蔬香美，俗名香椿。初夏间，小白花结硕果，秋熟则裂，子有翼，藉风散播。木质坚实，色赤褐色，为造船制器材料。邑人造屋中堂楪木必用此，皮叶能消风祛毒，用表各种痘疹。

民国《岑巩县志》卷九《物产志》第471页

椿 即《禹贡》之桃也。乔木，羽状叶，嫩时色红，香甘可食，去风消毒。夏开小白花结角，秋熟而裂，子有翼，借风播种，可榨油。木质坚，赤褐色，制器佳。质白而疏者曰臭椿，一作樗。

民国《麻江县志》卷十二《农利·物产下》第401页

椿、樗 二木形同而以气分，香者名椿，臭者名樗。椿字《夏书》作杶。《左传》作橁。《集韵》作櫄。樗字亦作㯌。樗之别种曰山樗，一名栲，一名虎目树，一名大眼桐。《书·禹贡》："杶、榦、栝、柏。"《诗·豳风》："采荼薪樗。"又《小雅》："我行其野，蔽芾其樗。"又《唐风》："山有栲。"陈藏器曰："俗呼椿为猪椿。北人呼为樗为山椿。江东之呼为虎目树，亦名虎眼。未叶脱处有痕如虎之眼目，大抵相类。但椿木实而叶香可啖，樗木疏而气臭，并采无时。樗木最为无用。"掌禹锡曰："樗之有花者无荚，有荚者无花，其荚夏月常生臭樗上。未见椿上有荚者，然世俗不辨椿樗之异，故呼樗荚为椿荚。"李时珍曰："椿、樗、栲乃一木三种也。椿木皮细，肌实而赤，嫩叶香甘可茹。樗木皮粗，肌虚而白，其叶臭恶，歉年人或采食。栲木即樗之生山中者，木亦虚大，梓人亦或用之，然爪之如腐朽，故古人以为不材之木，不似椿木坚实，可入栋梁也。"今按县境非不三者皆产，椿、樗之辨不可责之山农。若栲之为木，则难识字之俦，亦未有肯究其果何物者，即非良材，亦产之天然，又焉可不表而出之。

民国《息烽县志》卷之二十一《植物部·木类》第246—247页

第一篇　植物篇

椿 俗名香椿，叶羽状，高二三丈，幼芽作蔬香美，消风祛毒，皮叶可表各种痘症。初夏开花成穗结角，秋熟而裂子有翼，藉风而播，木质坚，赤褐色，可制器。

民国《八寨县志稿》卷十八《物产》第 323 页

漆

漆 叶似椿而白，四月后割其皮，以蛤壳取汁，子树者佳，树高一二丈，取汁以髹物，其色黑，久则紫红。

道光《贵阳府志》（点校本）卷四十七《食货略·土贡 土物》第 925 页

漆树 似槚，取液。漆树，似槚而大，树高二三丈，皮白，叶似椿，花似槐，子似牛李子，木心黄。六月中以斧斫之，皮开，以竹筒承之，液滴下则成漆，取于霜降后者更良。黎郡产漆无多，向须贩自他境，近来广为种植，则其利亦溥也。

光绪《黎平府志》（点校本）卷三《食货志第三》第 1383 页

漆 七月割漆，产土里。

光绪《增修仁怀厅志》卷之八《土产》第 297 页

漆树 初春用育苗法或分根造林法植，于面东南之沙质土壤为最宜，黏土、砾土及南面之地次之，面北者最劣。叶为羽状，复叶花小，色黄，花序如圆锥形。实小，扁圆平滑，其皮内有黏汁曰漆，可髹物器。工业上用途甚多，以漆髹之俗亦曰漆。五六月间，叶端苞而茁即孕漆也，夏至架其树若梯揉升，刀割去皮一线做凤眼状，以蚌壳下承汁流入内，早割午取，越三宿一割，秋分乃止。其木可做箱类器具材。子充饲料又可榨油。别称曰大木漆，虽高山箐林亦能生长，邑产此种较少。

民国《岑巩县志》卷九《物产志》第 472 页

漆 《山海经》作桼。乔木，皮灰色，叶为羽状，复叶，花小色黄，花序如圆锥形。实小扁圆平滑，五六月叶端苞而不茁即孕漆也。夏至视其树及拱，架若梯揉升，划其皮作凤眼状，下承蚌壳，汁注其中，早割午收，越三宿再割，每割去皮仅一线，渐大若牛眼。秋分乃止，乃供髹物。别种曰大树漆，价昂，割较迟，每树可十余割，宜交互，无过多，多则伤经，三割必易植，植用根荄以火，否则将来树不出汁，曰麻口。实、皮及子可制蜡曰漆蜡。植漆不劳而获利。

民国《麻江县志》卷十二《农利·物产下》第 400 页

漆 《说文》："漆本作柒木，汁可髹物，其字象水滴而下之形。"《诗·唐风》："山有漆。"《周礼·夏官》："河南曰豫州，其利林、漆、丝枲。"《淮南子》："蟹见漆而不干。"《史记·货殖传》："陈夏千亩漆，其人与千户侯等。"《后汉书·樊宏传》："宏父尝欲作器物，先种梓漆，时人嗤之。然积以岁月，皆得其用，向之笑者咸求假焉。"陶弘景曰："梁州漆最甚，益州亦有，广州漆性急易燥，其诸处漆桶中自然干者，状如蜂房，孔孔隔者为佳。"韩保生曰："漆树高二三丈余，皮白，叶似椿，花似槐，其子似牛李子，木心黄。六月、七月刻取，滋汁金州者最善，漆性并急，凡取时须荏油解破，故淳者难得。"李时珍曰："漆树人多种之，春分前移栽易成有利。其身如柹，其叶如椿，以金州产者为佳，故世称金漆，人多以物乱之。"今按：漆树之子如梧桐，繁缀满枝头，取以榨油，制蜡谓之漆蜡，然后和油成烛，坚凝虽不及白蜡，而值则较低。用者颇便，为益亦不资也。县人之种此者，大较滨六广河岸为多，亦惟供县人之用，远售似逊于他县。

民国《息烽县志》卷之二十一《植物部·木类》第 246 页

漆 树高二三丈，皮白，叶似柿。汁供髹物器，五六月间叶端苞而不苗即孕，早割午取，越三宿一割，每割去皮仅一线，渐大若牛目，秋分乃止，漆树及拱始割。别种曰大木漆，割较迟，每树可十余割，勿过多，过多则伤经，三割必易植，植用根煨以火，否则痲口（俗谓割不吐乳者曰痲口）。有实可制蜡，名漆蜡（此树利益厚，邑土颇宜种，植家不甚讲求，惜哉！）。

民国《八寨县志稿》卷十八《物产》第 322—323 页

橡

橡 俗名青冈，实如粟而圆长，有斗覆之，叶饲山蚕，木中薪炭，又可制农器。

道光《贵阳府志》（点校本）卷四十七《食货略·土贡 土物》第 925 页

青冈树 《救荒本草》："青冈树，今处处有之。其木大而结橡斗者，为橡栎；小而不结橡斗者，为青冈。其青冈树枝叶条干皆类橡栎，但叶色

颇青而少花叉，味苦，性平，无毒。"橡子树，《本草》："橡实，栎木子也，其壳一名皂斗，所在山谷有之。木高二三丈，叶似栗叶而大，开黄花，其实，橡也，有球汇自裹其壳，即橡斗也。橡实味苦涩，性微温，无毒，其壳斗可染皂。石冈橡木高丈许，叶似橡栎叶，极小而薄，边有锯齿而少花叉，开黄花，结实如橡斗，极小，味涩，微苦。"《戊已编》："冈木有数种，一曰青冈，平越呼为麻子树，叶薄而青，至秋黄赤色。红皮白理，皮间如虫蚀状。子能肥豕。郡人斩其大者，令发芽长二三尺，谓之火芽，以饲蚕，即山茧也。一曰罗鬼青冈，白皮，皮间起皱壳，叶如猴栗，子长如牛奶。一曰水青冈，黑皮，白理，青叶不凋。一曰红绸青冈，黑皮、红理，叶亦不凋。数种性最刚韧，薪炭尚之，无栋梁之用。"

道光《遵义府志》（校注本）卷十七《物产》第512—513页

青枫 《识略》云："贞丰州，树多青枫。"按：青枫即橡树，全郡皆产，构屋制器多所取材。考《唐书》云："开宝五年，资州献梅、青枫，二木合成连理。"则青枫之名由来已久也。

咸丰《兴义府志》（点校本）卷四十三《物产志·土产》第646页

橡 俗名青枫。

同治《毕节县志稿》卷七《物产》第416页

青枫树 橡，栎也。《救荒本草》："青枫树，处处有之，木大而结橡斗者为橡，栎小而不结橡斗者，为青枫。青枫树枝叶条干皆类橡、栎，但叶色颇青而少花，味苦，性平无毒。"橡子树，《本草》："橡实栎木子也，其壳一名早斗。"《戊已编》："枫木有数种，一曰青枫，平越呼为麻子树，子能肥豕，叶薄而青，以饲蚕，即山茧也。一曰罗鬼青枫，叶如猴栗。一曰水青枫，一曰红绸青枫，叶均不凋。"

光绪《黎平府志》（点校本）卷三《食货志第三》第1384页

青枫 黑皮白理，一种黑皮红理，皆青叶不凋，性最刚韧，出甚少，人亦重之。

民国《独山县志》卷十二《物产》第341页

槲 俗名青杠，邑产尤多，高者三四丈、五六丈不等，叶大，长倒卵形，缘边有波状锯齿，柄短互生。材坚致，可制器，烧炭极宜。

民国《八寨县志稿》卷十八《物产》第323页

青㭎 粗细可饲蚕。

民国《普安县志》卷之十《方物》第504页

橡树 即青冈，可放山蚕，西人用以熬药。

民国《瓮安县志》卷十四《农桑》第194页

栎 ……李时珍曰："栎有二种。一种不结实者，其名曰棫，其木心赤。一种结实者，其名曰栩，其实为橡。二者树小则芊枝，大则偃蹇，其叶如槠叶，而文理皆斜句。四五月开花如栗花，黄色。结实如荔枝而有尖，其蒂有斗包其半截，其仁如老莲肉。山人俭岁采以为饭，或捣浸取粉食。丰年可以肥猪。北人亦种之。其木高二三丈，坚实而重，有斑文点点。大者可作柱栋，小者可作薪炭，嫩叶可煎饮代茶。"今按：会城及会城西距二百里之安顺县，其业丝线者，每当孟冬，无不购囤栎壳多量，以备一岁之染料。固见大愈姆指之栎壳，诚非减去过半之槲壳可拟。壳既如此，其实可知。然栎实、槲实，味虽微甘，而涩乃过甚，洵不堪食。必如挚虞，杜甫之所遭非取以充腹不可者，亦当浸淘磨蒸，去其涩味，乃能入口。若二树之木，皆坚重而有裂纹，或强取以充屋材，则斧斤之难施，更不可以言光致。村居之牛栏乃多用之。惟县之通常人及山农，皆不以栎、以槲呼之。栎叶不似槲叶之较大，故以大叶青㭎谓槲木，而栎叶乃得细叶青㭎之称。县之薪炭，固惟资是二木。冬寒之时，更多运入会城，售取倍值。古人辄言樗栎之材不为人用。今竟何如乎？世本无弃材，惟在人之用之。且世运之由简而繁，已为不刊之论。则世之需材，尤为当务之急。樗栎之见摈于古人，或亦一时之罕譬而瞽者，乃以的论推之，转使樗栎得藏其质，以大济于更新趋繁之世，孰谓樗栎之不幸也！

民国《息烽县志》卷之二十一《植物部·木类》第250—251页

樠

樠 按：樠产府亲辖境及兴义县、册亨。考樠之名见《左传》。《集韵》云："樠，音朗。"《正义》云："俗呼为榔榆。"今府城之总兵署及岔河寨并有古樠，而兴义县之樠，俗呼又有"粗皮榔""金丝榔""鸡血榔"之分。

咸丰《兴义府志》（点校本）卷四十三《物产志·土产》第646页

栗

栗 似栎、槲。栗,有撕栗、猴栗,诸名俱适用,已详果部。又有白栗、青枫栗、麻栗数种,皆栗类也。白栗叶同栗树,高者丈余,结斗含实如麻栗而小,柴炭用之。青枫栗叶短,冬夏常青,新生而故落,皮横皱而不裂,遵义蚕树所谓栎者似之。麻栗叶长,冬零故尽而新生,皮直皱而痱瘤,遵义蚕树所谓槲者似之。郡人以青枫别为一种,遵义以栎与槲总谓之,青枫特命名之,小异耳。但二者皆可饲蚕,遵已食无穷之利,吾郡则仅以供薪炭之需,良可惜也。

光绪《黎平府志》(点校本) 卷三《食货志第三》第1384页

楮

楮 《贵阳志》云:"俗名构皮树,可作纸,名纸皮树。"一种叶如苎麻,不结实;一种叶有桠叉,实如杨梅,二种并易生。

道光《贵阳府志》(点校本) 卷四十七《食货略·土贡 土物》第925页

穀 陆玑《诗疏》:"穀,江南人绩其皮以为布。又捣以为纸,谓之穀皮纸。其叶初生可以为茹。"《酉阳杂俎》:"有瓣曰楮,无曰构。"《蜀语》:"楮树曰穀,音构,其皮可以作纸。"《田居蚕室录》:"构花可食,皮供造纸,蓄穀林者,三年一获,视种田增数倍之利;山谷间地宜多种。"

道光《遵义府志》(校注本) 卷十七《物产》第512页

楮 《识略》云:"普安县有楮树,其皮可为纸。"按:楮,全郡皆产,产极多。楮即构,俗呼为构皮树,郡人用以作纸,详前"货属"之"纸条"下。

咸丰《兴义府志》(点校本) 卷四十三《物产志·土产》第644页

构树 可造纸。

咸丰《安顺府志》卷之十七《地理志·通产 专产》第217页

楮桃穀 实穀皮楮也。楮,一名穀,其皮可以为布,又可作纸。叶有丫杈,又似葡萄叶,开碎花,结实如杨梅。初夏生,青绿色,六七月成熟,渐深红,八九月采实名楮桃,一名穀,实穀皮。栽植者三年一获,其视种田增数倍之利。山谷间地宜多种,贵州纸全恃此,其利广矣。

光绪《黎平府志》(点校本) 卷三《食货志第三》第1383页

楮树 《说文》楮谷也，黔人呼为构树。

光绪《增修仁怀厅志》卷之八《土产》第298页

楮 亦名榖（《诗》："其下为榖。"《埤雅》："皮白曰榖，皮斑曰楮。"陆机诗疏："荆杨交广谓之榖，中州人谓之楮。"），俗呼构皮麻，谓其皮如麻也，山野园林多有之，树高丈余，叶酷似桑花，雌雄异株，实如弹丸入药。土人捣其皮为纸，三年一获，匀产白纸全恃此。（都匀白纸，光绪十年前由翁贵输入，质色均不佳。有章姓者运匀购料，自造始精美，城北闸厢街营纸业者数十户。售独山、平舟、八寨、荔波、榕江诸县。省内外争来购取，供不应求，有贩自翁贵，独售者端由原料不足，然构木易生，种三年便中伐，人不加植，可惜也。又各处所造草纸有粗细两种，组者供爆竹、茶食专肆之用。细者錾作冥钱，中元节用之尤多，其原料多用竹碎贮大坑中浸以石灰，俟其腐滤造成纸，其制较白纸为易。凡植物非枯涩性而含纤维，质能分离糜烂者皆供制纸之用，主料以楮为最，助料如竹之笋籜。桐、杉、桑、橡、松、柏、椒、藤、乌桕之皮，稻、麦、茅、芦之皆良。下如杨柳皮，各种藤皮配药煮烂而涤之，均中制造。）

民国《都匀县志稿》卷六《地理志·农桑物产》第263页

楮 俗呼细构皮，山野园林皆有之，高丈许。叶颊桑而粗糙，花单性，雌雄异株，实大如小指，头状似杨梅可食，并可入药，皮有斑纹，捣之以制白纸，细致而绵。别种名榖树，俗呼大构皮，略似楮，惟枝干较高大，皮色灰白，叶阔而更粗糙，花亦雌雄异株，雄花列为穗状如桑，雌花作球形。实熟，色红皮亦制纸。

民国《岑巩县志》卷九《物产志》第474页

榖 一名楮，一名榖。有二种，一种皮斑而叶无桠叉，三月开花吐长穗如柳花状，不结实；一种皮白而叶有桠叉似葡萄叶，开碎花，结实如杨梅，制纸以结实者为佳。种宜熟地，伐树腊月为上，四月次之外，此则伤树本，其木腐后生菌耳，味颇胜。

民国《独山县志》卷十二《物产》第341页

楮 亦名榖，俗呼构。皮麻，以其皮如麻，故名。山谷、郊野、园林皆有（本邑三、五两区尤广，商人收买运匀换皮纸，旬年不下数千担，惜无人提倡，造纸获利外溢）。树高丈余，叶似桑而燥，花雌雄异株，实如弹丸，入药。捣其皮为白纸，最细致而绵。

民国《八寨县志稿》卷十八《物产》第323页

楮 一名谷，或作构。一名谷桑，字从榖，从木，与谷字之从榖，从禾异，人皆未之审也。……今按：县之产此，亦随地而滋茂。北而迤西数十里间，人之造为白纸以售给全县用者，奚不取料于此树之皮！则其为功亦自非小。若究为冠、为布之前说，县人曾未之闻。他县似亦有不知之者。且今之冠制屡易，亦不庸取材于是。以言为布，则端尚绵麻。惟以其实入药，其汁沾金箔，其叶沤豆豉，其木倒放灌生木耳，县与诸县之人固同资其翼矣。

民国《息烽县志》卷之二十一《植物部·木类》第258—259页

构 一名楮。

民国《咸宁县志》卷十《物产志》第603页

榆

榆 一名白粉，所在皆有。《管子》："五沃之土，其榆条长。"《四民月令》曰"榆荚成者取干以为旨蓄"，其皮亦可食。

乾隆《贵州通志》卷之十五《食货志·物产·镇远府》第286页

榆 荚如钱，皮、叶可食。

道光《贵阳府志》（点校本）卷四十七《食货略·土贡 土物》第926页

榆 一名白粉。《管子》"五沃之土"，其榆条长四尺。《月令》曰"榆树荚"，成者取干以为旨蓄，其皮亦可食。

咸丰《安顺府志》卷之十七《地理志·通产 专产》第217页

榆 《尔雅》："榆，白者名枌。"郭注："枌榆，先生叶，却著荚，皮色白。"邢昺《疏》："榆，有数十种，今人不能尽别。惟知荚榆、白榆、刺榆、榔榆数种而已。"《诗·唐风》："山有枢，隰有榆。"《礼·内则》："堇、苴、枌、榆兔薧滫瀡以滑之。"《前汉书·循吏传》："龚遂为渤海太守，劝民务农桑，令口种一种榆。"《唐书·阳城传》："城隐中条山，岁饥，屏迹不过邻里，屑榆为粥，讲论不辍。"苏颂曰："处处有之，三月生荚，古人采仁以为糜羹。今无复食者，惟用陈老实作酱耳。"寇宗奭曰："榆皮，初春先生荚者，是也。嫩时收贮为羹茹。嘉佑中，丰沛人缺食，多用之。"周王朱橚《救荒本草》："榆钱树，采肥嫩榆叶，炸熟水浸淘，油盐调食。始煮糜羹食佳，但令人多睡。或焯过晒干备用，或为酱，皆可食。榆皮刮去其上干燥皴涩者，取中间软嫩皮，剉碎晒干，炒焙极干，捣磨为面，拌糠麸草末蒸食，取其滑泽易食。"今按：县境之有榆树，人惟知以其皮入药，其木充材，他则似未有闻。故列注说，以待采择。

民国《息烽县志》卷之二十一《植物部·木类》第249页

红豆

红豆 《益部方物略记》："花白色，实若大红豆，以似得名。叶如冬青，蜀人以为果饤。"赞曰："叶圆以泽，素花春敷，子生荚间，累累如珠。"《天禄识余》："红豆，一名相思子。"古诗："红豆生南国，春来发几枝。"按：俗呼娑罗树，皮叶青黑色，近本无枝，上团团如盖，四时不凋，叶似冬青叶，所在皆有。惟遵义清溪有一株，四五年一结子，形如胡豆，绝圆。若经十年始结，则子逾大，并鲜红异常。又，沙溪里老木土石上有一株，每岁春暮，忽一日凋叶，即日复生如故。今年凋左，明年凋右为异云。

道光《遵义府志》（校注本）卷十七《物产》第511页

娑罗树 红豆也。花白色，实若大红豆，以似得名，叶如冬青。《天禄识余》："红豆，一名相思子。"古诗"红豆生南国，春来发几枝"，俗呼娑罗树。

光绪《黎平府志》（点校本）卷三《食货志第三》第1382页

椰树

椰树 大每合抱，中屋材。一种金丝椰，一种鸡血椰，又一种涎皮椰，土人取皮捣泥胶樟、檀末以制细香。

道光《贵阳府志》（点校本）卷四十七《食货略·土贡 土物》第926页

鼻涕椰 色黄性粘，妇人取皮浸汁，以掠发，最光泽。

咸丰《安顺府志》卷之十七《地理志·通产 专产》第217页

黄葛树

黄葛树 吴省钦《黄葛树考》："赵光禄文哲黄果树歌，果，特葛之转

音。自叙州而下，树渐多，渐大，荫渐广。"《水经注》有黄葛峡，宋熊本败泸州柯阴夷于黄葛下。苏子由自江阳见之，以为嘉树。独怪子瞻、致能、务观诸公，无一语及之。按：黄葛，产桐梓松坎左右山中。

道光《遵义府志》（校注本）卷十七《物产》第511页

黄葛树 惟川地及此地有其树，多磐石生。

光绪《增修仁怀厅志》卷之八《土产》第298页

糯米树

糯米树 叶如冬青，有光，性粘，能胶合诸物。

道光《贵阳府志》（点校本）卷四十七《食货略·土贡 土物》第926页

楠

楠 中作屋材，一种香楠，气香。

道光《贵阳府志》（点校本）卷四十七《食货略·土贡 土物》第926页

楠 《蜀都赋》："楩楠幽蔼于谷底。"又曰："交让所植。"《益部方物略记》："楠，蜀地最宜者，生童童若幢盖，然枝叶不相碍，叶美阴，人家多植之。树甚端伟，叶经岁不凋，至春，陈新相换。有花，实似母丁香。"赞曰："在土所宜，亭擢而上。枝枝相避，叶叶相让。繁阴可庥，美干斯仰。"《群芳谱》："又名交让木，文潞公所谓移植虞芮者以此。"《明统志》："楠木，府县俱有。"《通志》："楠木产正、绥、桐三属，近亦难得。"周霖《楠木说》："绥邑诸山旧多楠，必两人引手方合抱，儿时常见之，今则无矣。土城山阴有大楠二株，荫庇数亩，根缠岩石者数十丈，今亦伐其一。"

道光《遵义府志》（校注本）卷十七《物产》第509页

楠 按：楠产贞丰、安南。考楠古作枏，俗作楠。《尔雅》之枏，郭注误释为似杏而酢之梅。《陆疏广要》正之云："尔雅之枏乃似豫章者，古称梗楠豫章，景纯不得以似杏实酢解之。"李时珍云："枏与楠字同，南方之木，故字从南，黔山尤多。其树直上，童童若幢盖之状，枝叶不相碍，茂似豫章而大如牛耳，一头尖，经岁不凋，新陈相换。其花赤黄色，实似丁香，色青不可食。干甚端伟，高者十余丈，巨者数十围，气甚芬芳，为栋梁器物皆佳，良材也。色赤者坚，白者脆，其近根年深向阳者，结成草木山水之状，俗呼为骰柏楠，宜作器。"

咸丰《兴义府志》（点校本）卷四十三《物产志·土产》第646页

交让 木楠也。楠以生南方，故名楠。叶经岁不凋，新陈相抚，花黄赤色，实似丁香子，落自生，植者鲜活，亦难得之品也。干甚端伟，大者数抱。木理细致有纹，堪为梁栋，制器亦佳。交让所植枝叶不相碍，故名交让木，郡产多有。

光绪《黎平府志》（点校本）卷三《食货志第三》第1382页

楠树 香者绝佳，今境内甚少。

光绪《增修仁怀厅志》卷之八《土产》第297页

楠 本作枏（李时珍云：南方之本，故字从南），黔山多有之，干端伟直上，童童若幢盖状。高者十数丈，巨者数十围。气芳甚香，为栋梁、器物皆佳色。赤者坚，白者脆，枝叶不相碍，茂似豫章，大如牛耳，端尖经岁不凋。花赤黄色，实似丁香色，青不可食。木之近根处，年深向阳者，结成草木、山水之状。制器尤雅俗，称影木，亦作瘿木。

民国《都匀县志稿》卷六《地理志·农桑物产》第268—269页

枏 一作柟，俗称楠。以湿润干燥适中之溪谷为最宜。其干端伟直上，童童若幢盖，故俗名凉树。高者约十丈，叶为长椭圆形，经冬不凋。花淡绿，实紫黑。木质致密芳香。色赤者，坚；白者脆。为榱栋材，其近根处，赘疣甚大，年深向阳者，析之中，有山川、花木之状。谓之瘿木，制器尤雅。杜甫诗有"长歌敲柳瘿"之句。

民国《岑巩县志》卷九《物产志》第471页

梓

梓 叶似桐，而小，花紫。一种白花结实下垂如豇豆，俗呼角角揪。树大材美，叶间有线，三月开紫白桐子，花有五尖，其荚丛生，细长如箸，长一二尺，其色青绿，冬后叶落，而荚犹在树，垂如马尾。

道光《贵阳府志》（点校本）卷四十七《食货略·土贡 土物》第926页

梓 楸类，一名木王，植于林，诸木皆内拱，造屋作梁，群材皆不震，木似桐而叶小，花紫，角细如箸，长近尺，冬后叶落而角不落，其花

叶饲猪，能令肥大，且易养。

光绪《黎平府志》（点校本）卷三《食货志第三》第1379页

梓 《尔雅》云椅梓。郭璞注云："即楸也。"《说文》椅梓也。《诗·鄘风》云："椅桐梓漆，爰伐琴瑟。"《卫风传》云："椅梓属似为二物，实则楸也，椅也、梓也皆同类而异名，故《诗·正义》引舍人曰梓一名椅，郭云即楸也。"《山海经》："虖勺之山，其上多梓枏，其下多荆杞。堇里之山，其上多美梓，鸡山其上多美梓。"《南齐书·嵩逸传》："徐伯珍宅南九里有高山，班固谓之九严山，伯珍移居之门前，生梓树一年，便合抱，论者以为隐德之感罗原《尔雅翼·说文》言椅梓也，梓楸也，槚亦楸也，然则椅、梓、槚、楸一物四名。"李时珍曰："梓木处处有之，有三种，木理白者为梓，赤者为楸，梓之美文者为椅楸之小者为榎，楸叶大而早脱故谓之楸，榎叶小而早秀故谓之榎，楸有行列，茎干直耸可爱至上，垂条如线谓之楸线，其木湿时脆，燥则坚，故谓之良材，即梓之赤者也。"焦循《毛诗补疏》椅、桐、梓、漆传言："梓属以经文，椅、梓属，循。按《尔雅》《说文》皆以梓训椅而此传言梓属，以经文椅、梓并举也，盖椅为梓之一种，梓为大名，可以包椅，故《尔雅》云椅梓如释鱼训鳢为鲤，而《周颂》潜鳢并言，《说文》训柘为桑，而《月令》并言桑柘也。"今按县人之取用此木价较他木为昂，非以其材良之故耶。

民国《息烽县志》卷之二十一《植物部·木类》第241—242页

梓 为百木长，故号木王（见《埤雅》）。溪谷、河畔及沙质黏土之平地均宜。干高二三丈，叶掌状，夏开唇形花、淡黄、微紫，实长尺许，似豇豆荚。木质细致、湿脆、干坚，可供建筑屋。有此木则余材不震，又为箱匣、械、椅、棋、秤各种器具及雕刻材。县属天然生者无多。民国二十六年春，县政府始由贵阳购来红梓、白梓二种，驳于苗圃后，移植小河坝林场，尚见繁茂。

民国《岑巩县志》卷九《物产志》第469页

楸

楸 树身直耸而高大，其叶小于桐叶，团而有尖，其大如掌，三四月间开花如酒杯，而扁浅，紫白色，与梓一类二种，北方最多。

道光《贵阳府志》（点校本）卷四十七《食货略·土贡 土物》第926页

楸　有数种。

道光《平远州志》卷十九《杂识》第 455 页

楸　旧志云："有楸。"按：楸产府亲辖境及贞丰、安南。楸之名见《尔雅》。《尔雅》云："叶小而皵，榎；叶大而皵，楸。"考楸即梓之赤者，茎干直耸，至上垂条如线，谓之楸线，其木湿时脆，燥则坚，良材也，宜作棋枰。

咸丰《兴义府志》（点校本）卷四十三《物产志·土产》第 644—645 页

楸　有三种，一名线楸，一名豆角楸。俗谓之即梓。

咸丰《安顺府志》卷之十七《地理志·通产 专产》第 217 页

楸　湿脆燥坚。楸，生山谷间，处处有之，高大，皮色苍白，上有黄白斑点，枝间多大刺薄叶，至秋垂条如线，谓之楸线。其木湿则脆，燥则坚，亦良木也。

光绪《黎平府志》（点校本）卷三《食货志第三》第 1383 页

楸　落叶乔木，干直上耸至高处，分枝叶似桐而小，三尖或五尖。夏开黄绿色细花，细实成荚长尺余，下垂，熟则裂开。木质细致作棋局佳，曰楸枰，分裂而平滑，互生，叶柄颇长，夏间黄褐色小花列，为伞形。材质坚实可造器具。（按《说文》："楸、梓，又《韵会》楸与梓本同末异，若桧之柏叶，松身。"《都匀志》："则以白者为梓，赤者为楸，梓之美文者为椅，二者实为一物，然蒋志分列为二，故仍之。"）

民国《岑巩县志》卷九《物产志》第 469—470 页

楸　俗曰梓木，号木王。屋有梓则余材不震。干高二三丈，似桐而小。夏开花，唇形淡黄微紫。实长似豌豆，谓之楸线，水湿时脆，燥则坚。白者为梓，赤者为楸，有美纹者为椅，良材也。凡植木必深锄其土，广视布枝卤莽白不繁。

民国《麻江县志》卷十二《农利·物产下》第 398 页

楸　即梓木（《都匀志》："白者为梓，赤者为楸梓之类，文者为椅。"），号木王（《埤雅》："梓为百木长，故号木王。"）。干高三丈，叶似梧桐，亦名荣，叶大分裂，状如掌，互生。夏日开小花，色微黄，雌雄同株，果实为蓇葖，熟则裂开，如叶子附其缘，可生啖，皮可作缆木，中琴瑟亦可制器。

民国《八寨县志稿》卷十八《物产》第 322 页

夜光木

夜光木 按：夜光木产府亲辖境之烂木厂及兴义县，乃朽木。今郡人于厂中取出，木上有光如萤火，色绿，越数日即无。

咸丰《兴义府志》（点校本）卷四十三《物产志·土产》第646页

泡木桐

泡木桐 解板为壁，亦可作柱。

道光《贵阳府志》（点校本）卷四十七《食货略·土贡 土物》第926页

桐 有二种，一种为木用，一结子桃可为油。

咸丰《安顺府志》卷之十七《地理志·通产 专产》第217页

泡通树 中通直，如箭不屈。

光绪《增修仁怀厅志》卷之八《土产》第298页

桐 亦名荣，其材不坚重，俗呼糠桐或泡桐。干高三丈许，皮粗，色白，叶圆大，掌状分裂。春末，开胥形花，成大圆锥花序，花白而叶光滑者为白桐，花紫，而叶上密生黏毛者为紫铜。实为两果，长寸余，如枣，其嫩枝干中空有节，用作母丧杖者即此。老则木质轻而细致，为制月琴及箱箧，材不生虫蛀。

民国《岑巩县志》卷九《物产志》第474页

油桐

膏桐 实如桃子，可压油，花亦媚好，收子作油入漆，可油器物及船，为世所需。

道光《贵阳府志》（点校本）卷四十七《食货略·土贡 土物》第926页

油桐 《识略》云："册亨无桐。"按：油桐产兴义县。考油桐即冈桐，《图经》云："作油者乃冈桐，有子。"今邑之油桐，早春先开淡红花，状如鼓子花，实大而圆，每实中或三子、或四子，其肉白，其味甘，而土人榨之为桐油，用以饰屋、舟。

咸丰《兴义府志》（点校本）卷四十三《物产志·土产》第647页

油桐 一名荏桐，一名瞿子桐，一名虎子桐，实大而圆，取子作桐油入漆，及油器物、舱船为时所需。

光绪《增修仁怀厅志》卷之八《土产》第297页

油桐 亦名桐子树。宜种湿温肥沃之地，或山石瓦砾地亦可，黄瘠土则不宜。冬腊月至正二月间以种子直接播之，俯置土中（谓：种子仰置则树高枝稀，结实不多），上覆松土，后发芽须加保护，长成后，高一二丈，叶类梧桐，柄长。春末，盛花，实圆大状似瓶罍，故又名罂子桐。每年在立夏后至处暑前须修锄一次，则枝叶繁茂，结实夥而油汁亦多。霜降实熟，收放露天隙地，壳经腐蚀以铁钩挖出，种子焙干筛净、研末、蒸熟，用铁箍稻草包成饼状，入榨油厂取油汁充燃灯用。工业上为用亦广，有大毒，不可食。县属思旸、注溪、龙田、大有等乡镇土质最宜。年输湘省销售获利不少，在湘制成乌油，价特贵。榨油所余枯饼曰油粕，可充肥料。木材供薪亦可制器。

民国《岑巩县志》卷九《物产志》第472页

罂子桐 一曰荏桐，类冈桐而小，叶肥圆大，花微红，实圆，中子二或四，压油入漆。匠人煮油近沸，候冷而糅物有光泽曰光油，涂纸、布可御雨，果皮作肥料。产东区乾河山一带，每斗子有油十斤，以其土系灰扁沙，桐子园土系黑沙，种桐亦佳。在旧龙场者少油以其为泡土或名板黄土，改良加黑沙或瓦片沙和阻沟泥，即可望子有油矣，或以洗猪水淋之亦美。桐油为出口货大宗，现实业家主张令各区推广，五年后可收地利矣。

民国《麻江县志》卷十二《农利·物产下》第399—400页

罂子桐 一名冈子桐，一名油桐，一名荏桐，一名虎子桐。陈藏器曰罂子桐生山中，树似梧桐。陈翥《桐谱》："枝干、花、叶与白桐花类。"寇宗奭曰："荏桐早春先开淡红花，状如鼓子花成筒子，子可作桐油。李时珍曰："罂子因实状似罂也，荏者言其油似荏油也，虎子以其毒也。"又曰："冈桐即白桐之紫花者，油桐花、叶并类，冈桐而小，树长亦迟，花亦微红，但其实大而圆，每实中有二子或四子，大如大风子，其肉白色，味甘而吐人，亦或谓之紫花桐，人多种，莳收子货之为油入漆，家及舱船用，为时所须，人多伪之，惟以篾圈蘸起如鼓面者为真。"今按：贵州之人所用桐油代漆以饰屋宇器用或制雨具，尚非多量，通常中产以下之民居仅灯皆专恃此品，值较低也。则其有益于人，人岂遂让于布粟。县人之所

第一篇 植物篇

199

植、所制自与他县相颉颃矣。

民国《息烽县志》卷之二十一《植物部·木类》第245—246页

桐子 可榨油，用最广，能多种，即致富之源。

民国《瓮安县志》卷十四《农桑》第194页

梧桐

梧桐 有青、白二种。

乾隆《贵州通志》卷之十五《食货志·物产·贵阳府》第285页

梧桐 皮青，人多植庭畔，结子可食，又云大叶如盘盂，枝头小叶丛生，形如仰勺，子环生于勺稜，可食。人家斋阁多种之。皮青无节，其英长三四寸许，老则裂开如箕，大如莲瓣，子缀其上，粘其两边，多者五六，少者二三，大如黄豆而正圆，状若胡椒，淡黄色，其壳始光滑，离英即皱，仁白色，可生噉，亦可炒食。

道光《贵阳府志》（点校本）卷四十七《食货略·土贡 土物》第926页

梧桐 按：梧桐，全郡皆产。《尔雅》谓之榇，《诗·鄘风》谓之椅桐，可为琴瑟。《诗·疏》云："椅即梧桐。"《齐民要术》云："梧桐为乐器，更鸣响。"《礼·月令》云："季春之月桐始华。"即此桐也。《遁甲书》云："梧桐可知月正闰，岁生十二月，每边六叶，自下数一叶为一月，至上十二月，有闰则十三叶，视叶小处则知闰何月。立秋之日，至期一叶先坠。"《别录》云："子肥可食。"

咸丰《兴义府志》（点校本）卷四十三《物产志·土产》第646页

青桐 按：青桐产兴义县。《别录》云："桐树有四种：青桐，皮叶青，似梧桐而无子；梧桐，皮白，叶似青桐而有子；白桐，有花子，二月开花，黄紫色；冈桐，无子。"考《别录》桐分四种，《草木疏》则分青、白、赤三种，陈翥《桐谱》则分六种，曰紫桐、白桐、膏桐、刺桐、赪桐、梧桐。今全郡所产之桐有四种，曰梧桐、青桐、油桐、刺桐。

咸丰《兴义府志》（点校本）卷四十三《物产志·土产》第646—647页

青桐 梧桐也。梧桐，一名青桐，皮青如翠，叶缺如花，其木无节直生，理细而性紧，可作琴瑟，作箱笥亦佳。每岁生十二叶，一叶为一月，有闰则十三叶，视叶小者，即知闰何月。立秋之日，如某时立秋，则一也先坠。花初生时色赤主旱，色白主水。

光绪《黎平府志》（点校本）卷三《食货志第三》第1382页

梧桐 《尔雅》荣桐木，又曰榇梧。《遁甲书》云："梧桐可知日月正闰。生十二叶，一边有六叶，从下数一叶为一月，至上十二叶。有闰十三叶，小余者。视之，则知闰何月也。"

光绪《增修仁怀厅志》卷之八《土产》第297页

梧桐 亦名荣（《尔雅》荣桐木，注即梧桐），叶大分裂为掌状，互生。夏日开小花，色微黄，雌雄同株。果实为膏葖，熟则裂开，如叶子附其缘，可生啖。皮可作缆，木中琴瑟，以可制器。

民国《都匀县志稿》卷六《地理志·农桑物产》第262页

梧桐 ……今贵州之植梧桐者，凡在寺庙、公所多经岁月者，无不有之，人家在中产以上，世有屋庐者，亦莫不然。旧圃、古道借斯点缀，亦饶风趣，此则无人不识梧桐之故。且秋后叶落，儿童竞拾其子以售者，尤复不少。其木则多为人护，惜取用者稀。若夫与梧桐相似之白桐则固山间为多，其木之中乐器者，人咸识之。县境当亦不少此物，盖桐之类非一，陈翥著谱于八百年间，是物之系不容有紊。梧桐则桐之一种，以其有澡饰庭院之长，其声名乃超越于他桐类矣。

民国《息烽县志》卷之二十一《植物部·木类》第245页

梧桐 宜湿润肥沃地，干端直，色青，高约三丈，叶阔大有深缺刻。夏开小花，色微黄，雌雄同株，果为膏葖，熟则裂开，为叶状，种子生于边缘，可生啖。其材可制器，农人剥其嫩树皮以为绳。

民国《岑巩县志》卷九《物产志》第474页

刺揪

刺揪 有刺，即刺桐，可为屋材。

道光《贵阳府志》（点校本）卷四十七《食货略·土贡 土物》第926页

刺揪 《戊已编》："树高者数丈，周干起泡如疮，有刺。"《救荒本草》："刺揪树，皮色苍白，上有黄白斑纹，枝梗间多有大刺，叶似揪叶而薄，味甘。"

道光《遵义府志》（校注本）卷十七《物产》第512页

刺桐 按：刺桐产兴义县。《南方草木状》云："刺桐布叶繁密，三月开花，赤色，照映三五房，凋则三五复发。"《桐谱》云："刺桐，文理细紧而性喜折裂，体有巨刺如橄树，其实如枫。"《图经》云："刺桐，叶如梧桐，其花附干而生，侧敷如掌，形若金凤，枝干有刺，花色深红。"

咸丰《兴义府志》（点校本）卷四十三《物产志·土产》第 647 页

刺桐 似梧桐。刺桐，初生遍体皆刺如鼓钉，渐长皮裂败树无多枝，其花附干而生，深红色，叶似梧桐，木理细紧，亦与梧桐相似，其实如枫。

光绪《黎平府志》（点校本）卷三《食货志第三》第 1385 页

刺楸 梓类有刺。

光绪《增修仁怀厅志》卷之八《土产》第 298 页

刺楸 周王橚《救荒本草》："楸，有二种。一种刺楸，其树高大，皮色苍白，上有黄白斑点，枝梗间多大刺，叶似楸而薄。"今县之此材，与他县不异也。

民国《息烽县志》卷之二十一《植物部·木类》第 255 页

刺楸 树高大，皮色苍白，干支起斑点，多刺，其木湿时脆，燥则坚，故为良材。

民国《独山县志》卷十二《物产》第 341 页

楤木

楤木 《荒年杂咏》："俗称刺老包，干无枝叶，茎头一丛，人取为茹，食之。"见《食物本草》。

道光《遵义府志》（校注本）卷十七《物产》第 512 页

楤木 俗呼刺包头，萌芽可食。

民国《普安县志》卷之十《方物》第 504 页

乌桕

乌桕 俗名桊子，落实后必去其枝，间岁乃抽新条，乃复结实，若留原枝，实则不繁。

道光《贵阳府志》（点校本）卷四十七《食货略·土贡 土物》第 926 页

乌桕 按：乌桕产安南县。《正字通》云："乌桕本名乌桕。"《迴澜字义》云："桕，俗作桕，非。"《唐本草》及《函史》始作乌桕，乌喜食其子，因名。或云，其本老则根下黑烂成臼，故字从臼。其说非也。陆龟蒙诗云："行歇每依鸦舅影，挑频时见鼠姑心。"鸦舅即乌桕也。《藏器拾遗》云："叶可染皂，子可压油，涂头令白变黑，为灯极明。"《图经》云："叶如小杏叶，但微薄而绿色差淡，子八九月熟，初青后黑，分为三瓣。"李时珍云："采子蒸煮，取脂浇烛，皮脂胜子仁。"

咸丰《兴义府志》（点校本）卷四十三《物产志·土产》第647页

鸦白 乌桕也。乌桕，一名鸦白，高数丈，叶似小杏叶而微薄，淡绿色，五月开细花，色黄白，实如鸡头。初青熟，黑分三瓣，八九月熟，咋之如胡麻汁，味如猪脂，采白子在仲冬，以熟为候。

光绪《黎平府志》（点校本）卷三《食货志第三》第1383页

乌桕 《本草》："叶可染，皂子压为油，涂头白可变黑，为灯极明，或用作烛，俗呼桕子树。"

光绪《增修仁怀厅志》卷之八《土产》第297页

乌臼（一作乌桕，本作乌桕）俗称木油树，高二三丈，夏日开小黄花初冬叶落，实熟而裂为三子。初青后黑，皮部被白，粉富脂肪，可造碱浇烛（取脂浇浊皮胜子仁），仁可榨油供烛用。粕中农肥。

民国《都匀县志稿》卷六《地理志·农桑物产》第266页

乌臼 臼一作桕，又名桕子树，俗呼木油树。性好深地，中庸土质，亦可山麓河畔，无不咸宜。高二丈许，叶卵形，端尖。夏开小穗，淡黄花。实小，生青，熟黑壳，初裂时如臼状，故名。种子仁黑色，外凝白霜一层。可制油，曰皮油，易凝结而坚，为肥皂及蜡烛，去皮油以后，可涂械输及其他工业之用。种子取去皮油以后可再榨取清油，不易凝结，燃灯尤明。不先取皮油，一次榨成者曰桕油或木油，亦凝结不甚坚。木材细致为刊板，制器材并供薪用。

民国《岑巩县志》卷九《物产志》第472—473页

乌桕 子可榨油。

民国《兴仁县补志》卷十四《食货志·物产》第461页

铜钱树

铜钱树 一名马鞍秋，开黄花，结实三枝，淡红色，中有子，亦可压油，不中食。

道光《贵阳府志》（点校本）卷四十七《食货略·土贡 土物》第926页

马鞍树 一名铜钱树，一名摇钱树。秋开黄花，结实三棱，淡红色，中有子，可以压油，不中食。县北六广多产。"访册"第言其花实，而不及树之大小，与叶茎为何形状。按之前籍，亦未见是名。惟郑珍《田居蚕室录》有："马鞍树，开花结子，壳形如互两钱，子在钱内，熟时红极，取子榨油，可作烛。"其言亦不及茎叶。惟有油可用，则亦异于不材之木。故列从乌桕。

民国《息烽县志》卷之二十一《植物部·木类》第260页

桑

桑 叶饲蚕。有二种，叶分厚薄，有鲁桑、蜀桑之辨。四月子熟，其子曰椹，细软丛簇，似莓子而微长，紫黑色，汁微带红，味甘淡。

道光《贵阳府志》（点校）卷四十七《食货略·土贡 土物》第926页

桑 《识略》云："册亨无桑利。"按：桑，产兴义县及贞丰。贞丰之桑大数抱者甚多，所产桑寄生甲黔省，惟气候寒暖不时，故虽有桑而终不宜蚕。

咸丰《兴义府志》（点校本）卷四十三《物产志·土产》第648页

桑叶 饲蚕。桑，郡有二种，大叶者如冬青，细叶者如山药，皆深绿色，背面有光，折之浆出如乳，枝干修疏，风俗不谙饲蚕之法，虽生山谷间不知采取。

光绪《黎平府志》（点校本）卷三《食货志第三》第1383页

桑 《典术》："桑乃箕星之精。"其实曰葚。本境近有养蚕者，桑根白皮，及桑寄生大叶。

光绪《增修仁怀厅志》卷之八《土产》第297页

柘 桑属饲蚕。

光绪《增修仁怀厅志》卷之八《土产》第297页

桑 宜于湿润肥沃之黏土。本落叶乔木，每岁刈取故枝干低亚，叶卵形，端尖，嫩时饲蚕，立冬日采取入药。花穗状，淡黄绿色。实曰葚，略如楮实，熟则紫黑，味甘可食。材质细致，可制农具什器。皮可造纸，根部白皮供药用，野生者干高大而叶小。邑产又一种枝间有刺曰刺桑葚，如楮厚而滑，折之有白浆，亦可饲蚕，但专食此叶其蚕少丝，木材坚致，制重器佳。

民国《岑巩县志》卷九《物产志》第 474 页

桑 县地亦俱诸种，蚕业卜成，其讲求树法，当必有日精者。

民国《独山县志》卷十二《物产》第 340 页

乃桑

乃桑 有刺，皮黄，不可饲蚕。

道光《贵阳府志》（点校本）卷四十七《食货略·土贡 土物》第 926 页

黄桑

黄桑 似槐，作舆杆良。黄桑，叶如槐而梢大，木理细致而绵，色淡黄，可作器物，舆杆尤佳。

光绪《黎平府志》（点校本）卷三《食货志第三》第 1383 页

马桑

马桑 皮紫，有花如垂穗形，紫红色，可作屋材。

道光《贵阳府志》（点校本）卷四十七《食货略·土贡 土物》第 926 页

马桑树 贵州老村农之负暄聚谈也，无不首颂马桑树。其重视此物，一若灵木神芝之所不及，谓人生之幸存，视比物之荣枯而转移。当洪水朝天时，设非衙门照壁上之马桑树力抗龙神，则照壁必倒；照壁一倒，焉有今日！马桑之有功于人，真为一切材木所不及。故人之不爱护马桑，必有天谴。童时常闻斯言，似十年来，凡一遇老村农，则必备聆听一番快谈。其节目虽间有出入，然敬重马桑，固如出一口。此非以矜异闻见老村农，之所以为老村农也。按：此亦不材之木，斧之为薪且不燃。"访册"以为可作屋材，或者村农就地架缠之屋需之？当非梓人之所取材也。且稽之前

载不见此名，似更无言此物者。惟朱橚之《救荒本草》有"报马树"其说也。"生辉县太行山山野中，枝条似桑条色，叶似青檀叶而大，边有光叉。又似白辛叶，颇大而长硬。叶味甜，采嫩叶炸熟，水淘净，油盐调食。"取其叶，而弃其余，固救荒之本意如斯。惟橚之藩封河南，亦就河南以言河南。第不知辉县太行山山谷中之报马树，容可许他地亦得产之乎？徐光启采而图之所著之《农政全书》中，吴其濬复采而图之所著之《植物名实图考》中，然皆一仍其说，不易一字。窃以为报马树有"枝条似桑条色"之语，则马桑树之得名，或者袭取于此乎？

民国《息烽县志》卷之二十一《植物部·木类》第256页

冬青

冬青 其实名女贞子。

乾隆《贵州通志》卷之十五《食货志·物产·贵阳府》第285页

冬青 子名女贞，入药用。又云蜡树，叶似青冈而小，多植水滨及田塍上，秋冬之交，以稻草缚虫于树，次年三月枝上缘生蜡果，果中皆虫，摘果留至秋冬间，复缚树间，天暖虫出，来春乃吐蜡花，取以熔蜡。遇结花之年则无虫，又需购虫于安顺。安顺于次年亦购虫于贵阳，俗谓之落届树。最易长凌，冬不凋结，实为女贞子。立夏前后取蜡虫之种裹置树上，半月其虫化出，造成白蜡。

道光《贵阳府志》（点校本）卷四十七《食货略·土贡 土物》第926页

白蜡树 《本草》："枝叶状类冬青，四时不凋。蜀人以放蜡虫，故谓之蜡树。"《蜀语》："冬青树，俗名曰蜡树。"《田居蚕室录》："俗名插蜡，压枝即活，山上水边俱宜。放蜡虫必于此。若种一二百株，岁获利与漆等。"

道光《遵义府志》（校注本）卷十七《物产》第510页

冬青 旧志云："有冬青。"按：冬青，全郡皆产，产极多。而府署左之冬青树一尤古，心已中空，数百年物，其地因名冬青树。考冬青即《山海经》之贞木，《琴操》之女贞木。《琴操》云："鲁有处女，见女贞木而作歌。"即此树也。其子名女贞子，可以酿酒。今郡人以放蜡虫，俗呼为蜡树，郡人于立夏前后取蜡虫之种，纸裹置枝上，半月其虫化出，延缘枝上造成白蜡，其利甚溥。

咸丰《兴义府志》（点校本）卷四十三《物产志·土产》第 644 页

万年枝 冬青也。冬青，一名万年枝，一名冻青，女贞别种也。树高十余丈，木理白细而坚重，有纹，叶似栌子树叶，经霜不凋，堪染绯。五月开花结子如豆红色，放子收蜡，一如女贞子。

光绪《黎平府志》（点校本）卷三《食货志第三》第 1383 页

冬青树 一名长生树，一名万年树。《群芳谱》："一名冻青，经霜不凋。"五月开细花，青白色，结子黑色，名女贞。实近人放蜡虫于此，树又名蜡树。

光绪《增修仁怀厅志》卷之八《土产》第 298 页

女贞 俗呼蜡树（《蜀语》作冬青树，《山海经》作楨树），叶长两寸许。（《南高平物产记》云："叶长四五寸，匀产无如是。"）繁子黑累，花累满树（子可酿酒）。肌理白腻，育虫取蜡俗称曰白蜡。若种至百株，利与漆等。（《蜀语》："白蜡虫生冬青树枝上，壳大如圆眼半核，谷雨节摘下，壳内细虫如蚁。至立夏节，生足，能行，用桐叶包系冬青树枝上，其壳底虫他作白蜡，走向叶背上住；其壳口虫仍为虫种，走向叶面上住，如入定状。七月后，叶背上者脱皮，走聚住枝上，身生白衣，渐厚，即白蜡也。至处暑节，采下，煎为蜡。叶面上者蜕皮走，散住枝上，渐渐长大。初如蚁，如虱；渐如粟，如米；至冬，如豌豆，如大豆。至明年谷雨，所谓大如圆眼半核者，壳上有蜜一点，至谷雨，蜜干，可摘，此即虫种也。"）别种曰水蜡，插枝即活，又名插蜡，生山野中，高丈余，叶椭圆形，阔五分，内外全边，对生，经冬不凋，花小色白，花冠四制亦可放虫。

民国《都匀县志稿》卷六《地理志·农桑物产》第 265 页

女贞 一名冬青，俗呼冻青树，高大、肌白，有纹，作象齿笏，叶微圆，经霜不凋，堪染绯，五月开细白花，结实红色。

民国《独山县志》卷十二 物产》第 341 页

冬青 即虫子树。

民国《咸宁县志》卷十《物产志》第 603 页

冬青 一名冻青，一名万年枝。陈藏器曰："冬青，木肌白，有文作象齿笏，其叶堪染绯。"李时珍曰："冻青，亦女贞别种也，山中时有之。但以叶微团而子赤者为冻青。叶长而子黑者为女贞。"……今按：县之此

物，固亦有人能辨之者。通常，则女贞亦有冬青之名。而此冻青之呼，多兼二物言之者。

民国《息烽县志》卷之二十一《植物部·木类》第 257 页

冬青　又名耐冬，与蜡树小异，亦可放蜡，他处为最大之利，邑人无效之者。

民国《瓮安县志》卷十四《农桑》第 194 页

蜡树

蜡树　用插条法植于田岸及河堤间，亦曰水蜡树。高丈许，叶为羽状，复叶，立夏前，以茅草裹蜡子树上，蜡子内有无数红褐色细虫曰蜡虫，使延及枝干以饲之，曰九十日至百日。蜡虫分泌之粘液附树枝甚厚，俗呼蜡膜，取置熟水中溶解浮于水面，再撇取成块，名白蜡，可和柏油或茶油制烛并入药。又蜡虫不分泌蜡黏者乃结苞于树枝，初若黍米，渐大如柏子，色紫赤累累，抱枝盖虫将遗卵作房也，俗呼蜡种，即蜡于其。木质坚有力，用制车辆、农具、家具、航桨、铁器柄均可。一种生于山地曰山蜡树，高一二丈，叶作长卵形，端尖厚而光泽，经久不凋，亦名冬青树。夏初开细白花，雄花为聚，伞花序，雌花各杂生于叶腋。实赤而小，其树亦可饲蜡虫。

民国《岑巩县志》卷九《物产志》第 473 页

白蜡树　树大合抱，高丈许，皮淡白色，质坚，重理，白细，叶长而窄，冬落春生，宜放蜡虫。一种大白蜡树，叶厚而柔长，有四寸五寸者，面青背浅绿末有芒，凌冬不凋。五月开细花青白色，九月结实，色黝黑，亦可放蜡虫，而与蜡树有别。

民国《独山县志》卷十二《物产》第 340—341 页

皂荚

皂荚　俗名皂角，有糠皂、肥皂、猪牙皂三种，性能祛垢。树大多合抱者。又一种与糠皂同，不实。一名皂角树，高大，皮有细点，枝间多刺，刺长二三寸，本粗末锐。结实有二种，一种长二三寸，阔半寸，弯曲如钩，谓之猪牙皂荚；一种长而瘦薄，形直而不弯。皆可洗衣去垢，中有子赤色。又云一种肥皂角，荚长三四寸，厚而多肉，其皮光润，赤褐色，内有黑子数颗，大如指头，不正圆，其壳厚，中有白仁。十月采荚捣烂澡身面去垢，亦可和诸香作丸，其自青涂绒线绣花不起毛。

道光《贵阳府志》（点校本）卷四十七《食货略·土贡 土物》第 926 页

皂荚树 旧志云："木有皂荚。"按：皂荚树产府亲辖境及兴义县、贞丰、册亨沿江诸地。府署之古皂荚树不恒结荚，至沿江诸地之皂荚树尤多奇古，荚长数尺，其子长寸余，色黝而光润，俗呼为"老鸦枕"，土人肩人城货者颇多，一枚易钱一二，空其中，镶制作鼻烟瓶，饶有别致。

咸丰《兴义府志》（点校本）卷四十三《物产志·土产》第 644 页

皂荚 俗称皂角树，多刺，采入药，曰天丁，夏开黄花，秋季结荚长近尺。一种肥厚粘而多脂，一种瘦薄枯而不粘，用诸洗濯胜于番黬。（采荚畏刺，宜用篾围树如箍桶，然一夜而荚尽脱即去其篾。）别种曰猪牙皂，益肥厚多脂，荚短不逮三寸，蒸而捣之，芳香宜人，其用益广。

民国《都匀县志稿》卷六《地理志·农桑物产》第 267 页

皂荚 俗呼皂角，宜于肥沃之沙质壤土，植舍旁，园囿均适。凡三种，荚短而肥厚多脂者谓之肥皂，亦名油皂；荚短细如猪牙者名猪牙皂；荚长扁如刀者曰糠皂，俗呼紫皂，邑产无猪牙皂，油皂少而糠皂多。糠皂树高者三四丈，多刺，叶为羽状，复叶夏开黄色，小蝶形花，荚生青熟黑用以洗濯不亚洋碱。其刺入药曰天丁油，皂荚色黄褐，濯垢尤佳。

《岑巩县志》卷九《物产志》第 474—475 页

皂荚 一名皂角，一名县刀。叶如槐，枝间多刺，夏开细黄花。结荚长而肥厚，多脂而黏者佳，小如猪牙曰猪牙皂，堪入药。不结实者，一孔入生铁三五斤，泥封之即结。

民国《独山县志》卷十二《物产》第 341 页

皂荚 一名皂角，一名鸡栖子，一名乌犀，一名悬刀。……李时珍曰："皂树高大，叶如槐叶，瘦长而尖，枝间多刺。夏开细黄花，结实有三种。一种小如猪牙；一种长而肥厚，多脂而粘；一种长而瘦薄，枯燥不粘。以多脂者为佳。其树多刺难上，采时以篾箍其树，一夜自落。有不结实者，树凿一孔，入生铁三五斤，泥封之，即结荚。"今此物之繁生，不赖种植皆成大树。道旁宅左，靡不逢之。其荚内黑子之白仁，晶而膏粘，

近有人以水浸过作羹，糖霜调之，亦颇适口。刺绣者，常取一枚，布包水养，每渡其线，益滑而有光也。

民国《息烽县志》卷之二十一《植物部·木类》第261页

槐

槐 花黄、子可染色。

道光《贵阳府志》（点校本）卷四十七《食货略·土贡 土物》第926页

槐 旧志云："有槐。"按：槐，全郡皆产。

咸丰《兴义府志》（点校本）卷四十三《物产志·土产》第644页

槐荚 如连珠木。槐叶，细而色青绿，五六月开黄花，未开如米粒，采取曝干，炒过煎水染黄，甚鲜，八月结实作荚，如连珠，木有极高大者，可作器物。

光绪《黎平府志》（点校本）卷三《食货志第三》第1383页

槐 按《艺文类聚》："槐，季春五日而兔目，十日而鼠耳，更旬而始规，二旬而叶成。"叶细为羽状，复叶夏至后开黄白花，如蝶形。实成长荚状，如连珠，中有黑子，与花均可入药。木质坚硬，为建筑家具之材，又可称作道旁荫树。邑产不多，民国二十六年春县政府由贵阳购来一种名洋槐，形状全同，惟叶片稍大，亦为羽状，复叶枝间有刺，生长速，并易繁殖。

民国《岑巩县志》卷九《物产志》第471页

槐 ……李时珍曰："槐之生也，季春五日而兔目，十日而鼠耳，更旬而始规，二旬而叶成，初生嫩芽可煠熟水淘过食，亦可作饮代茶。或采槐子种畦中，采苗食之亦良。其木材坚重。有青、黄、黑、白色。其花开时，状如米粒，炒过煎水，染黄甚鲜，其实作荚连珠，中有黑子，以子连多者为好。"今按：此物宜植之庭院中，根、叶、花、实俱无可弃。木亦良材，县之人当思，所以遍植之。

民国《息烽县志》卷之二十一《植物部·木类》第248页

槐 树高，叶细，夏至后开架形黄花，采苞曝干，染黄色极美，入药。实为长荚状，如连珠，中有黑子，亦入药。子房可染皂。嫩芽用水淘洗可代茶，清凉解毒。取子播，初苗中蔬。

民国《麻江县志》卷十二《农利·物产下》第401页

棕

棕 即棕榈,直生,叶布顶上,叶之根为棕皮,取为绳最韧,经数年不取,树本转枯,木端数叶大如车轮,上耸四散而枝裂。其干正直无枝,近叶处有皮裹之,每长一层即为一节。其皮有丝错综如织,剥取而缕解之,可织衣帽褥荐,又可编盖亭间,制作鞋履,年深则高一二丈。

道光《贵阳府志》(点校本)卷四十七《食货略·土贡 土物》第926页

棕《蜀都赋》:"棕枒樱枞。"刘渊林注:"棕枒出蜀,其皮可作绳、履。"杜甫诗:"蜀门多棕榈,高者十八九,其皮剥割甚,虽众亦易朽。"苏轼《棕笋诗》引:"棕笋,状如鱼,剖之,得鱼子,味如苦笋而加甘芳,蜀人以馈佛,僧甚贵之,南方不知也。笋生肤毳中,盖花之方孕者。正二月间可剥取,过此,苦涩不可食矣。取之无害于木,而宜于饮食,法当蒸熟,所施略与笋同。蜜煮醋浸,可致千里外。"《田居蚕室录》:"多自生,栽亦易活,其皮用至广,编履制蓑,织荐最耐久。每树岁割十二皮,贵时,皮一钱,若农家有一百株棕,岁可减千钱之费。其叶亦中绳索。"

道光《遵义府志》(校注本)卷十七《物产》第511页

椶 皮可剥用。

道光《平远州志》卷十九《杂识》第455页

棕 按:棕产府亲辖境及贞丰。考棕,石鼓文作欉,《山海经》《说文》作椶,俗作棕。《说文》云:"椶,栟榈也。"《玉篇》谓之棕榈。《广雅》云:"本高一二丈,旁无枝,叶如车轮,皆萃于木杪;其下有皮,重叠裹之,每皮一匝为一节;花黄白,结实作房如鱼子状。"《藏器拾遗》云:"其皮作绳,入水千岁不烂,昔有人开冢,得一索已生根。"今郡产之棕,叶大如扇,上耸四散歧裂,其茎三棱,四时不凋,其干正直无枝,近叶处有皮裹之,每长一层即为一节,干身赤色皆筋络,可为器物。其皮有丝毛,错综如织,剥取缕解,可织衣帽、椅褥之属。岁必两三剥之,否则树死或不长也。三月于木端茎中出数黄苞,苞中有细子成列,乃花之孕子,谓之棕鱼,亦曰棕笋,渐长出苞则成花穗,黄白色,结实累累大如豆,生黄熟黑,甚坚实。《本草拾遗》云:"棕笋有毒,戟人喉,未可轻服。"而苏东坡有食棕笋诗,自注云:"棕笋若鱼子而甘芳,宜于饮食,法

当蒸熟，以竹笋同蜜煮，醋浸可致千里。"

咸丰《兴义府志》（点校本）卷四十三《物产志·土产》第647页

椶鱼 椶笋，可食。椶，多自生，栽亦易活，大者高一二丈，叶大如扇，亦有大如车轮者，四时不凋。干正直无枝，近叶茎处有皮裹之，每长一层，即为一节。干身赤黑，皆筋络，可为钟杆，亦可旋为器物。其皮有丝毛，错综如织，剥取缕解可织衣箱，帽盒，垫褥，绳索之属，大为时利，每岁必两三剥之，否则树死，或不长剥，多亦伤树。春初茎中出数黄苞苞，中有细子成列，乃花之孕也。状如鱼腹孕子，谓之椶鱼，亦曰椶笋。渐长出苞，则成花穗结子累累，大如豆，二三月间可割取，过此则苦涩不可食矣。

光绪《黎平府志》（点校本）卷三《食货志第三》第1383页

棕榈 俗作棕树，高三四丈。叶掌状分裂，柄长，丛生，树梢花小，淡黄色，簇集若搏黍，被以苞。实似豌豆色灰黑，叶之基部有皮，丝毛错综如织，附茎叠生，性韧耐湿，剥取为器物，制绳尤佳。（《藏器拾道》云："棕榈入水千年不烂。"）岁必二三剥，否则树死或不长。

民国《都匀县志稿》卷六《地理志·农桑物产》第268页

棕榈 即棕树，湿润肥沃之黏土地方最宜，并宜植于落叶、阔叶树之下，低湿地或轻松之干燥地则生长不良。干高二丈余，旁无枝叶，作掌状，分列略如车输，有长柄笙于树梢。花小，色黄白被以苞。实如豌豆，色灰黑色。叶柄下部有皮，褐色丝毛错综附茎重叠裹之，每皮一匝为一节。性韧，耐水，俗谓之梭。剥取可制绳索、蓑衣、毛刷、筛底、鞋底、盛囊、箱箪之属。岁只二三割，否则树死或不长。嫩叶割下曝干可织扇，但多割树亦枯死。木质中心柔而外部坚，故用作桥梁、楼枕或圆亭、书斋之柱及阑干。

民国《岑巩县志》卷九《物产志》第475页

棕榈 一名栟榈。椶字，一作棕。……李时珍曰："皮中毛缕如马之鬃鬣，故名棕榈。最难长。初生叶如白芨叶，高二三尺，则木端数叶，大如扇，上耸四散歧裂。其茎三棱，四时不凋。其干正直无枝，近叶处有皮裹之。每长一层即为一节。干身赤黑皆筋络，宜为钟杆，亦可旋为器物。其皮有丝毛错综如织，剥取缕，解可织衣、帽、褥、椅之属，大为时利。

每岁必两三剥之，否则树死，或不长也。剥之多亦伤树。三月于木端茎中，出数黄苞，苞中有细子成列，乃花之孕也。状如鱼腹孕子，谓之棕鱼，亦曰棕笋。渐长出苞，则成花穗，黄白色，结实累累，大如豆，生黄熟黑，甚坚实。或云，南方此木有两种：一种有皮丝可作绳，一种小而无丝，惟叶可作帚。"今按：贵州诸县之通产是物，盖亦无人不识。若其皮之为绳作簦，或编成箱笼，及他什器。人之资为生业者，颇亦有之。其叶亦可为绳拂。全树无弃材，为利非不溥也。县人之植于圃边者，盖多见之。

民国《息烽县志》卷之二十一《植物部·木类》第 260—261 页

乌杨

乌杨 生水边，若生地不妨五谷，有大至十余围者。

道光《贵阳府志》（点校本）卷四十七《食货略·土贡 土物》第 926 页

茶树

茶树 州西三塘下街水井有茶树一株，枝叶葱茏，年必丰稔，或遇数枝不发，四乡即有歉收处。

道光《平远州志》卷十九《杂识》第 461 页

苦茶 按：苦茶，全郡皆产，味极苦。《尔雅》谓之槚，《尔雅》云："槚，苦荼。"郭注云："树小如栀子，冬生叶，可煮为羹饮。"

咸丰《兴义府志》（点校本）卷四十三《物产志·土产》第 648 页

茶树 有大茶、丛茶二种，大叶即叶茶，粗丛茶即茅茶，摘在谷雨前者佳，土里及河西丙滩一带山中，土里茶引四十道归，有仁怀县微解。

光绪《增修仁怀厅志》卷之八《土产》第 298 页

茶 四乡多产之，产水箐山者尤佳，以有密林防护也（民国四年巴拿马赛会曾得优奖）。输销边粤各县，远近争购，惜产少耳。自清明节至立秋并可采，谷雨前采者曰雨茶，最佳细者曰毛尖茶。

民国《都匀县志稿》卷六《地理志·农桑物产》第 269 页

茶 常绿，灌木，宜肥沃之沙质土壤及向阳地。树高五六尺，花、实均似油茶而小，但叶小而薄，色青，嫩时，黄绿色，可烹为饮料。清明日，采者谓之清明茶，最珍贵；谷雨前采者谓之雨前茶，亦曰毛尖。细茶

气味清香，立夏后，采者味稍逊，制茶之法以生茶入釜烘焙，随时以手轻搓俟干燥色黑为止，如系家用者越日入釜，先倾少许茶汁使转润再搓在焙谓之回火，如此二三次，味极浓厚而香美。贮藏多年曰陈茶尤佳，并可入药，其实与老叶乡间亦有采而烹饮者味淡。县属龙田、客楼两乡每年运售湘西甚多，昔以印天、应都坪等地产量最丰，现已割归石阡、镇远管辖利权外溢殊可惜矣。

民国《岑巩县志》卷九《物产志》第477页

茶树 叶可作茗。

民国《威宁县志》卷十《物产志》第603页

油茶

茶树 花单瓣，白色，子可压油。

道光《贵阳府志》（点校）卷四十七《食货略·土贡 土物》第926页

油茶 《识略》云："册亨无茶利。"按：油茶产兴义县，以榨油用。其子大如指顶，正圆黑色，其仁入口初甘后苦，最戟人喉。二月下种，一次须百颗乃生一株，盖空壳多也，畏水与日，宜坡地阴处。

咸丰《兴义府志》（点校本）卷四十三《物产志·土产》第648页

山茶 一种油茶，高二丈余，叶似女贞而小，边有锯齿厚而泽互生，八九月花色白，雄蕊颇多，色黄。实圆，秋熟每实有子三四枚，淡黑褐色，仁黄可榨油。妇女以膏沐或供防锈，食用燃料。糟粕供洗涤。变种者花红色，植庭园供观赏不实。（油茶二月种，一砍百种乃生一株，盖空壳多也，宜坡地阴处，畏水与日。见《兴义府志》。）

民国《都匀县志稿》卷六《地理志·农桑物产》第266页

油茶 植于高阜旷野均宜，肥沃及向阳之地尤佳。高丈余，叶长卵形，深青色，似山蜡，叶小而厚硬，端尖，旁有细锯齿，经冬不凋。以其类茶故得茶名。秋冬间开白花五瓣，实圆，生青，至次年熟则带紫褐色，收取曝干，壳裂种子三四粒，自然离开棵，净干，照油桐榨油法，以压取其油，味佳可食用，又供灯烛及防锈、擦鬓治癣疥用。其油粕充洗濯或肥料，并投河中以毒鱼。木质坚致，用制扁担及一切重器佳。

民国《岑巩县志》卷九《物产志》第472页

椒棱木

椒棱木 树不甚大，皮可染绿，俗呼绿柴。

道光《贵阳府志》（点校本）卷四十七《食货略·土贡 土物》第 926 页

浆梨木 《戊已编》："树高丈许，丛生，白皮黄里，枝节刺长一二寸，结子夏青冬黑，染家染绿布用之。"按：俗多呼为绿条。

道光《遵义府志》（校注本）卷十七《物产》第 511 页

梨木 丛生，白皮黄里，枝节刺长一二寸，结子夏青冬黑，可染绿布，土人呼为火把刺。与霸王鞭、老虎刺、皂角、红子刺等皆为刺棘类，围迁墙落宜插之，以资捍卫。

民国《普安县志》卷之十《方物》第 504 页

桤木

桤木 《四川志》：古称蜀木。《益部方物略记》："桤，蜀所宜，民家莳之，不三年，材可倍常薪之用。疾种亟取，里人以为利。"杜子美有《觅桤栽诗》。赞曰："厥植易安，数岁辄林。民赖其用，实代其薪。不栋不梁，亦被斧斤。"按：郡人多呼为画槁树。

道光《遵义府志》（校注本）卷十七《物产》第 510 页

椒

椒 子可和蔬，入药，俗名花椒。木高四五尺，上有针刺，其叶对生，坚而滑，背脊有刺，气亦辛香。实如小豆而圆，生青熟红皮皱肉厚，老则裂开，内有黑子，圆如小珠而光亮，若人之瞳子，故曰椒目。味辣而香，去目杵末，可调食物。

道光《贵阳府志》（点校本）卷四十七《食货略·土贡 土物》第 926 页

檬子树

檬 有红、白二种，质坚，木者用以作榨，凡雕镂之器取之。

道光《贵阳府志》（点校本）卷四十七《食货略·土贡 土物》第 926 页

檬子树 《玉篇》："檬，木名，似槐，叶黄。"《戊已编》："其树刺如

铁钉，长大如指，伤人至死。以为梃，可以御侮。大叶，黑皮，结子如豆。木理红色，曰红檬，白皮，起壳，叶尖圆。白理曰白檬，以供薪蒸，烈于青枫。"按：此木四月开花攒簇。坚理异常，土人用为春杵锄柄之属。树之大有至数抱者。"

道光《遵义府志》（校注本）卷十七《物产》第511—512页

檬子树 似槐，叶黄。《玉篇》：檬，木名似槐，叶黄，《戊巳编》：其树刺如铁钉，长大如指，伤人致死以为梃，可以御侮。大叶黑皮，结子如豆，有二种，曰红檬，曰白檬，以供薪蒸，烈于青枫。四月开花攒簇，坚理异常。

光绪《黎平府志》（点校本）卷三《食货志第三》第1384页

檬子树 俗名刺柞，其树刺如钉坚，理异常黑皮，子如豆。木理红色，一种白皮起壳，叶尖圆，白理可为椿杵、锄柄之用。

民国《独山县志》卷十二《物产》第341页

水冬瓜

水冬瓜 水红树也。云南《志》谓之"水冬瓜，大叶粗皮，可作栋梁"，黎平各属皆有此种。

光绪《黎平府志》（点校本）卷三《食货志第三》第1384页

水冬瓜 吴其濬《植物名实图考》："水冬瓜木，湘、黔、滇中皆有之。绿树如桐，叶似芙蓉，数茎同生一处，易长而质软。《顺宁府志》以为'即桤木，可刻字'。"今县北有此物，第未究其状。证以吴氏之说，当非二木。

民国《息烽县志》卷之二十一《植物部·木类》第262页

榕树

榕 连卷樛结。榕树，生古州，枝叶柔脆，根旁丛生若七八树，多至数十百条，合并为一，有十数抱，连卷樛结，其阴可十余亩。古州榕城、榕江之称以此。

光绪《黎平府志》（点校本）卷三《食货志第三》第1384页

白海棠

铁篱 白海棠也。白海棠,茎似白栗,有刺花,叶俱如海棠,结实如豆,味涩可食,栽以卫园,俗名铁篱。

光绪《黎平府志》(点校本)卷三《食货志第三》第 1384 页

杜荆

柜术 杜荆也。杜荆,俗名柜术,条皮如鳞甲,细叶可刺,木理樛曲而性绵之,织作屋壁,亦取坚固。

光绪《黎平府志》(点校本)卷三《食货志第三》第 1384 页

合木

合木 即和木。和木,木理细致,可作诸器。又名合木,以其枝叶联结也。

光绪《黎平府志》(点校本)卷三《食货志第三》第 1385 页

山荆

金鸡木 山荆也。山荆,形如杜梨,性极坚劲,俗名金鸡木。

光绪《黎平府志》(点校本)卷三《食货志第三》第 1385 页

樟

樟 俗呼香樟,叶经冬不凋,子能利气。

道光《贵阳府志》(点校本)卷四十七《食货略·土贡 土物》第 926 页

樟 《田居蚕室录》:"俗名香樟,制香者贵其叶。"桐梓夜郎站民朝聚庙中,有古樟二株,相传含物也。

道光《遵义府志》(校注本)卷十七《物产》第 509—510 页

樟 按:樟产兴义县,其木理文章,故名樟。木高叶小,叶似楠而尖长,有黄赤茸毛,四时不凋,夏开细花,结小子。木大者数抱,肌理细而错综有文,宜于雕刻。气甚芬烈,古名为章,《子虚赋》云:"梗楠豫章",颜师古注云:"豫即枕木,章即樟木。"

咸丰《兴义府志》(点校本)卷四十三《物产志·土产》第 645—646 页

樟 似楠，可雕刻。樟树，高丈余，叶似楠而尖长，背有黄赤茸毛，四时不凋。夏开细花结子，肌理细腻有纹，可雕刻，气甚芬烈，大者数抱，可为居室器物。

光绪《黎平府志》（点校本）卷三《食货志第三》第1382页

樟 本名章，木理有文章也，四时不凋。高数丈，叶卵形，质端尖，柄长，互生，初夏叶腋发长由，缀以黄白小花。实大如豌豆，可取蜡，材坚致，灰褐色，老则环文如影木，制器甚良，叶及材片可制樟脑。（法：于秋冬采叶或木或根切片，水浸三昼夜，入镬煮之，中度即倾出，用柳木棍搅之，待减其最之半，棍沾白霜滤去滓，倾汁盆内，经宿结块即樟脑。又用铜盆以陈壁土为粉，先铺盆内乃加樟脑一层，又铺陈壁粉如是相间四五层，以薄荷叶铺土上，再以盆覆之黄泥封固，于火上欸欸炙之，无过烈无不亦及，勿令气息候冷。取出则脑升盆上，如是二三次，即成片脑。匀制颇佳，惜营者少者。）

民国《都匀县志稿》卷六《地理志·农桑物产》第266页

樟 宜植湿润肥沃之黏质土，于松林中混植之最宜。高数丈，叶卵形，端尖有叶脉三条。质硬有光似楠，叶而小，俗称香楠。夏初开花，小而淡黄，实大如豌豆粒，色黄。木质稍坚，肌理细而美丽，色灰褐色。老则环文如瘿，木有特别香气，为各种器具及棺材装饰雕刻用材，取枝干，根叶制成樟脑，可入药，并为香水假漆防虫剂。人造象牙、无烟火药之原料，县属仅天然产者，无栽。

民国《岑巩县志》卷九《物产志》第471页

樟 俗名影木。

民国《咸宁县志》卷十《物产志》第603页

黄柏

黄柏 树中为器，其皮入药，叶亦用以染黄丝。

道光《贵阳府志》（点校本）卷四十七《食货略·土贡 土物》第926页

檗木 一名黄檗，一名黄柏。《说文》："檗，黄木也。"《淮南·万毕术》："檗，令面悦。取檗三寸，土瓜三枚，火枣七枚，和膏汤洗面乃涂药，四五日光泽矣。"苏领《图经本草》："檗木，黄檗也。生汉中山谷及永昌。今处处有之。以蜀中者为佳。木高数丈，叶类吴茱萸，亦如紫椿，经冬不调。皮外白，里深黄色。其根结块如松下茯苓。五月、六月采皮去皱曝干，用其根，名檀桓。"李时珍曰："蘗木，名义未详。本经言蘗木及根，不言蘗皮，岂古时木与皮通用乎？俗作黄柏者，省写之谬也。古书言：'知母佐黄蘗，滋阴降火，有金水相生之义？'黄蘗无知母，犹水母之无虾也。盖黄蘗能治膀胱、命门、阴中之火。知母能清肺金、滋肾水之化源。气为阳，血为阴，邪火煎熬则阴血渐涸，故阴虚火动之病须之，非阴中之火不可用。"又"必少壮气盛能食者用之相宜，若中气不足，而邪火炽盛者，久服则有寒中之变。"《广群芳谱》引《窗间纪闻》："古人写书皆用黄纸，以蘗染之，所以辟蠹，故曰'黄卷'。"今按：县北多产是物。其作药用，人固知之。若以之作染品，则虽有知之而皆不用。盖舶来品之充斥，早俾国中原有佳产都属废置。昔时蓝靛之兴盛，今亦不过聊存百一。矧在黄蘗，宁不见弃？其木理极细腻，乃以之少充制器及供薪而已。

民国《息烽县志》卷之二十一《植物部·木类》第 265 页

绸木

绸木 《贵阳志稿》云："分红白二种，纹细质坚，轿扛用之。"

道光《贵阳府志》（点校本）卷四十七《食货略·土贡 土物》第 926 页

羊桃藤

羊桃藤 出府属。《尔雅》曰"长楚，姚弋"，今羊桃也。白花，子如麦，其叶与实皆类桃，取汁可胶巨石。

乾隆《贵州通志》卷之十五《食货志·物产·贵阳府》第 285 页

羊桃藤 汁可胶石灰合土，出府属。《尔雅》曰"苌楚桃弋"，即此。开白花，子如麦，其叶与实皆类桃。

道光《贵阳府志》（点校本）卷四十七《食货略·土贡 土物》第 926 页

羊桃 高丈余，羽状复叶，实大如鸡卵，长椭圆形，蜜渍可食茎及根，叶并黏腻造纸者，采为滑叶，建筑者取汁合石粉胶漆不啻也。(《黔书》："即《尔雅》苌楚。"郭注今羊桃又谓："子如小麦与毛诗郑笺子赤，一鼠名矢者同为一物，并非黔产羊桃也。")

民国《都匀县志稿》卷六《地理志·农桑物产》第 267—268 页

檀

檀 按：檀产兴义县及安南。考《诗·小雅》云："爰有树檀"，注云："善木。"《郑风》云："无折我树檀"，注云："强韧之木。"《考工记》云："中车辐。"《藏器拾遗》云："苏恭言檀似秦皮，树体细，堪作斧柯。至夏有不生者，忽然叶开，当有大水，农人候之，以占水旱，号为水檀。又有一种，高五六尺，生高原，四月开花正紫，亦名檀树，其根如葛。"《图经》云："亦檀香类，但不香尔。"今兴义县及安南所产檀有黄、白二种，叶皆如槐皮，青而泽，肌细而腻，体重而坚，宜为杵、槌诸器。

咸丰《兴义府志》（点校本）卷四十三《物产志·土产》第646页

善木 檀也。檀，名善木，叶似槐，皮青而泽，肌细而腻，体重而坚，制器最佳，今人谓黄杨为黄檀，赤杨为紫檀。产于黎者鲜。

光绪《黎平府志》（点校本）卷三《食货志第三》第1382页

檀 诗《小雅》："爰有树檀。"《国风》："无折我树檀。"注：强之木。

光绪《增修仁怀厅志》卷之八《土产》第297页

黄檀 高一二丈，叶以多数小叶合成，皮老则皱而脱，木坚韧，制造重器良，古用作车辐。诗所谓檀车实也。别有白檀，紫檀，匀无产者。

民国《都匀县志稿》卷六《地理志·农桑物产》第266页

檀 善木也，其字从亶，有红、黄二种，叶如槐，皮青而泽肌，细而腻，体重而坚，可制器具。

民国《独山县志》卷十二《物产》第341页

黄檀 沙质壤土之山地或溪谷均适宜，叶卵形为羽状复叶，颇似洋槐，皮老则皱而脱，木质坚致，用造重器最佳。

民国《岑巩县志》卷九《物产志》第472页

桫椤树

桫椤树 叶如凤尾，色青。

光绪《增修仁怀厅志》卷之八《土产》第298页

霸王鞭

霸王鞭 茎方而多刺，叶似梧桐略小，大而长一节或数尺，形如鞭，折节插之亦生。叙永一带及此地甚多，粤东，人以其根烧酒，酷烈异常，间能毒人。

光绪《增修仁怀厅志》卷之八《土产》第298页

楝

楝 按：楝产兴义县，长甚速，三五年即可作椽。其子正圆、色黄，有雌、雄两种。雄者无子，根赤有毒；雌者有子，根白微毒。《图经》云："木高丈余，叶密如槐而长，三四月开花，红紫色，花香满庭，实如弹丸，生青熟黄。"《荆楚岁时记》云："蛟龙畏楝，故端午以叶包粽投江中以祭屈原。"《别录》云："俗以五月五日取叶佩之，云辟恶。"

咸丰《兴义府志》（点校本）卷四十三《物产志·土产》第648页

黄荆

黄荆 按：黄荆产兴义县，即牡荆。《图经》云："牡荆俗名黄荆，花红作穗，实细而黄。"李时珍云："樵采为薪，年久不樵者树大如碗，其木心方，其枝对生，一枝五叶或七叶，叶如榆叶，长而尖有锯齿。五月杪间，开花成穗，红紫色，其子有白膜裹之。古贫妇以荆为钗，即此木。古刑杖以荆，故字从刑。浸酒饮，治耳聋。"

咸丰《兴义府志》（点校本）卷四十三《物产志·土产》第648—649页

黄荆 一名牡荆，一名小荆。……今按：县之产此，北境惟多。樵薪而外，亦时作小器物，灌木之有益于人者。亦可入药用也。

民国《息烽县志》卷之二十一《植物部·木类》第257—258页

棘

棘 按：棘，全郡皆产。《说文》云："棘，小枣丛生者。"《诗话》云："棘如枣而多刺，木坚色赤，丛生，人多以为藩，岁久无刺，亦能高大如枣木。白者为白棘，实酸者樲棘，亦名酸枣。"李时珍云："独生而高

者为枣，列生而低者为棘，故字重束为枣，平束为棘，二物观名即可辨，束即刺字。"

咸丰《兴义府志》（点校本）卷四十三《物产志·土产》第 649 页

棘　俗呼皂角菜。

民国《普安县志》卷之十《方物》第 504 页

第四章 药类植物

药之属 紫苏、迹荷、稀签、苍耳、栝楼、商陆、荆芥、牛膝、半夏、茱萸、南藤、乌头、桔梗、象耳、黄精、三棱、泽泻、鼠妇、苦参、管仲、枳壳、青皮、木通、大贼、藁本、厚朴、石斛、通草、蝴蝶、蜻蜓、螟金、桑皮石、营蒲、马鞭草、蓖麻子、牵牛子、车前草、香附子、剪刀草、草决明、何首乌、羊蹄根、益母草、使君子、赤白芍药、麦门冬、地骨皮、白藓皮、五加皮、金银藤、土当归、蜜蒙花、过山硝、天门冬、草血竭、续随子、一枝箭、蛇含石、九里光、五味子、五倍子、龙胆草、虎耳草、金是草、天花粉、山查子、山豆根、夏枯草。

嘉靖《贵州通志》卷之三《土产》第273页

药之属 益母草、何首乌、五味子、车前草、枸杞子、地骨皮、麦门冬、小茴香、香附子、山茨菰、稀签草、五甲皮、旱莲草、金银花、荆芥、薄荷、桔梗、紫苏、薏苡仁、半夏、黄精、木通、瓜蒌、白芍、牛膝、常山、苍耳、沙参、续断、蒲公英（即地丁草）、茯苓、黄蘖、陈皮、青皮、厚朴、积壳、茱萸。

乾隆《贵州通志》卷之十五《物产·贵阳府》第284—285页

药类 女贞子、石菖蒲、金银花、薏苡仁、黄精、五加皮、门冬、车前子、五倍子、山药、紫草、益母草、何首乌、山查、穿山甲、奚仙、石杨梅。

乾隆《镇远府志》卷十六《物产》第117—118页

药之属 有地骨皮、五加皮、山槐子、金银花、薄荷、金樱子、何首乌、女贞子、菖蒲、摘蓝、五倍子、紫苏。

乾隆《独山州志》卷之五《食货志·物产》第164页

药材 地骨皮、五加皮、香附、薄荷、山槐子（又名矮陀陀，出赤水河潮阳硐，白花者佳，能除风湿，舒经。有足疾者用火蒸洗，颇效）、九香虫（出赤水河口中中廓者良）、绿化菜、旱莲草、女贞子。

乾隆《毕节县志》卷四《赋役志·物产》第 257 页

叶之属 金银花、车前子、槐花、黄柏。

乾隆《开泰县志》夏部《物产志》第 41 页

药之属 有前胡、有小茴、有黄芩、有香附、有桔梗、有半夏、有南星、有黄精、有木通、有瓜蒌、有黄蘖、有茜根、有苦参、有玉竹、有车前、有花粉、有常山、有沙参、有何首乌、有益母草、稀签草、五加皮、旱莲草、金银花、石菖蒲、山慈菇、蒲公英、天门冬、有槐角、百部、百合、商陆、紫苏、威灵仙、有胡索、有郁金。

乾隆《普安州志》卷之二十四《物产》第 185 页

药之属 地骨皮、五加皮、山栀、金银花、薄荷、金樱子、女贞子、菖蒲、泽兰、五倍子、何首乌、鹿衔草、箐草、紫苏、黄草、香附子。

乾隆《清江志》卷之四《食货志》第 448 页

药之属 黄精、益母草、贯众（俗名老虎蕨，天久雨，取其根置水缸中，可解水毒。）天门冬、麦门麦、夏枯草、天花粉、香附、车前（一名苤苢）。前胡、金银花（花黄、白相间，蒂必双生，气甚清芬）、蒲公英、山茨菇、稀签草、刘寄奴、瓜蒌仁、骨碎补、草麻子、牵牛子、紫苏、钩藤钩、竹根三七、王不留行、青藤香、白芨、牛膝、马勃、断续、百合、草乌头、茜草、薄荷、苦参（陈念祖医书言，下血及血痢火盛者，用苦参子去壳，无破仁，外以龙眼肉包之，空腹以苍术汤送下九粒，一日二三服，渐加至十四粒，二日效）。商陆、常山、附子、半夏（俗名麻芋果）、木通、兔丝、大戟、大黄、葶苈、沙参、红藤、白术、桔梗、知母、黄耆、川芎、天麻、地骨皮（叶如石榴叶而软薄，乡人以作菜，名甜甜，入药，名天精根，名地骨根之皮，名地骨皮，根白色，外微绿，皮黄赤色）、厚朴、五味子、茯苓（有赤白二种，白者为胜，有大如斗者，有坚如石者尤甚。轻虚者不佳，盖年岁未坚故耳，体质似木，刀刮难下乃佳。外皮黑而细皱，其抱根者名茯神）、五倍子、金樱子、五加皮、青橘皮、陈橘皮、枳壳、杜仲、雄黄、硫磺、夜明沙、穿山甲（《广顺州志》云：一名鲮鲤，陆生，四足修尾，甲可入药。）

道光《贵阳府志》（点校本）卷四十七《食货略·土贡 土物》第 927 页

药之属 益母草、何首乌、天门冬、麦门冬、地骨皮、夏枯草、五味子、天花粉、香附米、车前子、金银花、马鞭草、土茯苓、牛蒡子、五倍子、薏苡仁、谷精草、金樱子、五加皮、苍耳子、天南星、蒲公英、山慈菇、稀签草、夜明砂、刘寄奴、瓜蒌仁、骨碎补、蓖麻子、牵牛子、女贞子、钩藤钩、竹根三七、王不留行、厚朴、前胡、鹤虱、荆芥、黄精、紫苏、桔梗、茱萸、白芨、牛膝、山药、菖蒲、硫磺、马勃、续断、百合、青皮、草乌、茜草、紫草、薄荷、苦参、商陆、常山、附子、小茴、半夏、木通、杜仲、赤芍、白芍、兔丝、黄柏。

道光《思南府续志》卷之三《食货门·土产》第119页

药之属 沙参、细辛、白芷、白芍药、桔梗、天麻、山查、龙胆草、丹参、黄芩、五加皮、牛蒡子、香附、南星、半夏、木通、前胡草、乌头、苦参、黄连、金樱子、杏仁、桃仁、益母草、何首乌、车前、薄荷、艾、稀签草、木通、苍耳、三七、石菖蒲、白芨、黄柏、党参（平远有之）、地胆、石斛、女贞、马勃、土茯苓、龙骨、土牛膝、兜铃瓜、蒌花粉、乾葛、厚朴、血藤、青皮、枳壳、八角莲、一支箭、一支蒿、青蒿、观音柳、五味、急性子、旱莲草、蒲公英、蓖麻子、商陆、谷精草、常山、藜芦（俗名搜山虎）、地骨皮、百舌丹、穿山甲、威宁仙、覆盆子、淫羊藿、桑寄生、天南星、鸦胆子、红花、香附、槐角、朱砂、防己、旋覆、钩藤、葶苈子、草薢、乌药、独活、滑石、萹蓄、瞿麦、秦艽、谷碎补、续断、夏枯草、木贼、山槐子（俗名矮陀陀）、九香虫（赤水有之）、绿花菜、炉甘石、密陀僧（威宁有之）。

道光《大定府志》卷之四十二《食货略第四下·经政志四》第625页

药物 益母草、何首乌、车前子、小茴、薄荷、艾、紫苏、半夏、稀签草、前胡、薏苡仁、木通、赤芍药、苍耳、山查、黄连、龙胆草、白芨、三七、石菖蒲、沙参、黄柏、金银花、党参、天麻、地胆、石斛、五倍、马勃、土茯苓、龙骨、土牛膝、兜铃、瓜蒌、花粉、干葛、厚朴、血藤、青皮、枳壳、岩五加、八角莲、一支箭、一支蒿、青蒿、观音柳、土细辛、南五味、急性子、茺蔚子、旱莲草、蒲公英、草乌、蓖麻子、胡麻、商陆、谷精草、常山、藜芦（俗名搜山虎）、桔梗、地骨星、百舌丹、穿山甲、威灵仙、覆盆、淫羊藿、辛夷、桑寄生、天南星、胆、苦参、鸦胆子、红花、香附、槐角、银花、防己、旋覆、钩藤、大力子、萆薢、乌药、独活、滑石、萹蓄、瞿麦、秦艽、骨碎补、续断、百合、冬青子、麦门冬。

道光《平远州志》卷之十八《物产》第 456 页

其药 宜黄精、宜前胡、宜车前、宜忍冬、宜枸杞、宜茯苓、宜紫草、宜苦参、宜夏枯草、宜半夏、宜牛蒡、宜贯仲、宜刘寄奴、宜何首乌、宜雄黄、宜天南星、宜桔梗、宜葶苈、宜五灵脂、宜天门冬、宜黄柏、宜谷精草、宜益母草、宜鸡冠苏、宜香附、宜牛膝、宜郁李仁、宜常山、宜苍耳子、宜地榆、宜白芨、宜白蔹、宜续断、宜天麻、宜钩藤、宜青蒿、宜无名异、宜地锦、宜棣棠、宜冬葵、宜天葵、宜瞿麦，宜瓜蒌、宜木通、宜荆芥、宜五味子、宜地骨皮、宜麦门冬、宜山慈菇、宜陈皮、宜青皮、宜枳壳、宜厚朴、宜豨莶草。

道光《广顺州志》卷二《食货志·物产》第 399 页

药之属 何首乌、益母草、谷精草、夏枯草、凤尾草、白茅芒、龙胆草、荆二棱、香附子、麦门冬、狗尾草、菟丝草、天门冬、土茯苓、千里光、水浮萍、佛甲草、虎耳草、五加皮、五倍子、仙人掌、桑螵蛸、穿山甲、伏龙肝、牛膝、薄荷、远志、狗脊、芎劳、荆芥、泽兰、黄精、紫苏、蓂耳、稀签、蓖麻、地肤、虎掌、半夏、栝楼、花椒、茱萸、木椒、菖蒲、骨碎、地锦、朴消、消石、硫磺、艾。

道光《松桃厅志》卷之十四《土产》第 580 页

药之属 按：县产药物甚多，惟黄叶、杜仲、茯苓、半夏、厚朴、枳宝、吴茱萸出口颇多，年销十数百斤不等，其余未能销行医家采用之。

民国《普安县志》卷之十《方物》第 504 页

商陆

商陆 按：商陆产府亲辖境，《尔雅》谓之"蓫荡。"《神农本草》云："治水肿，除痈肿，杀鬼精物。"《药性本草》云："喉痹不通，薄切醋炒，涂喉外，良。"《大明本草》云："泻蛊毒，傅恶疮。"

咸丰《兴义府志》（点校本）卷四十三《物产志·土产》第 668 页

商陆 茎红、花白、衡紫、根似瓜蒌，叶类芭蕉。

咸丰《安顺府志》卷之十七《地理志·通产 专产》第 216 页

商陆　俗名山萝葡。

　　　　　　　　　　同治《毕节县志稿》卷七《物产》第 415 页

商陆　俗名山萝菌。

　　　　　　　　　　民国《咸宁县志》卷十《物产志》第 602 页

商陆　《安顺府志》云："商陆叶红花白实紫，根似瓜蒌，叶似芭蕉。"按：县境多有患喉症者，亦间有中蛊毒者，详记于此，以备考查。

　　　　　　　　民国《兴仁县补志》卷十四《食货志·物产》第 462 页

常山

常山　根如鸡骨者佳。

　　　　　　　　咸丰《安顺府志》卷之十七《地理志·通产 专产》第 216 页

藜芦

藜芦　苗似葱而小，故一名憨葱。头皮如棕皮而小，又名棕包头。

　　　　　　　　咸丰《安顺府志》卷之十七《地理志·通产 专产》第 216 页

藜芦　俗呼山葱，茎似葱，本青紫色，高五六寸，上有黑皮裹茎似棕皮，叶似初生棕，心又似车前有花色，红根似马肠根，长四五寸，黄白色。二三月采根，产深河山野间。

　　　　　　　　　　民国《独山县志》卷十二《物产》第 345 页

瞿麦

瞿麦　茎叶俱类麻黄，但体轻而空，色白而软。

　　　　　　　　咸丰《安顺府志》卷之十七《地理志·通产 专产》第 216 页

骨碎補

骨碎補　一名猴薑。

　　　　　　　　　　同治《毕节县志稿》卷七《物产》第 415 页

九香虫

九香虫　出赤水中磴。

　　　　　　　　　　同治《毕节县志稿》卷七《物产》第 415 页

山槐子

山槐子 一名兰天竹，俗名矮陀陀，出赤水潮阳洞者。

同治《毕节县志稿》卷七《物产》第415页

草乌头

草乌头 按：草乌头全郡皆产，有大毒，与川乌头异。其苗，《菊谱》谓之"鸳鸯菊"。《神农本草》云："治中风、恶风、湿痹，其汁煎之名射网，杀禽兽。"《后魏书》云："塞外收乌头为毒药，射禽兽。陶弘景云，汁煎为射网，猎人以傅箭，射禽兽十步即倒，中人亦死。"《别录》云："除胸上痰、目痛不可久视。"《本草纲目》云："治头风、喉痹、痈肿、疔毒。"

咸丰《兴义府志》（点校本）卷四十三《物产志·土产》第669页

草乌头 俗名乌儿，一名乌吸，有毒。

咸丰《安顺府志》卷之十七《地理志·通产 专产》第216页

草乌头 俗名耗子头。

同治《毕节县志稿》卷七《物产》第415页

草乌头 即枣皮。

民国《咸宁县志》卷十《物产志》第602页

桑寄生

桑寄生 寄寓他木而生，大者曰药，小者曰女罗，各木上皆有之，以桑上者为最，殊不易得。

道光《贵阳府志》（点校本）卷四十七《食货略·土贡 土物》第927页

桑寄生 按：桑寄生产贞丰州，有实色赤，大如小豆。《神农本草》云："桑寄生主治腰痛，小儿背强，痈肿，充肌肤，坚发齿，长须眉，安胎。桑寄生之实，明目，轻身，通神。"《别录》云："桑寄生下乳，治金疮，去痹。"《大明本草》云："助筋骨，益血脉。"《集简方》云："膈气，用桑寄生捣汁一盏服之即愈。"

咸丰《兴义府志》（点校本）卷四十三《物产志·土产》第664—665页

桑寄生 即桑上寄生茶。

咸丰《安顺府志》卷之十七《地理志·通产 专产》第 216 页

桑寄生 名混沌螟蛉。桑寄生，味苦性凉，治女子崩中、胎漏及产后血热诸疾，《药谱》曰："混沌螟蛉"。

光绪《黎平府志》（点校本）卷三《食货志第三》第 1403 页

白芨

白芨 按：白芨产府亲辖境。《神农本草》云："治痈肿恶疮。"《大明本草》云："止血痢，疟疾，扑损，刀箭疮，生饥，止痛。"《唐本草》云："手足皲折者嚼涂有效，为其性粘也。"《用药法象》云："止肺血。"《夷坚志》云："台州狱吏悯一大囚，囚感之，囚言七犯死罪遭讯拷，肺皆损伤至呕血。人传一方，用白芨为末，米饮日服，其效如神。后囚凌迟，刽者割其胸，见肺窍数十处皆白芨填补，色犹不变。洋州一卒苦咯血，用白芨救之，一日即止。摘元云试血法，吐水盌内，浮者肺血，沉者肝血，半浮半沉心血，各随所见。以羊肺、羊肝、羊心煮熟，蘸白芨末日日食之即愈。

咸丰《兴义府志》（点校本）卷四十三《物产志·土产》第 665 页

白芨 南笼多产之，县境近南笼者间亦采获。按《神农本草》云："治痈肿恶疮。"《大明本草》云："止血痢，疟疾，扑损，刀箭疮，生饥，止痛。"《唐本草》云："手足皲折者嚼涂有效，为其性粘也。"《用药法象》云："止肺血。"按《兴义府志》云："《夷坚志》云：'台州狱吏悯一大囚，囚感之，囚言七犯死罪遭讯拷，肺皆损伤至呕血。人传一方，用白芨为末，米饮日服，其效如神。后囚凌迟，刽者割其胸，见肺窍数十处皆白芨填补，色犹不变。洋州一卒苦咯血，用白芨救之，一日即止。摘元云试血法，吐水碗内，浮者肺血，沉者肝血，半浮半沉心血，各随所见。以羊肺、羊肝、羊心煮熟，蘸白芨末日日食之即愈。'"按后说与验方新编所载相合，吐血者，效如神附此，以广其传。土产之物有益于人大矣。

民国《兴仁县补志》卷十四《食货志·物产》第 462 页

白芨 俗呼白鸡，野生。叶长，阔寸许，平行脉。夏月开花，色紫或白。根圆，两端尖。性粘味苦，肢寒裂补裂缝，研粉与糯米调匀，清水煮

浮，服治肺病。

民国《麻江县志》卷十二《农利·物产下》第 426—427 页

白芨 俗名白鸡，山谷河畔皆生，邑尤广。根如洋芋而小（根尤三道黑圈者佳），三蒸三晒干为肺疾要药，性粘又名粘口苔。冬寒手足皲裂者，以补裂口最宜。（商人采运他县补药材者众。）

民国《八寨县志稿》卷十八《物产》第 322 页

白芨 本作白及。一名白给，一名甘根，一名连及草……吴其濬曰："黄元治《黔中杂记》谓白及根苗，妇取以浣衣甚洁白。其花似兰，色红不香，比之箐鸡羽毛，徒有文采，不适于用。'噫！黄氏之言，其以有用为无用，以无用为有用耶。白及为补肺要药。磨以胶瓷，坚不可折。研朱点易，功并雌黄，既以供灌取洁，又以奇艳为容。阴涯小草，用亦宏矣。彼俗称兰草，仅存臭味，根甜蕴毒，叶劲无馨，徒为妇稚之玩，何裨民生之计？轩彼轾此，岂得为平？然其叙述山川事势，皆有深识，览者不潜察其先见而绸缪预防，至数十年后，复有征苗之师，其亦玩雄文之悚魄，而忽筹笔之远，猷以有用之言为无用之谋也乎？"今按：县之产此，颇不为少。以浣、以胶、以药皆如背说。乡人之用治手足冻裂者，亦复时见功效。

民国《息烽县志》卷之二十一《植物部·百卉类》第 311—312 页

白术

山姜 白术也。白术，一名山姜，叶稍大而有毛，根如指顶状如鼓槌，亦有大如拳者，总以白而肥者为佳。味苦而甘，性温厚气薄，除湿益燥，温中补气强脾，胃生津液。黎郡产者名"鹤头"，白术以根如鹤头，故名。

光绪《黎平府志》（点校本）卷三《食货志第三》第 1400—1401 页

黄精

黄精 出黄平，俗名山生姜。制服之，轻身延年。

乾隆《贵州通志》卷之十五《食货志·物产·平越府》第 286 页

黄精 按：黄精产府亲辖境，《别录》谓之"仙人馀粮"。《玉符经》云："黄精，获天地之淳精。"《博物志》云："黄帝问天老曰：'天地所生，有食之令人不死者乎？'天老曰：'太阳之精名黄精，食之可以长生。'"《抱朴子》云："黄精，服其花胜其实，服其实胜其根。"《别录》云："黄精补中益气，久服轻身，延年不饥。"《稽神录》云："临川一婢逃入深山，见野草枝叶可爱，取根食之，久久不饥。夜息大树下，闻草中动，以为虎攫，上树避之。及晓下地，其身欻然凌空而去若飞鸟焉。数岁，家人采薪见之，捕之不得，临绝壁下网围之，俄而腾上山顶。或云，此婢安有仙骨，不过灵药服食尔。遂以酒饵置往来之路，果来食讫，遂不能去。擒之，具述其故，指所食草，即黄精也。"

咸丰《兴义府志》（点校本）卷四十三《物产志·土产》第 665 页

黄精 一名玉芝草，俗名笔管菜。叶如竹而短，又名绿竹。实白如黍米，粒又名米，傅根如嫩苴，又名野生姜。

咸丰《安顺府志》卷之十七《地理志·通产 专产》第 216 页

黄芝 黄精也。黄精，一名黄芝，三月生，苗高一二尺，叶如竹而短，两两相对，四月开花结子，根如嫩生姜而黄。地肥者大如拳，瘠地仅如拇指，纯得土之冲气而秉乎！季春之令，味甘平无毒，补中益气，除风湿安五脏，久服轻身延年，不饥。

光绪《黎平府志》（点校本）卷三《食货志第三》第 1397 页

黄精 产阴地，《别录》谓之仙人余粮。花、实、根并入药，以根为最。

民国《都匀县志稿》卷六《地理志·农桑物产》第 276 页

黄精 名戊己芝，俗名笔管菜。叶如竹而短，又名绿竹。实白如黍米。又名米铺根，如嫩姜，又名野生姜。

民国《兴仁县补志》卷十四《食货志·物产》第 462 页

黄精 俗呼山姜，茎有紫黑色斑点，高一二尺，上生绿偏斜叶，似白合而中肥势，斜如眉，端稍圆，末端尖。夏初腋间开二花，下垂如小铃，色淡绿，上茎叶腋仅一花，结黑实如豆，地下黄茎圆有斜节多白须，根味甜，入药，为补益品。

民国《麻江县志》卷十二《农利·物产下》第 425 页

黄精 （邑二区排卓产尤多）产阴地，花、实、根并入药，根为最。

民国《八寨县志稿》卷十八《物产》第 334 页

黄精 名黄芝，一名戊己芝，一名菟竹，一名鹿竹，一名仙人余粮，一名米铺，一名野生姜，一名重楼，一名鸡格，一名龙衔，一名垂珠，一名玉芝草，一名藏一名救穷草，一名葳蕤，一名日及，一名苟格，一名马箭，一名老虎姜……李时珍曰："黄精，野生山中。亦可劈根长二寸，稀种之，一年后极稠。子亦可种。其叶似竹而不尖，或两叶三叶四五叶，俱对节而生。其根横行，状如葳蕤。人采其苗煤熟淘去苦味食之，名笔管菜。"又黄精、钩吻之说，陶弘景、韩保升皆言相似。苏恭、陈藏器皆言不相似。考《神农本草》《吴普本草》，并言钩吻是野葛，蔓生，其茎如箭，与苏恭之说相合，恐当以苏说为是。吴其浚曰："滇南山中多黄精葳蕤，初春即开花。黄精高至五六尺，四面垂叶，花实层缀。根肥嫩，可烹肉，大至数斤重。其偏精及钩吻皆以夏末秋初开花。偏精矮小，钩购有反钩根，皆不肥土，人类能辨之……"今按：县之所产，识者颇多。若偏精与钩吻之辨，亦未必无其人。

民国《息烽县志》卷之二十一《植物部·百卉类》第316—317页

厚朴

厚朴 散实结。厚朴，生深山中，皮厚者佳，味苦辛，气大温，气味俱厚，阳中之阴，可升可降，为逐实邪泻，膨胀散结，聚治腹疼痛之要药。

光绪《黎平府志》（点校本）卷三《食货志第三》第1397页

厚朴 按：厚朴产贞丰州，州署侧之古厚朴树，相传为诸葛手植。《图经》云："叶如槲，四时不凋，红花青实，皮极鳞皱而厚紫色。"《本草纲目》云："五六月开细花，细实如冬青子，生青熟赤，味甘美，其木质朴而皮厚，故名。"《雷公炮炙论》云："刮去粗皮，每一斤用酥四两炙熟用，若入汤饮，用自然姜汁八两，炙尽为度。"《本草衍义》云："味苦，不以姜制则棘人喉。"《神农本草》云："主治中风、伤寒、头痛、寒热、惊悸、气血痹、死肌、去三虫。"《别录》云："温中益气，消痰、下气、疗霍乱及腹痛、胀满、胃中冷逆、胸中呕不止、泄痢淋露、除惊、去留热、心烦满、厚腹胃。"《大明本草》云："健脾、治反胃、霍乱转筋、冷热气、泻膀胱及五脏一切气，妇人产前产后腹脏不安，杀肠中虫，明耳目，调关节。"《药性本草》云："治积年冷气、腹内雷鸣虚吼，宿食不消，去结水、破宿血、化水谷、止吐酸水，大温胃气，治冷痛。"《汤液本草》云："主肺气胀满、膨而喘咳。"又《珍珠囊》云："厚朴，孕妇忌之，若虚弱人宜斟酌用，误服脱人元气。"

咸丰《兴义府志》（点校本）卷四十三《物产志·土产》第 663 页

厚朴 产川蜀山谷，其木质朴而皮厚，故名。

光绪《增修仁怀厅志》卷之八《土产》第 302 页

刺梨

刺梨 按：刺梨全郡皆产。考《开宝本草》谓之"刺梨"，《蜀本草》谓之"金樱子"。《图经》云："刺梨大类蔷薇，有刺，四月开白花，夏秋结实亦有刺，黄赤花，形似小石榴。煮子作煎服食，家用煎，和鸡头实粉为丸服，名水陆丹，益气补真最佳。"《本草衍义》云："九月、十月霜熟时采用，不尔反令人利。"《孙真人食忌》云："金樱子煎，霜后摘取，去刺核，水洗过捣烂入大锅水煎，不得绝火，煎减半，滤过仍煎似稀饧，每服一匙，用暖酒一盏调服，活血驻颜，其功不可备述。"《蜀本草》云："主治脾泄、下痢、止小便利、清精气，久服令人耐寒轻身。"

咸丰《兴义府志》（点校本）卷四十三《物产志·土产》第 663 页

金樱子 刺梨也。金樱子，生山中，茎叶俱如蔷薇，夏秋之间开花结子，霜后采取。味涩性平，当用其将熟，微酸而甘涩者为妙，遗崩淋等症，皆治之，故以阴养阴之佳品也。《滇黔纪游》："刺梨，野生，夏花秋实，干与果多芒刺，味甘酸食之消闷，煎汁为膏，色同楂梨，四封皆产，移之他境，则不生。每冬月苗女采入市货人，得江浙楚豫客买之，苗女喜曰'利市'，谓得佳客交易也。"《田居蚕室录》："考之《本草纲目》，金樱子一名刺梨子，一名山石榴，一名山鸡子。金樱，当作金罂，与石榴、鸡头皆以形象立名。古方有'金樱酒'，黔人采刺梨蒸曝浸酒盎，名'刺梨酒'，味甚佳，亦古制也。今药肆金樱非《本草》所名，反以刺梨为别一物，谬矣。"《黔记》："又一种重胎艳花，红紫间色，可莳为玩，名'送春归'，或云'刺梨熟，虎来食'。"

光绪《黎平府志》（点校本）卷三《食货志第三》第 1398—1399 页

刺梨 酿酒味最清香，制得法则成金黄色，比他酒价常倍，否则黝黑而不美观。县属随地皆产，使有人精制出售，其利不可数计也。

民国《普安县志》卷之十《方物》第 503 页

地骨皮

地骨皮 即枸杞根。

咸丰《安顺府志》卷之十七《地理志·通产 专产》第 216 页

枸杞根 名地骨皮。枸杞，以棘如枸之刺，茎如杞之条，故名。春生苗，叶如石榴叶而软薄，六七月开花，随结实，生青熟红，味甘美，能益精补气，坚筋骨。黎郡虽长而药力不及，故用之者鲜，其根之皮名地骨皮，甘淡寒能，解骨蒸肌热，今皆用之。

光绪《黎平府志》（点校本）卷三《食货志第三》第 1399 页

藿香

藿香 理脾。藿香花，生苗，茎高二三尺，叶尖而有刻缺，面青背白，甚芬香，微辛微甘，气温能理脾化滞开胃，口宽胸膈。

光绪《黎平府志》（点校本）卷三《食货志第三》第 1400 页

贯众

贯众 按：贯众全郡皆产，一名黑狗脊，又名凤尾草。《神农本草》云："其根治腹中邪热气，诸毒，杀三虫。"《别录》云："除头风，止金疮。"《图经》云："为末、水服一钱止鼻血效。"《本草纲目》云："治下血、斑疹毒、漆毒、骨哽。"

咸丰《兴义府志》（点校本）卷四十三《物产志·土产》第 670 页

丹皮

丹皮 解郁。丹皮，即臭牡丹皮，河岸溪边俱有，性味和暖微凉而辛，能和血、凉血、生血，除烦热善行血滞，滞去而郁热自解。

光绪《黎平府志》（点校本）卷三《食货志第三》第 1400 页

夏枯草

夏枯草 按：夏枯草全郡皆产。《神农本草》云："治寒热、瘰疬、头疮、破症、散瘿、结气、脚肿，久服轻身。"《本草纲目》云："易简方，治目疼，用沙糖水浸一夜用，取其能解内热，缓肝火也。楼全善云，夏枯草治目珠疼，至夜则甚者，神效。"

咸丰《兴义府志》（点校本）卷四十三《物产志·土产》第668页

夏枯草 叶二或四，四则二大二小，附节而对生，似辣角。叶茎色淡绿，嫩枝间呈红色。花四瓣，二大二小，淡红色，开茎丛中，即子房，房长七八分，状似苏麻花，生田坎上。至夏则枯，治少阳、痰湿、疮疡。

民国《麻江县志》卷十二《农利·物产下》第420页

夏枯草 茎微方，叶对节生，似旋覆叶，三四月，故茎端作采，长一二寸，穗中开淡紫小花，一采有细子四粒，夏至后即枯。

民国《独山县志》卷十二《物产》第345页

夏枯草 一名夕句，一名乃东，一名燕面，一名铁色草。苏恭曰："处处有之，生平泽。冬至后生，叶似旋复。三月四月开花作穗，紫白色，似丹参花。结子亦作穗。五月便枯。四月采之。"李时珍曰："原野间甚多。苗高一二尺许。其茎微方，叶对节生，似旋复叶而长大，有细齿，背白多纹。茎端作穗，长一二寸，穗中开紫淡小花，一穗有细子四粒。嫩苗瀹过，浸去苦味，油盐拌之可食。气苦辛寒无毒，治寒热、瘰疬鼠瘘、头疮、破症、散瘿、结气、脚肿、湿痹、轻身。"今按：县之原野及田塍间皆有是物。人亦无不识者。惟其名之同呼芫蔚，寻常人乃不辨。

民国《息烽县志》卷之二十一《植物部·百卉类》第306页

川芎

芎䕖 川芎也。川芎，一名芎䕖，叶似芹而细窄，有叉，又似胡荽，叶而微壮，丛生，细茎，开花后根下始结芎䕖，九十月采者佳，味辛温无毒，治一切风热头痛。

光绪《黎平府志》（点校本）卷三《食货志第三》第1397页

旱莲草

旱莲草 按：旱莲草全郡皆产，即本草之鳢肠。

咸丰《兴义府志》（点校本）卷四十三《物产志·土产》第664页

独脚莲

独脚莲 按：独脚莲全郡皆产，即《神农本草》之"鬼臼"，苏东坡诗谓之"璃田草"。宋祁《剑南方物赞》谓之"羞天花"，赞云："冒寒而茂，茎修叶广，附茎作花，叶蔽其上，以其自蔽，若有羞状。"《土宿本草》谓之"独脚莲"，以其叶如莲也。《神农本草》云："有毒，主治杀虫毒，鬼疰，精物，辟恶气不祥，逐邪，解百毒。"《别录》云："疗咳嗽、喉结、风邪、烦惑失魄、妄见、去目中翳。"《药性本草》云："治劳疾。"《本草纲目》云："治邪疟痈疽。"

咸丰《兴义府志》（点校本）卷四十三《物产志·土产》第664页

鬼臼（名见《神农本草》）俗名独脚莲（名亦见《土宿本草》，苏东坡诗谓之璃田草。宋祁《剑南方物》赞谓之羞天花），以其叶如莲也，冒寒而茂，茎叶修广，附茎作花，叶蔽其上，若有羞状，入药。

民国《都匀县志稿》卷六《地理志·农桑物产》第276页

朱砂莲

朱砂莲 按：朱砂莲全郡皆产。

咸丰《兴义府志》（点校本）卷四十三《物产志·土产》第664页

牛膝

牛膝 治痿痹。牛膝，苗方茎粗节，叶皆对生，颇似苋叶，长且尖，秋月开花结子，九月取根入药，气味苦酸平，无毒，治痿痹拘挛，膝痛等症，大有补益。

光绪《黎平府志》（点校本）卷三《食货志第三》第1398页

牛膝 苗青紫色，方茎，粗节，叶皆对生，颇似苋菜而长且尖，秋月开花结子，花作穗，实甚细，根长者至二三尺，柔润。九月取根入药。

《陶隐居本草注》："牛膝，节似牛膝，故名。"

民国《都匀县志稿》卷六《地理志·农桑物产》第273页

牛膝 每节似牛膝，二叶对生，形似蓼较长，尖面青背红茎，方根柔阔直，长二三尺，皆赤色。秋月花作穗，实甚细。九月取根入药，治妇女闭经。

民国《麻江县志》卷十二《农利·物产下》第418页

牛腾 苗青紫色，茎方节粗（形如膝），叶对生，似苋叶而长且尖，秋月开花结子，花作穗，实甚细，根长者二三尺，柔润可入药。

民国《八寨县志稿》卷十八《物产》第338页

白扁豆

白扁豆 止消渴。白扁豆，详谷部。味甘气温炒香，用之补脾胃气虚和呕吐霍乱，亦能清暑，止消渴，欲用缓补者，此为最当。

光绪《黎平府志》（点校本）卷三《食货志第三》第1403页

干漆

干漆 热用。干漆，味辛性温有毒，能消年深坚结之积滞，破日久凝聚之淤血，用须炒熟。

光绪《黎平府志》（点校本）卷三《食货志第三》第1403页

天南星

南星 出黄平，大者南星，小者半夏。

乾隆《贵州通志》卷之十五《食货志·物产·平越府》第286页

天南星 三四月生，苗高一二尺，一科七八茎，茎端生叶，其叶五六出，皆长而尖，五月抽干，直上如鼠尾，中生一叶如匙，裹茎作房，旁开一口，上下尖，中有花，散黄色。

道光《贵阳府志》（点校本）卷四十七《食货略·土贡 土物》第927页

天南星 似半夏而大。

咸丰《安顺府志》卷之十七《地理志·通产 专产》第216页

天南星 二月生苗，一茎，茎端一叶如蒟蒻，枝丫扶茎，五月花似蛇

头，黄色，七月作采结子似石榴子，红色，二月、八月采根似芋而圆扁，色白，如老人星状，一名虎掌，因叶形似之苏恭曰，由跂是。新根如半夏而大二三倍，四畔无子牙。

民国《独山县志》卷十二《物产》第345页

续断

续断 按：续断产府亲辖境。《别录》又名"接骨"，今郡人俗呼为接骨丹，折之有烟尘起。《神农本草》云："治金疮、折跌，续筋骨，久服益气力。"《大明本草》云："补五劳七伤。"

咸丰《兴义府志》（点校本）卷四十三《物产志·土产》第668页

绩断 俗名和尚头。

同治《毕节县志稿》卷七《物产》第415页

续断 三月后生苗，干四棱，叶生两两相当，四月开花红白色，根如大苏，赤黄色，名以功效命名。

民国《独山县志》卷十二《物产》第345页

蒲公英

蒲公英 按：蒲公英全郡皆产，即黄花地丁。《造化指南》云："花如金簪头，独脚如丁，故名。"《唐本草》云："治妇人乳痈、水肿，煮汁饮及封之立消。"《本草补遗》云："解食毒、消恶肿、结核丁肿。"《本草纲目》云："掺牙、乌须发、壮筋骨。"

咸丰《兴义府志》（点校本）卷四十三《物产志·土产》第665页

蒲公英 一名黄花地丁。

咸丰《安顺府志》卷之十七《地理志·通产 专产》第216页

蒲公英 化滞。蒲公英，详草部。行甘平无毒，解食毒化滞，气散热毒消恶肿等症。

光绪《黎平府志》（点校本）卷三《食货志第三》第1401—1402页

蒲公英 花如金簪头，独脚如丁，故名黄花地丁。入药，随地皆产。

民国《都匀县志稿》卷六《地理志·农桑物产》第276页

蒲公英 一名黄花地丁。

民国《兴仁县补志》卷十四《食货志·物产》第462页

酸浆草

酸浆草 按：酸浆草全郡皆产，随处皆生，治损伤。咸丰四年修郡城，有石工负巨石坠，石压于身垂绝，见之者即采道旁酸浆草捣汁灌之，立苏。

咸丰《兴义府志》（点校本）卷四十三《物产志·土产》第671页

酸浆草 治痔漏。酸浆草，详草部，解热渴，一切肿毒皆可治，煎汤洗痔漏、脱肛尤效。

光绪《黎平府志》（点校本）卷三《食货志第三》第1402页

续随子

续随子 一名千金子，俗名看囷老。

咸丰《安顺府志》卷之十七《地理志·通产 专产》第216页

续随子 俗呼香园。老苗与花类大戟，初生一茎，茎端生叶，叶中复出叶，自叶抽干而结实，色青，有壳或云茎中白汁可结水银。

民国《独山县志》卷十二《物产》第345页

青梅

巢烟九肋 青梅也。乌梅，即青梅所制，味酸涩，性温平，下气止消渴，一切吐逆反胃、霍乱等症，俱可治。别名巢烟九肋。

光绪《黎平府志》（点校本）卷三《食货志第三》第1403页

麦门冬

安神队杖 即麦门冬。麦门冬，丛生，叶青，大者如鹿葱，小者如韭根，黄白色，有须在根如连珠，性甘平无毒，治肺中伏火，补心气不足，为药中佳品。产黎郡者皆系自生，并未栽种耘灌，故其质小。《药谱》名"安神队杖"。

光绪《黎平府志》（点校本）卷三《食货志第三》第1399页

麦门冬 叶大小有三四种，功用相似，其色青长及尺余，大者如鹿葱，小者如韭，四季不凋，多纵纹且坚韧。根黄白色有须，在根如连珠。四月开淡红花，如红蓼花。实碧而圆如珠坶。邑人莫庭芝《麦门冬》诗："叶攒青韭纤而短，子缀绿珠圆以温。日暮天寒山谷裏，小锄自劚麦冬根。"

民国《独山县志》卷十二《物产》第 346 页

麦门冬 根结子似天门冬而细。

民国《八寨县志稿》卷十八《物产》第 341 页

山豆根

山豆根 按：山豆根全郡皆产。《图经》云："蔓如豆，叶青经冬不凋，八月采根，含之咽汁，解咽喉肿毒极妙。"《开宝本草》云："解诸药毒，止痛，消疮肿毒。"《本草纲目》云："研末汤服五分，治胸腹喘满；丸服止下痢；磨汁服止卒患热厥，心腹痛，五种痔痛。"

咸丰《兴义府志》（点校本）卷四十三《物产志·土产》第 669—670 页

山豆根 大苦寒。山豆根，味大苦大寒，解诸药毒、热毒，消痈肿、疮毒，治喉症，实热、虚热忌用。

光绪《黎平府志》（点校本）卷三《食货志第三》第 1402 页

山豆根 一名解毒，其蔓如大豆，叶青，经冬不凋，八月采根。

民国《独山县志》卷十二《物产》第 346 页

山豆根 叶青，经冬不凋，八月采根，含之咽湿，解咽喉肿毒。饲马健草料，肥泽少病。

民国《八寨县志稿》卷十八《物产》第 339 页

羊桃

羊桃 按：羊桃产兴义县，即《诗》之"苌楚"。《诗·桧风》云"隰有苌楚"；注云：即今羊桃也。《尔雅》郭注云："叶似桃，子如小麦亦似桃。"今邑人呼为羊桃藤。《神农本草》云："治燥热，恶疡。"《别录》云："益气，可作浴汤。"《唐本草》云："煮汁洗风痒及诸疮肿极效。"《本草拾遗》云："根浸酒服，治风热羸老。"

咸丰《兴义府志》（点校本）卷四十三《物产志·土产》第 670 页

金毛狗脊

金毛狗脊 按：金毛狗脊产府亲辖境。《神农本草》云："治腰背强、周痹、寒湿、漆痛，颇利老人。"《别录》云："疗目暗、坚脊。"《药性本草》云："治软脚、肾气虚弱，续筋骨，补益男子。"

咸丰《兴义府志》（点校本）卷四十三《物产志·土产》第 670 页

木通

出样珊 木通也。木通，《药谱》"名出样珊"，即通草，详草部，味苦气寒，能利九窍，通关节，消浮肿，清火退热，内外科皆宜。

光绪《黎平府志》（点校本）卷三《食货志第三》第 1402 页

木通 绕树藤生，茎中有细孔，含此头吹之气出彼头。李时珍曰："有紫白二色，紫者皮厚，味辛，白者皮薄，味淡。"

民国《独山县志》卷十二《物产》第 346 页

山丹

山丹 按：山丹全郡皆产，一名红百合，又名红花菜。《大明本草》云："根治疮肿惊邪。"《本草纲目》云："花主活血，蕊傅疗疮恶肿。"

咸丰《兴义府志》（点校本）卷四十三《物产志·土产》第 670 页

楮实

楮实 按：楮实全郡皆产，即楮树之实也。《唐本草》云："初夏生，大如弹丸，青绿色，至六七月渐深红色乃熟，八九月采，水浸去皮穣，取中子。"《雷公炮炙论》云："采得水浸三日，浮者去之，晒干、酒浸一伏时蒸用。"《别录》云："主治水肿、益气、充肌、明目，久服不肌不老轻身。"《大明本草》云："壮筋骨、助阳气、补虚劳、健腰膝、益颜色。"《图经》云："仙方单服其实，阴干筛末，水服二钱，益久乃佳。"《抱朴子》言："服之老者成少，令人彻视见鬼神。道士梁须年七十，服之更少壮，到百四十岁，行及奔马。"《本草纲目》云："《别录》载楮实大补益，而《修真秘旨》书言久服令人成骨软之瘘，《济生秘览》治骨鲠用楮实煎

汤服之，软骨之征。《南唐书》云："烈祖食饴喉中噎，吴廷绍进楮实汤一服疾失，群医他日用皆不验，廷绍云噎以甘起，故以治之，此治骨髓软坚之义，群医用治他噎，故不验也。"又《集简方》云："喉痹喉风，用一个为末，井华水服之，重者以两个。"又《外台秘要》云："金疮出血，捣敷之。"

咸丰《兴义府志》（点校本）卷四十三《物产志·土产》第 663—664 页

楮实 即构实。

民国《兴仁县补志》卷十四《食货志·物产》第 462 页

前胡

前胡 遍生山麓间，春初吐叶，土人采为羹，根即前胡也。

乾隆《贵州通志》卷之十五《物产·贵阳府》第 284 页

前胡 《绥阳志》："县产。"按：各属皆有，惟产遵义北鸡喉关者心如菊花，他处不及。数里外产者，晒之关上，即有菊花心。川广人岁于关上收买。

道光《遵义府志》（校注本）卷十七《物产》第 520 页

前胡 俗名罗鬼菜，根即前胡。

咸丰《安顺府志》卷之十七《地理志·通产 专产》第 216 页

罗鬼菜 前胡也。《黔记》："前胡，遍生山谷间，春初吐叶，土人采为菜，味极香，俗名罗鬼菜，又名姨妈菜，黔中妇女好游相识，即通往来，呼为'姨妈饭'，则必设此。故名。"

光绪《黎平府志》（点校本）卷三《食货志第三》第 1400 页

前胡 春生白芽，味香，既而青白似斜蒿叶，分裂如羽状。叶、脚略阔，抱其茎，茎高四五尺。七月开白花，类葱花。根青紫色，入药，有菊花心者良。

民国《麻江县志》卷十二《农利·物产下》第 422—423 页

前胡 春生苗，青白色似斜蒿（出生白芽，味甚鲜美），七月开白花，与葱花相比类，根青紫色，入药。

民国《都匀县志稿》卷六《地理志·农桑物产》第 275 页

泽兰

泽兰 生泽旁，二月宿根生，苗每茎一叶，箭镞形，叶脚抱茎。夏月叶间抽花，茎之端各著一花，红紫色，一说紫茎、素枝、赤节、绿叶。叶对生有细齿，以茎圆节长而叶光有歧者为兰草，茎微方，节短而叶有毛者为择兰，入药。

民国《麻江县志》卷十二《农利·物产下》第423页

麻黄

麻黄 座处冬不积雪，故花山特生。

咸丰《安顺府志》卷之十七《地理志·通产 专产》第216页

野菊花

野菊花 苦薏也。野菊花，一名苦薏，根叶茎花皆可同用，味苦辛大，能散火散气，消痈疗等毒，亦破妇科淤血。

光绪《黎平府志》（点校本）卷三《食货志第三》第1400页

五加皮

五加皮 《蜀语》："五加皮，谓之白刺颠；或曰，白刺叶。作酒虀药。"谯周《巴蜀异物志》："名文章草。蜀中，叶三歧。苏州，叶五歧。"《蜀异物赞》："文章作酒，能成其味。"

道光《遵义府志》（校注本）卷十七《物产》第520页

五加皮 一名文章草，一名金王香。茎有刺，类蔷薇，实如豆粒而紫黑，根类地骨皮，美逾他郡。

咸丰《安顺府志》卷之十七《地理志·通产 专产》第216页

五加皮 制酒。五加皮，生深山中，春生，苗茎叶皆青作丛，苗茎俱有刺，类蔷薇，长者丈余，叶五出，香气似橄榄，皮微白而柔韧，类桑。白皮，皮浸酒，久服轻身耐老，或为散代茶饵之亦验。苏轼《试院煎茶》诗"五加皮酒浮千卮"，此酒似亦古制也。

光绪《黎平府志》（点校本）卷三《食货志第三》第1398页

五加皮 一名豺漆，又名豺节。春生苗，茎叶皆青，作丛，赤茎似藤蔓，又类蔷薇，高至丈余。苗茎俱有刺，叶五出，香气似橄榄，皮微白而柔韧，类桑。白皮，叶生五钗作簇者，良四叶、三叶者多，每一叶生一刺。三四月开白花，结细青子，六月渐黑，根若荆根，肉白，骨坚、五、七月采茎，十月采茎（根皮曰地骨皮）以皮浸酒，久服轻身耐老。

民国《都匀县志稿》卷六《地理志·农桑物产》第270页

枳椇子

枳椇子 一名木蜜，即龙爪，实中子也。

咸丰《安顺府志》卷之十七《地理志·通产 专产》第216页

随手香

随手香 与小种菖蒲，同时生又同形。

咸丰《安顺府志》卷之十七《地理志·通产 专产》第216页

一串铃

一串铃 一名九子不离母，生深山中，形同黄精，根结实如铃，可治疮毒。

咸丰《安顺府志》卷之十七《地理志·通产 专产》第216页

当归

当归 《本草》："今川蜀皆以畦种，尤肥好多脂。"

道光《遵义府志》（校注本）卷十七《物产》第520页

紫菀 俗名马蹄，当归。

咸丰《安顺府志》卷之十七《地理志·通产 专产》第216页

马兜铃

马兜铃 即芭蕉花，结实如铃。

咸丰《安顺府志》卷之十七《地理志·通产 专产》第216页

牛黄

大黄 《本草》："蜀川锦纹者佳。"又，蜀大黄，及作紧片，如牛舌形，谓之牛舌大黄。

道光《遵义府志》（校注本）卷十七《物产》第520页

牛黄 治癫痫。牛黄，味苦辛，性凉气平，有小毒入心肺肝，经能清心退热化痰，通关窍，开结滞，治小儿惊痫，大人癫狂等症。又，天生黄产滇中。

光绪《黎平府志》（点校本）卷三《食货志第三》第1403页

半夏

半夏 二月生苗，一茎，茎端三叶浅绿色，颇似竹叶根，下相重，上大下小，皮黄肉白，入药。《唐本草》云："半夏以白者为佳。"

民国《都匀县志稿》卷六《地理志·农桑物产》第275页

半夏 复叶，以小叶合成（或谓叶端三歧，浅绿色，颇似竹叶），叶柄生肉芽，高七八寸。花单性为肉穗，花序以大苞包之，花轴之上部，甲长如猎突出苞外。地下之块茎皮黄肉白。

民国《麻江县志》卷十二《农利·物产下》第424页

半夏 俗呼三步跳，《礼记·月令》："五月半夏生，当夏之半，故名。一茎三叶，三三相偶，八月堪采。"

民国《独山县志》卷十二《物产》第343页

附子

附子 扬雄《蜀都赋》："姜栀附子。"

道光《遵义府志》（校注本）卷十七《物产》第520页

透山根

透山根 《均蝼神书》："透山根，生蜀中山谷。草类靡芜，可以点铁成金。"

道光《遵义府志》（校注本）卷十七《物产》第520页

黄连

黄连 《通志》："黄连，府境及各属俱出。"《仁怀志》："根即生时，长三四寸，以根为干，叶数瓣，深碧色。兹土所产颇佳。"按：遵义北乡有地名"黄连堡"，产者尤多。

道光《遵义府志》（校注本）卷十七《物产》第520页

黄连 叶似甘菊。黄连生深山中，苗高二三尺，一茎三叶，叶似甘菊，凝冬不凋，四月开花结子，六七月采根。产黎郡者根粗大，色深黄而坚实，味苦寒，总不及川连为佳。

光绪《黎平府志》（点校本）卷三《食货志第三》第1397页

黄连 凌冬不凋，根连珠如鸡爪形而色黄，故名。一种色赤黄，无珠而毛俱，六七月根始繁，堪采。

民国《独山县志》卷十二《物产》第344页

石菖蒲

石菖蒲 九节。石菖蒲，生崖壑间，叶如韭，高二三寸，气甚芬香，根一寸，九节，味辛温无毒，开心补五脏，通九窍，明耳目，久服可以乌须发，轻身延年。《经》曰："菖蒲九节，仙家所珍。"

光绪《黎平府志》（点校本）卷三《食货志第三》第1397页

桔梗

桔梗花 似牵牛。桔梗，春生，苗嫩时可食，茎高尺余，叶似杏叶而长，四叶对生，夏开花似牵牛，秋后结子，八月采根，根如指大，黄白色，性辛微温，清肺气，利咽喉，与甘草同用为药中舟楫，有承载之功。

光绪《黎平府志》（点校本）卷三《食货志第三》第1398页

桔梗 一名白药，春生嫩苗，可食用，四叶对生，夏开小花，紫碧色，秋后结子，入药采根去皮，用根有心与荠苨之无心者别。

民国《独山县志》卷十二《物产》第344页

桔梗 春生，苗嫩时可食。叶似杏叶而长，四对生，茎高尺余。夏季开花如牵牛，秋后结子，八月采根，根如指大，黄白色入药。

民国《八寨县志稿》卷十八《物产》第339页

仙茅

仙茅 《通志》："仙茅出府南境。"

道光《遵义府志》（校注本）卷十七《物产》第520页

仙茅 按：仙茅产府亲辖境。《海药本草》云："叶似茅，久服轻身，故名仙茅。其根粗细有节，或如笔管，文理黄色。"《图经》云："其根独生，始因婆罗门僧献于唐玄宗，故今呼为婆罗门参，言其功补如人参也。"《开宝本草》云："治心腹冷气，不能食，腰脚风冷，挛痹不能行，虚劳无子，久服通神强记，助筋骨，益肌肤，长精神，明目。"《本草纲目》云："许真君书言仙茅久服长生，其味甘能养肉，辛能养肺，苦能养气，咸能养骨，滑能养肤，酸能养筋，和苦酒服之必效。"又按：仙茅性热，补三焦命门之药，惟阳弱精寒，禀赋素怯者宜之，若体壮相火炽盛者服之反动火。张果医说云，一人中仙茅毒，舌胀出口，渐大与肩齐，此火盛之人过服之害也。弘治间张弼《仙茅诗》云："使君昨日才持去，今日人来乞墓铭"，皆不知服食之宜尔。

咸丰《兴义府志》（点校本）卷四十三《物产志·土产》第667—668页

仙茅 俗名山棕。

光绪《增修仁怀厅志》卷之八《土产》第302页

仙茅 俗名地棕，四五月间抽茎开小黄花六出，根如小指大，下有短细肉根，桐埘外皮褐色，内肉黄白色，八月采。

民国《独山县志》卷十二《物产》第344页

巴豆

巴豆 《华阳国志》："江阳郡有巴菽。"《蜀都赋》："其中则有巴菽、巴戟。"

道光《遵义府志》（校注本）卷十七《物产》第520页

海芋

海芋 《益部方物略记》："海芋生不高四五尺，叶似芋而有干，根皮

不可食，方家号'隔河仙'，云可用变金；或云能止疟。赞曰：'木于芋叶，拥肿盘戾。'"《农经》不载，可用治疗。《本草纲目》海芋一名观音莲，一名羞天草，一名天荷，生蜀中。今亦处处有之。

道光《遵义府志》（校注本）卷十七《物产》第520页

钩藤

钩藤 《田居蚕室录》："郡产钩藤，以色红者良。"遵义大溪里苏箭棚所产为胜。

道光《遵义府志》（校注本）卷十七《物产》第520—521页

钩藤 治惊痫。钩藤，味微甘微苦，性微寒，专理肝风相火之病，并治大人小儿惊痫等症。

光绪《黎平府志》（点校本）卷三《食货志第三》第1402页

钩藤 寇宗奭曰藤，长中空；李时珍曰："状如葡萄藤而有钩，故名，县产药，此为大宗。"

民国《独山县志》卷十二《物产》第346页

青药

青药 产南区蒋岗，嫩时生四五寸之叶柄，起青葱色之长杨叶，既而抽薹，味甘淡，补虚弱。

民国《麻江县志》卷十二《农利·物产下》第418页

葛根

葛根 解酒毒。葛根，味甘气轻，善解表发汗解散之药，多辛热，此独凉而甘故，解温热，时行疫疾，花能解酒毒。

光绪《黎平府志》（点校本）卷三《食货志第三》第1402页

葛 茎细长，蔓生，复叶阔大。秋月开花紫色，冠蝶形，结实成荚。根外紫，肉白。捣碎取汁澄如粉，作食品。茎之纤维可织葛布，根入药。

民国《麻江县志》卷十二《农利·物产下》第426页

葛根 蔓生，紫色叶，有三尖，面青，背淡，其花成采累累相缀，色红紫，荚如小黄豆，有毛，子绿色而扁，根色外紫，内白，长七八寸，八九月采，可煮食兼解酒毒。

民国《独山县志》卷十二《物产》第 346 页

倒筑伞

倒筑伞 《田居蚕室录》："枝、叶、结子与薅秧蔍绝似。其生也，枝末挂地，即生根；复起，再长；挂地复然。大者竟不知本末所在。子可食，根可入药。"

道光《遵义府志》（校注本）卷十七《物产》第 521 页

紫草

紫草 《田居蚕室录》："生山中，花叶似胡麻，惟干圆，结子如苏麻子大。根紫红色，春生，秋后叶落干枯，其根始红，掘之供用。"

道光《遵义府志》（校注本）卷十七《物产》第 521 页

紫草 出锦屏。紫草，产锦屏，见省志。味苦性寒，能凉血、滑血、通利二便，久虚忌多服。

光绪《黎平府志》（点校本）卷三《食货志第三》第 1400 页

车前子

车前子 苤苢也。车前子，即苤苢，道旁皆有之，春生苗，叶圆而微尖，抽茎结穗，内有子，味甘微咸，气寒入膀胱肝，经通尿管分利小便，性滑，尤善催生。

光绪《黎平府志》（点校本）卷三《食货志第三》第 1400 页

车前子 按：车前子全郡皆产，即《诗·周南》之苤苢。《尔雅》："苤苢，马舄；马舄，车前。"韩婴云："直曰车前，瞿曰苤苢。"《诗·疏》云："好在牛迹中生，故曰车前。"

咸丰《兴义府志》（点校本）卷四十三《物产志·土产》第 664 页

车前子 俗名虾蟆荣，以其叶形如虾蟆，抽茎结穗，道旁皆生，子叶可入药。

民国《八寨县志稿》卷十八《物产》第 337 页

车前 一名苤苢，一名马舄，一名当道，一名牛遗，一名牛舌，一名车轮菜，一名地衣，一名虾蟆衣……按：今贵州通俗，亦犹滇南之呼虾蟆叶。县之居人，又皆知虾蟆叶之即车前草也。

民国《息烽县志》卷之二十一《植物部·百卉类》第306—307页

车前 即芣苢也，春生苗，叶圆而微尖，抽茎结穗。道旁皆有之。子、叶并入药。

民国《都匀县志稿》卷六《地理志·农桑物产》第273页

车前草 即《诗》之芣苢。春生苗，叶圆而微尖，脉五者，是三脉者俗呼虾蟆菜，抽茎结穗，道旁皆有之。叶茎子根多取治黄疸病，甚效，以其利水湿也。

民国《麻江县志》卷十二《农利·物产下》第420页

车前 俗呼虾蟆叶，《诗》芣苢，注云马舄，是多生道旁。春初苗生叶，布地如匙面，累年者长尺余，中抽数茎作长穗如鼠尾，花甚密，结实如葶苈，堪入药。

民国《独山县志》卷十二《物产》第343页

苍耳子

苍耳子 按：苍耳子全郡皆产，即《诗》之卷耳。《尔雅》谓之"苍耳"。朱子云："卷耳即苍耳。"《本草拾遗》云："主治头风寒痛，风湿周痹，拘挛膝痛，久服益气。"

咸丰《兴义府志》（点校本）卷四十三《物产志·土产》第664页

苍耳子 一名卷耳，一名名苓耳，一名枲耳，一名爵耳，一名猪耳，一名耳珰，一名胡枲，一名常思，一名地葵，一名葹，一名羊负来，一名道人头，一名进贤菜，一名喝起草，一名野茄，一名缣丝草。《尔雅》："苍耳，苓耳。"《诗·周南》："采采卷耳。"张华《博物志》："洛中有人驱羊入蜀，胡枲子多刺，粘缀羊毛，遂至中国，故名羊负来。俗呼道人头。"陶弘景曰："伧人皆食之，谓之常思菜，以叶复麦，作黄衣者，一名羊负来。"陆机《诗疏》云："其实正如妇人耳珰，故或谓之耳珰草。"苏颂曰："处处有之。其叶青白似胡荽。白华、细茎、蔓生，可煮为茹，滑而少味。四月中生子。"周王橚《救荒本草》："苍耳，叶青白，类粘糊菜叶。秋间结实，比桑椹短小而多刺。嫩苗煠熟，水浸淘，拌食可救饥。其子炒去皮，研为面，可作烧饼食，亦可熬油点灯。"今按：县产斯品，亦采药者以售之药肆，小获盈利。若制面取油之用，盖亦少闻。

民国《息烽县志》卷之二十一《植物部·百卉类》第 306 页

苍耳 形如鼠耳，丛生如盘，茎细叶，青白色，四月生子如妇人耳珰，可熬油，秋间结实如桑葚而短小多刺。李时珍曰："形如枲麻，又如茄，故又有枲耳及野茄诸名。"

民国《独山县志》卷十二《物产》第 345 页

使君子

使君子 本草：潘州郭使君治小儿，独用此物，故名。

光绪《增修仁怀厅志》卷之八《土产》第 301 页

牵牛子

牵牛 治风秘。牵牛，气味苦寒，凡喘满肿胀及大肠风秘、气秘等症，卓有殊功，详花部。

光绪《黎平府志》（点校本）卷三《食货志第三》第 1398 页

牵牛子 陶弘景曰："此药始出田野人牵牛易药，故名。"

光绪《增修仁怀厅志》卷之八《土产》第 301 页

牵牛 三月生苗，蔓缘篱墙，有白毛，断之有白汁。叶青而三尖，花不作瓣，碧色。实有蒂裹之，生青枯，白核深黑，与棠梂子核相似，又名黑丑白者。蔓微红无毛，有柔刺，断之有浓汁，叶圆有斜尖，蒂红色，核白色，稍粗，又名白丑，断其汁中有子，形如龟。《本草》注："此药始出田野，人牵牛谢药，故名。"

民国《独山县志》卷十二《物产》第 345 页

牵牛 一名黑丑，一名白丑，一名草金铃，一名盆甑草，一名狗耳草。苏颂曰："二月种子，三月生苗，作藤蔓，绕篱墙，高者或二三丈。其叶青，有三尖角。七月开花，微红带碧色，似鼓子花而大。八月结实，外有白皮裹作球。每球内有子四五枚，大如荞麦，有三棱，有黑白二种。九月后收之。"寇宗奭曰："花朵如鼓子花，但碧色，日出开，日西萎。其核如木猴梨子，而色黑。谓子似荞麦，非也。"李时珍曰："牵牛，有黑白

二种。黑者，处处野生尤多。其蔓有白毛，断之有白汁。叶有三尖如枫叶。花不作瓣。如旋花而大。其实有蒂裹之，生青枯白。其核与棠梂子核一样，但色深黑尔。""白者，人多种之。其蔓微红、无毛，有柔刺，断之有浓汁。叶团有斜尖，并如山药茎叶。其花小于黑牵牛花，浅碧带红色。其实蒂长寸许。"吴其浚曰："俗以牵牛花，同姜作蜜饯，红鲜可爱。又呼此花为勤娘子。"今按：县人每有种之者，既中药用，亦供赏玩。黑白均有，亦不准。栽莳者实黑、而野生者实白也。

民国《息烽县志》卷之二十一《植物部·百卉类》第 314 页

青蒿

青蒿 俗名细叶苦蒿。

咸丰《安顺府志》卷之十七《地理志·通产 专产》第 216 页

青蒿 治骨蒸。青蒿，详草部。味苦微辛性寒，主肝肾三焦血分之病，尤善治骨蒸痨热。

光绪《黎平府志》（点校本）卷三《食货志第三》第 1400 页

青蒿 蒿，草之高者也，《诗》云："呦呦鹿鸣，食野之苹"，即此蒿也。时俗二月二和粉面做饼。

光绪《增修仁怀厅志》卷之八《土产》第 301 页

款冬花

款冬花 疗咳嗽。款冬花，类枇杷花，十二月开花，有毛，味微甘微辛而温，能疗咳嗽及肺痈肺痿等症，叶去毛亦能治咳嗽。

光绪《黎平府志》（点校本）卷三《食货志第三》第 1400 页

蓝叶

蓝叶汁 去毒。蓝叶，气味苦寒微甘，善解百虫百药毒既治天行瘟疫等症，凡以热兼毒者，皆宜捣汁辅之。

光绪《黎平府志》（点校本）卷三《食货志第三》第 1400 页

金银花

金银花 按：金银花全郡皆产。《别录》云："治寒热身肿，久服长年。"

咸丰《兴义府志》（点校本）卷四十三《物产志·土产》第 665 页

金银花 有黄白二色，藤叶经冬不凋，又名忍冬。

咸丰《安顺府志》卷之十七《地理志·通产 专产》第 216 页

金银藤 忍冬也。金银藤，一名忍冬，四月采花藤叶，不拘时，俱阴干。气味甘寒无毒，一切恶疮皆为要药。张相公云："谁知至贱之中，乃有殊常之效"，正此类也。

光绪《黎平府志》（点校本）卷三《食货志第三》第 1398 页

金银花 本草名忍冬，四月开花，香甚扑鼻，初开色白，经久变黄，故名。

光绪《增修仁怀厅志》卷之八《土产》第 301 页

金银花 蔓生，茎毛，叶均有毛，柔嫩。三月开花，本细，末一蒂两花，长瓣，长须，先白后黄，清香馥郁。四月采花藤、叶俱阴干入药。又名忍冬，又名鸳鸯藤。

民国《都匀县志稿》卷六《地理志·农桑物产》第 274 页

金银花 蔓生，叶形椭圆，经冬不凋，故名忍冬。节茎皆有毛，柔嫩。三月开喇叭形小长花，一蒂二花，黄白各一，清香馥郁，采花藤、叶皆阴干入药，又名鸳鸯藤。又以病在下部，取向下藤尖叶、茎五寸长者，四五茎为引；在左右手部者，亦取向左右藤、尖叶、茎，用最效，嫩叶花可采入茶。

民国《麻江县志》卷十二《农利·物产下》第 420—421 页

金银花 即冬忍。

民国《兴仁县补志》卷十四《食货志·物产》第 462 页

淡竹叶

淡竹叶 清心。淡竹叶，春生苗，高数寸，细茎绿叶，一窝数十须，须结子如麦冬，但坚硬耳。八九月抽茎结小长穗，性干寒，叶能清心利水，根能催生，取根苗捣汁和米作面酿酒甚芳烈。

光绪《黎平府志》（点校本）卷三《食货志第三》第 1400 页

淡竹叶 春生，苗高数寸，细茎，绿叶，苗紫。四五月开蛾形花。两叶如翅，一窠数十须须，结子如麦冬，但坚硬耳。九月抽茎，结小长穗，

取根苗捣汁和米作面酿酒，甚芳烈。叶入药。

民国《八寨县志稿》卷十八《物产》第 341 页

淡竹叶 又名竹鸡草。

民国《麻江县志》卷十二《农利·物产下》第 418 页

黄柏

黄蘗 黄柏也。黄柏，即黄蘗，树高数丈，叶似吴茱萸，亦如紫春，皮外白里深黄，厚二三分，二月五月采皮。性苦寒无毒，凡阴虚火动之病，需之，非阴中之火不可用。

光绪《黎平府志》（点校本）卷三《食货志第三》第 1398 页

黄柏 以川地生者为佳。

光绪《增修仁怀厅志》卷之八《土产》第 301 页

黄柏 （即黄蘗）树高数丈，叶似吴茱萸，皮外白裏深黄，厚二三分。二月、五月采皮入药。别种小树状如石榴，俗呼子蘗，一名山石榴，皮白不黄亦名小蘗，所在皆有。

民国《都匀县志稿》卷六《地理志·农桑物产》第 270 页

知母

知母 一名蚳母，又名地参，四月开青花如韭，八月结实，味苦寒，无毒。

光绪《增修仁怀厅志》卷之八《土产》第 301 页

石韦

石韦 《本草》苏颂曰："丛生石上，叶如柳，背又毛而斑点如皮。"

光绪《增修仁怀厅志》卷之八《土产》第 301 页

谷精草

文星草 谷精草也。谷精草，一名文星草，收谷后生荒田中，谷之余气也。叶似嫩谷秧，抽细茎，高四五寸，茎顶有小白花，九月采花阴干，辛温无毒，目中诸病加而用之良，功在菊花上。

光绪《黎平府志》（点校本）卷三《食货志第三》第 1399 页

谷精草 亦名戴星草，本草：春生于谷田中，叶茎俱青，根花饼并白色。味辛，温，无毒。

光绪《增修仁怀厅志》卷之八《土产》第 301 页

香薷

香薷 治暑。香薷，有野生者，方茎尖叶有刻缺，似黄荆叶而小。九月开紫花成穗，有细子，十月采取干之。气味辛微温无毒，凡治暑病，以此为首药。但真中暑者，宜用，若大热大渴，汗泄如雨，乃劳倦内伤之症，断不可用。

光绪《黎平府志》（点校本）卷三《食货志第三》第 1399 页

萹蓄

萹蓄 俗名竹叶菜，叶类竹叶而柔软，又名萹竹。

咸丰《安顺府志》卷之十七《地理志·通产专产》第 216 页

萹蓄 亦作扁竹，尔雅"王刍"即此。

光绪《增修仁怀厅志》卷之八《土产》第 301 页

威灵仙

威灵仙 出永宁州。

康熙《贵州通志》卷十二《物产志·安顺府》第 2 页。

威灵仙 其根丛须治风湿。

乾隆《贵州通志》卷之十五《食货志·物产·安顺府》第 286 页

威灵仙 按：威灵仙产兴义县。"威"言其性猛，"灵仙"言其功神。方茎，叶对生，花六出，淡紫或碧白色。其根每年旁引，年深转茂，一根丛须数百条，长者二尺许，干则深黑，人称"铁脚威灵仙"以此。唐君巢作《威灵仙传》，言其去众风，通十二经脉，朝服暮效，疏宣五脏，服此手足轻健。商州有人病手足不遂，不履地者数十年，服之数日能步履。《唐本草》云："积聚肠内诸冷病，积年不瘥者服立效。"《开宝本草》云："去心膈痰水，久积症瘕，久服无温疾疟。"《本草衍义》云："其性快，久服疏人五脏真气。"《本草纲目》云："风湿痰饮之病，气壮者服之有殊

效；久服损真气，气弱者不可服。"

咸丰《兴义府志》（点校本）卷四十三《物产志·土产》第667页

威灵仙 以不闻水声者良，冬月采根用，味苦，温，无毒。

光绪《增修仁怀厅志》卷之八《土产》第301页

薏苡仁

薏苡 按：薏苡全郡皆产，俗呼为六谷米。《神农本草》云："筋急拘挛不可屈伸，久风、湿痹，久服轻身益气。"《别录》云："利肠胃，消水肿。"《本草拾遗》云："止消渴，杀蛕虫。"《药性本草》云："治肺痿肺气。"《食疗本草》云："去干湿脚气大验。"《本草纲目》云："健脾消热。"

咸丰《兴义府志》（点校本）卷四十三《物产志·土产》第667页

薏苡仁 今处处多有，人家种之。

光绪《增修仁怀厅志》卷之八《土产》第302页

薏苡 养心肺。薏苡仁，详释蔬，以颗小、色青、味甘、粘牙者良，性微寒，无毒，养心肺上品之药，尤能健脾益胃，久服可以轻身辟邪。初生小儿取叶煎汤浴之，无毒。

光绪《黎平府志》（点校本）卷三《食货志第三》第1398页

百部

百部 按：百部产府亲辖境，一名野天门冬。其根多者百十连属如部伍然，故名。《别录》云："治咳嗽上气，火炙酒渍饮之。"《药性本草》云："治肺热，润肺。"《大明本草》云："治骨蒸劳，杀虫。"《本草拾遗》云："空腹饮，治疥癣。"

咸丰《兴义府志》（点校本）卷四十三《物产志·土产》第667页

百部 即九丛根。

光绪《增修仁怀厅志》卷之八《土产》第302页

百部 百部视天门冬较多、较长、较尖，而内较虚，味较苦，叶特大，颇似竹叶，亦有细叶如门冬者，其根新时亦肥，实而干则究虚瘦，其根百十连属如部伍，故名。

民国《独山县志》卷十二《物产》第345页

土茯苓

土茯苓 按：土茯苓产府亲辖境，一名"草禹馀粮"。陶弘景云："禹馀粮，有一种藤生，叶如菝葜，根作块，有节，色赤，味如薯蓣。昔禹行山乏食，采此充粮而弃其馀，故名。"《本草拾遗》云："草禹馀粮生山谷，根半在土上，皮如茯苓，肉赤味涩，人取当谷食不饥。"《本草纲目》云："即土茯苓也，治恶疮。"

咸丰《兴义府志》（点校本）卷四十三《物产志·土产》第665页

茯苓 生山中，即山桑根。一名山青杠，叶可饲蚕，大如钩笋，连织而生。有赤、白二种，白者良。

咸丰《安顺府志》卷之十七《地理志·通产 专产》第216页

茯苓 生深山大松下，盖古松久为人斩伐，其枯槎不复上生者，变为茯苓，外皮黑而细皱，内白而坚，有大如拳者，有大如斗者，总以似鸟兽形者为佳，味甘淡，气平性降而渗。有赤白二种，白主气，赤主血，皆去皮用能利窍，去湿皮能治水肿。茯神乃茯苓中心，能安魂止悸，松节治咽邪拘急。松脂即松香，味苦辛温，治痈疽等疮。琥珀乃松脂入土所结，味甘淡性平，能安魂镇痫。

光绪《黎平府志》（点校本）卷三《食货志第三》第1397页

本草 土茯苓有土萆薢、刺猪苓、山猪粪、草禹余粮、仙遗粮、冷饭团、硬饭、山地栗诸名。李时珍曰："按陶弘景注石部禹余粮曰：'南中平泽有一种藤，叶如菝，根作块有节，似菝而色赤，味如薯蓣，亦名禹余粮。言昔禹行山乏食，采此充粮而弃其余，故有此名。'观陶氏所说，即土茯苓也。"

光绪《增修仁怀厅志》卷之八《土产》第303页

土茯苓 蔓生，茎有细点，叶类浅竹叶而质厚滑，长五六寸，根大如鸡子而圆，连缀生，远者离尺许，近或数寸，可生啖，入药用白者。

民国《独山县志》卷十二《物产》第346页

土茯苓 即俗小种金刚藤，根如茯苓，肉赤味甘淡，嫩者白，取当谷食不饥，入药解胎毒，治疮。

民国《麻江县志》卷十二《农利·物产下》第426页

土茯苓 山谷多生，根半土上，皮如茯苓肉赤，味涩，入药，亦可当谷食不饥。

民国《八寨县志稿》卷十八《物产》第339页

五倍子

五倍子 文蛤也。文蛤，即五倍子，味酸涩，性微凉，能降肺火化痰涎，生津液，治心腹疼痛、梦遗等症。又五倍子酿膏，名百药煎，功用与五倍子同，但其气稍浮其味，稍甘而纯，故用以清痰、解渴、止嗽。蜀地五倍子生于丛烟树中，有小细虫无数，飞而啮人，甚痛，名蟆子。又，黄连树叶上似五倍小而花亦有此虫。凡采五倍子，宜六月末虫未飞出时，取蒸，虫死，纯而可用，如迟，虫已出，无味，不中用矣。

光绪《黎平府志》（点校本）卷三《食货志第三》第1404页

五倍子 形似海中文玲珑，故一名文蛤，商贾贩此获五倍之利，故又名五倍子。

光绪《增修仁怀厅志》卷之八《土产》第303页

茜草

茜草 茜作倩，一名芦茹，又曰茈，生篱边，叶两端尖，茎方中空，深绿色，拂之皆刺手，夏月开小白花，结紫黑子，压呈赤液，根紫可浸油，擦发又可染绛。入药，治男女脱血虚弱，以蒸乌鸡食最效。

民国《麻江县志》卷十二《农利·物产下》第421页

茜 十二月生苗，蔓延数尺，茎方而中空有筋，外有细刺数寸一节节，五叶而糙涩，面青背绿，七八月开花，实大如小椒，中有细子，按段玉裁《说文解字注》："《茜下货殖传》云：'厄茜千石亦比千乘之家。'徐广注云：'一名红蓝，其花染绘亦黄，此即今红花，张骞得之西域者非茜也。陈藏器云：'茜与蘘荷皆《周礼》攻虫嘉草之最。'"

民国《独山县志》卷十二《物产》第346页

茜草 一名紫草，叶两头尖有纹，深绿色，单茎有白毛，茎端有岐，开细白花，生野中，根紫，故名。（《田居蚕室录》："生山中，花叶似胡麻，惟干圆，桔子如苏麻，子大根紫红色，春生秋后叶落，干枯，根始红，掘之供用。"）

民国《八寨县志稿》卷十八《物产》第338页

茜草 ……今按：此草蔓生，茎方，中空，叶长。叶与蔓皆有刺。夏日开小白花，实黑色。染绛则用其根。

民国《息烽县志》卷之二十一《植物部·百卉类》第 309 页

茜草 可以染。

民国《咸宁县志》卷十《物产志》第 602 页

虎耳草

虎耳草 治疫。虎耳草，详草部。气味辛寒微苦，捣汁滴耳治停耳，置桶中，烧烟薰痔疮肿痛，并治疫。

光绪《黎平府志》（点校本）卷三《食货志第三》第 1401 页

虎耳草 形如虎耳，故名六书虎耳草，一名金丝荷叶。

光绪《增修仁怀厅志》卷之八《土产》第 303 页

虎耳草 一名石荷，丛生，阴湿处栽，近水石上。茎蔓延即生根，高者二三寸，有细白毛。一茎一叶状如荷盖，大如钱，厚如虎耳而青，背红有细赤毛，夏开小花淡红色，叶捣汁滴耳治停耳。置桶中烧烟熏痔疮肿痛，并治疫。

民国《都匀县志稿》卷六《地理志·农桑物产》第 275 页

虎耳草 俗曰象耳草，一名石荷叶，生阴湿处。蔓延及地即生根，高者二三寸，有细白毛。一茎一叶，状如荷盖，大如盃，厚如虎耳面青背红，有小赤毛，夏开小花，淡红色。捣叶汁滴耳治疗耳，置桶中烧烟熏痔疮肿痛，并治疫。

民国《麻江县志》卷十二《农利·物产下》第 422 页

茵陈

茵陈 生旧苗，散风热。茵陈蒿，叶似青蒿而紧细，背白，经冬不死，更因旧苗而生，故名茵陈。性苦平，微寒无毒，治风湿寒热、邪气热结、黄疸、小便不利等症。

光绪《黎平府志》（点校本）卷三《食货志第三》第 1401—1402 页

百合

百合 府属皆有。

乾隆《贵州通志》卷之十五《食货志·物产·都匀府》第286页

百合 疗虫毒。百合,详蔬部,味甘平无毒,补中益气,定心志,疗虫毒、痈肿、癫狂等症。

光绪《黎平府志》(点校本)卷三《食货志第三》第1402页

白合 一名重莲,生荆州山谷,今处处有之,根如胡蒜,数十片相累,味甘平,无毒。

光绪《增修仁怀厅志》卷之八《土产》第303页

山楂

山楂 消积。山楂,详果部。味微酸而涩,为消滞要药,产滇中者良,黔产颗小瘠。

光绪《黎平府志》(点校本)卷三《食货志第三》第1402页

玉簪根

玉簪根 捣汁用。玉簪根,详释花。为甘辛性寒,有小毒,用根捣汁,解一切诸毒,宜外科生用。

光绪《黎平府志》(点校本)卷三《食货志第三》第1402页

萆解

萆解 亦名白菝葜,《本草别录》曰:"二月、八月采根曝干,蔓生,似薯蓣,味苦平,无毒。"

光绪《增修仁怀厅志》卷之八《土产》第303页

皂角

皂角 一名皂荚,一名乌犀,一名悬刀,一名雉栖子。江东谓之羖羊角。

光绪《增修仁怀厅志》卷之八《土产》第303页

薄荷

薄荷 按：薄荷全郡皆产。考薄荷，《甘泉赋》作"茇括"，《字林》作"茇苦"，《千金方》作"蕃荷"，《食性本草》作"菝荷"，实一物异名，音近而讹也。

咸丰《兴义府志》（点校本）卷四十三《物产志·土产》第 667 页

薄荷 去痰涎。薄荷，二月宿根生苗，清明分栽，方茎，赤色，叶对生，辛温无毒，利咽喉，去痰涎、舌苔语涩等病，有野生者功用亦大略相似。唐侯宁极《药谱》别名"冰喉尉"。

光绪《黎平府志》（点校本）卷三《食货志第三》第 1399 页

薄荷 李时珍曰薄荷俗称也，扬雄《甘泉赋》作菝括，陈士良《食性本草》作菝蕳，孙思邈千金方作蕃荷。

光绪《增修仁怀厅志》卷之八《土产》第 303 页

薄荷 叶长圆形，边如锯齿而柔细，邑多产。

民国《八寨县志稿》卷十八《物产》第 341 页

薄荷 ……李时珍曰："人多栽种。二月宿根生苗，清明前后分之。方茎赤色，其叶对生，初时形长而头圆，及长则尖。吴越川湖人，多以代茶。苏州所莳者，茎小而气芳。江西者稍粗。川蜀者更粗。入药者以苏产为胜。"今按：此物惟供药品，且无地不产。县之人家莳者虽有，然亦宿根自生多。

民国《息烽县志》卷之二十一《植物部·百卉类》第 311 页

紫苏

紫苏 散风。紫苏，二三月宿子在地自生，茎方叶圆而有尖，四围有锯齿，地肥者面背皆紫，地瘠者背紫面青。其面背皆白，即白苏也。七八月开花结子，九月收，茎叶子俱辛温无毒，发散风气用叶清利上下，用子实为近世要药，子打油燃灯甚明，亦可熬之油物，且能柔五金八石。采叶入梅酱腌一日取出，用糖浸可作佳蔬。子干收炒熟最香，入糖煎拌芝麻，均为佳品。

光绪《黎平府志》（点校本）卷三《食货志第三》第 1399 页

苏 惟舒阳故谓之苏紫，以色言也。

光绪《增修仁怀厅志》卷之八《土产》第 303 页

紫苏 为近世要药。二三月宿子在地自生，茎方，叶圆而有尖，四围有锯齿，地肥者面背皆紫，地瘠者背紫面青。七八月开花结子，九月收。茎、叶、子均入药，功味俱同。子打油燃灯甚明，且能柔五金八石，又可作佳蔬。其面背皆白者即白苏，又名野苏也。

民国《都匀县志稿》卷六《地理志·农桑物产》第 273 页

桑白皮

桑白皮 即桑根。

咸丰《安顺府志》卷之十七《地理志·通产 专产》第 216 页

桑白皮 名延年卷雪。桑白皮，味甘微辛微苦气寒能泄肺火止喘咳唾血，亦治小儿天吊惊痫等症，《药谱》名延年卷雪。

光绪《黎平府志》（点校本）卷三《食货志第三》第 1402 页

苦练子

苦练子 一名金铃子。

咸丰《安顺府志》卷之十七《地理志·通产 专产》第 216 页

川楝子 即仁枣。一名苦楝子，味苦性寒，能治伤寒、瘟疫等症，根大苦，一切游风热毒恶疮疥癣俱可治，《药谱》名仁枣。

光绪《黎平府志》（点校本）卷三《食货志第三》第 1402 页

苦练子 川蜀最胜，故名川练子，图经谓之苦练。

光绪《增修仁怀厅志》卷之八《土产》第 303 页

浮萍

浮萍 紫背者最良。

咸丰《安顺府志》卷之十七《地理志·通产 专产》第 216 页

荆芥

荆芥 苗似柴胡,实如苏子。

咸丰《安顺府志》卷之十七《地理志·通产 专产》第 216 页

荆芥 穗解肌。荆芥,穗味辛苦,气温能解肌,发表退寒热,消饮食,通血脉,行淤滞,助脾胃,一切头痛、脊背痛、筋骨痛及疔疮疥疮诸毒,俱可治。

光绪《黎平府志》(点校本)卷三《食货志第三》第 1402 页

荆芥《吴普本草》云:"假苏,一名荆芥。"

光绪《增修仁怀厅志》卷之八《土产》第 303 页

荆芥 一名假苏,原野有之,二月生苗可食,八月开花,作穗入药,忌诸鱼。

民国《独山县志》卷十二《物产》第 345 页

香附子

香附 按:香附产府亲辖境。即莎草之根,以根相附连续,可以合香,故名。古名雀头香,《江表传》云:"魏文帝遣使于吴求雀头香",即此。《别录》云:"久服令人益气,长须眉。"《图经》云:"治忧愁不乐,心松少气。"

咸丰《兴义府志》(点校本)卷四十三《物产志·土产》第 665 页

香附 一名莎草根,古谓之雀头香,俗呼三轮草。

咸丰《安顺府志》卷之十七《地理志·通产 专产》第 216 页

香附子 其根连续相附生,可以合香,故谓之香附子。

民国《独山县志》卷十二《物产》第 345 页

莎草 叶似韭而硬,其地下茎相附连续,似羊矢而两端尖,可以合香,故本草名香附,治妇女科气病。

民国《麻江县志》卷十二《农利·物产下》第 427 页

莎草、香附子 陆机《诗疏》:"台夫须。"又《尔雅》:"蘾,侯莎,其实缇。"《诗·小雅》:"南山有台,都人士云,台笠缁撮。"陆机《疏》:"台草有皮,坚细滑致,可为蓑笠以御雨。"《周书·豆卢宁传》:"宁,善

骑射。尝与梁企遇于平凉州，相与肆射，乃于百步悬莎草以射之，七发五中；定服其能。"苏恭曰："此草根名香附子，一名雀头香，所在有之。茎叶都似三棱，合和香用之。"苏颂曰："苗叶如薤而瘦，根如筋，头大。"寇宗奭曰："香附子，今人多用。虽生于莎草根，然根上或有或无。有薄皴皮，紫黑色，非多毛，刮去皮则色白。"李时珍曰："如老韭叶而硬、光泽，有剑脊棱。五六月中抽一茎，三棱中空，茎端复出数叶，开青花成穗如黍，中有细子。其根有须，须下结子一二枚，转相延生。子上有细黑毛，大者如羊枣而两头尖。乃近时日用要药。"吴其濬曰："香附子，莎根也。《唐本草》如明著之。考《宋史·莎衣道人传》：'道人衣散以莎缉之，有察者求医，命持一草去，旬日而愈。众人禽然，传莎草可以愈疾。'莎根之用，其盛于此乎？"今按：县之此产，盖亦多矣。田塍篱角，几于无尺地不有之。而草之为用，则不及香附子。其治疾所需，倍蓰他药也。

民国《息烽县志》卷之二十一《植物部·百卉类》第 312 页

香附 即莎草也（遍地皆产），其根相附连续，结小子，其中皮棕色有毛即药中香附也。

民国《八寨县志稿》卷十八《物产》第 339 页

山慈姑

山慈姑 按：山慈姑，全郡皆产，即金灯，一名无义草。《酉阳杂俎》云："花与叶不相见，人恶种之，谓之无义草。"《本草拾遗》云："有小毒，主治痈肿、疮瘘、瘰疬、结核等，醋磨傅之。"《本草纲目》云："攻毒破皮，解诸毒、蛊毒、蛇毒、狂犬伤。"

咸丰《兴义府志》（点校本）卷四十三《物产志·土产》第 665—666 页

水槟榔

水槟榔 按：水槟榔产府亲辖境。

咸丰《兴义府志》（点校本）卷四十三《物产志·土产》第 666 页

羊蹄

羊蹄 按：羊蹄产府亲辖境，即《诗》之蓫。《诗·小雅》云："言采其莲";陆疏云:"蓫即蓄字,今之羊蹄也。"一名败毒菜,今郡人俗呼为黄水泡。其根,《神农本草》云治秃疥,《别录》云治疽痔、杀虫,《唐本草》云疗蛊毒,《大明本草》云治癣,醋磨贴肿毒。

咸丰《兴义府志》(点校本)卷四十三《物产志·土产》第 666 页

乳香

乳香 出锦屏。《通志》:"乳香,出锦屏,一名熏陆香,如乳头透明者为良,市人每以枫香伪之,旧产颇多,近来亦鲜矣。"

光绪《黎平府志》(点校本)卷三《食货志第三》第 1402 页

何首乌

何首乌 本名夜交藤,秋冬取根,赤者雄,白者雌。出瓮安,重十余斤者佳。

乾隆《贵州通志》卷之十五《食货志·物产·平越府》第 286 页

何首乌 按:何首乌,产全郡之红水江滨,大者如盎如斗,重二三十斤。考何首乌本人名,以其人服此而首发白复乌黑,故即以人之名名之。唐李翱有《何首乌传》言之极详。《图经》云:"有赤、白二种,赤者雄,白者雌,九蒸九曝乃可服。"《本草纲目》云:"治何首乌,赤、白各一斤,竹刀刮去粗皮,米泔浸一夜,切片。用黑豆三斗,每次用三升三合三勺以水泡过,砂锅内铺豆一层、何首乌一层,重重铺盖蒸之。豆熟取出,去豆晒干,再以豆蒸,如此九蒸九晒用。"《开宝本草》云:"主治瘰疬,消痈肿,疗头面风疮,治五痔,止心痛,益血气,黑髭发,悦颜色;久服长筋骨,益精髓,延年不老;亦治妇人产后及带下诸症。"《日华本草》云:"久服令人有子,治腹脏一切宿疾,冷气腹风。"《汤液本草》云:"泻肝风。"《本草纲目》云:"赤者能消肿毒,外科呼为疮帚,又呼为红内消。"《斗门方》云:"取根若获九数者服之仙,故又名九真藤。"又《集简方》云:"自汗不止,何首乌末津调封脐中愈。"又《峰杂兴方》云:"破伤血,何首乌末傅之止。"

咸丰《兴义府志》(点校本)卷四十三《物产志·土产》第 660 页

何首乌 李翱《何首乌传》:何首乌者,顺州人,祖名能嗣,父名延

秀。能嗣本名田儿，生而阉弱，年五十八无妻子。常慕道术，随师在山，一日醉卧山野，忽见有藤二株，相去三尺余，苗蔓根交，久而方解，解而又交。田儿惊讶其异，至旦遂掘其根归，问诸人，无识者。后有山老忽来，示之，答曰："子既无嗣，其藤乃异，此恐是神仙之药，何不服之？"遂杵为末，空心酒服一钱，七日思人道，数月似强健，因此常服。又加至二钱，经年旧疾皆痊，发乌容少，十年之内即生数男，乃改名"能嗣"。又与其子延秀服，皆寿百六十岁。延秀生首乌，首乌服药亦生数子，年百三十岁，发犹黑。有李安期者，与首乌乡里亲善，窃得方服，其寿亦长，遂叙其事传之云。

何首乌，味甘、性温、无毒，茯苓为使，治五痔腰膝之病；冷气、心痛、积年劳瘦、痰癖、风虚、败劣；长筋力，益精髓，壮气驻颜，黑发延年。妇人恶血、痿黄、产后诸疾，赤白带下，毒气入腹，久痢不止，其功不可具述。一名野苗，二名交藤，三名夜合，四名地精，五名何首乌。雄者苗色黄白，雌者黄赤，根远不过三尺，夜则苗蔓相交，或隐化不见。春末、夏中、秋初三时，候晴霁日兼雌雄采之，乘润以布帛拭去泥，生勿损皮，烈日曝干，密器储之，每月再曝。用时去皮为末，酒下最良。遇有疾即用茯苓汤下为使，凡服用偶日，二、四、六、八日。服讫以衣覆汗出，导引尤良，忌猪肉血、羊血、无鳞鱼，触药无力。其根大如拳，连珠，其有形如鸟兽、山岳之状者，珍也。掘得去皮生吃，得味甘甜。

赞曰：神效胜道，著在仙书，雌雄相交，夜合尽疏。服之去谷，日居月诸。迈老还少，变安病躯。有缘者遇，最尔自如。见《李文公集》。

咸丰《兴义府志》（点校本）卷四十三《物产志·土产》第661页

何首乌 李远《书〈何首乌传〉后》：何首乌，五十年者如拳大，号山奴。服之一年，发髭青黑。一百年者如碗大，号山哥，服之一年，颜色红悦。一百五十年者如盆大，号山伯，服之一年，齿落更生。二百年者如斗栲栳大，号山翁，服之一年，颜如童子，行及奔马。三百年者如三斗栲栳大，号山精，纯阳之体，久服成地仙也。见《李文公集》。

咸丰《兴义府志》（点校本）卷四十三《物产志·土产》第661页

何首乌 李时珍《何首乌说》：何首乌，白者入气分，赤者入血分。

肾主闭藏，肝主疏泄。此物气温，味苦涩，苦补肾，温补肝，能收敛精气，所以能养血益肝，固精益肾，健筋骨，乌髭发，为滋补良药，不寒不躁，功在地黄、天门冬之上。此药流传最久，服者尚寡。嘉靖初，邵应节以"七宝美髯丹"上进，世宗服饵有效生嗣，于是，何首乌之方天下大行矣。宋怀州知州李治与一武臣同官，怪其年七十馀而轻健，面如渥丹，能饮食，叩其术，则服何首乌丸也，乃传其方。后治得病，盛暑中半体无汗，造丸服，汗遂浃体，其活血治风之功大有补益。其方用赤、白何首乌各半斤，米泔浸三夜，竹刀刮去皮，切焙为末，蜜丸，空心温酒下，亦可末服。见《本草纲目》。

咸丰《兴义府志》（点校本）卷四十三《物产志·土产》第662页

何首乌 有赤、白二种。

咸丰《安顺府志》卷之十七《地理志·通产 专产》第216页

何首乌 久服延年。何首乌，春生苗蔓延竹木墙壁间，茎紫色，叶叶相对如薯芋而欠光泽。秋冬取其根，有形如人及山川鸟兽者尤佳。此物气温味苦涩，有赤白二种，赤者雄，苗色黄白入血分；白者雌，苗色黄赤，入气分。入药，不寒不燥，功在地黄、天冬诸药之上，须九蒸九晒，服之发白转黑，久服并可延年。

光绪《黎平府志》（点校本）卷三《食货志第三》第1397页

何首乌 本草曰其药无名，因何首乌见藤夜交，便即采食有功，因以采人为名。五十年者拳大，百年者如碗大，百五十年者如盎大，三百年久服成地仙，味苦涩，微温，无毒。

光绪《增修仁怀厅志》卷之八《土产》第302页

何首乌 春生，苗蔓延，叶背及藤皆间呈紫色，叶面暗绿色，柄承叶处作缺，旁两垂后形圆，顶尖如薯蓣，其茎交者或以夏取，冬取其根有形如人及山川、鸟兽者佳，大如盆如斗，重二三十斤。味苦涩，气温，有赤白二种入药。唐李翱录谓：九蒸九暴，双日以酒下，酒服延年，生子，此或就日月光华久而成形者言。陈修园谓：苦涩，人阳少经用，治久疟久痢，非补品。飞宗其说：用治久疟最效，并取藤尖引治疮症，取法说见金银花。

民国《麻江县志》卷十二《农利·物产下》第421—422页

何首乌 产园塍中，春生苗蔓延，紫色。其根在地多年者如碗、如斗大，形有如人及山川、鸟兽者，味苦涩，气温，有赤白二种，入药九蒸九晒者佳，久服可延年。

民国《八寨县志稿》卷十八《物产》第337—338页

石斛

石斛 按：石斛产兴义县。石斛茎黄如金钗，故又名金钗石斛，邑人呼为黄草，邑治旧名黄草坝，以此得名也。《别录》云："石斛生石上，以桑灰沃之，色如金。"《荆州记》云："石斛，精好如金钗。"《本草纲目》云："石斛，茎状如金钗之股，故有金钗石斛之称。其茎叶生皆青色，干则黄色，开红花，节上自生根须，人亦折下以砂石栽之，或以物盛挂屋下，频浇以水，经年不死，俗称为千年润。"《神农本草》云："主治伤中、除痹、下气、补五脏、虚劳、羸瘦、强阴、益精，久服厚肠胃。"《别录》云："补内绝不足，平胃气，长肌肉，逐皮肤邪热、痱气、脚膝痛冷、痹弱，定志，除惊，轻身延年。"《雷公炮炙论》云："石斛涩丈夫元气，酒浸酥蒸，服满一镒，永不骨痛。"《药性本草》云："益气、除热，治男子腰脚软弱，健阳，逐皮肌风痹、骨中久痛，补肾益力。"《日华本草》云："壮筋骨，暖水脏，益智清气。"《本草衍义》云："治胃中虚热。"《本草纲目》云："治发热、自汗、痈疽、排脓、内塞。"《圣济方》云："飞虫入耳，用石斛数条，去根如筒子，一边插入耳中，四畔以蜡封闭，用火烧石斛熏右耳，则虫从左出。"

咸丰《兴义府志》（点校本）卷四十三《物产志·土产》第662页

石斛 俗名黄草，又名金钗花。

咸丰《安顺府志》卷之十七《地理志·通产 专产》第216页

石斛 茎叶皆青，干则茎黄，如金钗，故又名金钗石斛。俗呼黄草，生山谷、岩石边，粤之地尤多。开红花，节上自生根须，可折下以砂石栽之，沃以桑灰。色如金，或盛以物悬檐下，频浇以水，经年不死，故有千年润之称。

民国《都匀县志稿》卷六《地理志·农桑物产》第276页

石斛 俗呼黄草，生山谷岩石上，茎高五六寸，有节稍类木贼而中实，每节生叶一片，叶荚而厚，有平行脉。夏冬开花，花淡红或白，拔其根以河石栽之，节上自生梢须，折栽而活，沃以桑灰。色如金或盛以篮悬挂檐下，频浇以水，经年不死，故有千年润之称。茎叶皆青，干则茎黄如金钗，故又名金钗石斛，入药。一种木斛，茎松软，色深黄，有光泽，亦称金石斛。

民国《麻江县志》卷十二《农利·物产下》第424—425页

金石斛 解暑生津，尤为名贵。质坚色黄，形如金钗，生于悬岩峭壁间，土人名之曰黄草。邑之称黄草坝，盖有由来矣。

民国《兴义县志》第七章第二节《农业》第258页

列当

列当 按：列当产安南县之列当废驿，其地以此得名。考，列当一名栗当，又名草苁蓉。《蜀本草云》："列当暮春抽苗，四月中旬采取，长五六寸至一尺以来，茎圆白色，采取压扁日干。"《开宝本草》云："列当生山南岩石上，如藕根，初生掘取阴干用。主治男子五劳七伤，补腰肾，令人有子，去风血，煮酒浸酒服之。"

咸丰《兴义府志》（点校本）卷四十三《物产志·土产》第662页

草苁蓉 又名列当。

民国《兴仁县补志》卷十四《食货志·物产》第462页

鹿衔草

鹿衔草 按：鹿衔草产府亲辖境及兴义县，历代本草所未载。考廖大闻《黎峨杂咏》云："马趵出泉人过岭，鹿衔来草我无书。"自注云："鹿衔草，枝皆贴地生，叶有龟文而紫背，其茎青，山中有之。秋后连根采一两，加当归、牛膝各五钱，煮烧酒三斤，晨夕饮之，可以暖下元、健腰脚。"

咸丰《兴义府志》（点校本）卷四十三《物产志·土产》第662—663页

天麻

天麻 出府境，俗名土萝卜，性辛温，治诸风。明亮坚实者佳，其苗

名定风草。

乾隆《贵州通志》卷之十五《食货志·物产·贵阳府》第285页

天麻 即羊芋。

光绪《增修仁怀厅志》卷之八《土产》第302页

天麻 一名独摇芝，一名定风草。产打箭山，靖彝塘山谷间。根边十有二枚，类天门冬皮曰龙皮肉，曰天麻，取生者密煎作果实，亦佳。

民国《独山县志》卷十二《物产》第344页

天麻 即赤箭根也，一名赤箭芝，一名定风草，一名离母，一名合离草，一名神草，一名鬼督邮……李时珍曰："天麻子从茎中落下，俗名还筒子。其根暴干，肉色坚白如羊角色，呼羊角天麻；蒸过黄皱如干瓜者，俗呼酱瓜天麻；皆可用。一种形尖而空薄如玄参状者，不堪用。"今按：此亦随地皆产之嘉卉上药。县地之傍川谷者，人亦时采得而货之。

民国《息烽县志》卷之二十一《植物部·百卉类》第316页

杜仲

杜仲 生山谷中，叶类柘，其皮折之白丝相连者佳。二月、五月、六月、九月采皮阴干入药，用时薄削去上甲皮，横理切令丝断也。

民国《都匀县志稿》卷六《地理志·农桑物产》第269页

天门冬

天门冬 是处皆有，甚肥大。

乾隆《贵州通志》卷之十五《食货志·物产·贵阳府》第284页

天门冬 按：天门冬产兴义县。《尔雅》本名"虋冬"，又名"颠棘。"《尔雅》云："蔷蘼、虋冬。"注云："门冬也。"盖虋、门音同而讹也。又《尔雅》云："髦，颠棘也。"《抱朴子》云："天门冬，一名颠棘。"《本草纲目》云："因其细叶如髦有细棘也。蔷蘼乃营实苗，《尔雅》指为门冬，盖古书错简也。"《神农本草》云："治诸暴风湿、偏痹，强骨髓，久服轻身、益气、延年不肌。"《别录》云："一名无不愈，保定肺气，去气热，养肌肤，冷而能补。"《药性本草》云："治咳逆、喘急、肺痿，生痈吐脓，止消渴、中风。"《大明本草》云："镇心，润五脏，补五劳七伤、吐血、消痰。"《本草纲目》云："主心病、嗌干、心痛。"

咸丰《兴义府志》（点校本）卷四十三《物产志·土产》第666—667页

天门冬 蔓生大如钗股，叶尖细散而疏滑，茎间有逆刺。一种涩而无刺者，其叶如丝杉而细散。夏生细白花，亦有黄紫色者。秋其根旁结黑子，一科数十枚，大如手指圆，实而长黄紫色，肉白。忌鲤鱼，误食、同食，萍汁服之则毒解。县产良。

民国《独山县志》卷十二《物产》第345页

天门冬 叶呈鳞片状，茎施他物，由叶腋生绿色小枝，弯曲如针，俗误为叶。夏开细白花，亦有黄紫者，结黑子在其根旁。根白或黄紫色如指，长二三寸，一柯一二十杖。味略苦，入药，主疏水道，盖以肺为天膀胱为门名也。

民国《麻江县志》卷十二《农利·物产下》第424页

射干

射干 按：射干产府亲辖境，有毒。《神农本草》云："治喉痹咽痛，腹中邪逆。"《别录》云："苦酒磨涂毒肿。"《药性本草》云："消瘀血。"《大明本草》云："消痰，破症结，镇肝，明目。"《本草衍义》云："治肺气、喉痹为佳。"《洁古珍珠囊》云："去胃中痈疮。"《本草纲目》云："治疟母。"《别录》云："多服令人虚。"李时珍云："多服泻人。"

咸丰《兴义府志》（点校本）卷四十三《物产志·土产》第669页

射干 即扁竹根。

光绪《增修仁怀厅志》卷之八《土产》第302页

蓖麻子

蓖麻 夏生苗，茎中空有节，色或赤或白，叶如瓠叶，凡五尖，夏秋间丫中抽出花穗，累累黄色，每枝结实数十颗，上有软刺如猬毛，一颗三四子，熟时壳破，子微长而末圆，皮中有仁，色娇白辛平，有毒气味，颇近巴豆，善走，能通诸窍经络。此药外用，屡著奇功，若内服则不可轻易。如有误服者，终身不得食炒豆，犯之胀死。

光绪《黎平府志》（点校本）卷三《食货志第三》第1401页

蓖麻子 俗称兵麻子，易生，取其子榨油，可做印泥。

光绪《增修仁怀厅志》卷之八《土产》第 302 页

蓖麻 茎赤，高丈许，中空，叶如瓠，叶凡五。夏秋间，花穗累累，黄色结实成珠子。大如豆，外壳如斑点，内仁娇白如绩随，子仁可榨油。用作印色，又可作下药。

民国《独山县志》卷十二《物产》第 344 页

豨莶

豨莶草 按：豨莶草全郡皆产。《图经》云："服法：五月五日、六月六日、九月九日，采叶去根茎花实，净洗曝干入甑中，层层洒酒与蜜，蒸之又曝，如此九遍，则气味极香美；熬捣筛末，蜜丸服之，甚益元气。治肝肾风气，四肢麻痹，腰膝无力，安五脏，生毛发。唐成讷、宋张咏皆有《进豨莶表》。"

咸丰《兴义府志》（点校本）卷四十三《物产志·土产》第 664 页

豨莶 治金疮。豨莶，茎有直棱，兼有斑点，叶似苍耳而微长似地菘而稍薄，对节生茎，叶皆有细毛，八九月开深黄小花，子如茼蒿，气味苦寒，治金疮、止痛、断血、生肉及风气、麻痹、骨痛、膝弱等症。

光绪《黎平府志》（点校本）卷三《食货志第三》第 1401 页

豨莶 一名希仙，一名火杴草，一名猪膏母，一名虎膏，一名狗膏，一名粘糊菜。韩保升曰："猪膏，叶似苍耳。两枝相对。茎叶俱有毛，黄白色。"……今按县之原野各见斯物，医师药肆，用之货之。若俚医，或少能识之者。

民国《息烽县志》卷之二十一《植物部·百卉类》第 315 页

樟脑

樟脑 樟树脂也。樟脑，即樟树脂也。辛热无毒，通关窍，利滞气，治寒湿、脚气、霍乱、心腹痛等症。煎樟脑法：新樟木切片，井水浸三日三夜入锅煎之，柳木频搅，待汁减半，柳上有白霜滤去滓倾汁入新瓦盆，经宿自然结成块。炼樟脑法：用铜盆以陈壁土为粉，掺之，掺樟脑一重，又掺陈壁土，如此四五重，以薄荷安土上，再用一盆覆之黄泥封固，火上款款灸之，须以意斟酌，不可太过，不及勿令出气。候冷取出则脑皆升于上盆。如此两三次，可充片脑，凡用每两以二碗合住，湿纸糊口，文武火灸之，半时许冷定取出用。

光绪《黎平府志》（点校本）卷三《食货志第三》第 1401 页

枫香

枫香 枫树胶也。枫香，即枫树胶也。气味辛苦平无毒，治一切瘾疹、风痒、痈疽、疮疥、吐衄、咯血等症，烧过揩牙，永无齿疾。

光绪《黎平府志》（点校本）卷三《食货志第三》第 1401 页

皂角

荚皂、柴皂 宜外用。皂角，一名荚皂，树高大，叶如槐叶，瘦长而尖，枝间多刺，夏开细黄花结实，有三种：一种小如猪牙，一种长而肥厚多脂而粘，一种长而瘦枯燥不粘，俗名柴皂。总以多脂者为佳，性咸温有小毒，通关节、破坚症、治咽喉、痰气喘咳、疥癣等症，利导五脏风热、仁治大肠虚秘、瘰疬、肿毒刺、治痈肿、风疬、恶疮。

光绪《黎平府志》（点校本）卷三《食货志第三》第 1401 页

芭蕉根

芭蕉根 除疮毒。芭蕉根，详草部，痈疽发背欲死，芭蕉根捣烂涂之，一切肿毒皆可治。

光绪《黎平府志》（点校本）卷三《食货志第三》第 1401 页

半边草

半边草 就阴湿塍埂边，引蔓节节而生，生细叶，秋开小花，淡红紫色，有半边如莲，故名。

民国《独山县志》卷十二《物产》第 344 页

括楼

栝楼 按：栝楼全郡皆产，一名瓜蒌，一名天花粉。《别录》云："治

胸痹。"《本草纲目》云："润肺、降火、治嗽、涤痰、利咽喉、止消渴、消痈疮。"《大明本草》云："子炒用补虚劳，治吐血、泻血、赤白痢。"

咸丰《兴义府志》（点校本）卷四十三《物产志·土产》第670页

括楼 蔓生三四苗，叶如甜瓜叶而窄作，又有细毛。六月花浅黄色，七月实如拳，色青，至九月熟，黄赤色，形圆，亦有锐。而长者内有扁子，大如丝瓜子，壳色褐，仁色绿。多脂根直下，年久者长数尺，大二三团，秋后掘者有粉，一名白药，一名天花粉。按《尔雅》："果蓏之实。"括楼诗："七月疏括楼子名"也，是此草，名果蓏，其子乃名括楼。毛傅直括楼释果蓏，故正义特加辨。

民国《独山县志》卷十二《物产》第344页

栝楼、天花粉 ……李时珍曰："根直下生，年久者长数尺。秋后掘者，结实有粉。夏月掘者，有筋无粉，不堪用。其实圆长，青时如瓜，黄时如熟柿子。山家小儿亦食之。内有扁子，大如丝瓜子。壳色褐，仁色绿，多脂，作青气，炒干捣烂，水熬取油可点灯。根作粉，洁白如雪，故谓之天花粉。"吴其浚曰："果蓏之实，亦施于宇，释《诗》者，以为人不在室则有之。余行役时，展馆旷宅老藤盖瓦，细蔓侵窗，萧条景物，未尝不忆东山之诗如披图绘也。"今按：县产不少。药用则以实、以仁、以根，时医、俚医，恒多取效。惟作摩膏及熬油用之说。县人或知者不多。

民国《息烽县志》卷之二十一《植物部·百卉类》第316页

柴胡

柴胡 俗名姨妈菜。

道光《大定府志》卷之四十二《食货略第四下·经政志四》第625页

柴胡菜 按：郡产柴胡菜，乃柴胡之嫩苗也。一名罗鬼菜，俗呼为姨妈菜，兴义县、贞丰州尤多。

咸丰《兴义府志》（点校本）卷四十三《物产志·土产》第628页

柴胡 俗称姨妈菜。

光绪《增修仁怀厅志》卷之八《土产》第302页

柴胡 一名茹草。二月生，苗甚香，茎青紫色，叶似竹叶，七月开黄花根大赤色，嫩可茹，老则采而为柴，故名柴胡。

民国《独山县志》卷十二《物产》第 344 页

柴胡　仲春始苗，甚香美，名芸荞（俗名妈菜），茎青紫，坚梗微有细线，叶似竹叶而梢紧小，七月开黄（花），根淡赤色，入药。（《本草纲目》云："延安府神木县所产柴胡长尺余而微白且软，不易得。"）

民国《八寨县志稿》卷十八《物产》第 341 页

景天

景天　按：景天全郡皆产，一名辟火。陶弘景云："人皆盆盛，养于屋上，云可辟火。"《图经》云："盆置屋上，春生苗，叶似马齿苋而大，茎极脆弱，夏中开红紫碎花。"《神农本草》云："治大热火疮、身热、烦邪、恶气。"《别录》云："治蛊毒风痹，疗金疮、止血。"《日华本草》云："治赤眼、头痛。"

咸丰《兴义府志》（点校本）卷四十三《物产志·土产》第 670 页

金星草

金星草　按：金星草全郡皆产，一名七星草。《图经》云："生石上，叶如柳，作蔓延，长二三尺，叶坚硬，背上有黄点如七星。"《嘉本草》云："治发背痈疮、结核、涂疮肿殊效，根浸油涂头生发。"《图经》云"乌须发。"《本草纲目》云："解热、凉血。"

咸丰《兴义府志》（点校本）卷四十三《物产志·土产》第 670 页

四块瓦

四块瓦　按：四块瓦产兴义县，草也，为历代本草所不载。长尺许，根大如指，枝叶皆细，性补治虚弱诸病，炖肉及鸡，食之奇验。

咸丰《兴义府志》（点校本）卷四十三《物产志·土产》第 670—671 页

四块瓦　草也，长尺许，根大如指，枝叶皆细。性补，治虚弱诸病，燉鸡、豕肉，食之奇验，《本草》不载。

民国《都匀县志稿》卷六《地理志·农桑物产》第 277 页

爬岩香

爬岩香 按：爬岩香全郡皆产，《本草》所不载。

咸丰《兴义府志》（点校本）卷四十三《物产志·土产》第 670 页

独活

独活 又名独摇草。

咸丰《安顺府志》卷之十七《地理志·通产 专产》第 216 页

独活 此物有两种，分大小耳。

光绪《增修仁怀厅志》卷之八《土产》第 302 页

独活 一名独摇草。得风不动，无风旬摇。同天麻，叶如青麻，六月开花，或黄或紫，有槐叶气者良。

民国《独山县志》卷十二《物产》第 344 页

升麻

升麻 苗叶类山豆根。

咸丰《安顺府志》卷之十七《地理志·通产 专产》第 216 页

白鲜皮

白鲜皮 产九层岩，实如椒，叶如茱萸，根白色，作羊擅气，采根宜二月。

民国《独山县志》卷十二《物产》第 344 页

八月珠

八月珠 茴香也。茴香，详蔬部。味辛气温，入心肾二脏，最暖命门，故善逐膀胱寒滞，疝气等症，亦能平胃止吐，但大茴性更暖，小茴则稍温耳，《药谱》别名八月珠。

光绪《黎平府志》（点校本）卷三《食货志第三》第 1403 页

女贞子

女贞子 此木临冬青翠，有贞守之操，故以贞女状之，今方书所用冬青，皆女贞子。

光绪《增修仁怀厅志》卷之八《土产》第 302 页

茱萸

茱萸 按：茱萸产府亲辖境。茱萸有吴茱萸、食茱萸之分。吴茱萸产吴地，今郡所产乃食茱萸也。是椒属，即《礼记》之藙，《尔雅》之檓，一名越椒，又名榄子。《礼记》云："三牲用藙。"陶弘景云"食茱萸。"《礼记》名藙，《尔雅》云"椒榄丑莍。"《唐本草》云："食茱萸有梂名。"《博雅》云："榄子、越椒、茱萸也。"郑樵《通志》云："榄子，一名食茱萸。"《唐本草》云："功同吴茱萸，疗水气佳。"《食疗本草》云："去脏腑冷，温中甚良。"《本草拾遗》云："疗蛊毒。"《本草纲目》云："治冷痢。"

咸丰《兴义府志》（点校本）卷四十三《物产志·土产》第 666 页

山茱萸 俗名牛奶果。

同治《毕节县志稿》卷七《物产》第 415 页

茱萸 山生，名汤主。茱萸，别名汤主，详蔬部。味辛苦，能化滞消食，助阳健脾，一切停寒胀满痞塞俱可治，产江南者名吴茱萸，生于山，名山茱萸。

光绪《黎平府志》（点校本）卷三《食货志第三》第 1403 页

吴萸 《本草》陈藏器曰："吴萸，南北人入药以吴地者为好，所以有吴之名。"

光绪《增修仁怀厅志》卷之八《土产》第 301 页

茱萸 树高丈余，茎间有刺，上著小白点，皮青色，叶紫色，三月间红紫细花，七八月结实，梢头累累成簇而无核，粒小者入药，县产颇佳。

民国《独山县志》卷十二《物产》第 346 页

吴茱萸 俗呼驯夏，谓能治气郁也，结丛实，形类花椒而稍大，故又名越椒。有小毒，用时以开水泡，治下焦郁结，以性热能达至阴地。别种曰食茱萸，枝多刺，如羽状复叶，端尖细锯齿边。夏开淡绿色细花，实圆而黄黑，味辛辣，供食即《礼·三牲用藙志》谓："此即木姜子。"

民国《麻江县志》卷十二《农利·物产下》第 428 页

茱萸　椒属，结子或垂如莲蕊状，子似胡椒，中含黑子，产吴中者曰"吴茱萸"，服之顺气。

民国《八寨县志稿》卷十八《物产》第 341 页

五爪龙

五爪龙　按：五爪龙产府亲辖境，本草所不载，以叶五歧因名，治跌打损伤。

咸丰《兴义府志》（点校本）卷四十三《物产志·土产》第 666 页

荠苨

荠苨　按：荠苨产府亲辖境，即《尔雅》之芭苨。《尔雅》云："苨，芭苨也。"郭注云："即荠苨。"《救荒本草》谓之"杏叶沙参"，以其根似沙参而叶如杏也。又名甜桔梗。陶弘景云："根茎都似人参而叶小异，根味甜绝，能杀毒，与毒药共处，毒皆自歇。魏文帝言，'荠苨乱人参'，即此。"《别录》云："解百种毒。"《大明本草》云："杀蛊毒、治蛇虫咬，热狂温疾，署毒箭。"《昝殷产宝》云："利肺气，和中明目，止痛，蒸切作羹粥食，或作齑菹食。"《本草纲目》云："主咳嗽、消渴、强中、疮毒、丁肿。"

咸丰《兴义府志》（点校本）卷四十三《物产志·土产》第 666 页

牛蒡子

牛蒡子　即象耳朵米。

光绪《增修仁怀厅志》卷之八《土产》第 302 页

牛蒡子　又名大力子。

民国《咸宁县志》卷十《物产志》第 603 页

牛蒡　一名大力子，一名恶实，茎高三四尺，叶大如芋叶而长，三月生苗，四月开花成丛，浅紫色，实似葡萄核而褐色，外壳多刺似栗球，根大如臂，长近尺，根苗可茹，子入药。

民国《独山县志》卷十二《物产》第 345 页

牛蒡子　一名恶实，一名鼠粘，一名大力子，一名蒡翁菜，一名便牵牛，一名蝙蝠刺，一名牛菜，一名夜叉头。苏颂曰："叶大如芋叶而长。实似葡萄核而褐色。外壳似栗梂而小如指头，多刺。根有极大者，作菜茹，益人。"李时珍曰："古人以肥壤栽之，剪苗汋淘为蔬，取根煮曝为脯。今人则罕食之。三月生街苗起茎，高者三四尺。四月开花成丛，淡紫色，结买如枫梂而小，萼上细刺百十攒簇之，一梂有子数十颗。其根大者如臂，长者近尺，其色灰黪。七月采子，十月采根。"吴其濬曰："牛蒡子多刺，而独以恶名，何也？初生叶大芋形固可骇。茎尤肥宜，能果服。医者蓄其实为良药。竟体皆有功于人，而蒙不韪之名。名顾可凭乎？"今按：县之所产，原野实多。

民国《息烽县志》卷之二十一《植物部·百卉类》第312页

罗菔子

罗菔子 莱菔子也。罗菔子，即莱菔子，味大辛，气温，能破气、消痰、定喘，除胀利大小便，有推墙倒壁之功，久食顺气。

光绪《黎平府志》（点校本）卷三《食货志第三》第1403页

鹤虱

鹤虱 花绿如珠，俗名绿珠，珠实有刺，最粘人衣。

咸丰《安顺府志》卷之十七《地理志·通产 专产》第216页

鹤虱 即罗布子。

光绪《增修仁怀厅志》卷之八《土产》第302页

天明精 《尔雅》："茢，蕭，豕首。"其异名，则"天蔓菁""天门精""地菘""玉门精""麦句姜""蟾蜍兰""蝦蟆蓝""蚾草""蟲颅""活鹿草""刘遣草""皱面草""母猪芥"。其实，则名鹤虱。其根，又名杜牛膝……李时珍曰："嫩苗绿色，似皱叶菘芥，微有狐气，淘净煠之亦可食。长则起茎，开小黄花如小野菊花。结实如同蒿，子亦相似，最粘人衣，狐气尤甚。炒熟则香。天名精并根苗而言，地菘言其苗叶，鹤虱言其子。其功，大抵只是吐痰止血、杀虫解毒，治乳蛾喉肿及小儿急慢惊风，牙疼诸病尤有效。"吴其濬曰："天明精，子极臭而刺人衣。南方冬不落尽而新生矣。园丁恶之。诸家皆云，子名鹤虱。湘中土医有用鹤虱者，余取

视之，乃野胡萝卜子。盖其花白如鹤羽，而子如虱，故有是名。天名精子名此，则所未解。《救荒本草》仅以野胡萝卜根可救饥，而湘南以入药裹，然则即以鹤虱名之亦宜。"今按：此亦各地皆有之常产，而县之乡农每不识之。医用之鹤虱其即此苗之实乎？抑亦如吴氏所说，仍将野胡萝卜子而代名代用也。

民国《息烽县志》卷之二十一《植物部·百卉类》第314—315页

枳壳

枳壳 即橙。实坚小者枳，贷卢大者为枳谷。

咸丰《安顺府志》卷之十七《地理志·通产 专产》第216页

枳壳 《本草纲目》："枳乃木名，壳可入药，枳如橘而小，叶如橙多刺。"

光绪《增修仁怀厅志》卷之八《土产》第302页

刘寄奴

刘寄奴草 按：刘寄奴草产府亲辖境。《南史》云："刘裕，小字寄奴，微时伐薪荻州，遇一大蛇，射之。明日往，闻杵臼声，寻之，见童子数人于林中捣药，问其故，答曰：'我主为刘寄奴所射，今合药傅之。裕叱之，童子皆散，乃收药而返，每遇金疮，傅之即愈。'人因称此为刘寄奴草。"《别录》云："治下血止痛，止金疮血极效。"《大明本草》云："治心腹痛、症结，止霍乱，水泻。"《唐本草》云："多服令人下痢。"

咸丰《兴义府志》（点校本）卷四十三《物产志·土产》第668页

刘寄奴 蒿类，金疮药，因宋高祖时射蛇得名，亦曰乌藤菜。

光绪《增修仁怀厅志》卷之八《土产》第302页

白芥子

白芥子 辛温。白芥子，味大辛，气温，能开滞消痰，一切咳嗽喘急反胃呕吐等症，俱可治。

光绪《黎平府志》（点校本）卷三《食货志第三》第1403页

马勃

马勃 俗名马皮包。

咸丰《安顺府志》卷之十七《地理志·通产 专产》第 216 页

马勃 即山上灰包。

光绪《增修仁怀厅志》卷之八《土产》第 302 页

山栀子

栀子 解秘结。栀子，详花部。味苦气寒，能清心肺之火，泄肝肾膀胱之火，一切消渴秘结著热症俱可治。

光绪《黎平府志》（点校本）卷三《食货志第三》第 1402 页

山栀子 《本草纲目》："司马相如赋'鲜支黄砾。'"注："鲜支即支子也，佛书称其花为卜，二三月生白花，花皆六出宝如诃子状。"

光绪《增修仁怀厅志》卷之八《土产》第 302 页

青箱子

青箱子 按：青箱子全郡皆产。《神农本草》云："治唇口青。"《大明本草》云："治五脏邪气，益脑髓，镇肝，明耳目，坚筋骨，去风寒湿痹。"《药性本草》云："治冲眼赤障，青盲，翳肿，恶疮。"其茎叶，《神农本草》云："杀三虫。"《大明本草》云："止金疮血。"

咸丰《兴义府志》（点校本）卷四十三《物产志·土产》第 668 页

青箱子 即鸡冠花未。

光绪《增修仁怀厅志》卷之八《土产》第 302 页

青箱子 即鸡冠花子。

民国《兴仁县补志》卷十四《食货志·物产》第 462 页

大蓟

大蓟 按：大蓟全郡皆产。郑樵《通志》云："《尔雅》言虈曰狗毒，即此。"《别录》云："止吐血鼻衄，令人肥健。"《大明本草》云："朴损，生研酒并小便服，又恶疮疥癣同盐研罨之。"

咸丰《兴义府志》（点校本）卷四十三《物产志·土产》第 668 页

小蓟

小蓟 按：小蓟全郡皆产。《别录》云："养精保血。"《本草拾遗》云："破宿血，生新血，暴下血、血崩、金疮出血、呕血等。绞取汁温服，作煎和糖，合金疮、蜘蛛蛇蝎毒服之亦佳。"《本草纲目》云："治胸膈烦闷，开胃下食，退热，补虚损。"《食疗本草》云："苗作菜食，除风热；夏月热烦不止，捣汁半升，服立瘥。"

咸丰《兴义府志》（点校本）卷四十三《物产志·土产》第668页

巴豆子

巴豆子 人呼绿巴豆，而形如菽豆，故名之。

光绪《增修仁怀厅志》卷之八《土产》第302页

覆盆子

覆盆子 按：覆盆子产府亲辖境，《尔雅》谓之"缺盆"。《图经》云："四五月红熟，味酸甘，外如荔枝，大如樱桃，软红可爱，失时则就枝生蛆。食之多热，五六分熟便可采，烈日曝干。"《别录》云："益气轻身，令发不白。"《开宝本草》云："补虚续绝，强阴健阳，悦泽肌肤，安和五脏，温中益力，疗劳损风虚，补肝明目，并宜捣筛，每旦水服三钱。"

咸丰《兴义府志》（点校本）卷四十三《物产志·土产》第669页

栽秧蘸 覆盆子也。覆盆子，一名栽秧蘸，藤蔓，茎有钩刺，一枝五叶，叶小，面青背微白，开白花，四五月实成，味酸甘，外如荔枝，大如指顶，软红可爱，深青黄熟赤，味甘平无毒，益气轻身，补虚续绝，强阴健阳，亦要药也。叶为治眼妙品。又一种，名割田蘸，藤蔓繁衍，茎有倒刺，逐节生叶，大如掌，状类小葵，面青背白，厚而有毛，六七月开花结实，生青熟黄紫，黯微有黑毛，形如熟椹而扁，气味功用与覆盆同。又一种名薅田蘸，一枝三叶，微有毛，三月开小白花，四月实熟，其色红如樱桃，酢甜可食，不入药。

光绪《黎平府志》（点校本）卷三《食货志第三》第1399页

覆盆子 即乌泡。

光绪《增修仁怀厅志》卷之八《土产》第302页

蛇莓

蛇莓 按：蛇莓产府亲辖境。有毒，状如覆盆子，色赤，根似败酱。其汁，《别录》云："治胸腹大热。"《食疗本草》云："孩子口噤，以汁灌之。"《本草纲目》云："傅汤火伤痛即止。"

咸丰《兴义府志》（点校本）卷四十三《物产志·土产》第669页

益母草

益母草 按：益母草全郡皆产，即《诗》之蓷。《诗·王风》云："中谷有蓷。"《诗·疏》云："韩诗及三苍说悉云益母。朱子诗传亦云蓷方茎白华，华生节间，即今益母草。"《尔雅》云："萑蓷注亦云，又名益母。"《本草纲目》云："其功宜于妇人，又明目益精，故有益母之称。"

咸丰《兴义府志》（点校本）卷四十三《物产志·土产》第664页

益母草 野天麻也。益母草，一名野天麻，春生苗如嫩蒿，入夏长三四尺，茎方叶青如艾而背青，一梗三叶，有尖歧，寸许一节，节间花苞丛簇抱茎，四五月开花，每萼内子数枚，其草生时有臭气，夏至后即枯，味甘微辛，气温和血，行气有助阴之功。

光绪《黎平府志》（点校本）卷三《食货志第三》第1399—1400页

益母草 一名蓷，《诗·王风》中"谷有蓷，蓷雊也"，即益母草，茎长三四尺，一稜三叶有尖岐，节间花苞丛簇抱茎，四五月开细花红紫色，子大如茼蒿子，三稜褐色，根白色。

民国《独山县志》卷十二《物产》第343页

霸王鞭

霸王鞭 按：霸王鞭全郡皆产，《本草》所不载。长尺余，圆围寸许，形如鞭，皮色如仙人掌，刺亦如之。疡医用以治诸疮，敷之有殊效。

咸丰《兴义府志》（点校本）卷四十三《物产志·土产》第664页

降香

降香 产永从。降香，出外番，紫而润者良，焚之气劲而远，可以降神，故名。降香，产永从，见省志，亦外番种也。

光绪《黎平府志》（点校本）卷三《食货志第三》第1400页

兔丝

兔丝子 按：兔丝子全郡皆产，或谓即《诗》之女萝，非也。《诗》云："茑与女萝。"《毛传》云："女萝，兔丝也。"又《尔雅》云："唐蒙女萝，女萝，兔丝。"孙炎注云："一物四名，其说皆非也。"陆疏云："兔丝，蔓草上，黄赤如金；松萝，蔓松上。"《广雅》云："兔邱，兔丝也；女萝，松萝也。"《埤雅》云："在草为兔丝，在本为女萝，二物殊别，《尔雅》释诗误以为一物。"《神农本草》云："治续绝伤，益气力，肥健人。"《别录》云："久服明目，轻身延年。"《药性本草》云："治虚冷，添精益髓。"《大明本草》云："补五劳七伤。"

咸丰《兴义府志》（点校本）卷四十三《物产志·土产》第669页

菟丝子 俗名没娘藤。又名无根草，藤生，实似黍而圆。

咸丰《安顺府志》卷之十七《地理志·通产 专产》第216页

兔丝 一名金线草，子落地，明年夏生苗，色红黄，遍地不能起著草榎，缠绕而上，则又生根草榎而去，其初根矣花白色微红，实色黄，生榎上，与女萝有别。

民国《独山县志》卷十二《物产》第344页

蓬蘽

蓬蘽 按：蓬蘽产府亲辖境。《神农本草》云："安五脏，益精髓，令人强志倍力，久服轻身不老。"《别录》云："疗中风。"

咸丰《兴义府志》（点校本）卷四十三《物产志·土产》第669页

沙参

沙参 府属俱有，其苗可食，三月采。

乾隆《贵州通志》卷之十五《食货志·物产·安顺府》第286页

沙参 一名虎须，一名羊婆奶，生沙地者长大，生黄土者瘦小。

咸丰《安顺府志》卷之十七《地理志·通产 专产》第 215—216 页

沙参 按：沙参产兴义县。《别录》又名铃儿草，又名虎须，苗可食，三月采。《唐本草》云："根白大如芜菁。"《本草纲目》云："根多白汁，俚人呼为羊婆奶，人采蒸压实以乱人参，但体轻松，味淡而短耳。"《神农本草》云："治血结、惊气、除寒热、补中益肺气。"《别录》云："疗心腹痛、头痛、安五脏，久服利人。"《药性本草》云："养肝气。"《大明本草》云："治一切恶疮，排脓、消肿毒。"《本草纲目》云："消肺火，治久咳肺痿。"

咸丰《兴义府志》（点校本）卷四十三《物产志·土产》第 666 页

沙参 （一名铃儿草，又名虎须），苗可食，三月采，根白大如无菁，多白汁，俚人呼为羊婆奶，入药。

民国《都匀县志稿》卷六《地理志·农桑物产》第 276 页

沙参 一名铃儿草，又名虎须，俗呼羊婆奶以有白汁也。叶长卵形，端尖有锯齿。茎高二三尺，三月采白根入药。秋时叶腋间开小紫色花，冠为钟状，五瓣，根似人参，人参为掌状，复叶花白色，为多年生草。

民国《麻江县志》卷十二《农利·物产下》第 427 页

沙参 宜于沙地，故名沙参。秋月叶间开紫花，如铃如五出。结实如冬青，实中有细子。茎根皆有白汁，九月采根入药。

民国《独山县志》卷十二《物产》第 344 页

淫羊藿

淫羊藿 俗名铜丝草。

咸丰《安顺府志》卷之十七《地理志·通产 专产》第 216 页

淫羊藿 一名仙灵脾，一名放杖草，一名弃杖草，一名千两金，一名干鸡筋，一名黄连祖，一名三枝九叶草，一名刚前。柳宗元《仙灵脾诗》："乃言有灵药，近在湘西原。服之不盈旬，蹩躠皆腾骞。"又："痿者不忘起，穷者宁复言，神哉辅吾足，幸及儿女奔。"苏颂曰："茎如粟秆。叶青似杏叶，上有刺。根紫色有须。四月开白花，亦有紫花者，碎小独头。子五月采，叶晒干。湖湘出者，叶小如豆，枝茎紧细，经冬不凋，根似黄莲。关中呼为三枝九叶草。苗高一二尺许，根叶俱堪用。"李时珍曰："一根数茎，茎粗如线，高一二尺，一茎三桠。一桠三叶，叶长二三寸如杏叶及豆藿，面光背谈，甚薄而细齿，有微刺"。今按：县产不少。患腰膝病者，每需此药。故，俚医亦恒知取用。

民国《息烽县志》卷之二十一《植物部·百卉类》第 312 页

淫羊藿　豆叶曰藿，此药似之，故亦曰藿，《本草经》云："西川北部有滛羊藿，羊常食此藿，故名。一根数茎，茎二桠，桠三，叶瓣有刺，根紫色有须，生处不闻水声者良。"

民国《独山县志》卷十二《物产》第 344 页

鸡爪参

鸡爪参　本县特产鸡爪参最著，又名倒提壶。贵阳有售销店，其功用治体质虚弱。

民国《晴隆县志》第五章第六节《物产》第 590 页

党参

党参　平远有之。

道光《大定府志》卷之四十二《食货略第四下·经政志四》第 625 页

雄黄

雄精佩　宜男。雄黄，味苦甘辛性温有毒，能消痰涎治癫痫，一切蛇虺百虫兽毒俱可治。《黔书》："有雄有雌，雄则皎，雌则黯，其精为至宝，光可夺日，佩之宜男。贾是用售连城，不足多也。"

光绪《黎平府志》（点校本）卷三《食货志第三》第 1403 页

虎骨

虎骨　用胫。虎骨，味微辛，气平，能治一切风病，以风从虎也。虎骨虽可通用，但虎之一身筋节气力，皆出前足，故以胫骨为尤胜。

光绪《黎平府志》（点校本）卷三《食货志第三》第 1403 页

鹿茸

鹿茸 入阳。鹿茸，夏至鹿角解，初生者茸也。味甘咸，气温，破开涂酥，灸之，入药益元气，填真阴，扶衰弱，善助精血，尤强筋骨，坚齿牙，益神志，大有补益。冬至麋角解茸入阴分，不若鹿茸之入阳分也。

光绪《黎平府志》（点校本）卷三《食货志第三》第 1403 页

麝香

麝香 不易得，医家珍之于牛黄等。

民国《普安县志》卷之十《方物》第 501 页

麝香 通经络。麝香，味苦辛，性温，能开诸窍，通经络，透肌骨，一切风痰积聚、症瘕等症俱可治，内外科丸，散不可无。

光绪《黎平府志》（点校本）卷三《食货志第三》第 1403 页

龙骨

龙骨 土中精也。龙骨，形体似龙，乃土中精气所结也。味甘平，性收涩，入肝肾二经，故能安神志，定魂魄，镇惊悸，禁肠风，下血虚，滑脱肛等症，并能敛疮敛脓，生肌长肉。

光绪《黎平府志》（点校本）卷三《食货志第三》第 1403—1404 页

穿山甲

穿山甲 除岚瘴。穿山甲，山路常有之，味咸平，性微寒，能通经络，达腠理，除山岚瘴气，疟疾亦可辅，恶疮取其甲用。

光绪《黎平府志》（点校本）卷三《食货志第三》第 1404 页

青鱼胆

青鱼胆 消目肿。青鱼胆，味苦性寒，其色青，故入肝胆二经，能消赤目肿痛，外科多用，内科少用。

光绪《黎平府志》（点校本）卷三《食货志第三》第 1404 页

蜂房

蜂房 治疽。蜂房，味微甘咸，有毒，疗蜂毒肿毒即恶疽，附骨疽疔肿诸毒，山崖壁、屋角、树间皆有，外科用。

光绪《黎平府志》（点校本）卷三《食货志第三》第 1404 页

鳖甲

九肋鳖 产黎平，甲能消症瘕。鳖甲味咸气平，此肝脾肾血分药也。能消症瘕，疗温疟，除骨节、血虚、痨热等症，须取活鳖大者去肉用，不可煮熟，取肋。黎平旧产九肋鳖，今鲜有。

光绪《黎平府志》（点校本）卷三《食货志第三》第 1404 页

桑螵蛸

桑螵蛸 即螳螂房。桑螵蛸，即螳螂育子房也。深秋作房，沾着桑枝之上，房长寸许，大如拇指，其内重重有隔，每房有子如蛆卵子是也。味甘微咸性平，能益气益精，助阳生子，治男子虚损阴痿，以及妇科血闭、腰痛等症。

光绪《黎平府志》（点校本）卷三《食货志第三》第 1404 页

白茅

白茅根 补中。茅根，即白茅，有数种，惟白者为胜。春生苗，布地如针，故曰茅。其根肥嫩白而有节，味甘凉性纯美，能补中益气，善理血病，此良药也。

光绪《黎平府志》（点校本）卷三《食货志第三》第 1404 页

第五章　花草类植物

第一节　花之属

花之属　桂、山茶、海棠、荼蘼、蔷薇、木槿、牡丹、菊、栀子、报春、迎春、山丹、紫薇、紫荆、兰、素馨、芙蓉、崖锦、夜合、棣棠、凌霄、萱、芍药、水仙、扁竹、玉簪、百合、难冠、葵、罂粟、石竹、蝴蝶、白结、阳雀、杜鹃红、滴滴金、金凤花、龙爪花、洛阳花、铁线莲、十姊妹、月月红、粉团花、雁傅书、秋海棠、水红花、碎剪罗、夜落金钱、红蓼、杨和。

嘉靖《贵州通志》卷之三《土产》第273—274页

花之草本　春有兰，秋有菊，而香葵、海棠则丽于夏秋之交，金凤、玉簪、鸡冠、罂粟又与水仙而矜艳矣。

花之木本　牡丹丽夏，丹桂、香秋、栀子、绣球、棠梨、木槿、石榴、紫荆之属应时吐蕍，余则非其地之所宜。

乾隆《南笼府志》卷二《地理·土产》第537页

兰

春兰　随处皆有，惟都匀产秋兰。邵白温曰："叶细者春花，花少；叶阔者秋花，花多。"

乾隆《贵州通志》卷之十五《食货·物产》第284—285页

兰　生山谷，苞生柔荑，俗称曰箭，有叶箭、花箭、花箭秋生，叶箭

冬末生花，箭叶似大韭与麦冬，而劲健特起，色绿有直纹排列，脊在叶背，面光背糙，长及一二尺，四时常青，一箭一花，花瓣长而中阔前尖，四瓣分三面，色青绿而微黄，中间有心，长三四分，白色微弯，上有细紫点。其纯白无点者名素心兰，惊蛰前后开，曲香清远，与他花之香不同，素心者香更甚。花开耐久，可历一月，但久则香歇，若去其花无使结子，则来年复花。其实大如小青果，囊中有子。又有珠兰，其花较长，而色白微红。素心兰叶柔润，茎白，一茎十余花，花心如玉，香气清曲。春兰立春前开，一茎一花，香气尤烈，多野生。一种山兰，生润石上，不资土而活，一茎十余花，色不香，蕙似兰而差大，一茎五六花，夏秋间开，居人统名为兰，盆植甚夥，种自闽来，亦曰建兰。

道光《贵阳府志》（点校本）卷四十七《食货略·土贡 土物》第922—923页

兰 《仁怀志》："山谷中所在皆是。"《田居蚕室录》："山中多有之，佳者可次建兰；其不香者曰木兰；一种不沾泥土，根自盘结，悬之自开，一枝发十余朵，曰吊兰，不香。"

道光《遵义府志》（校注本）卷十七《物产》第515页

兰 旧志云："春有兰。"按：兰，今全郡皆产，只有春兰而无秋兰。

咸丰《兴义府志》（点校本）卷四十三《物产志·土产》第649页

兰 《群芳谱》："江南兰只在春芳，荆楚及闽中秋复再芳。"黄山谷云："一干一花，而香有余者，兰。一干数花，而香不足者，蕙。"

光绪《增修仁怀厅志》卷之八《土产》第298页

火烧兰 夏兰也。夏兰，俗名火烧兰，春时野火烧山至夏，则兰花盛开，叶不甚长，花如建兰，一茎数花，色香均与建兰同。

光绪《增修仁怀厅志》卷之八《土产》第298页

建兰 冬宜暖，夏宜阴。建兰，栽盆中，冬宜藏暖处，夏宜置阴处，茎叶肥大而长，其色苍翠可爱，五六月开花，一茎或五六朵或八九朵，清香满室，诚佳品也。须用火烧山土栽，频分则根舒，花开不绝，浇洗须如法。又有按月培植之方。

光绪《增修仁怀厅志》卷之八《土产》第298页

风兰 能催生。风兰，俗名吊兰，生崖壑间，悬根而生，茎劲而长，深绿色。三月开花，一茎十数朵，瓣多紫似建兰，不用土栽，取大窝者盛以竹篮，悬于见天不见日处，朝夕以清水、冷茶，或取下水浸湿。又，挂冬夏长青，污泥不染，诚奇品也。一云此兰能催生，临产挂房中甚验。

光绪《黎平府志》（点校本）卷三《食货志第三》第1390页

兰 今世所尚之兰花，非古人重视之兰草也。……县之访稿，亦备列焉。是县地，既有泽兰，未必无古之所谓兰草也。然古之兰草，既不为今人所尚者，惟如茅如薤、蓄之盆玩之兰花。兹即言之盆玩之兰花，产自山谷，无县无之，县不得异，即陶弘景之所谓"燕草"，李时珍之所谓"土续断"。其总谓之"芳兰""幽兰"，而分谓之建兰、蜀兰、剑兰、风兰；或曰大小"朱砂"，又曰"珍珠佛手"。其品汇之繁，诸家谱兰者，载之其详。所南翁痛国之亡有托而画之者，盖不出此类。山中春时，一茎一花、一茎数花者，所在皆有。闽产以素心为贵，俗以蜜渍其花入茶。其根有毒，食之闷绝。吴其濬更有言曰："《离骚》《草木疏》谓兰可浴，不可食。闻蜀士云：屡见人醉渴，饮瓶中兰花水，吐利而卒。又峡中储毒，以药入兰花为第一，乃知甚美必有甚恶。兰为国香，人服媚之，又当爱而知其恶也。"呜呼！兰为上药，岂毒草哉！不识真兰，徒为谤书；皆缘以叶似麦门冬者为兰而终不知其误。谁实倡此謇言耶？然则，今俗只知盆玩之兰花，而全未识往昔所称之兰草者，其亦有取于斯意也乎！

民国《息烽县志》卷之二十一《植物部·花类》第274—275页

兰 叶润如蒲，花大似碗，花中有蕊，形如老人，蹲踞有目，须发可辨。

民国《兴仁县补志》卷十四《食货志·物产》第461页

兰 叶长弯而下垂，深青色。花茎由根分出梗，无节，气清香可供盆玩。

民国《八寨县志稿》卷十八《物产》第334页

紫竹兰

紫竹兰 按：紫竹兰产兴义县，茎叶似紫竹而花开如兰，故名，奇花也。

咸丰《兴义府志》（点校本）卷四十三《物产志·土产》第649页

紫竹兰 茎叶似紫竹，花间如兰，色香具备。

民国《兴仁县补志》卷十四《食货志·物产》第461页

木兰花

木兰 无香。兰花，香草也。生山谷间，紫茎赤节，苞生柔荑，叶绿如麦门冬而劲健，四时常青，光润可爱，一茎一花生茎端，黄绿色，中间瓣，上有细紫点，幽香清远，馥郁袭衣，弥旬不歇，故称为王者香。今黎郡山谷间春兰类此。《群芳谱》以为幽兰是也，《田居蚕室录》："不香者曰木兰。"

光绪《黎平府志》（点校本）卷三《食货志第三》第1389—1390页

金盏

金盏 茎端相续。金盏花，茎高四五寸，叶厚而狭，抱茎生，甚柔脆，花大如指顶，瓣狭长而顶圆，开时团团如盏子，生茎端，相续不绝。

光绪《黎平府志》（点校本）卷三《食货志第三》第1391页

水仙花

水仙花 陆生，宜水，一种心黄边白，名金盏银台，性芬烈。

道光《贵阳府志》（点校本）卷四十七《食货略·土贡 土物》第923页

水仙 按：水仙，全郡皆产。《群芳谱》云："根似蒜头，六朝人呼为雅蒜。"杨诚斋以千叶者为真水仙，实不如单叶者多丰韵。李时珍云："水仙亦有红花者。"今郡无此种。

咸丰《兴义府志》（点校本）卷四十三《物产志·土产》第651页

金盏玉盘 水仙也。水仙花，根似蒜头，外有薄赤皮，冬生，叶如萱草色绿而厚，冬间于叶中抽一茎，茎头开花数朵，大如簪头，色白，圆如酒杯，上有五尖，中心黄蕊颇大，故有"金盏玉盘"之称，其花莹韵，其香清幽，亦仙品也。

光绪《黎平府志》（点校本）卷三《食货志第三》第1390页

水仙 根如蒜瓣，植瓷盆内，以河石壅根，时以温水灌溉，叶由瓣端而发，花开如萱，色淡红而雅洁。

民国《八寨县志稿》卷十八《物产》第335页

蜨蝶花

蜨蝶花 花蓝色，俗名扁竹根。

  道光《贵阳府志》（点校本）卷四十七《食货略·土贡 土物》第923页

蝴蝶花

蝴蝶花 本名珍珠蝴蝶花，白色，花心如球，环以白瓣，如蝴蝶然。

  道光《贵阳府志》（点校本）卷四十七《食货略·土贡 土物》第924页

蝴蝶花 原名簇蝶，花蕊如莲房，花每朵出一蕊，色如退红。

  民国《独山县志》卷十二《物产》第343页

山丹

山丹 类百合花，赤色。

  道光《贵阳府志》（点校本）卷四十七《食货略·土贡 土物》第923页

茉莉

茉莉 气清香，色白，瓣分尖圆，重台者香较逊，来自他郡。

  道光《贵阳府志》（点校本）卷四十七《食货略·土贡 土物》第923页

茉莉 《通志》："《南方草木状》，称其芳香酷烈，岭外海滨恒多。"今黔省亦栽，隔年则不花，独仁怀土地为宜。

  道光《遵义府志》（校注本）卷十七《物产》第516页

茉莉 暮开。茉莉，弱茎繁枝，叶如茶而大，绿色，夏秋之间开小白花，花皆暮开，其香清婉柔淑，风味殊甚，出自暖地，性畏寒，喜肥壅，以鸡粪灌以烀猪汤或鸡鹅毛汤或米泔，开花不绝。六月六日以治鱼水一灌愈茂，每晚采花取井花水半杯，用物架花其上，离水一二分厚纸密封，次日花既可簪，用水点茶，清香扑鼻，又收入瓶内，与茶叶同贮亦佳。黎郡茉莉皆来自古州，以地暖栽插，易活故也。

  光绪《黎平府志》（点校本）卷三《食货志第三》第1389页

茉莉 按：茉莉产贞丰。考茉莉，《南方草木状》作"末利"，《洛阳名园记》作"抹厉"，《佛经》作"抹利"，《王龟龄集》作"没利"，《洪

迈集》作"末丽"，盖茉莉本梵语，随音译之，无正字也。《群芳谱》云："此花出波斯，北土名柰。"《丹铅录》云："《晋书》都人簪柰花，即今末利花也。"

咸丰《兴义府志》（点校本）卷四十三《物产志·土产》第653页

茉莉 原出波斯，渐移植粤。县境近时之，性畏寒，弱质，繁枝，叶圆尖，色绿。初夏开小白花，重瓣无蕊，秋尽乃止，不结实，芬香异常。

民国《独山县志》卷十二《物产》第342页

鱼子兰

鱼子兰 花如鱼子，梗叶迥别，香与兰等，故名。

道光《贵阳府志》（点校本）卷四十七《食货略·土贡 土物》第923页

向日葵

向日葵 春种，树高数尺，叶如梧桐而粗，顶上结花，大如盘，径尺许，黄瓣沿盘而生，盘中子千粒，熟可炒食。其盘早晚随日影东西，阴雨亦然。一云茎高丈许，干粗如杯，一节一叶，如蓖麻，叶团而有尖；一茎直上，虽有旁枝，只生一花，花圆一二尺，大如盘而色黄，四围单瓣如菊，中也作窠如蜂房，随日回转。花心至秋末渐紫黑而坚、子嵌其中。甚繁，状如蓖麻子而长，其体微扁而有棱，可炒食。

道光《贵阳府志》（点校本）卷四十七《食货略·土贡 土物》第923页

向日葵、蜀葵、秋葵 旧志云："香葵、海棠丽于夏秋之交。"按：葵，全郡皆产，而有数种。其一蜀葵，十八先生祠即有。《广群芳谱》云："蜀葵，肥地勤灌，花可变至五六十种，有千瓣、重台、单叶、剪绒之异。一名戎葵，一名一丈红，五月间花即盛。"今祠中只有粉红单叶一种。其一秋葵，祠中亦有。《广群芳谱》云："秋葵，一名侧金盏，六月放花，大如碗，鹅黄色，紫心六瓣而侧，朝开午收暮落，随即结子是也。"其一旧志所云之香葵，即向日葵，即《诗·豳风》"七月烹葵"之葵；《仪礼》《士虞礼注》"夏秋用生葵"之葵，《左传》"葵能卫足"之葵也。《左传注》云："葵倾叶向日，以蔽其根。"《广群芳谱》云："有紫茎、白茎两种，一名露葵，一名卫足，古人种之为常食。"此向日葵今全郡皆产，花大径尺，茎高丈余，瓣黄而心大，子结数百如蜂窠。郡人以其子炒食，用代西瓜子。

咸丰《兴义府志》（点校本）卷四十三《物产志·土产》第650页

葵、黄葵 可解热毒。

咸丰《安顺府志》卷之十七《地理志·通产 专产》第216页

葵 向日，叶似桐。葵花，茎高七八尺，中空，叶似梧桐而尖，六七月每茎顶开一花，花随太阳旋转，所谓"向日葵"也。花瓣黄色，渐大如盘，花谢葵子始熟。

光绪《黎平府志》（点校本）卷三《食货志第三》第1392页

向日葵 茎单高六七尺，无岐枝，大叶互生，边有锯齿，六月开黄花，蒂大径尺如盘然，四周花冠可作舌状，性向日，子可啖。与南瓜子、落花生为款客产品，亦可榨油。

民国《都匀县志稿》卷六《地理志·农桑物产》第261页

戎葵

戎葵 一名龙船花，即一丈红，有大红、粉红、紫、白各种。

道光《贵阳府志》（点校本）卷四十七《食货略·土贡 土物》第923页

菊

菊 红、白、黄、紫数种，不甚佳。

乾隆《贵州通志》卷之十五《食货志·物产·贵阳府》第285页

黄寿菊 出余庆，瓣大于菊，金黄色，耐久不落。

乾隆《贵州通志》卷之十五《食货志·物产·平越府》第286页

菊 有黄、白、红、紫数色，其可名者三十余种。六月菊，一茎直上，高一二尺，叶长而尖无刻缺，茎端分四五枝，开黄花如菊，花细瓣多菜。又一种名江西腊，枝叶似菊，夏秋开花，亦似菊花，有桃红、淡红、紫色、茄色、白色各种。

道光《贵阳府志》（点校本）卷四十七《食货略·土贡 土物》第923页

菊 《牧竖闲谈》："蜀人多种菊，以苗可入菜，花可入药；园圃悉植之。郊野人多采野菊供药肆，颇有大误，真菊延龄，野菊泻人。"《仁怀

志》："岩厂（音汉、非厂之简化字）间皆菊，可驻颜；兹地人不识采，深为可惜。"按：植者多至百种，因形制名，不胜录。

道光《遵义府志》（校注本）卷十七《物产》第515页

菊　旧志云："秋有菊。"按：菊，全郡皆产。有"老僧衣""御袍黄""醉杨妃""白藕丝"诸种。府城十八先生祠诸种皆备。

咸丰《兴义府志》（点校本）卷四十三《物产志·土产》第649页

菊　种内繁多。花备五色。得四时之正气，冬根春苗，夏叶秋花。常食之，益寿延年，种名甚多，不备载。

咸丰《安顺府志》卷之十七《地理志·通产 专产》第216页

菊　即鞠，黄为上。菊花，《月令》作鞠，穷也，花事至此穷尽也。宿根在土，逐年生芽，茎有棱，嫩时肉，老即硬，叶如木槿而大，尖长而香。花有千叶、单叶，有心、无心，黄柏红紫粉红间色，浅深大小之殊，大要以黄为上。黄，中色也，其次莫若白。西方金气之应，则于气为钟焉。紫者，白之变；红，又紫之变也。产黎郡者，数色皆具，而金铃、金球、金钱、金丝、龙脑、鹤翎等项，花瓣之异，则未之见焉。

光绪《黎平府志》（点校本）卷三《食货志第三》第1391—1392页

蒿莱花　春菊也。春菊，即蒿莱花，二三月开，金彩鲜明，不减于菊。

光绪《黎平府志》（点校本）卷三《食货志第三》第1392页

万寿菊　顶结蕊。万寿菊，单茎直上，每丫十余叶，有齿，顶上结蕊，八九月开花，花瓣层叠，深黄色，闻之微臭，故又名臭菊。

光绪《黎平府志》（点校本）卷三《食货志第三》第1392页

六月菊　菜菊也。菜菊，六七月开，一名六月菊，一株不过数朵，高仅一二尺，有红白紫三色。

光绪《黎平府志》（点校本）卷三《食货志第三》第1392页

菊　《尔雅》："菊为治蘠。"

光绪《增修仁怀厅志》卷之八《土产》第299页

六月菊　花叶俱类菊。

光绪《增修仁怀厅志》卷之八《土产》第299页

六月菊　有红、白、紫三种。

民国《咸宁县志》卷十《物产志》第602页

菊 按菊之白者，人多以治目疾。

民国《普安县志》卷之十《方物》第 504 页

菊 按菊种最多，县所有者十不及一。所见者螃蟹、鸢毛、灯草、金钱、旧朝衣、醉杨妃、老僧袖、白藕金丝诸种而已。

民国《兴仁县补志》卷十四《食货志·物产》第 461 页

菊 有三种，黄、白、紫，叶相似，茎稍异。黄菊分双、单二种，气臭；紫菊花如盂；白菊花有大如碗者，瓣有回钩，气香而可玩，堪入药。（按：菊多种，因形制名不胜录。）

民国《八寨县志稿》卷十八《物产》第 334 页

鸡冠花

鸡冠花 有红、白、杂色各种。一种本不盈尺，名罗汉鸡冠；一种花有深紫、浅红、纯白、淡黄、豆绿诸色，又有杂色者。花不作瓣，厚片丰茸似肉，俨如雄鸡之冠。

道光《贵阳府志》（点校本）卷四十七《食货略·土贡 土物》第 923 页

鸡冠花 红白二种。

道光《平远州志》卷十八《物产》第 455 页

鸡冠 按：鸡冠，全郡皆产，有红、紫、黄、白诸种。至鸳鸯鸡冠则产贞丰，若寿星鸡冠、缨络鸡冠则无。

咸丰《兴义府志》（点校本）卷四十三《物产志·土产》第 651 页

鸡冠 有红，白二种，可治痢。

咸丰《安顺府志》卷之十七《地理志·通产 专产》第 216 页

鸡冠 有鸳鸯、缨络诸名。鸡冠花，有扫帚、扇面、缨络及百鸟传凤等形，有深紫、浅红、纯白、淡黄四色者。又一朵而紫黄各半，名鸳鸯鸡冠。又有紫、白、粉红三色者，又有五色者最矮，名寿星鸡冠。扇面者，以矮为贵，扫帚者，以高为趣。三月生苗，入夏高者四五尺，矮者才数寸。叶青柔，颇似白苋菜而窄。梢有赤脉红者，茎赤黄者、白者，茎青白或圆或扁，有筋。五六月茎端开花，花大有围一二尺者，层层叠卷可爱，穗有小筒，子在其中，黑细光滑，与苋实无异。

光绪《黎平府志》（点校本）卷三《食货志第三》第 1391 页

鸡冠花　花形如鸡冠，故名，有紫红、淡黄二色。花苞实如天星米。

民国《八寨县志稿》卷十八《物产》第 335 页

八仙花

八仙花　俗名绪毯，初青渐白，后转红绿。亦有蓝色，花耐久，数月不凋。琼花至元已朽，后人以八仙补之。

咸丰《安顺府志》卷之十七《地理志·通产 专产》第 216—217 页

雁来红

雁来红　似苋，值雁来时叶心鲜红。一种雁来黄，顶叶鲜黄；一种老少年，秋时叶分五色。

道光《贵阳府志》（点校本）卷四十七《食货略·土贡 土物》第 923 页

凤仙花

凤仙花　种具五色，红者汁可染甲，俗名指甲花，子熟即绽，名急性子。一种千叶，初开时于顶上枝左右放花，层层攒簇，甚尤可玩，俗名金凤花，其色不一，红者较多。又有白瓣，上作鲜红色数道者，又有状若飞鸟者，又有花缀叶边者，谓之飞来凤。

道光《贵阳府志》（点校本）卷四十七《食货略·土贡 土物》第 923 页

金凤　旧志云："花之草木金凤、玉簪、鸡冠、罂粟与水仙矜艳。"按：金凤即凤仙，全郡皆有。《群芳谱》云："凤仙开花，头齿羽足俱翘然如凤，故有金凤之名。"《文同诗》云："花有金凤为小丛，秋色已深方盛发"，即指凤仙也。又郡人呼为指甲花。考《花史》云："李玉英采凤仙花染指甲，于月下调弦，或比之落花流水，此指甲花之名所由来也。"又《群芳谱》云："有红、白二色及紫、黄、碧杂色。"今郡之凤仙，诸色皆有而独无黄、碧及洒金三种。考《花史》云："谢长裾见凤仙，以尘尾染叶，公金膏洒之，明年，此花金色不去，斑点若洒金。"此种最为凤仙奇品，惜郡尚无。

咸丰《兴义府志》（点校本）卷四十三《物产志·土产》第 650 页

凤仙　有红、白数种。

咸丰《安顺府志》卷之十七《地理志·通产 专产》第 216 页

指甲花 凤仙也。凤仙花，一名染指甲，草种之极，易生苗，高二三尺，茎有红白二色，肥者大如拇指，中空而脆，叶长而尖，似桃、柳叶，有锯齿，开花头翅羽足俱翘，然如凤，故有"金凤"之名。色红、紫、黄、白、碧俱全，有洒金者，白瓣上红色数点。又有半红半白者，自夏初至秋尽开卸，相续结实如樱桃，微长有尖，熟时触之即裂，皮卷如拳。

光绪《黎平府志》（点校本）卷三《食货志第三》第1391页

凤仙花 一名海蒳。一名旱珍珠，一名金凤花，一名小桃纳，一名夹竹桃，一名染指甲草，一名菊婢，一名羽容，一名好女儿花。子名急性子。李时珍曰："凤仙，人家多种之。二月下子，五月可再种。苗高二三尺。茎有红白二色，其大如指，中空而脆，叶长而尖，似桃柳叶而有锯齿。桠间开花，或黄或白，或红或紫，或碧或杂色；亦自变异，状如飞禽。自夏初至秋尽，开谢相续，结实累然，大如樱桃；其形微长，色如毛桃，生青熟黄，犯之则自裂，皮卷如拳；包中有子，似萝葡子而小，褐色。人采其肥茎汋脆以充蒌笋，嫩花酒浸一宿亦可食。但此草不生虫蠹，蜂蝶亦不近，恐亦不能无毒也。"今按：贵州诸县，及县人乃多以指甲花呼之。

民国《息烽县志》卷之二十一《植物部·花类》第278页

指甲 五月开花，结荚，每荚包子数十，黑色，偶触即迸出，谓之急性子，妇科催生极效。

民国《八寨县志稿》卷十八《物产》第336页

芍药

芍药 种类繁多，花分红白，放于春末夏初。

道光《贵阳府志》（点校本）卷四十七《食货略·土贡 土物》第923页

芍药 按：芍药产贞丰、安南。

咸丰《兴义府志》（点校本）卷四十三《物产志·土产》第649页

芍药 冬芽夏花。芍药花，黎郡种来自他处，宿根在土，十月生芽至春出土，红鲜可爱，丛生，高一二尺，茎上三枝五叶，似牡丹而荚长。初夏开花，有红白紫数色，以黄者为佳。

光绪《黎平府志》（点校本）卷三《食货志第三》第1390—1391页

芍药 一名婪尾春，有红、白二种。

咸丰《安顺府志》卷之十七《地理志·通产 专产》第216页

芍药 有红、白二种。

民国《威宁县志》卷十《物产志》第602页

芍药 一名余容，一名铤，一名犁食，一名将离，一名婪尾春，一名黑牵夷，一名白术，一名解仓。白者，名金芍药；赤者，名木芍药。《诗·郑风》："伊其相谑，赠之以芍药。"《韩诗外传》："芍药，离草也。"崔豹《古今注》："芍药有二种，有草芍药，有木芍药。木者，花大而色深；俗呼为牡丹，非也。赵宋以前，盛称于维扬金带围之北，启韩王王陈，其可亚于洛阳牡丹乎！今则国内遍有之，其单瓣者，根入药。《方书》言杭芍药。又以杭产较他种得气厚也。春夏之际，其花盛开，芳丽无伦。"

民国《息烽县志》卷之二十一《植物部·花类》第275页

芍药 叶大如掌，茎空、节疏，花大如盂，盌瓣如鼠耳，鲜红色，根紫红，形如甘薯。别种曰白芍药，叶细，茎长，梗花白而小，根小，长形，食之可补阴分。

民国《八寨县志稿》卷十八《物产》第333页

绣球

绣球 府属尤繁盛。

乾隆《贵州通志》卷之十五《食货志·物产·贵阳府》第285页

草绣球 草本，小朵攒簇，初开豆绿色，渐粉红，久而鲜白。

道光《贵阳府志》（点校本）卷四十七《食货略·土贡 土物》第923页

绣球 木本，开花作豆绿色，久而鲜白。一云花五瓣，百花攒聚，团圆如球，花瓣皆圆而无髩，亦有红白二种。

道光《贵阳府志》（点校本）卷四十七《食货略·土贡 土物》第924页

紫绣球 《岩栖幽事》："蜀有紫绣球。"

道光《遵义府志》（校注本）卷十七《物产》第516页

绣球、洋绣球 按：绣球，全郡皆产。《群芳谱》云："春月开花，五瓣，百花成朵，团团如球。"今考绣球花白，而今郡城及安南别有一种绣球，花开青莲色，浅红而带微青，开久则浅红色，风致比白绣球更韵。

咸丰《兴义府志》（点校本）卷四十三《物产志·土产》第 651—652 页

绣球 团圞如球。绣球，叶青色，微带黑而涩，三四月开花五瓣，百花成孕，团圞如球，满树有粉红色、白色、蓝色之殊。又紫色名紫绣球。

光绪《黎平府志》（点校本）卷三《食货志第三》第 1389 页

绣球 有木本、草本二种。

民国《咸宁县志》卷十《物产志》第 602 页

绣球 叶如牡丹而大，五六月开花如碗形圆球，故名。花有紫色、淡红色二种。

民国《八寨县志稿》卷十八《物产》第 335 页

绣球 《群芳谱》："木本，皱体，叶青微带黑色。开花五瓣，百花成一朵，团圞如球满树。有红白两种。"谢榛诗："高枝带雨压雕栏，一蒂千花白玉团。怪杀芳心春历乱，卷帘谁向月中看。"

民国《息烽县志》卷之二十一《植物部·花类》第 275 页

金丝花

金丝 似萱。金丝花，须长垂丝，木本，中着黄色者杜鹃。鸣时即开，与阳雀花同时，与萱花同色，味甘美可食，枝似枸杞，叶间有小刺花，绝肖蚕豆，一叶一花，金光成窜，谓即萱，误也。

光绪《黎平府志》（点校本）卷三《食货志第三》第 1389 页

梦花

梦花 似瑞香。梦花，树高四五尺，叶如枇杷叶而长，深绿色，花如瑞香而色白，亦香。

光绪《黎平府志》（点校本）卷三《食货志第三》第 1389 页

小红花

小红花 即蓼花。

道光《贵阳府志》（点校本）卷四十七《食货略·土贡 土物》第 923 页

藤萝花

藤萝花 翠叶，紫花，结实如皂角，绿色。

道光《贵阳府志》（点校本）卷四十七《食货略·土贡 土物》第923页

芭蕉

芭蕉 叶长如簟，宽尺余，年深者夏秋之交开花结实，实味薄，逊粤东。草之极大者，一望如树，故俗称芭蕉树。又呼为甘露。

道光《贵阳府志》（点校本）卷四十七《食货略·土贡 土物》第923页

芭蕉 《明一统志》云："普安州土产芭蕉。"《通志》云："芭蕉，花大如盆，其子房包甜美，普安州多此种。"按：芭蕉，今全郡皆产。芭蕉有数种，江南之芭蕉多无花，或有花无实。兴郡之芭蕉有花、实，近城一种，其实不堪食；江边一种则实甘可食。《别录》谓之甘蔗，其实俗呼为芭蕉果。曹叔雅《异物志》云："芭蕉结实，肉甜如蜜，四五枚可饱人，故名甘蕉。"又，万震《南州异物志》云："甘蕉即芭蕉，花着茎末，形如莲花，子各为房，实随花长，每花一阖，各有六子，先后相次，子不俱生，花不俱落。"《图经》云："芭蕉有子者名甘蕉，卷心中抽干作花，初生大萼似倒垂菡萏，有十数层，层层作瓣，渐大则花出瓣中，极繁盛，其花色大类象牙，故谓之牙蕉。其实甘美，其茎解散如丝，以灰汤练治，纺织为布，谓之蕉葛。《广志》云'蕉葛虽脆而好'。"《稽圣赋》云："竹布实而根苦，蕉舒花而株槁，盖蕉生花结实，即叶槁而不再生叶也。"《本草衍义》云："芭蕉，三年以上即有花，自心中抽出，一茎止一花，全如莲花，瓣亦相似，但色微黄绿，中心无蕊，悉是花叶，花头常下垂，每一朵自中夏开，直至中秋后方尽，凡三叶开则三叶脱落。"《群芳谱》云："芭蕉花，苞中积水如蜜名甘露，侵晨取食甚香，止渴延龄。"《埤雅》云："蕉不落叶，一叶舒则一叶蕉，故谓之蕉。"

咸丰《兴义府志》（点校本）卷四十三《物产志·土产》第652—653页

美人蕉

美人蕉 蕉种，叶差小，花如凤朱，色金红。

道光《贵阳府志》（点校本）卷四十七《食货略·土贡 土物》第923页

美人蕉 按：美人蕉产府亲辖境，一名红蕉，又名红兰花，十八先生祠假山上即甚多。考《南州异物志》云："美人蕉自东粤来，花开若莲而色红若丹。"李时珍云："红蕉叶瘦类芦箬花，色正红如榴花，日拆一两叶，其中有一点鲜绿可爱，春开至秋尽犹芳，俗呼美人蕉。今郡之美人蕉，其花不似莲榴，似兰花而色红，故又名红兰花。"

咸丰《兴义府志》（点校本）卷四十三《物产志·土产》第653页

红兰花 又名美人蕉。

民国《兴仁县补志》卷十四《食货志·物产》第461页

虞美人

虞美人 花单瓣。

道光《贵阳府志》（点校本）卷四十七《食货略·土贡 土物》第923页

虞美人 一名满园春。宋祁《益部方物略记·蜀中传》："虞美人，草。予以虞作娱，意其草柔纤，为歌气所动，故其叶至小者或动摇，美人以为娱乐耳。"《群芳谱》："独茎，三叶。叶如决明。一叶在茎端，两叶在茎之半相对而生。人或近之，抵掌讴曲，叶动如舞。"《广群芳谱》："浙江最多。丛生。花叶类罂粟而小。一本有数十花。茎细而有毛发。蕊头朝下，花开始直。单瓣，丛心，五色俱备，姿态葱秀；因风飞舞，俨如蝶翅扇动。亦花中妙品。"

民国《息烽县志》卷之二十一《植物部·花类》第275—276页

仙人掌

仙人掌 无枝叶，状如人掌，侧累而成自三掌至十三掌而止，色绿。

乾隆《贵州通志》卷之十五《食货志·物产·安顺府》第286页

仙人掌 掌厚七八分，以掌相承，不枝不叶，色纯绿，有柔刺。非草非木，无枝无干，亦无花实，土中突出一片，如手掌而长无指。色青绿，

有米色细点，每年只生一片于顶层，累而上，植之家中，可压水灾，如欲传种，取其一片切作三四块，植之肥土中，自生全掌。

道光《贵阳府志》（点校本）卷四十七《食货略·土贡 土物》第 923 页

仙人掌 按：仙人掌产安南。《图经》云："仙人掌多于石上贴壁生，如人掌形，故名，春生至冬犹有。"今安南之仙人掌无枝叶，状如人掌，侧累而成，多刺，自三掌至十三掌而止。色绿，花黄如芙蓉，一树仅开一花，奇卉也。

咸丰《兴义府志》（点校本）卷四十三《物产志·土产》第 653 页

莲

莲 红、白两种。

乾隆《贵州通志》卷之十五《食货志·物产·贵阳府》第 285 页

观音莲 高四五尺，大叶如芋，抽茎开大花，如一瓣碧莲花，花中有长蕊，如观音佛像。

道光《贵阳府志》（点校本）卷四十七《食货略·土贡 土物》第 923 页

莲 按：莲，全郡皆产。府城十八先生祠"净香池"之莲，花开微早。府城北招堤之莲，花开较迟，秋犹有花，池广数亩，香闻数里，登半山亭纳凉延赏之，雅有诗情画意。

咸丰《兴义府志》（点校本）卷四十三《物产志·土产》第 649—650 页

莲 有红、白二种。

咸丰《安顺府志》卷之十七《地理志·通产 专产》第 216 页

莲 《诗经》有蒲菡萏传，荷花也。《尔雅》荷，芙蕖，其花菡萏，注：别名芙蓉。

光绪《增修仁怀厅志》卷之八《土产》第 299 页

芙蕖 荷也。荷花，一名芙蕖，又名莲花，叶圆如盖，青翠。六月开花，有红白二色，瓣多，有至数十片者，花心有黄蕊，长寸余，花谢莲房始露，可栽池内，亦可置大缸，为几前之玩，乃花中之君子也。府城荷花塘旧植数百本。

光绪《黎平府志》（点校本）卷三《食货志第三》第 1390 页

荷花 荷色，俗名荷色牡丹。

民国《咸宁县志》卷十《物产志》第 602 页

小荷花 生海中，叶花俱似金丝莲，其色黄。

民国《咸宁县志》卷十《物产志》第602页

莲 有黄白二种，茎径直而长，叶如船状，一茎一叶，宜植水中。夏季花开如碗如盘，清洁可爱。（按：周子《爱莲说》，莲花之君子也。）

民国《八寨县志稿》卷十八《物产》第335页

伊蒲

伊蒲 伊兰也。杨慎《伊兰赋》序："江阳有花名赛兰，香不足于艳有余，于香戴之秉价，经旬闻十数步。意古者纫佩之，用类浴之具，必此物也。"西域有伊兰，以为佛供，即此。《汉书》所谓"伊蒲之供"也。黎平有此种。

光绪《黎平府志》（点校本）卷三《食货志第三》第1390页

石竹

石竹 一名竹节梅，深红沿边白纹如线，又一种名状元红，色艳，一茎数花。

道光《贵阳府志》（点校本）卷四十七《食货略·土贡 土物》第923页

石竹草 一名汉宫秋，叶似竹。俗名剪绒。诗云"石竹绣罗衣""蝉鸣黄叶汉宫秋"即此。

咸丰《安顺府志》卷之十七《地理志·通产 专产》第216页

石竹 即翦绒，五色。石竹花，草品，纤细而青翠，花有五色，又有翦绒，娇艳夺目，姬娟动人，但枝蔓柔脆，易至散漫，须用细竹围缚，则不摧折。

光绪《黎平府志》（点校本）卷三《食货志第三》第1391页

竹节梅 似石竹。竹节梅，茎细多节，每节两叶对生，细而长，花开顶上，紫心白边，似石竹花，但枝叶柔嫩，须用细竹扶之。

光绪《黎平府志》（点校本）卷三《食货志第三》第1392页

竹节梅 茎叶似竹而细，花紫色，较兰花稍大，亦雅观。

民国《八寨县志稿》卷十八《物产》第335页

荷包花

荷包花 叶似牡丹。荷包花,茎嫩而中空,叶似牡丹,青翠可爱,三四月开花,圆而扁,粉红色,下垂白须。

光绪《黎平府志》(点校本)卷三《食货志第三》第1392页

剪春罗

剪春罗 枝叶类竹节梅,花如剪绒,红色一种秋开,名剪秋罗,俗名碎剪绒。

道光《贵阳府志》(点校本)卷四十七《食货略·土贡 土物》第923页

剪春罗、剪秋纱 按:剪春罗、剪秋纱,全郡皆产,俗呼为剪绒花。《群芳谱》云:"剪春罗一名剪红罗,花六出,周围如剪,茸茸可爱。剪春纱一名汉宫秋,春罗、秋纱,以花时名也。"

咸丰《兴义府志》(点校本)卷四十三《物产志·土产》第653页

剪红罗 即剪春罗。剪春罗,一名剪红罗,二月生苗,高尺余,柔茎绿叶对生抱茎,入夏开深红花如钱,周围如剪成,茸茸可爱。又一种名剪秋萝,花叶俱同,特以时名耳。又一种名剪红纱,夏秋间开花,状如石竹花而稍大,四围如剪成,鲜红可爱,以佳品也。

光绪《黎平府志》(点校本)卷三《食货志第三》第1391页

千年红

千年红 按:千年红,全郡皆产。俗名滚水花,以花干置之沸水中,色极鲜,故名。

咸丰《兴义府志》(点校本)卷四十三《物产志·土产》第653页

丽春

丽春 多叶有刺。丽春花,丛生,柔干,多叶有刺,根苗一类,而具红、白、黄、紫、赤数色,鲜明可爱,亦草花中妙品也。产古州。

光绪《黎平府志》(点校本)卷三《食货志第三》第1391页

子午花

子午花 金钱也。金钱花，一名子午花，秋开黄色，朵如钱，绿叶柔枝，姬娟可爱，栽瓷盆中，副以小竹架，亦书室中雅玩也。

光绪《黎平府志》（点校本）卷三《食货志第三》第1391页

玉簪

玉簪 有紫白二种，叶如蕉而短，花未放时，其蕊如簪。一云其叶大如小团扇而有尖，花未开时似白玉搔头；又一种紫玉簪，叶微狭色紫。

道光《贵阳府志》（点校本）卷四十七《食货略·土贡 土物》第923页

玉簪 按：玉簪，今全郡皆产。一名白萼花，又名白鹤花，紫者名紫鹤花。《群芳谱》云："此花损牙齿，不可近牙。"

咸丰《兴义府志》（点校本）卷四十三《物产志·土产》第650页

玉簪 有紫、白二种。

咸丰《安顺府志》卷之十七《地理志·通产 专产》第216页

玉簪 朝开暮卷。玉簪花有宿根，二月生苗，茎如白菜叶，大如掌，团而有尖，面青背白，叶上纹如车前，颇娇莹。七月初丛中抽一茎，茎上有细叶十余，每叶出花一朵，长二三寸，本小末大，未开正如白玉搔头簪形，开时微绽四出中吐黄蕊，七须环列，一须独长，甚香而清，朝开暮卷。

光绪《黎平府志》（点校本）卷三《食货志第三》第1391页

玉簪花 一名白萼，一名白鹤仙，一名季女。罗隐诗："雪魄冰姿俗不侵，阿谁移植小窗阴。若非月娣黄金钏，难买天孙白玉簪。"李时珍曰："处处人间栽为花草。二月生苗成丛，高尺许。柔茎如白菘，叶大如掌，团而有尖，纹如车前，青白色，颇娇莹。六七月抽茎，茎上有细叶，中出花朵十数枚，长二三寸，本小末大。未开时，正如白玉搔头，簪形，又如羊肚蘑菇之状。开时微绽，四出，中吐黄蕊，颇香，不结子。其根连生如鬼白、射干、生姜辈，有须毛。旧茎死，则根有一白。新根生，则旧根腐。亦有紫花者，叶微狭，皆鬼白、射干之属。主治痈肿。"今县之俚医，多取其根，以疗小儿溺结。他县之风，亦有同然。

民国《息烽县志》卷之二十一《植物部·花类》第278页

六月雪

六月雪 叶细枝繁，六月开碎白花。

道光《贵阳府志》（点校本）卷四十七《食货略·土贡 土物》第923页

桂花

桂花 有黄、白、红数品。至秋而开，亦有四季放花者。

乾隆《贵州通志》卷之十五《食货志·物产·贵阳府》第285页

桂 一名木樨，三四月生新叶落旧叶，八月开花三次，花有三色，淡黄者名银桂，深黄者名金桂，红者名丹桂。其瓣小而圆，长一二分，芳香远闻，但易落，开不数日即堕。又有四季桂，其树较小，其花屡发而少，花罢细细子，绿色，圆而微长。

道光《贵阳府志》（点校本）卷四十七《食货略·土贡 土物》第923页

桂花 有丹桂、金桂、银桂、月桂数种，至秋而开，亦有四季放花者。

咸丰《安顺府志》卷之十七《地理志·通产 专产》第216页

桂 旧志云："丹桂香秋。"按：桂产府亲辖境及贞丰。府城之试院"植桂轩"，桂六，为锳手植。其总兵署之古桂，花开香闻远迩，遥望如黄雪。贞丰产桂，有红、黄二种，《广群芳谱》云："黄者为金桂，红者为丹桂。"

咸丰《兴义府志》（点校本）卷四十三《物产志·土产》第649页

木樨 桂也。桂，一名木樨，花细如粟，八月开，黄者名金桂，红者为丹桂，白者名银桂，开时香闻数十步。又有月桂，十二月皆开花，香色同。

光绪《黎平府志》（点校本）卷三《食货志第三》第1388页

桂 一名木樨花，有金粟，丹桂二种。

光绪《增修仁怀厅志》卷之八《土产》第298页

桂 树高达数丈，叶椭圆形，尖厚而泽，深青色，柄长不相碍，扶疏上耸，远视如團仓然，经四时不凋。八月开小淡黄花，簇然无隙，形如十字，异香闻数里，树大可十余围，邑颇产，惟城文庙台阶特出。（清光绪间邑绅罗金华手植，今更朴茂。）

          民国《八寨县志稿》卷十八《物产》第 333 页

紫荆

紫荆 树不甚高，春时贴梗而开，一名满条红。

    道光《贵阳府志》（点校本）卷四十七《食货略·土贡 土物》第 923 页

紫荆 先花后叶，三月初开。临潼田氏荆即此。

       咸丰《安顺府志》卷之十七《地理志·通产 专产》第 216 页

紫荆 《本草》一名紫珠，《群芳谱》一名满条红，丛生，春开紫花，甚细碎，数朵一簇，花入鱼羹中，食之杀人。

          光绪《增修仁怀厅志》卷之八《土产》第 299 页

紫荆 蕊点茶佳。紫荆，春开紫花，甚细碎，数朵一簇无常处。花罢叶出即结荚，子甚扁，冬取其荚种肥地，春即生。又，春初取根旁小枝栽之即活，采其蕊热水中焯过盐，渍少时点茶颇佳。

      光绪《黎平府志》（点校本）卷三《食货志第三》第 1387 页

紫荆 干枝均无皮，淡黄若茶树，高可丈余，叶长卵形。六月开花，有深红、淡红二色，均由枝间结蕊，开时一树灿烂宜人，以爪掐其干，则枝梢皆动。

          民国《八寨县志稿》卷十八《物产》第 334 页

紫薇

紫薇 一名百日红，花赞枝杪。

       乾隆《贵州通志》卷之十五《食货志·物产·贵阳府》第 285 页

紫薇 花有红、紫、白三色，夏秋开花，接续不断，故名百日红。性柔，皮与本同色，若无皮然。手搔其根，树身俱动，名怕痒树。

    道光《贵阳府志》（点校本）卷四十七《食货略·土贡 土物》第 923 页

紫薇 旧志云："紫荆，应时吐蕊。"按：紫薇，全郡皆产。旧志以紫薇为紫荆，误。郡有紫薇无紫荆，郡人皆误呼紫薇为紫荆。考《群芳谱》云："紫薇，树身光滑，花六瓣，色微红紫绉，每瓣各一蒂，蜡跗茸萼，赤茎，叶对生。一名怕痒花，人以手搔其肤即摇动，四五月始花，接续可

至八九月，故又名百日花。"今郡产紫薇甚多，即此。府署之仓神庙前及花厅后即有此树。至紫荆乃荆属，其木似黄荆而色紫，故名。《藏器拾遗》云："紫荆即田氏之荆也，至秋子熟，正紫，圆如小珠，名紫珠。"《图经》云："紫荆，春开紫花甚细碎，共作朵。生出无常处，或生子木身之上，或附根上枝下直出花，花罢叶出，光紧微圆。"此紫荆也，今郡罕有。

咸丰《兴义府志》（点校本）卷四十三《物产志·土产》第652页

玉兰

玉兰 白曰木笔，紫曰辛夷，一名望春，一名玉兰。二三月开白花，大如莲花，瓣阔面长，颇香在树盛开，望之如堆雪。

道光《贵阳府志》（点校本）卷四十七《食货略·土贡 土物》第923页

辛夷 州西五十里地名花树寨，有辛夷一株植，自明末至今繁茂。大可四人合抱，花映数亩，花多年必丰稔，土人以之占丰凶焉。

道光《平远州志》卷十八《物产》第455页

玉兰 按：玉兰，全郡皆产。《群芳谱》云："花瓣洗净，拖面，麻油煎食，甚美。"

咸丰《兴义府志》（点校本）卷四十三《物产志·土产》第650页

木笔 按：木笔，全郡皆产，即辛夷。《群芳谱》云："辛夷，一名木笔。"

咸丰《兴义府志》（点校本）卷四十三《物产志·土产》第650页

玉兰 冬蕾春开。玉兰，九瓣，色白微碧，香味似兰，故名。丛生，一干一花，皆着木末，绝无柔条。隆冬结蕾，三月盛开，浇以粪水则花大而香，花落从蒂中抽叶，特异他花。

光绪《黎平府志》（点校本）卷三《食货志第三》第1387页

玉兰 玉兰花九瓣，色白微碧，香似兰，故名。一干一花，皆著木末，冬结蕾，三月开花，落从蒂中抽叶，特异他花，亦有黄者。

民国《独山县志》卷十二《物产》第342页

木笔 一名辛夷。

民国《威宁县志》卷十《物产志》第602页

木笔 一名辛夷，一名迎春。树似杜仲，叶似柿叶而微长，枝皆向上，花缀枝头。初春末，叶花已苞长余寸，末锐俨如朱笔。唐欧阳炯辛夷花诗："含锋新吐嫩红芽，势欲书空映早霞。应是玉皇曾掷笔，落来地上长成花。"

民国《独山县志》卷十二《物产》第 342 页

玉兰 乔木，繁花。花落叶乃生。花大几如荷，而形微长，九瓣，色白，微碧，香味似兰。其花之紫色者，即辛夷。与辛夷固一类二种。吴其浚以为与《离骚》所言之木兰，亦是一类二种。唐宋以前只贵木兰。唐宋以后，玉兰竟夺木兰之席而据为己有。至今江南、河北，人皆识之。春中盛开，灿若堆雪。人有取其花瓣，洗净、拖面，油煎食之者。县地亦所在植之。

辛夷 一名辛雉，一名侯桃，一名木笔，一名迎春，一名房木。与玉兰为一类二种……

民国《息烽县志》卷之二十一《植物部·花类》第 275 页

辛夷 俗名玉兰，又名木笔。

民国《兴仁县补志》卷十四《食货志·物产》第 461 页

旱莲

旱莲 叶似蕉。旱莲，叶蔓生，茎附物而上，叶如荷盘而小，淡绿色，一叶一花，似凤仙而末分五瓣，黄红色，但茎叶柔嫩不能直竖，须用细竹作架扶之，甚可观。又一种旱莲，叶如芭蕉，花白色，夏茂，郡产极多。

光绪《黎平府志》（点校本）卷三《食货志第三》第 1393 页

金银花

金银花 性凉。金银花，蔓生，茎有毛，两叶对生，亦有毛，俱柔嫩，三月开花，本细末，分数瓣，有长须，先白后黄，清香馥郁，性微凉。

光绪《黎平府志》（点校本）卷三《食货志第三》第 1393 页

金银花 蔓、茎、叶均有茸毛，春始花一蒂，两花对开，长瓣长须，有黄白二色相兼者，故名。气香，又名鸳鸯藤，入药服之明目清心，又可

解疮毒。

民国《八寨县志稿》卷十八《物产》第338页

金银花 一名忍冬，一名金银藤，一名鸳鸯藤，一名鹭鸶藤，一名老翁须，一名左缠藤，一名金钗股，一名通灵草，一名密桶藤。苏恭曰："藤生，饶复草木上，茎苗紫赤色，宿蔓有薄皮膜之，其嫩蔓有毛，叶似胡豆，亦上下有毛，花白蕊紫。"李时珍曰："忍冬，附树延蔓，茎微紫色，对节生叶，叶似薜荔而青，有涩毛。三四月开花，长寸许，一蒂两花，二瓣，一大一小，如半边状，长蕊。花初开者，蕊瓣俱色白，经二三日则色变黄。新旧相参，黄白相映，故呼金银花。"吴其浚曰："有患痢甚亟者，以忍冬五钱煎浓汁呷之，不及半日即安。吴中暑月，以花入茶饮之。茶肆以新贩到金银花为贵。古方罕用，至宋而大显。近时吴中盛以为饮，沁蕚吸露，岁糜万余缗也。"……今按：斯物，县产亦至蕃矣。

民国《息烽县志》卷之二十一《植物部·百卉类》第313页

山茶

山茶 出府境，自十二月开花，至二月与梅同时，其色淡红，一名茶梅。

乾隆《贵州通志》卷之十五《食货志·物产·镇远府》第286页

山茶 土产，惟有宝珠山茶花作碎瓣攒簇，而大瓣盛之，色殷红。又有纯白、红白相间各种，来自洋者曰洋茶，瓣如牡丹。来自滇者，曰滇茶，来自粤者曰广茶。

道光《贵阳府志》（点校本）卷四十七《食货略·土贡 土物》第923页

山茶 《药圃同春》："蜀茶红白二色，清而喜腴。秋时用乌豆水灌之，其花益妍。"《群芳谱》："山茶以宝珠为佳，蜀茶更甚。"

道光《遵义府志》（校注本）卷十七《物产》第516页

山茶 按：山茶，全郡皆产。

咸丰《兴义府志》（点校本）卷四十三《物产志·土产》第654页

九心桃红、鸳鸯、玛瑙 山茶也。山茶种类甚繁，产黎郡者惟有九心桃红茶、鸳鸯茶、玛瑙茶、白茶数种，叶似木樨，硬有棱，梢厚中阔寸余，两头尖，长二三尺，面深绿，光滑，背浅绿，经冬不脱，以叶类茶。

又可作饮，故得茶名。惟以单叶接千叶者，则花盛而树久。

光绪《黎平府志》（点校本）卷三《食货志第三》第 1387—1388 页

木芙蓉

木芙蓉 木本，秋分后开，一日之内花容递变，由白而淡红、深红，出贵阳者，花瓣重密，色更鲜艳。

道光《贵阳府志》（点校本）卷四十七《食货略·土贡 土物》第 923—924 页

木芙蓉 按：木芙蓉产贞丰、安南。《楚辞》云"褰芙蓉兮木末"，即此花也。《群芳谱》云："木芙蓉一名木莲，一名拒霜花。"

咸丰《兴义府志》（点校本）卷四十三《物产志·土产》第 653 页

木芙蓉 至秋而开，二日之内花容递变，由白而淡红至深。

咸丰《安顺府志》卷之十七《地理志·通产 专产》第 216 页

木芙蓉 木莲也。木芙蓉灌生，叶大如桐，有五尖及七尖，冬凋夏茂，一名木莲，一名地芙蓉，有千瓣红、千瓣白、半红半白、千瓣醉芙蓉，朝白、午桃红、晚大红之殊，八九月间次第开谢，最耐寒而不落清姿雅质，可以独殿众芳。

光绪《黎平府志》（点校本）卷三《食货志第三》第 1388 页

木芙蓉 一名拒霜花，朝白午桃红，晚大红，亦有黄色者。十月花谢后，截条长尺许，卧置窖内无风处覆以干土，侯来春萌芽时，先用他木条插地成洞入粪及泥浆水、令满后将芽条插入，上露寸余，遮以烂草即活，皮制连条风戾之至春沤于地，剥取以纠索甚能胜水。

民国《独山县志》卷十二《物产》第 343 页

芙蓉 至秋间开，一日之内，花容递变，由白而淡红而深红，若灌溉得法，则花瓣细密，色更鲜艳。别种花白，而单者性滑柔，采之参米做粥，味佳兼补。

民国《八寨县志稿》卷十八《物产》第 335 页

牡丹

牡丹 花繁多种，其美者曰鹤鸰、红军、容紫。

乾隆《贵州通志》卷之十五《物产志·物产·贵阳府》第 285 页

牡丹，种之美者曰鹤翎、红军、容紫。

    道光《贵阳府志》（点校本）卷四十七《食货略·土贡 土物》第924页

牡丹　《本草》："牡丹生巴郡山谷，合州者佳。"

    道光《遵义府志》（校注本）卷十七《物产》第515页

牡丹　有数种。

    道光《平远州志》卷十八《物产》　第455页

牡丹　旧志云："牡丹丽夏。"按：牡丹产府亲辖境及贞丰、安南，只有"玉楼春"一种。

    咸丰《兴义府志》（点校本）卷四十三《物产志·土产》第649页

牡丹　有大红、紫色、粉色数种。

    咸丰《安顺府志》卷之十七《地理志·通产 专产》第216页

牡丹花重瓣　牡丹，为花王，称名不一。产黎郡者有粉红、紫色二种，茎高四五尺，叶有二歧、三歧，浅绿色与荷包花叶相似。花有重瓣者，高二三寸，阔四五寸，清香袭人，但花枝娇嫩，开时须以杖护之，庶不为风雨所折。宜寒畏热，喜燥恶湿。得新土则根旺，栽向阳则性舒阴晴，半谓之。养花天最忌烈风炎日，若阴晴燥湿，得中栽接，浇灌有法。花必盛开，主人主有大喜。

    光绪《黎平府志》（点校本）卷三《食货志第三》第1387页

牡丹　《群芳谱》："一名鹿韭，一名鼠姑，一名百雨金。郑樵《通志》略曰：'牡丹曰鹿韭，曰鼠姑，诸花皆用其名，惟牡丹独言花，故谓之花王，古亦无闻至。'"

    光绪《增修仁怀厅志》卷之八《土产》第299页

牡丹　有红、白、粉三种。

    民国《咸宁县志》卷十《物产志》第602页

牡丹　叶如掌，柄长，茎细于红芍。以八月中秋节栽根，以猪大肠盘壅尤朴茂。花粉红色，大如碗，雅洁宜人，根补剂。邑颇产。（《本草》：牡丹生巴郡，山谷合州者佳。）

    民国《八寨县志稿》卷十八《物产》第333—334页

牡丹　一名鹿韭，一名鼠姑，一名百两金，又名木芍药。此花秦汉以前无闻。自谢灵运始言永嘉水际竹间多牡丹。而《刘宾客嘉话录》谓：

"北齐杨子华有国《牡丹》，是皆此花之滥觞矣。唐开之中座于长安。至宋，准洛阳之品冠极一时，欧阳永叔创为之谱。后之好事者，踵事增华，姚黄魏紫，奇呼无虑数百。自是而后，盖无人不羡其浓香绝艳矣。"县人或植之圃中，或供盆玩。花开略早于芍药，根亦入药用。《方书》谓之粉丹，主治血分伏火，阴药也。其可笑者，俚医浪士携以诱惑村姑，谓为劲补之妙品，出根三五，必倍蓰索值，更谆嘱其务宰鸡鸭，或买猪肉以同煮食。其害虽不大，要不可为常也。

民国《息烽县志》卷之二十一《植物部·花类》第275页

海棠

海棠 有铁梗、西府、垂丝三种。沈立《海棠记》云："蜀花之美者有海棠。"黔邻蜀，故比他省为多。

乾隆《贵州通志》卷之十五《食货志·物产·贵阳府》第285页

海棠 西府、秋梗、秋海棠。

乾隆《平远州志》卷十四《物产》第699页

海棠 红白数种。

乾隆《毕节县志》卷四《赋役 物产》第257页

海棠 有铁梗、西府、垂丝三种。《广顺州志》云："有数种，一种铁梗海棠，丛生难长，缀枝作花五出，磐口深红如胭脂，正月即开。一种垂丝海棠，树高一二丈，枝条柔长，花色浅红，多叶下垂。一种西府海棠，枝梗略坚，花色稍红，与垂丝皆二三月间开，最为艳美。"

道光《贵阳府志》（点校）卷四十七《食货略·土贡 土物》第924页

西府海棠 《仁怀志》："西府，蜀府也；云分自蜀王府中。又有铁干海棠。"

道光《遵义府志》（校注本）卷十七《物产》第516页

秋海棠 草本，粉红，单瓣，生岩间低湿处及人家墙阴砌下。

道光《贵阳府志》（点校本）卷四十七《食货略·土贡 土物》第923页

海棠 按：旧志云："海棠丽于夏秋之交"，此指秋海棠也。今全郡海棠凡有数种，"贴梗海棠""垂丝海棠""西府海棠"皆有。《群芳谱》云："海棠有四种：秋海棠，檀心绿叶，婉媚可人，叶有红筋者为常品，绿筋

者有雅趣；贴梗，丛生，花如胭脂；垂丝，柔枝长蒂，色浅红；西府，枝硬略坚，花稍红。"今此数种郡皆有。至《群芳谱》云"木瓜海棠""紫绵海棠""南海海棠"，则郡无矣。

咸丰《兴义府志》（点校本）卷四十三《物产志·土产》第 650 页

海棠、秋海棠 根结核如槟榔，可截疟。

咸丰《安顺府志》卷之十七《地理志·通产 专产》第 216 页

海棠 有垂丝，铁梗各种。

同治《毕节县志稿》卷七《物产》第 416 页

秋海棠 秋色第一。秋海棠，叶大于桐叶，背多红丝，花嫩红色，点缀枝头，极娇艳，为秋色中第一。

光绪《黎平府志》（点校本）卷三《食货志第三》第 1389 页

海棠 名铁干。海棠，花色之美者惟海棠。其株干儵然出尘，俯视众芳，有超群绝类之概。其花甚丰，其叶甚茂，其枝甚柔，望之绰约如处女，非他花冶容不正者比。但此花无香而畏臭，只宜糟水肥水浇，不宜粪水浇。一种名铁干海棠。

光绪《黎平府志》（点校本）卷三《食货志第三》第 1387 页

海棠 此花，西属最盛。

光绪《增修仁怀厅志》卷之八《土产》第 299 页

秋海棠 一名八月春。草本，喜阴生，又宜卑泾，花色粉红甚娇艳，叶绿如翠羽，叶下红筋者为常品，绿筋者开花，夏有雅趣，四围用瓦铺之则根不烂。明俞琬《咏秋海棠》："春色先应到海棠，独留此种占秋芳。稀疏点缀猩红小，堪佐黄花荐客觞。"

民国《独山县志》卷十二《物产》第 342 页

栀子

栀子 即薝卜花，一名越桃花，白色，作苞时瓣纽结，纯绿可玩，放后清香袭人，小者名海栀子。

道光《贵阳府志》（点校本）卷四十七《食货略·土贡 土物》第 924 页

栀子 旧志云："花之木本，栀子、绣球、棠梨、木槿、石榴、紫荆之属，应时吐蕊，馀则非土所宜。"按：栀子，全郡皆产。考栀子即《上林赋》之"鲜支",佛经之薝卜花。《潜确类书》云:"《上林赋》所谓鲜支,即栀子树也。"又《佛经》云:"譬入薝卜林,惟闻卜,不闻馀香。"《本草》云:"薝卜花即栀子花。"又,栀子花之差大者名林兰,谢灵运《山居赋》云:"林兰近雪而扬猗",即栀子花也。《酉阳杂俎》云:"诸花少六出,惟栀子六出。"

咸丰《兴义府志》(点校本)卷四十三《物产志·土产》第 651 页

栀花 即檐葡花,一名越桃。

咸丰《安顺府志》卷之十七《地理志·通产 专产》第 216 页

栀子 不实。栀子花,色与玉露春同,而瓣较大,叶长寸余,阔七八分,深绿色,开花时香气袭人,但不结实耳。

光绪《黎平府志》(点校本)卷三《食货志第三》第 1389 页

山矾

山矾 一名十里香,俗又呼为九里香。山野丛生甚多,三月开花,繁白如雪,而六出,蕊黄色,芬香远闻。

道光《贵阳府志》(点校本)卷四十七《食货略·土贡 土物》第 924 页

铁线莲

铁线莲 陆地蔓生,夏初开花,作豆绿色,花心攒簇,中有铁线,名钱线莲。

道光《贵阳府志》(点校本)卷四十七《食货略·土贡 土物》第 924 页

铁线莲 《田居蚕室录》:"蔓生,花大径寸余,白瓣,瓣上布青绿缨一围,中心突出,末横起芯如十字,尖缀黄粉,其心有汁最甘,可食。花随日而转,朝开暮合。布落穿篱,清雅可玩。"

道光《遵义府志》(校注本)卷十七《物产》第 518 页

迎春花

迎春花 花黄,冬至节后即开,可至来春二三月,根即升麻,入药用。

道光《贵阳府志》(点校本)卷四十七《食货略·土贡 土物》第 924 页

报春花 茎方而绿，花黄。

道光《贵阳府志》（点校本）卷四十七《食货略·土贡 土物》第923页

金梅 《云南志》："花开黄色，与梅同时，故名。又以垂条似柳，一名迎春柳。"按：俗名迎春花。

道光《遵义府志》（校注本）卷十七《物产》第517页

迎春花 金梅也。迎春，丛生，高数尺，有一丈者，茎方叶，厚如初生，小椒叶而无齿，面青背淡，对节生小枝，一枝三叶。春前有花如瑞香，花黄色，点缀春光此为首也。《云南志》："花开黄色，与梅同时，名金梅，垂条似柳，又名迎春柳。"

光绪《黎平府志》（点校本）卷三《食货志第三》第1393页

梅花

腊梅 色黄似腊，香酷盛，枝叶不类梅，以与梅同开，故名。磬口腊梅，开时花瓣内敛。

道光《贵阳府志》（点校本）卷四十七《食货略·土贡 土物》第924页

红梅 色黄者曰腊梅。

道光《平远州志》卷十八《物产》第455页

梅 按：梅，全郡皆产。

咸丰《兴义府志》（点校本）卷四十三《物产志·土产》第649页

蜡梅 按：蜡梅，全郡皆产。

咸丰《兴义府志》（点校本）卷四十三《物产志·土产》第649页

腊梅 一名黄梅。

咸丰《安顺府志》卷之十七《地理志·通产 专产》第216页

腊梅 色似黄蜡。腊梅，本非梅，以开与梅同时，香亦类，故名。色似黄蜡，故名。腊梅小树丛枝，叶阔大尖硬，花亦五出，人皆爱其香。但可远闻，不可近嗅，嗅之头痛。

光绪《黎平府志》（点校本）卷三《食货志第三》第1388页

粉红、朱砂、绿萼 梅也。梅，先众木花，花似杏，杏无香，而梅有香性，洁喜晒，浇以塘水则茂。有数种，一粉红梅，瓣数重；朱砂梅，色全红；绿萼梅，白色带碧，中抽绿心；墨梅，黑如墨，乃楝树所接者，花接清香馥郁，植之盆中尤佳。

光绪《黎平府志》（点校本）卷三《食货志第三》第1388页

梅 有红白二种。

民国《咸宁县志》卷十《物产志》第602页

绿萼梅 鲁土营署有老梅一株，花开时极繁艳。

民国《兴仁县补志》卷十四《食货志·物产》第461页

梅 有青、黄、白、红四色，色青、黄、白三色皆冬月开，花经春始开花，均雅洁宜人。选结子者种之或插或接者皆可，作酱醋渍以盐糖，火熏之曰乌梅，入药。腊月花黄白者，叶可磨锡，锡工之常需也。

民国《八寨县志稿》卷十八《物产》第333页

玉露春

玉露春 仁可染缯。玉露春，叶似兔耳，厚而深绿，入夏开白花，大如酒杯，皆六出中有黄蕊，甚芬香，结实如诃子状，生青熟黄，中仁深红，可染缯帛。

光绪《黎平府志》（点校本）卷三《食货志第三》第1388页

麝囊

麝囊 瑞香也。瑞香，枝干婆娑，柔条厚叶，四时常青，叶深绿色，冬春之交开花成簇，长三四分，香甚烈，但性畏寒，冬月须收暖室，夏月置之阴处，勿见日。此花名麝囊，能损花，宜另植。

光绪《黎平府志》（点校本）卷三《食货志第三》第1387页

绛桃

绛桃 千叶大红，亦能结实。一种千叶白色者，名碧桃。

道光《贵阳府志》（点校本）卷四十七《食货略·土贡 土物》第924页

鸳鸯桃 结实双。桃二月开，烂漫芳菲，其色甚媚，有数种，惟绯桃绛桃千瓣，深红色尤可爱。又有鸳鸯桃，千瓣，深红，结实必双。

光绪《黎平府志》（点校本）卷三《食货志第三》第1388页

李桃 有碧桃、白、红三种。

民国《威宁县志》卷十《物产志》第602页

夹竹桃

夹竹桃 叶如竹，花如桃，夏秋日开花，殊娟秀，花谢复生蕊，自五月至八月。

道光《贵阳府志》（点校本）卷四十七《食货略·土贡 土物》第924页

石榴

石榴 按：石榴，全郡皆产。考石榴本名安石榴。《博物志》云："张骞使西域得种归。"《群芳谱》云："石榴，出安石国。"今郡产有三种：一种花朱红；一种花粉红，色似玛瑙，名"玛瑙石榴"，府仓即有此树；一种半树花粉红，半树花朱红，名"鸳鸯石榴"，以为盆玩。

咸丰《兴义府志》（点校本）卷四十三《物产志·土产》第652页

石榴 午浇，花茂。石榴四五月开，惟单叶者结实，其千叶、重台、银边、洒红数种，皆不结实，而花色极艳，花头颇大，性喜肥粪，水当午浇之花更茂盛。

光绪《黎平府志》（点校本）卷三《食货志第三》第1388页

杜鹃花

杜鹃 俗称映山红。

乾隆《贵州通志》卷之十五《食货志·物产·贵阳府》第285页

杜鹃花 俗名映山红。

乾隆《毕节县志》卷四《赋役·物产》257页

杜鹃花 种备五色，俗名映山红，单瓣野生，千叶者可供盆玩。一名红踯躅，高者三四尺，低者一二尺，枝少而花繁，一支数尊，三月开花如羊踯躅，而蒂如石榴花，有红者、紫者、五出者、千叶者。若生满山头，其年必丰稔。

道光《贵阳府志》（点校本）卷四十七《食货略·土贡 土物》第924页

映山红 《本草》："杜鹃花，一名映山红。"《草花谱》杜鹃花，出蜀中者佳，谓之川鹃。花内，十数层，色红甚。

道光《遵义府志》（校注本）卷十七《物产》第516页

杜鹃花 小种即映山红。

道光《平远州志》卷十八《物产》第455页

杜鹃 按：杜鹃产兴义县，一名映山红。《格物论》云："蜀人号曰映山红，今邑人呼为山鹃，有红、白、洒金诸种。"

咸丰《兴义府志》（点校本）卷四十三《物产志·土产》第654页

映山红 一名蹲躅。花有五色，茎而大，凌冬不凋。花若开满山头，为丰年之兆。

咸丰《安顺府志》卷之十七《地理志·通产 专产》第216页

映山红 杜鹃也。杜鹃花，俗名映山红，又名遍山红，生山谷中，茎每节分三五枝，微有毛叶，对生紫色、白色二种，一名川鹃花，出四川。

光绪《黎平府志》（点校本）卷三《食货志第三》第1389页

映山红 俗呼艳山花，树高三四尺，是山皆有。

民国《八寨县志稿》卷十八《物产》第334页

棠梨

棠梨 按：棠梨，全郡皆产，即《诗·召南》之甘棠是也。《尔雅》云："杜，甘棠也，赤者杜，甘者棠。"李时珍云："涩者杜梨，甘者棠梨。"棠梨即甘棠，二月开白花，结实如小楝子大，霜可食。《救荒本草》云："花亦可食，或晒干磨面作烧饼食以济饥。"《丹铅录》云："尹伯奇采棹花以济饥。"注云："棹，山梨，即今棠梨也。"

咸丰《兴义府志》（点校本）卷四十三《物产志·土产》第652页

木槿

木槿 《礼记》："仲秋之日，木槿荣。"土人取其材以编篱。

乾隆《贵州通志》卷之十五《食货志·物产·镇远府》第286页

木槿 紫、红、白三色，千叶者胜，俗名懒夹篱，乡人以此编篱，胜于篁竹。

道光《贵阳府志》（点校本）卷四十七《食货略·土贡 土物》第924页

木槿 红白二种。

道光《平远州志》卷十八《物产》第455页

木槿 按：木槿，全郡皆产。考木槿本作木堇，《礼·月令》云："仲夏之月，木堇华。"《诗》谓之舜，《尔雅》谓之椵，又谓之榇。《诗·郑风》云："颜如舜华。"《尔雅》："椵，木槿；榇，木槿。"郭注云："白曰椵，赤曰榇，一名日及。"《南方草木状》云："赤槿名日及，又名朝菌。"潘尼序云："朝菌，世谓之木槿，或谓之日及，诗人以为舜华，宣尼以为朝菌，何名之多也？"《群芳谱》云："一名朝开暮落花。"《抱朴子》云："木槿，断植之更生，倒之亦生，横之亦生，易生者莫过斯木。"

咸丰《兴义府志》（点校本）卷四十三《物产志·土产》第652页

木槿 《诗经》有："女同车，颜如舜华。"舜，木槿也。《尔雅》注：木槿树如李，一名榇，一名椵。齐鲁之间谓之王蒸。《救荒本草》："木槿采嫩叶焯热，冷水淘净，油、盐调食。"

光绪《增修仁怀厅志》卷之八《土产》第299页

椵蕣 木槿也。木槿，一名椵，一名蕣，树高五六尺至丈余者枝多，歧色微白，可种可插，叶繁密光而厚，末尖而有丫齿，花大如蜀葵，有深红、纷粉红、白色。单叶千叶之殊，朝开暮落，自夏至秋，开花不绝。

光绪《黎平府志》（点校本）卷三《食货志第三》第1388页

木槿 一名朝菌（见庄子）一名蕣，《诗·郑风》："有女同车，颜如舜（舜之假借）华。"华朝华暮落多歧，枝可种可插，叶密如桑，末尖有桠齿，花多白色，间有深红粉红各种，结实轻虚，子如榆荚、马儿铃之仁，小儿忌弄，令病疟。

民国《独山县志》卷十二《物产》第343页

合欢花

夜合 一名合欢，一名合昏，似梧桐枝甚柔弱，叶如皂荚极细而繁密，圆而绿，对生，花红白，半少垂如丝，至暮则叶合。

民国《独山县志》卷十二《物产》第343页

桃花

桃花 有碧桃,白色。绛桃,紫色。芙蓉桃,粉红色。

咸丰《安顺府志》卷之十七《地理志·通产 专产》第 216 页

蔷薇

蔷薇 有深红、淡红二色,微香丛生,条长一二丈,茎青多刺,三四月开花,大而圆,微似菊花,鲜红如绣,一枝数朵。又有粉红者、五色者。别有黄蔷薇,或深黄、或鹅黄、或淡黄。十姊妹,蔓长丈许,叶似蔷薇而小,花小于蔷薇,一蓓共有十花,或红或白或紫或淡紫,其七花者曰七姊妹。

道光《贵阳府志》(点校本)卷四十七《食货略·土贡 土物》第 924 页

薇花 红名紫薇,又名百日红。白名银薇,蓝名翠薇。六月始开,白乐天云"紫薇花对紫薇"即此。

咸丰《安顺府志》卷之十七《地理志·通产 专产》第 216 页

蔷薇 按:蔷薇产安南、贞丰。《神农本草》谓之"墙蘼",《别录》谓之"蔷薇"。茎多刺,花有百叶,八出、六出,白、黄、红、紫数色,大而色黄者名"佛见笑",小而色红者名"十姊妹",皆香艳可人。

咸丰《兴义府志》(点校本)卷四十三《物产志·土产》第 652 页

蔷薇 一颖三叶。蔷薇,丛生,茎青多刺,一颖三叶或五叶,花如玫瑰,有黄白紫数色,开时连春接下,清馥可人。

光绪《黎平府志》(点校本)卷三《食货志第三》第 1393 页

蔷薇 《益都方物记》:"俗谓蔷薇,为锦被堆花。"《群芳谱》:"一名刺红,一名山枣,本境有粉红者名粉团。"

光绪《增修仁怀厅志》卷之八《土产》第 299 页

粉团 似绣球。粉团花,与绣球相似而色白,叶圆有纹,树高五六尺或丈余。

光绪《黎平府志》(点校本)卷三《食货志第三》第 1392 页

蔷薇 一名蔷蘼,蔓生援墙,故名。

民国《独山县志》卷十二《物产》第 343 页

月季花

月月红 一名四季花，四时俱花，有粉红、深红二种。小者名海月月，色红，紫艳者名洋月月，红白者名月月玉。《广顺州志》云："丛生，长数尺，枝干多刺，叶长寸许，本小中阔而末尖，花如玫瑰花而小，与蔷薇不肖，有红、白及浅绿色三种，逐月一开，四时不绝。"

道光《贵阳府志》（点校本）卷四十七《食货略·土贡 土物》第924页

月月红 月季也。月季花，俗名月月红，灌生，青茎长蔓，叶小于蔷薇，茎与叶俱有刺，花有红白及淡红三色。白者须植不见日处，见日则变。红逐月一开，四时不绝，或云人家宅内不宜种此花。

光绪《黎平府志》（点校本）卷三《食货志第三》第1393页

月季 俗名月月红。

民国《兴仁县补志》卷十四《食货志·物产》第461页

月季 俗名月月红，四季开花不断，叶小、长卵形而柔，茎节有嫩刺，妇经不调，采此花服之有效。（《益都方物略记》："此花即东方所谓四季花者，翠蔓红花，蜀少霜雪，此花得终岁年十二月辄一开。赞曰：'花亘四时，月一披秀，寒暑不改，似固常守。'"）

民国《八寨县志稿》卷十八《物产》第334页

玫瑰

玫瑰 紫红色，性香，入蜜可做饼馅。

道光《贵阳府志》（点校本）卷四十七《食货略·土贡 土物》第924页

玫瑰 类蔷薇。玫瑰，灌生，细叶多刺，茎短，花瓣层叠。类蔷薇，淡紫色，蕊黄，瓣末白，娇艳芬郁，有香有色，堪入茶入酒入蜜，或拌白糖入瓶中，味皆香腻，夏月食去暑气。

光绪《黎平府志》（点校本）卷三《食货志第三》第1393页

玫瑰 一名徘徊花。灌生，细叶多刺，类蔷薇，茎短，亦类蔷薇，色淡紫，瓣末白色，香俱胜，堪入茶酒、入蜜。栽宜肥土，常加浇灌，惟好洁，最忌人溺，溺浇即萎。

民国《独山县志》卷十二《物产》第343页

玫瑰 渍酒和糖，色水红鲜丽可人。

民国《普安县志》卷之十《方物》第 504 页

玫瑰 叶如刺梨，枝干遍生毛刺，初夏开重瓣，紫色花大如盏，于半吐时摘下，暴干水气，加以糖或渍以酒，风味特甚。

民国《八寨县志稿》卷十八《物产》第 336 页

刺䕷

刺䕷 似玫瑰无香。刺䕷，灌生，茎多刺，叶圆细而青，三四月开花似玫瑰而大，艳丽可爱，惜无香，城乡皆有。

光绪《黎平府志》（点校本）卷三《食货志第三》第 1393 页

凌霄花

凌霄花 俗名藤萝花，一名陵苕。《诗》苕之花毛传苕，陵苕也，蔓生，绕数尺得木而上，即高数丈。蔓间须如蝎虎足，坿树上，黏甚固，叶尖长有齿，深青色，花头开五瓣颇黄色，深秋更赤，忌鼻闻，伤脑。花上露入目则矇，孕妇经花下能堕胎，皆不可不慎。

民国《独山县志》卷十二《物产》第 343 页

藤萝花 今贵州人习见园庭所植，架撑蔓本，不辨谁何，咸以藤萝花呼之。县之访稿，亦具是物云："叶翠，花紫，结实如皂角，色绿。"按之诸书，凡在蔓类，见名藤萝者，杜甫虽有"请看石上藤萝叶，已映洲前芦荻花"之句；不过，并言藤与萝、芦与荻，非为藤萝为一物，芦荻为一物。夫藤之为类，其数岂少？而萝则为藤之别种，所谓萝藦、女萝是也。李珣《海藻本草》有落雁木其说曰："藤萝，高丈余。"亦言："其蔓如藤、如萝，非谓落雁木即名藤萝也。"夫藤本之卉，各有其名；山中自生，岂可数计？有有花者，有无花者。若园庭所植，则无论江南河北，大约常春石南，或红藤紫藤，皆未有叶翠花紫之品。无已，则黄环为近；然而自有专名也。沈括《补笔谈》："黄环，即朱藤也。天下皆有。叶如槐。其花穗悬，紫色如葛花，可作菜食。火不熟亦有小毒。人家园圃中，作大架种之，谓之紫藤花，实如皂荚。"李时珍、吴其濬之说皆同，当为黄环而不更疑，或可破贵州人之习呼矣。

民国《息烽县志》卷之二十一《植物部·花类》第 277 页

滴滴金

滴滴金 即金钱菊，一名旋覆花，茎叶青，叶长，尖无桠，花色金黄，瓣最繁细，花心深黄中有点微绿，巧小如钱，花稍露滴入土即生新根，故有等名。自六月开至八月。

民国《独山县志》卷十二《物产》第343页

秋葵

秋葵 与葵相似，故名秋葵，茎高六七尺，叶深绿，岐桠五如人爪形。《说文》："黄葵常倾叶，向日不令照其根，花六月，放大如椀鹅，黄色六瓣而侧，朝开午收暮落，随结角六棱，而毛老则自绽如菌麻子，色黑取皮如缕，可织布及作绳。"

民国《独山县志》卷十二《物产》第343页

荼藤

荼藤 春暮始开，类木香，嗅之有酒味，故曰酴蘼。条长一二丈，青茎多刺，春尽时开花，青跗红萼，及大放则变白，大朵千瓣，亦有密色者，又有粉红者，承以高架或缘墙垣。

道光《贵阳府志》（点校本）卷四十七《食货略·土贡 土物》第924页

荼蘼 《益部方物略记》："蜀荼蘼多白，黄者时时有之，但香减于白花。赞曰：'人情尚奇，贱白贵黄；厥英略同，实寡于香。'"苏辙《次韵咏荼蘼》："蜀中荼蘼生如积，开落春风山寂寂。已怜正发香晻暧，犹爱未开光的铄。"

道光《遵义府志》（校注本）卷十七《物产》第516页

酴醿 色黄似酒。酴醿，灌生，青茎多刺，一颖三叶如品字，形面光绿，背翠色多缺刻花青跗红萼，及开时变白，大朵千瓣，香微而清盘，作高架，三四月间烂漫可观。一种色黄似酒，故字形从酉。

光绪《黎平府志》（点校本）卷三《食货志第三》第1393页

木香

木香 出府属，丛生，其色有二，黄者无香，白者心紫，清馥袭人。

乾隆《贵州通志》卷之十五《食货志·物产·平越府》第286页

木香 蔓生，满架花气芬烈。《广顺州志》云："藤似荼蘼，长条青绿，其叶亦似酴醾，而甚繁密，四月初开花，小而千叶，其香甚甜，高架万条，望如烟雪。"

道光《贵阳府志》（点校本）卷四十七《食货略·土贡 土物》第924页

木香 其色有二，黄者无香，白者清馥袭人。

咸丰《安顺府志》卷之十七《地理志·通产 专产》第216页

送春归

送春归 似刺梨重胎，花甚艳，高者六七尺。

道光《贵阳府志》（点校本）卷四十七《食货略·土贡 土物》第924页

雪里珊瑚

雪里珊瑚 凌冬不凋，结子一树皆红，一名雪下红。

咸丰《安顺府志》卷之十七《地理志·通产 专产》第216页

木莲

木莲 白居易《木莲树诗·序》："生巴峡山谷间，巴民亦呼为黄心树，大者高五丈，涉冬不凋。身如青杨，有白文。叶如桂，厚大无脊。花如莲，香色艳腻皆同，独房蕊有异。四月初始开，自开迨谢仅二十日。"《益部方物赞》："花秀木颠，状若芙蕖。不实而荣，馥馥其敷。"按：娄山关木莲，千年来树。道光癸已为风折毁。

道光《遵义府志》（校注本）卷十七《物产》第519页

天花

天花 《滇黔纪游》："天花，产峭壁间，大如车轮，色赤如火，光映两山皆如渥丹。四月以后即谢落。"

道光《遵义府志》（校注本）卷十七《物产》第519页

天花 产峭壁。《滇黔纪游》："天花产峭壁间，大如车轮，色赤如火，光映两山皆如渥丹。四月以后即谢。"

光绪《黎平府志》（点校本）卷三《食货志第三》第1393页

龙爪花

龙爪花 野生，一茎数花，红黄二种，花放后叶始生如韭。

道光《贵阳府志》（点校本）卷四十七《食货略·土贡 土物》第923页

龙爪花 《香祖笔记》："蜀有龙爪花，色殷红，秋日开林薄间，甚艳。"《游宦纪闻》载永福古谶云："龙爪花红，状元西东。"按：土人名老鸦花，其根即老鸦蒜。

道光《遵义府志》（校注本）卷十七《物产》第519页

老鸦花 龙爪也。龙爪花，生山中，叶如崖蒜，抽茎，顶上开花如龙爪形，紫色，土人名老鸦花，其根即老鸦蒜。

光绪《黎平府志》（点校本）卷三《食货志第三》第1392页

龙爪 一名老鸦花，山谷傍水处尤多，其根即老鸦蒜。

民国《八寨县志稿》卷十八《物产》第336页

龙爪花 一名水麻，一名石蒜，一名乌蒜，一名老鸦蒜，一名蒜头草，一名婆婆酸，一名一枝箭。苏颂曰："生鼎州、黔州，九月采之。"李时珍曰："春初生叶如蒜秧及山卷菇叶，背有剑脊，四散布地。七月苗枯，乃于平地抽出一茎，如箭簳，长尺许。茎端开花四五朵，六出，红色，如山丹花状，而瓣长，黄蕊，长须。其根，状如蒜皮，色紫赤，肉白色，有小毒。而《救荒本草》言其'煠熟，水浸过食'，盖为救荒尔。一种叶大如韭，四五月抽茎开花，如小萱花，黄白色者，谓之铁色前；功与此同。二物并抽茎开花后乃生叶，花不相见，与金灯同。"王士禛《香祖笔记》："蜀有龙爪花，色殷红，秋日开林薄间，甚艳。"《遵义府志》："土人名老鸦花，其根即老鸦蒜。"吴其浚之《植物名实图考》所绘者，则全不著花，与李氏之说大异。按：朱橚出王河南，吴其浚本河南人。所说所绘之老鸦蒜，必非《图经本草》及《本草纲目》所指之石蒜，盖同名异实之物，世亦多有。李时珍乃以为一物，又何怪吴其浚之疑之？惟贵州人通呼之老鸦蒜，全本之《图经本草》及《本草纲目》，合石蒜、水麻诸异名之物；其物根叶如蒜，而秋后抽葶开红花，性有小毒者。若《救荒本草》与《植物名实图考》之老鸦蒜，其根、其叶，虽皆如蒜，而不言其著花，且无异名，亦不指为有毒者：苟非一物，或当一类二种。若黄精、钩吻之所殊未远，固不必谓李说之或失，亦何速称吴图之独得！则龙爪花也，老鸦蒜也，皆昔时著产黔州之石蒜也。普之黔州，辖地非统。斯时四川与贵州相毗，且延及湖南者，何啻千里？县固曩代旧隶黔部督府之领域，则其有此石蒜即老鸦蒜，又即龙爪花。不能以朱、吴之殊说别图，而必强黔州之物为当合于豫产而后可！

民国《息烽县志》卷之二十一《植物部·花类》第 279 页

千日红

千日红 夏冬开。千日红，叶皆对生，茎每节分丫，每丫又分分丫，层层分出而花愈繁。自五月至十月开花不绝，花如杨梅，紫色，虽经霜无一落者，故满树缤纷。

光绪《黎平府志》（点校本）卷三《食货志第三》第 1392 页

闷头花

闷头花 《东还纪程》："黔山中多闷头花。"按：花茎类百合，高或丈许，花似玉兰瓣，绝大，远观绝可爱。嗅之，则头为闷晕，故名。

道光《遵义府志》（校注本）卷十七《物产》第 519 页

闷头花 似玉兰瓣。《东还纪程》："黔山中多闷头花，花茎类百合，高或丈许，似玉兰瓣，绝大，远观可爱，嗅之则头为闷晕，故名。"

光绪《黎平府志》（点校本）卷三《食货志第三》第 1393 页

鹅毛玉凤花

鹅毛玉凤花 《益部方物赞》："本至卑，纤蓬如钗股，秋开，不花而须，状似禽，故曰凤；色白，故曰玉；以其分至轻，故曰鹅毛。赞曰：'华而无采，状类翔凤。幺质毛轻，翩欲飞动。'"

道光《遵义府志》（校注本）卷十七《物产》第 519 页

金灯花

金灯花 薛涛《金灯花诗》："栏边不见襄囊叶，砌下惟翻艳艳丛。细视欲将何物比，晓霞初叠赤城宫。"按：俗名灯盏花。

道光《遵义府志》（校注本）卷十七《物产》第519页

七宝花

七宝花 《益部方物略记》："条叶，大抵玉蝉花类也。其生丛蔚。花紫色，绛苞。赞曰：'擢颖挺挺，盛夏则荣。丹紫含英，以宝见名。'"

道光《遵义府志》（校注本）卷十七《物产》第519页

旌节花

旌节花 《益部方物略记》："条条华碧，皆层层而擢正；类使所持节然，故以名。见《益州图经》。赞曰：'擢条亭亭，层层紫丹。状若使节，方图实刊。'"

道光《遵义府志》（校注本）卷十七《物产》第518页

朝日莲

朝日莲 《益部方物略记》："花色或黄或白，叶浮水上，翠厚而泽，形如菱花差大，开则随日所在，日入辄敛而藏于叶下，若葵藿倾太阳之状。赞曰：'素花碧叶，浮秀波面。日中则向，日入还敛。'"按：郡人谓之子午莲。

道光《遵义府志》（校注本）卷十七《物产》第518页

牵牛花

酒盏花 牵牛花也。牵牛花，俗名酒盏花，蔓生，茎附物而上，叶三尖，一叶一花，如萱花，形本小末大，蓝色，里人采花以染红姜。

光绪《黎平府志》（点校本）卷三《食货志第三》第1393页

牵牛 冬青花。

民国《咸宁县志》卷十《物产志》第602页

茑萝

茑萝 叶细如松。茑萝,蔓生,茎叶柔嫩,俱深绿色,叶细如松毛,不能自竖,须用细竹作牌坊等形,其茎叶皆牵满,宛然绿坊,六七月开细花,俱堪清玩。

光绪《黎平府志》(点校本)卷三《食货志第三》第 1393 页

姊妹花

姊妹花 红白间。姊妹花,茎叶似蔷薇而花小,一枝或七花或十花,故有七姐妹、十姊妹之称,每多各著颜色,或红或白或红白相间,皆可观。

光光绪《黎平府志》(点校本)卷三《食货志第三》第 1393 页

打碗花

打碗花 《救荒本草》:"蓄子根俗名打碗花,一名兔儿苗,一名狗儿秧,幽蓟间谓之燕蓄根。千叶者呼为缠枝牡丹,亦名穰花。生平泽中,今处处有之。延蔓而生,叶似山药叶而狭小。开花状似牵牛花,微短而圆,粉红色。其根甚多,大者如小筋粗,长一二尺,色白,味甘,性温。"

道光《遵义府志》(校注本)卷十七《物产》第 518 页

阳雀花

阳雀花 《仁怀志》:"杜鹃鸣时即开,如萱花,味甘美可食。"按:此花枝似枸杞,叶间有小刺,花绝肖蚕豆花,色黄,一叶一花,金光成串。谓似萱,误也。

道光《遵义府志》(校注本)卷十七《物产》第 518 页

金雀 入茶饮。金雀花,俗名阳雀花,丛生,茎褐色有柔刺,一簇数叶,花生叶傍,色黄形尖,旁开两瓣,势如飞雀,甚可爱。春初即开,采之滚汤中,入少盐微焯,可作茶品清供。

光绪《黎平府志》(点校本)卷三《食货志第三》第 1393 页

阳雀花 茎似枸杞,叶尖有小刺,黄色,一刺一花如线穿成。

民国《独山县志》卷十二《物产》第 342 页

阳雀花 枝似枸杞，叶间有小刺，花绝肖蚕豆花，色黄，一叶一花，金光成串（见《遵义志》），邑中此花尚少，根可作妇科补剂。

民国《八寨县志稿》卷十八《物产》第335页

萹蓄花

萹蓄花 按：萹蓄，即《诗·卫风》"绿竹猗猗"之"竹"是也。《尔雅》云："竹，萹蓄。"注云："布地而生，节间白花，叶细绿，人谓之萹竹。"今郡之试院即有此花，叶如高粱薑花，花生节间，极雅倩可爱。

咸丰《兴义府志》（点校本）卷四十三《物产志·土产》第654页

胭脂

胭脂 《史记·货殖传》："巴蜀亦沃野，地饶卮、姜。"注：卮，胭脂也，紫赤色。

道光《遵义府志》（校注本）卷十七《物产》第518页

胭脂 烟支也。胭脂花，叶多节，每节分丫，叶柔嫩而润，六七月开花，单瓣，大如钱，胭脂色或白色或黄紫，间色花卸即有子，外皱而黑内，仁白如粉。

光绪《黎平府志》（点校本）卷三《食货志第三》第1392页

燕脂 按《广群芳谱》："燕脂坿录于红花，后本合化质制成。其制法有四，其一用山燕脂花染粉而成。"段公路谓："端州山间有花丛生，叶类蓝，正月开花似蓼，则以燕脂为花名矣。而与今之所谓燕脂花者，茎类凤仙而多岐曲，花一蕊不及箸，中空末分五瓣，色红，实黑色，皮皱大如豌豆，内仁白色，搓揉即成粉，浸以水变色，殊不相类。是书录今之物用今之名，其余大有异同可辨白，而不能强为牵合也。"

民国《独山县志》卷十二《物产》第342页

萱花

萱忘忧 宜男。萱花，一名宜男，一名忘忧。黎郡未种，有野生者，叶似崖蒜花，色黄，微带红晕，朵小而香，花与叶皆可作蔬，妇人怀孕配之宜男，采其花曝干，俗名黄花，又名金珍，食之甚香。

光绪《黎平府志》（点校本）卷三《食货志第三》第1392页

鸳鸯草

鸳鸯草 《益部方物略记》:"春叶,晚生,其稚花在叶中,两两相向,如飞鸟对翔。赞曰:'翠花对生,甚以匹鸟。逼而观之,势若偕矫。'"

道光《遵义府志》(校注本)卷十七《物产》第518页

萱草

萱草 出府治各溪边。

乾隆《贵州通志》卷之十五《食货志·物产·镇远府》第286页

罂粟

罂粟 按:罂粟,全郡皆产。考花名罂粟者,苏辙诗云:"罂小如罂,粟细如粟",盖其实如罂,其子如粟也。《群芳谱》云:"有大红、桃红、红紫、纯紫、纯白,又有千叶、单叶两类。中秋、重阳,月下下子毕,以帚扫匀,花乃千叶,两手交换撒子则花重台。"《学圃杂疏》云:"罂粟花妍好千态,有作黄色、绿色者。"今郡人艺植极多,只有单叶之红、白两种,旧时郡人取其汁为鸦片烟。《本草纲目》云:"鸦片是罂粟花之津液,罂粟结青苞时,午后以大针刺其外面青皮,勿损里面硬皮,或三五处,及早津出,以竹刀刮收入瓷器,阴干用之。"今全郡虽多花,恪遵令甲,已禁止取汁制烟矣。

又按:鸦片烟,唐时西域已有,名曰药烟,见唐译《毗耶那杂事律》。明时列入暹罗、爪哇、榜葛剌贡品,名曰乌香,见《明会典》,明四译馆同文堂外国来文及蝉精品,就外国本名译之,则曰鸦片,亦曰阿片,亦曰阿荣,亦曰阿芙蓉,亦曰合浦融。《本草纲目》《医林集要》《海东剩语》《物理小识》诸书并言其制与用,本药物可疗疾。其广东、福建之鸦片烟,郡人谓之公烟,乃西洋红毛荷兰、英吉利所制,《台湾府志》云:"咬嚼巴,本轻捷善门,红毛制鸦片烟诱使食之,遂疲羸受制,而禁红毛自食。"《海东剩语》云:"爪哇男女皆吃鸦片,而荷兰法,食之者死。盖外国制此,原以病人初食则精神焕发而阴实潜亏,渐次成瘾,久且庸琐,精华日竭。其烟以罂粟汁制成,性暖而涩,加之以土,其力愈猛,火气引吸,其

烟著肺不去，是以成瘾。"《说文》云："瘾，瘢也，灼肺成瘢，故谓之瘾。"

咸丰《兴义府志》（点校本）卷四十三《物产志·土产》第 651 页

罂粟　有红、白二种。

咸丰《安顺府志》卷之十七《地理志·通产 专产》第 216 页

第二节　草之属

草之属　蒲、藻、独扫、鹅儿长、佛指甲、茅草、萍、芦、菁茅、铜钱、虎须、骨精。

嘉靖《贵州通志》卷之三《土产》第 274 页

草类　吉祥、排风、铁笫、断肠草、恶麻。

乾隆《镇远府志》卷十六《物产》第 118 页

草属　萱、枲、麻、苎、虎耳、羊桃藤、萍、荇、藻、黄茅、白苇、火草、青藤、菸叶。

咸丰《安顺府志》卷之十七《地理志·通产 专产》第 217 页

菖蒲

菖蒲　产水泽中。

康熙《贵州通志》卷十二《物产志·安顺府》第 2 页。

菖蒲　一名尧韭，又名昌阳，一寸九节，生石上者可入药。

乾隆《贵州通志》卷之十五《食货志·物产·贵阳府》第 285 页

菖蒲　生涧泽中，或殖陂塘，叶长三四尺许。五月五日取叶悬户，以根和雄黄入酒食之。一种生石上，高仅尺余，入药，以一寸九节者良。又云菖蒲有数种，生于溪涧池泽中，叶肥根白而节疏者，泥菖蒲也；生于溪涧中，叶瘦根赤而节稍密者，水菖蒲也；其叶俱无剑脊，生于水石之间，叶有剑脊，瘦根密节者，石菖蒲也。

道光《贵阳府志》（点校本）卷四十七《食货略·土贡 土物》第 924 页

菖歜　菖蒲也。菖蒲，一名菖歜，有数种生于池泽，叶肥根高二三尺者，泥蒲也，名曰白菖，生于溪涧。蒲叶瘦，根高二三尺者，水蒲也，名溪荪，生于水石之间，叶有剑脊，瘦根密节，高尺余者石菖蒲也，养以沙石，愈剪愈细。高四五寸，叶茸如韭者，亦石菖蒲也。又有根长二三分，叶长寸许，置之几案，用供清赏者，钱蒲也。惟石菖蒲一寸九节，久服可乌须发，轻身延年，为最上之品。

光绪《黎平府志》（点校本）卷三《食货志第三》第 1394—1395 页

菖蒲 一名昌本，一名昌阳，一名菖歜，一名尧韭，一名昌羊，一名荪，一名水剑草……李时珍曰："菖蒲，凡五种。生于池泽，蒲叶肥，根高二三尺者，泥菖蒲、白菖蒲也。生于溪涧，蒲叶瘦，根高二三尺者，水菖蒲、溪荪也。生于水石之间，叶有剑脊，瘦根密节，高尺余者，石昌蒲也。人家以砂栽之，一年，至春剪洗，愈剪愈细，高四五寸，叶如韭，根如匙柄粗者，亦石菖蒲也。甚则根长二三分，叶寸许，谓之钱蒲。服食入药，须用二种石菖蒲，余皆不堪。此草新旧相代，四时常青。"今按：县之所产，石菖蒲与水菖蒲并多。药用固独取石菖浦。若水菖蒲者，溪涧池泽之点缀，或端午节日，与艾并充人家悬门之用而已。

民国《息烽县志》卷之二十一《植物部·百卉类》第 302—303 页

蒲草 可以作席及作草焉。

民国《咸宁县志》卷十《物产志》第 602 页

排草

排草 香闻十数步。排草，生山谷中，两叶对节生，开细黄花，叶绿色微紫，形极光润，采之，其香盈手佩之，香闻十数步，藏衣笥则衣香浸鬓油，则发香，亦异草也。查《群芳谱》草部无此名，疑即茂香之类，或伊兰类也。

光绪《黎平府志》（点校本）卷三《食货志第三》第 1395 页

荨麻

荨草 即荨麻，多刺，生于泽畔。土人采以沃汤，可疗疯瘕。

乾隆《贵州通志》卷之十五《食货志·物产·贵阳府》第 285 页

荨麻 一名螫麻，茎叶有柔刺，触之螫人，红者煮汤疗风湿。

道光《贵阳府志》(点校本) 卷四十七《食货略·土贡 土物》第925页

荨草 即荨麻。黔蜀有之，生于篱落溪崖间，叶类麻，多毛，刺螫人手足，肿痛至不可忍。杜子美所谓"草有害于人，曾何生阻修"。其毒如蜂虿，其多弥道周是也。锄而去之，置诸水中，勿使滋蔓，所以远恶也。然土人采之沃以沸汤，则可已疯亦可肥豕，世固无弃物哉。以章子厚而治军，以韩侂胄而传旨。非尽无济顾，用之者何如耳。宋初，《益部方物志》于荨草亦云："能螫人，有花无实，冒冬弗悴，可以去疾。"古人谓："是草皆堪医。"《墨庄漫录》谓之"蛤蟆草"，《黔记》谓之"火麻草"，明《四川志》名"蟳子草"。

光绪《黎平府志》(点校本) 卷三《食货志第三》第1394页

荨草 即荨麻，有大、小、尖叶三种。

民国《咸宁县志》卷十《物产志》第602页

蠚麻草 子有毒，人触之立肿，用叶饲猪易肥。

民国《普安县志》卷之十《方物》第504页

荨草 即荨麻，一名虾蟆草，又曰蝎子草，俗呼惹麻。叶卵形而尖，锯齿甚粗，柄长花小而白，茎叶皆有芒，触之蜇人如蜂虿皮之。纤维可制纸。有红白二种，红者其根治鼓胀病甚效，病风者取以挞之，不觉苦，煎汤洗亦可；白者取煎汤浸糯米为粉，油煎甚酥。叶嫩者可合豆腐作药，或以喂猪易壮。

民国《麻江县志》卷十二《农利·物产下》第429页

荨草 俗呼呵麻草，篱边多生，叶类麻，边锯齿，甚粗，长茎，形如芝麻杆，通体皆白纤毛，芒触之蜇人如蜂虿，有红白二种。红者入药治痀疾、风疾者取螫，患处不以为苦。白者煎汤浸糯米为粉，油煎甚松，叶饲猪易壮。(《黔书》："荨草即烊麻，黔蜀有之，生于篱落溪厓间。叶类麻，多毛刺，螫人手足，肿痛至不可忍。杜子美所谓'草有害于人，曾何生阻修。其毒甚蜂虿，其多弥道周'是也。不知者往往为其所中，比其毒于蜂、虿、蝎、蝮，殆不为过。锄而去之，置诸水中，勿使滋蔓，所以远恶也。然土人采之沃以沸渴，则可已疯，亦可肥豕。世固无弃物哉！以章子厚而治军，以韩侂胄而传旨，非尽无济，顾用之者何如耳！宋祁《益部方物》志于"烊草"亦云："叶能螫人，有花无实，冒冬弗悴，可以祛疾。

古人谓'是草堪医',信哉!")

民国《八寨县志稿》卷十八《物产》第 310 页

白薇

白薇 《尔雅》:"蔄,春草。"郭《注》:"一名芒草。"《本草》"一名薇草,一名白幕,一名骨美。"苏颂曰:"陕西诸郡及舒滁润辽州皆有之。茎叶俱青,颜类柳叶。六七月开红花。八月结实。其根黄白色,类牛膝而短小。"李时珍曰:"按《尔雅》'蔄,春草',薇、蔄音相近,则白薇又蔄香之转。其以蔄为莽草者误。古人多用之,后世罕能知之。"今按:县产亦多。

民国《息烽县志》卷之二十一《植物部·百卉类》第 312 页

野棉花

野棉花 形似棉,其桃作粑,略似清明草。

民国《普安县志》卷之十《方物》第 504 页

芝茵

芝茵 名三秀。芝茵,一名三秀,一岁三花,瑞草也。有石芝、木芝、草芝、肉芝,皆生于土。土气和畅则芝草生。汉元封二年,甘泉宫产芝,有九茎,金色朱实,乃作芝房之歌。神爵元年,金芝九茎,产幽德殿铜池中。唐肃宗三年七月,延英殿梁生玉芝,一茎三花,制玉芝诗。天宝初,临江郡人李佳应所居柱上生芝,太守张景献栽柱献之,未闻,以为妖也。而杜阳编则云:"屋柱木无故生芝,黄为善,白赤色,与牛龟蛇形,皆非吉祥。而谓黄为善,亦不尽然。"黔人云:"贵阳某帅,檐柱产生芝,色黄,经月不凋,未几兵败。某镇将驻安顺,厅柱产金芝,滴汁取饮比甘露,未几亡。物固有先见者祥,桑雉雉谓德可以胜之。雍正七年,都匀府知府王钟珣报清水江鸡贾苗寨河口蛮石内生灵芝,双干长盈尺,连理合质,五色焕采。巡抚张广泗题奏称颂,未几古州苗乱平。"

光绪《黎平府志》(点校本)卷三《食货志第三》第 1394 页

书带草

书带草 如韭。书带草,状如细韭抽丝,丛生,翠茎,纤柔,随风摇曳,假山植之最堪供赏。

光绪《黎平府志》(点校本) 卷三《食货志第三》第 1394 页

芭蕉

芭蕉根 可作脯。芭蕉,草类也,叶青色,最大长首尾尖。语云:"鞠不落花,蕉不落叶,一叶生一蕉,故谓之'芭蕉'。"其茎软,重皮相裹外,微青裹白。三年以上即著花,自心中抽出一茎,初生大萼似倒垂菡,有十数层,层皆作瓣,渐大则花出瓣中,极繁盛,大者一围余,叶长丈许,广一尺至二尺,望之如树,其树子房相连,味甘美可蜜藏,根堪作脯,发时分其勾萌可别植。小者,以油簪横穿其根二眼则不长,大可作盆景,书窗左右,不可无此。

光绪《黎平府志》(点校本) 卷三《食货志第三》第 1394 页

芭蕉 一名甘蕉,一名芭苴,一名绿天,一名扇仙……今贵州之有此物,亦惟毗近广西之诸县产者,花堪玩而果中实;余皆花而不实者多。县产之芭蕉,亦不一种。虽有结实者,颇不中味。根则为俚医取以疗病。

民国《息烽县志》卷之二十一《植物部·花类》第 281 页

艾

艾 端午日取叶悬户以辟恶。有二种,自蕲州来者曰蕲,色白味香,园林中多植之,入药良;一为野艾,色青味茙。

道光《贵阳府志》(点校本) 卷四十七《食货略·土贡 土物》第 924 页

云南艾 产黎平。艾,宿根生苗,成丛,茎白色,直上,高四五尺,背白有茸而柔,味苦而辛。五月五日刈取曝干收叶,以灸百病。凡用艾以陈久者良。又一种,名云南艾,叶大如枫叶,面背俱青色,茎有丫,为损伤要药,亦产黎平。

光绪《黎平府志》(点校本) 卷三《食货志第三》第 1400 页

艾 二月宿根生,苗高达三四尺,茎直,叶丛如蒿,端五岐,面青背白有柔厚茸毛入药。(陈者佳，并可治风气。)

民国《八寨县志稿》卷十八《物产》第340页

艾 ……李时珍曰："《本草》不著土产，但云生田野。宋时以汤阴复道者为佳；四明者图形近代。惟汤阴者谓之北艾，四明者谓之海艾，自成化以来，则以蕲州者为甚，用充方物，天下重之，谓之蕲艾。"今按：县产有二种。叶厚大而背白者，则呼蕲艾，以为种自蕲州来也。人多植之，入药良。叶微细而背青者，则呼野艾，人鲜用之。

民国《息烽县志》卷之二十一《植物部·百卉类》第303—304页

蒿

蒿 有青白二种，春生秋萎，来春因旧其而生叶者名茵陈。

道光《贵阳府志》(点校本) 卷四十七《食货略·土贡 土物》第924页

青蒿 茎作烛心。青蒿，生山中，茎长三四尺，劲直而中虚，郡人取以作烛心最佳。

光绪《黎平府志》(点校本) 卷三《食货志第三》第1396页

蒿 ……今按：此为繁而易生，生不择地，一类多种，可蔬可药之品。昔人用之祭祀、用之救荒者，大要以白蒿为上。若县产之白蒿，则水陆二种皆有。其他诸蒿，亦当不缺。

民国《息烽县志》卷之二十一《植物部·百卉类》第304页

蒿蘩 即白蒿。

民国《咸宁县志》卷十《物产志》第602页

烟

烟 贵定产者味酽，吸之能醉人，一名淡巴菰，三月下种，茎高五六尺，粗者大如杯。本似白菘而叶大数倍，青绿色，长一二尺，阔尺许，中大而头稍尖，六七月抽茎开花，如杯而小，圆而无瓣，有五尖，淡红色。结实大如指顶，黄白色，蒂下有盖，似灯笼草实而小，底平圆而末锐，状若鸡心，中空面作柱，柱上粘细子如蚕砂。土人种烟，取其叶晒干，稍加菜子油，以板夹之，紧束创丝。其顶上嫩叶名盖露，尤佳。

道光《贵阳府志》(点校本) 卷四十七《食货略·土贡 土物》第924页

叶烟 按：叶烟全郡皆产，叶似枇杷叶而长，采以晒干，郡人皆以火燃吸食，味较它烟为辣。至鸦片烟，昔时亦全郡皆产，栽罂粟花，至结青苞时，针刺取汁制成。今恪遵功令，已久禁绝矣。

咸丰《兴义府志》（点校本）卷四十三《物产志·土产》第639页

蓝草

蓝 修文广种，其色最青。

乾隆《贵州通志》卷之十五《食货志·物产·贵阳府》第285页

蓝草 俗呼蓝叶，居人广种，以之染丝，与靛异。

道光《贵阳府志》（点校本）卷四十七《食货略·土贡 土物》第924页

蓝靛 旧志云："蓝可染，山地间亦种之。"按：蓝草之名见于《诗·小雅》及《周礼·掌染注》，考郑樵《通志》云："蓝有三种：蓼蓝染绿，大蓝如芥染碧，槐蓝如槐染青，三蓝皆可作靛。"今郡产之蓝，收而为靛青色，则即《通志》之槐蓝也。

咸丰《兴义府志》（点校本）卷四十三《物产志·土产》第632页

蓝 有三种，蓼蓝染绿，大蓝染碧，槐蓝染青（见郑樵《通志》）。匀产槐蓝俗名马蓝，叶似苋，种宜熟地，忌寒风、湿气，壤宜富有机质，及高燥微润者，邦水麦冲多种之。生泽地者曰泽蓝，入药。

民国《都匀县志稿》卷六《地理志·农桑物产》第277页

蓝 ……李时珍曰："蓝，凡五种，各有主治。惟蓝实专取蓼蓝者。蓼蓝，叶如蓼，六月开花成穗，细小，浅红色，子亦如蓼，岁可三刈。菘蓝，叶如白菘。马蓝，叶如苦荬，即郭璞所谓大叶冬蓝，俗中所谓板蓝者。二蓝花子并如蓼蓝。吴蓝，长茎如蒿，高者三四尺，分枝布叶，叶如瑰叶，七月开淡红花，结角长寸许，果累如小豆角，其子亦如马蹄决明子而微小，迥与诸蓝不同，而作淀则一也。淀一作殿，俗作靛。南人掘地作抗，以蓝浸水一宿，入石灰搅至干，下澄去水则青黑色，亦可干收，用染青碧。其报起浮沫，掠出阴干，谓之淀花，即青黛也。波斯青黛，亦是外国蓝靛，花既不可得。则中国靛，花亦可用。"按：今染工所需之品，固诸色并陈，而靛之用为最多。衣重青蓝，国人之习尚所由然。贵州，在数十年前，种蓝制靛之风，几于县县皆同一。种农人既特为专业，何以下种，何以收叶，何以筑坑，何以取靛，靛之成也，以箩盛之，两箩为一担。上农之家，有岁获累百担者。或运售城市，或运商就购，得价每优于稻麦及诸谷，给家裕商之要业也。何图比来此风不竞，常人不知靛自何出，农者多不识蓝为何品？染工惟知购用洋靛而蔑视土靛之质粗色淡也。所谓土靛，又非未绝之几希农产乎！土之见克于洋固不止一蓝靛，然洋靛之所出，得非以蓝制之，偏国人之必贱土而贵洋则甚矣。洋祸之烈，而懵懵者不觉也。且洋烟一物，毒害全国；弱人种而病农植，昔之洪水猛兽所不能及。人非不知之，而必甘蹈之。即蓝靛大衰于曩年，又何尝不是此物夺之前而洋靛更袭其靛后，言之痛心！而常人凡农、小商、染工何能知之！若县人之或解种蓝制靛者，尤其逊于他县。县产之蓝，何种当多，亦且不暇问之。大约马蓝之种，或犹未绝。

民国《息烽县志》卷之二十一《植物部·百卉类》第 310—311 页

虎耳草

虎耳草 一名金丝荷叶，色绿络以金红丝，背有毛，生阴湿处。人亦栽于近水石上及墙壁之罅。茎色白微赤末细，一茎一叶，如荷盖状，圆似钱而大，或倍之。边有蟹壳质颇厚，面青色而有白纹缭绕，微有细白毛，背白而光，或微红，有薄膜，可揭而去之。夏开小花或穗淡红色，瓣阔而尖，中有蕊。

道光《贵阳府志》（点校本）卷四十七《食货略·土贡 土物》第 924—925 页

虎耳草 石荷叶也。虎耳草，一名石荷叶，茎微赤，高二三寸，有细白毛，一茎一叶，状如荷盖，大如钱，又似初生小葵，叶如虎耳之形，面青背微红，亦有细赤毛，夏开小花淡红色，生阴湿处，栽近水石上亦得。

光绪《黎平府志》（点校本）卷三《食货志第三》第 1395 页

虎耳草 一名石荷叶。李时珍曰："生阴湿处，人亦栽于石山上。茎高五六寸，有细毛。一茎一叶，如片盖状，人呼为石荷叶。叶大如钱，状似初生小葵叶及虎之耳形。夏开小花，淡红色。"吴其浚曰："栽种者多白纹。自生山石间者淡绿色，有白毛，却少细纹。治聤耳。过用或成聋闭、喉闭无音。用以代茶亦治吐血。"今按：县之所产，多为自生，栽种者则

无。少闻俚医亦取以疗人疾。

民国《息烽县志》卷之二十一《植物部·百卉类》第314页

萍

萍 有红绿二种，俗名浮萍。

道光《贵阳府志》（点校本）卷四十七《食货略·土贡 土物》第925页

水花 萍也。萍，一名水花，一名藻，池沼水中有之，季春始生，杨花入水，所化一叶，经宿即生数叶，叶下有微须，即其根也，浮于流水，则不生，浮于止水，则一夕生九子，无根而浮，常与水平。有大小二种，小者面背俱青为萍，大者面青背紫为漂，重五，午时取浮萍投厕中，可绝青蝇，又可阴干，烧烟去蚊。

光绪《黎平府志》（点校本）卷三《食货志第三》第1395页

苹菜

苹菜 苹也。苹，一名苹菜，一名四叶，一名田字草，叶浮水面，根连水底，茎细于莼荇，叶大如指顶，面青背紫，有细纹，颇似马蹄。决明之叶，四叶合成，中折十字，夏秋开小白花，故称白苹。其叶攒簇如萍，故《尔雅》谓"大者为苹"也。《群芳谱》辨讹："其叶径一二寸，有一缺而形圆如马蹄者，莼也，似莼而稍尖长者荇也，其花并有黄白二色，叶径四五寸，如小荷叶而黄花，结实如小角黍者，萍蓬草也。楚王所得萍实乃此萍之实也。四叶合成一叶如田字形者，苹也。"

光绪《黎平府志》（点校本）卷三《食货志第三》第1395页

藻

藻 有二种，水藻，叶长二三寸，两两对生；聚藻叶细如丝，及鱼鳃状，节节连生，俗名假阳草。

道光《贵阳府志》（点校本）卷四十七《食货略·土贡 土物》第925页

蘋

蘋 一名水粟，广顺间有之。叶似荇而大径寸，六七月开黄花，结实状如角黍，长二三寸许，内有子一包，细如金线而劲直，黄白色，长六七分，炒食甚香，名曰水芝麻。

道光《贵阳府志》（点校本）卷四十七《食货略·土贡 土物》第 925 页

荇

荇 其叶大一二寸，面青色，背紫色，夏月开黄花，蕊亦黄色，亦有白花者。其根甚长，色白嫩，时人采食之，谓之荇秧根。茎则上青下白，丛生延长，叶在茎端。

道光《贵阳府志》（点校本）卷四十七《食货略·土贡 土物》第 925 页

茅

茅 丛生，高者四五尺，刈以盖屋；根色洁白，味清甘，食之能祛热。

道光《贵阳府志》（点校本）卷四十七《食货略·土贡 土物》第 925 页

茅草 性燥。茅草，遍山皆有，里人取以盖屋，经久不坏。性干燥，遇旱久宜防火烛。

光绪《黎平府志》（点校本）卷三《食货志第三》第 1397 页

马耳杆

马耳杆 柔类，长七八尺。

道光《贵阳府志》（点校本）卷四十七《食货略·土贡 土物》第 925 页

吉祥草

吉祥草 俗呼观音草，叶如兰花，茎长于叶，开花细碎而紫粉色，结实如梧子，生绿熟黝黑，得水及活，植瓶置屋中，经年不瘁。

道光《贵阳府志》（点校本）卷四十七《食货略·土贡 土物》第 925 页

灯草

灯草 水种。

道光《贵阳府志》（点校本）卷四十七《食货略·土贡 土物》第 925 页

灯心草　织席凉。灯心草，生山泽中，茎圆细而长直，即龙须之类，但龙须紧小瓤，实此草，梢粗瓤虚，蒸熟待干，折其瓤，是谓"熟草可燃灯"。土人取其草以织席，夏日寝凉。

光绪《黎平府志》（点校本）卷三《食货志第三》第 1396 页

灯心草　种用分秧法（择良苗，厚肥料，十株一束，如种稻然），植七十日至百日即可刈，置地上，木棍捣之即划开取瓤燃灯（蒸熟者为熟草，不蒸而剥曰生草）。皮供织席、编蓑、系物用。

民国《都匀县志稿》卷六《地理志·农桑物产》第 278 页

清明草

清明草　黄草也。黄草，一名清明草，茎叶俱有绒白色，顶开细黄花，嫩时采取并香藤汁和米粉食，呼为黄草饼，味亦甘美。

光绪《黎平府志》（点校本）卷三《食货志第三》第 1397 页

清明草　按清明草芽发于清明前后，嫩者可作粑食之，俗呼面蒿。

民国《普安县志》卷之十《方物》第 504 页

清明草　《遵义府志》引《荒年杂咏》云："有草，绒绒白色，顶丛开细黄花，味微甘。嫩时，取和米粉少许作粑食之，呼软曲粑，名'清明草'。清明时生，以后渐老则不可食。"今按：此物，诸县多产。亦有呼"清明菜"或"翘耳菜"者。乡人摘取入城市叫卖，人争购之。清明以后虽不中食，然采其枯者，抽筋揉制至极软，能引火，人呼火草。当火柴未盛时，远行者必携火镰、火石、火草自随。县之乡老，斯时固有不能忘是风味者。

民国《息烽县志》卷之二十一《植物部·百卉类》第 314 页

紫草

紫草　出定广间，其根主理血，又用以染茜。

乾隆《贵州通志》卷之十五《食货志·物产·贵阳府》第 285 页

紫草　出定广间，居人用以染茜。

道光《贵阳府志》（点校本）卷四十七《食货略·土贡 土物》第 925 页

紫草　浸油擦鬓。紫草，生山中，叶两头尖，有纹，深绿色，单茎有白毛，茎端有歧，开细白花，甚清雅，根紫可浸油擦鬓。

光绪《黎平府志》（点校本）卷三《食货志第三》第 1395 页

雁来红

雁来红 老少年也。老少年，一名雁来红，至秋深脚叶，深紫顶叶，娇红，与十样锦俱以子种。喜肥地，正月撒于耪熟肥土，上加毛灰盖之，以防蚁食，二月中即生，亦须加意培植。若乱撒花台，则蜉蝣伤叶不生矣。谱云："纯红者老少年，红紫黄绿相兼者名锦西风，又名锦布，纳以鸡粪壅之，长竹扶之，可二三尺。二种俱状秋也。"

光绪《黎平府志》（点校本）卷三《食货志第三》第 1395 页

蓼

蔷虞蓼 泽蓼也。蓼有数种，惟香、青、紫三蓼为良，诸蓼皆春苗夏茂，秋始花。花开蓓蕾而细长，二寸枝枝下垂。色粉红可观，水边更多，节生如竹，所堪食者三种，一青蓼，有圆有尖，圆者胜；一紫蓼，相似而色紫；一香蓼，相似而香，古人用蓼和羹，后世饮食不复用此，惟烹鱼偶用之。紫蓼烧烟夏月可以驱蚊。又一种名虞蓼，《尔雅》注："泽蓼也，生水中。"

光绪《黎平府志》（点校本）卷三《食货志第三》第 1395 页

蒲公英

金簪花 蒲公英也。蒲公英，一名金簪花，四时常有，小棵布地，四散而生，茎叶花絮并似苦苣，但差小耳，叶有细刺，中心抽一茎，高三四寸，中空，茎叶断之皆有白汁，茎端出一花，色黄如金钱，嫩苗可生食，花罢成絮，因风飞扬落湿地即生，二月采花，三月采根。

光绪《黎平府志》（点校本）卷三《食货志第三》第 1395—1396 页

蒲公英 一名黄花地丁，花如金簪，头独脚如丁也，叶由根丛生羽状分裂，有大锯齿下向，早春叶抽花茎，断之有白汁，顶开黄花为舌状，花冠有冠毛，苗可入药，治疮毒，嫩叶可食。

民国《麻江县志》卷十二《农利·物产下》第 425 页

蒲公英 花如金簪头,独脚如丁,故名黄花地丁。

民国《八寨县志稿》卷十八《物产》第 341 页

酸浆草

酸浆草 治瑜石。酸浆草,一名三叶,酸苗高一二寸,极易繁衍,丛生道旁阴湿处,一茎三叶如浮萍两片,至晚自合帖如一。四月开小黄花,结小角,长一二分,中有黑实,至冬不凋,嫩时小儿喜食,用揩瑜石器白如银。

光绪《黎平府志》(点校本)卷三《食货志第三》第 1396 页

酸浆草 随处皆产,治损伤。(《兴义府志》:"咸丰四年修郡城,有石工坠巨石于身垂绝,见者即采道旁酸浆草捣汁,灌之立苏。")

民国《都匀县志稿》卷六《地理志·农桑物产》第 277 页

酸浆草 叶圆而分三片,每片又分为二细藤。本味酸又名还魂草或呼酸梅菜。屋角、墙缘随在皆有。治捐伤即垂绝,取捣汁灌立苏。

民国《麻江县志》卷十二《农利·物产下》第 428 页

酸浆草 俗名酸奶荣,随地皆产,治损伤。

民国《八寨县志稿》卷十八《物产》第 310 页

通草

通草 取瓤剪片,可染作花卉。

道光《贵阳府志》(点校本)卷四十七《食货略·土贡 土物》第 925 页

通草 《识略》云:"兴义府产通草。"又云:"普安县产通草。"按:通草,产府亲辖境及普安县,产多利溥,郡人多切为薄片,染色以为假花,极为工巧。

咸丰《兴义府志》(点校本)卷四十三《物产志·土产》第 639 页

通草 可制花。通草,生山中,去皮取中心绵软而白,可染五彩,以制纸花最佳。

光绪《黎平府志》(点校本)卷三《食货志第三》第 1396 页

席草

席草 栽水田中,壅以猪毛始茂盛,可作席,其种来自吴下,织席为业者，赖以生活。

道光《贵阳府志》（点校本）卷四十七《食货略·土贡 土物》第925页

接骨草

接骨草 治铜。接骨草，形如灯心而茎方，长三四尺，每节脱换似骨，丛生阴湿处，干者拭铜器发光而不伤质。

光绪《黎平府志》（点校本）卷三《食货志第三》第1396页

四眼草

四眼草 作火绒。四眼草，茎叶如苎麻，秋采其叶可作火绒。黎郡山地多生。

光绪《黎平府志》（点校本）卷三《食货志第三》第1397页

火尾草

火尾草 禾穗也。禾穗草，俗名火尾草，近郡城之山皆有，茎端抽穗如禾穗，可以作薪，贫人割取易粮养活甚众，亦物之足以利民也。

光绪《黎平府志》（点校本）卷三《食货志第三》第1397页

仙桃草

仙桃草 生水田边，立夏前十日采之，则草上小桃垂垂形如黄豆。大每桃中有一虫，过期则虫飞无用矣。用法连桃及根茎条叶，全用泡酒可治跌打损伤。亦治痨伤神效，平人服之，大补血气，若专摘桃虫，阴干为末，力尤大。按中州各地所产之仙桃草多在麦地，且采当在小满前，后十日时，不同地亦不同。且所谓用法仅治跌打损伤，不知作补益品也。

民国《兴仁县补志》卷十四《食货志·物产》第462页

断肠草

断肠草 根如商陆。《黔书》："黔有断肠草，丛生，根如商陆，叶类蓼而大，茎有节，当心抽花蕊数十作穗，花淡红色，久渐赤，子离离似桑椹，署园中沿坳依砌百丛也。初见辄爱之，以为红置内艳，赪牙外标，华橙之映翠幕，丹橘之厕碧瑶，当不过是，未识为何花。有粤儿自寻甸至，

呼其名，始知之毒能断肠，可诚也。"遂远辟不复迫视。《本草经》："一名钩吻，一名野葛，一名胡蔓草，一名黄藤，今证之皆非。滇谓之火打花，亦因花红而性大热，故名。"陶弘景云："钩吻，言钩人喉吻，人肠烂肠，是矣。"然所谓"叶紫花黄，初生似黄精隐居，斯语为茅山黄精，反复辨无使学长生者误服它物已耳，非笃论也"。苗地遍生，土人又谓为毒草，遇此毒草，不知锄而去之，而乃按剑于芝兰之当户可乎哉！

光绪《黎平府志》（点校本）卷三《食货志第三》第 1396 页

钩吻 分二木，本高四五尺，叶绝类黄精。初夏开单性花，黄绿色，实红。草本者，蔓生，长卵形叶，端尖，花黄而小。一名莨，又名断肠草，亦名野葛，二者皆有剧毒，误食致死，言其入口如人钩喉吻，惟蕹菜可救，以蕹汁滴其苗时萎死。按：蕹似波棱，茎柔如蔓，中空，俗称空心菜，秋开白花，嫩茎叶作蔬。

民国《麻江县志》卷十二《农利·物产下》第 425—426 页

苔

苔 一名藓，空庭幽室阴翳无行则生，色青翠而气幽香。其蒙茸而深者色稍淡，春抽细茎如丝，开碎花，甚可悦。其类有五，在地曰地衣，在墙曰垣衣，在瓦曰屋游，在石曰石濡，在水曰陟厘，长及数寸。在土曰土马鬃；在水曰薄潭。在水中石上生者，蒙茸如发，有水污石，苔即生焉，缠牵如丝绵之状。

道光《贵阳府志》（点校本）卷四十七《食货略·土贡 土物》第 925 页

石发 水苔也。水苔，一名石发，生水中石上，丝长二三尺，色青绿，蒙茸，初生嫩者以石压干，入油盐酱椒，切韭芽同拌食，亦可油酱炒食。又一种名潭，亦可食。

光绪《黎平府志》（点校本）卷三《食货志第三》第 1396 页

毛蜡烛

毛蜡烛 治刀创。毛蜡烛，丛生山谷中，抽茎如烛心，茎端细茸，结成烛形，可以制火绒，并能治刀创，取烛绒粘之即愈。

光绪《黎平府志》（点校本）卷三《食货志第三》第 1396 页

毛蜡烛 山泽间丛生，茎如烛心，茎端细茸结聚，色黄赤，酷肖红烛，故名。凡刀伤取烛茸粘患处，结痂即愈。

民国《八寨县志稿》卷十八《物产》第 340 页

麻

麻 一名火麻，俗名黄麻，叶狭而长，状如益母草，结子似荽蒌子，壳中有仁，可入药，剥其皮作麻，绩之可为布。苎，有家苎、野苎二种，叶如楮叶，圆而有尖，一科数十茎，剥煮沤冻，绩以为布。

道光《贵阳府志》（点校本）卷四十七《食货略·土贡 土物》第 925 页

麻 有二种，大麻即火麻（又曰苴麻），其无子曰苎麻即枲麻也（俗曰青麻），随地皆产，种以宿根，沙壤无烈风者宜今岁种，麻明岁种，麦乃佳。（苎亦有家苎、野苎之分。家苎叶面紫，野苎叶面青，其背皆白，刮洗煮食，救荒味甘美。一科数茎，花如白杨，长成穗，九月采，三月种，采皮，石灰水煮之，手再再揉之，涤去粗皮，丝分楼析，日暴夜露，积六七日，乃置铜斛内，打煮沸涤净污垢，加石灰浸半日，更以淡盐水半日漫之，取出阴干，白泽如丝矣。）

民国《都匀县志稿》卷六《地理志·农桑物产》第 277 页

折耳根

葴菜 俗名鱼香菜，野生，叶可食，俗呼鱼腥菜，烹鱼气甚香。

道光《贵阳府志》（点校本）卷四十七《食货略·土贡 土物》第 920 页

折耳根 叶似莜。叶与莜类，味微苦，遇歉岁掘根煮食，可以救饥，苗民恒采以佐飧。

光绪《黎平府志》（点校本）卷三《食货志第三》第 1396 页

折耳根 即葴菜，越王遇荒，采葴是此，呼葴为侧者，声之讹。并夏枯草漩蕨粉，可供朝夕，苗民皆食之，凶年尤众。

光绪《黎平府志》（点校本）卷三《食货志第三》第 1374 页

侧耳根 《尔雅》："蕺，黄蒢。"赵煜《吴越春秋》："越王从尝粪恶之后，遂病口臭。范蠡乃令左右食岑草，以乱其气。"苏恭曰："蕺菜，生湿地山谷阴处，亦能蔓生。叶似荞麦而肥，茎紫赤色。山南江左人好生食之。关中谓之菹菜。"韩保升曰："茎叶俱紫赤，英有臭气。"郑樵《通志·昆虫草

本略》:"'蕺或,曰蕺',见《尔雅》。叶似葫酱,蔓生田野阴湿处。"《会稽志》:"蕺山,在府西北六里。越王尝采蕺于此。"王十朋《蕺山诗》:"十九年间胆厌尝,盘羞野菜味含香。春风又长新芽甲,好撷青青荐越王。"李时珍曰:"蕺菜,其叶腥气,故俗呼为鱼腥草。"又引赵叔文《医方》云:"鱼腥草即紫鼓菜,叶似荞,其状三角,一边红,一边青。"吴其濬曰:"开花如海棠色,白中有长绿,心突出,以其叶复鱼,可不速馁。湖南夏时煎水为饮,以解暑。江湘土医芐为外科要药。"并引《遵义府志》:"侧耳根,即蓝菜。荒年,民掘食其根。"今按:贵州诸县人民,惟知侧耳根之呼。此名之见于纪载者,其始于《遵义府志》乎?其曰:"蕺,曰黄蒁,曰岑草,曰蕺菜、曰菹菜、曰鱼腥草。则人多忽之野生之物,而中常蔬,和醋生食颇为适口。亦有恶其气腥,拒使不陈于几者。而嗜之者,固赏其清脆也。"又诸家《本草》皆言其有解毒之功,若常食之,则有发虚弱、损阳气、消精髓之虞。

今之传者,又皆以为若食之久者,可免肺痨,患肺痨者食此可愈。是今之新兴医术者,经考验而后言之。凡在城市冬春之间,乡妇背负、手携,叫卖侧耳根者,固比比也。县之风习亦何不同?

民国《息烽县志》卷之二十一《植物部·蔬类下》第238—239页

折耳根 即蕺菜,人多嗜食之。

民国《普安县志》卷之十《方物》第504页

阳草

阳草 可以织履及作草焉。

民国《威宁县志》卷十《物产志》第602页

崖蒜

崖蒜 湿地生。崖蒜,生下湿地,其叶直生,出土四垂,形似蒲而短背,起剑脊,其根如蒜,遇歉,采取煮食,可以救饥。

光绪《黎平府志》(点校本)卷三《食货志第三》第1396页

见风蓝

见风蓝 灌木类,其皮可入药。滋阴蒸鸡煨肉,食之有参茸功效。

民国《兴仁县补志》卷十四《食货志·物产》第462页

雪裹梅

雪裹梅 又名罐罐花,其根为妇科滋补要药,益血气。编者呕血百药无效,后以此蒸鸡食而愈。妇人月信不调,亦能治之。

民国《兴仁县补志》卷十四《食货志·物产》第 462 页

白头翁

白头翁 一名野丈人,一名胡王使者,一名奈何草。李白诗:"醉入田家去,行歌荒野中。如何青草里,亦有白头翁?折取对明镜,宛将衰鬓同。微芳似相消,遗恨向东风。"苏颂曰:"所在有之。正月生苗,作丛生状,似白藏而柔细稍长。叶生茎头如杏叶,上有细白毛,而不滑泽。近根有白茸,深如蔓苦。其苗有风则静,无风则摇,与赤箭、独活同。"今按:吴其浚《植物名实图考》则备载"两种形,乃不类",又曰:"滇南有小枝箭,一名白头翁,花老作茸,久不飞落,真如种种白发也。是则又多一种矣。"县产之品,固如苏颂所说者。

民国《息烽县志》卷之二十一《植物部·百卉类》第 312 页

王不留行

王不留行 俗名野豌豆。

咸丰《安顺府志》卷之十七《地理志·通产 专产》第 216 页

王不留行 即野豌豆。

民国《兴仁县补志》卷十四《食货志·物产》第 462 页

大耳朵

大耳朵 一名羊耳朵。

民国《威宁县志》卷十《物产志》第 602 页

青草

原上青 俗名青草。

民国《威宁县志》卷十《物产志》第 602 页

第二篇 动物篇

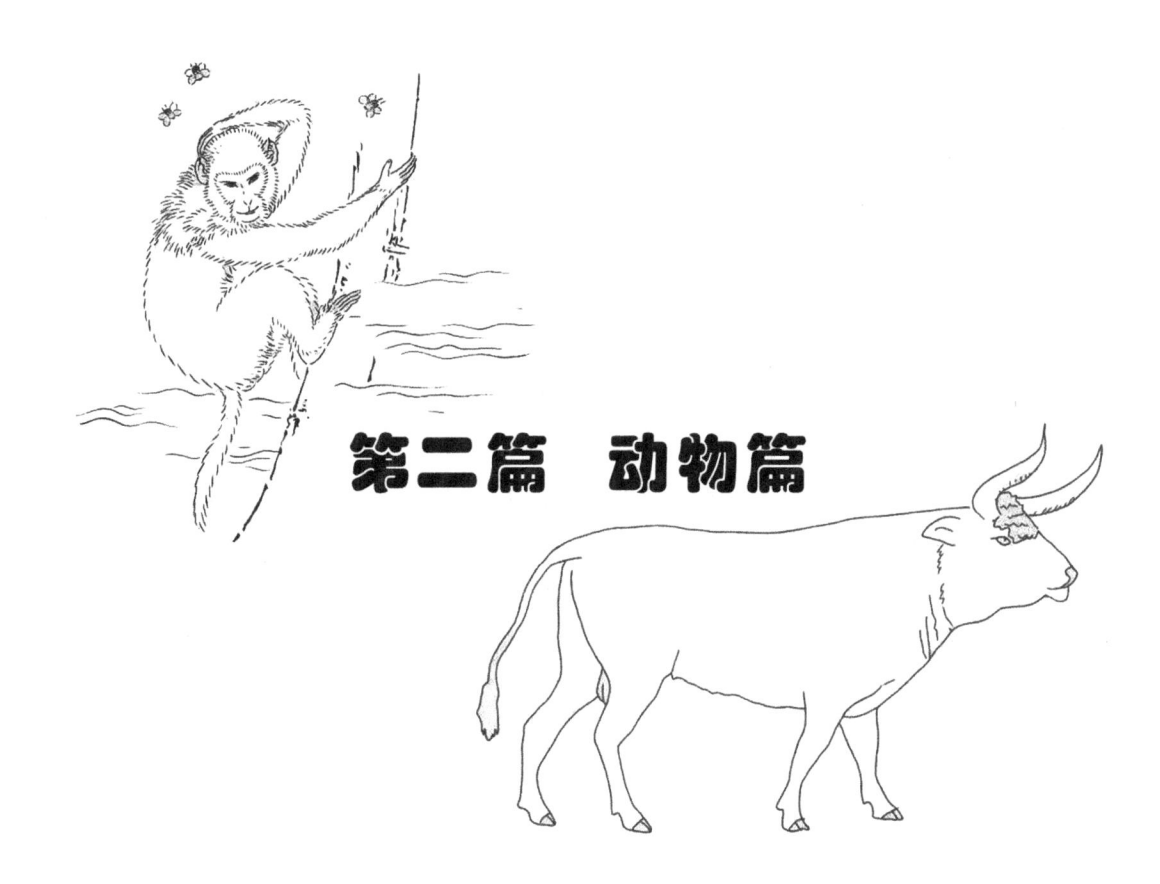

本篇辑录历代文献中所记载的有关贵州各种动物，包括哺乳动物、鱼类、鸟类、栖爬行类、昆虫类等，分列兽、禽、鳞介、虫4属。在兽类和禽类动物中，结合现代生物学的分类，选取了家畜、野生兽类，家禽、野生禽类。贵州方志中记载的动物因其独特的生态特征或经济价值而受到人们的关注，基于各府、县方志编撰目的和时代背景各异，所记载的动物种类和详细程度有所不同，本篇的辑录内容选取列举和详细阐明某一动物物种的文献结合的形式，力图呈现此动物物种不同历史时期演变的过程。

第一章 兽类动物

畜之属 马、牛、羊、猪、猫、驴、鸡、鸭、鹁鸽、鹅犬。

毛之属 虎、豹、熊、鹿、麈、麂、狐、黄鼠狼、山羊、野猪、毫猪、竹䶉。

嘉靖《贵州通志》卷之三《土产》第 274 页

兽 则豹、鹿、麈、兔、野狗、野羊之属,见于山菁。至熊、虎、豕、鹿则际太平日久,间有之,非常物也。

乾隆《南笼府志》卷二《地理·土产》第 537 页

兽类 猿、九节狸、野猫、黄鼠狼。

乾隆《镇远府志》卷十六《物产》第 118 页

兽属 马、牛（有黄牛、水牛二种）、羊、驴、犬、家猫、獐、兔、狸（即果狸）、豺、豹、虎、鹿、猴、狼、骡、山羊、黄鼠狼（其毛可为笔）、狐。

咸丰《安顺府志》卷之十七《地理志·通产 专产》第 217 页

第一节 家畜之属

家兽类 水牛、黄牛、马、骡、羊、犬、豕、狗、猫。

民国《三合县志》卷四十三《物产略》第 525 页

牛

牛 水牛黄牛二种。

嘉靖《思南府志》卷之三《土产》第 119 页

牛　有黄牛、水牛二种。黄牛稍小于水牛，有黄、黑、赤、白、驳数色。其角有两两相对而微弯者，有短小者，有相背而曲似护耳者，有大而盘环如羊角者，有一俯一仰者，项有垂胡，脐有聚毛，力任载，其皮制器，其肉与乳养人，其屎入药，皆胜于水牛。耕田则水牛为胜，水牛大而青苍，大腹锐头，其肥腯类猪，大角微曲而相向，两边开张，亦有大角环出者。牡曰牿，牝曰沙。《物理小识》云："母牛尾白乳红，孳子多乳；疏黑无子谓之飘沙，水牛胎，十二月生，黄牛胎十一月生。"

道光《贵阳府志》（点校本）卷四十七《食货略·土贡 土物》第 927 页

牛　此地耕地多用水牯牛，以其力最大，黄牛多不及。

光绪《增修仁怀厅志》卷之八《土产》第 304 页

牛　有水牛、黄牛二种。

民国《咸宁县志》卷十《物产志》第 601 页

牛　古代典籍，及今之究生物学者，莫不重视家畜。而家畜中之尤重者，皆莫如牛。役其力，饮其乳，食其肉，服其皮，器其角。其益于人，不既多乎！惟黄牛体力较小，而水牛则绝大。黄牛之种，其毛自以纯黄为上，间亦有黑、赤、白驳者。角则两两相对，而微弯者有之，短小者有之，相背而曲似护耳者有之，大而盘环如羊角者有之，一俯一仰者有之。项有垂胡，脐有聚毛。水牛，则其色青苍，大腹，锐头。其状类猪，角若担矛，能与虎斗。凡牛之牡曰牿，牝曰牸；去势者曰犍。县之道路，虽非绝险不能行车，而运输则惟资乎马。其役牛者，耕耨而已。

民国《息烽县志》卷之二十一《动物部·兽畜类》第 138 页

牛　售出滇者，岁值洋三四千元，牛皮亦在千元以外。

民国《普安县志》卷之十《方物》第 501 页

马

马　旧出养龙坑，土人于柳坑畔择牝马之贞者系之，当云露晦冥时，有物蜿蜒上与马接，盖龙也。候天色开霁，视马旁之沙有龙迹印，则马与龙交必产龙驹。明洪武时，夏明昇得而献之。有白马、黑马、枣红、斑驳、连线各色。长颊，小耳，顶有长毫数寸分垂，项有长鬣二三尺纷披，尾长去地仅寸，如千缕麻丝，孕十二月而生，其子曰驹。牡马曰儿马，牝马曰课马。马性善走，于世有功，马皮可作靴鞋，马尾可缠作器用。

道光《贵阳府志》（点校本）卷四十七《食货略·土贡 土物》第927页

乌蒙马 来水西。马，武兽也。《正韵》："乘畜，生于午，禀火气。火不能生木，故马有肝无胆。胆，木之精气也。木脏不足，故食其肝者死。"《春秋考异记》："地生月精为马，月数十二，故马十二月而生。"《黔书》：水西、乌蒙产马，食篃筤指"青竹"根，饮甘泉水，首如碓，蹄如盂，苗家多畜此。"

光绪《黎平府志》（点校本）卷三《食货志第三》第1410页

水西马、乌蒙马 《黔书》马之良者唯冀北，而渥洼之种则友龙，大宛之来则汗血。渥洼、大宛皆西域也。水西乌蒙近于西，故多良马，上者可数百金，中亦半之，其鬻放外者，凡马也。而其上者，蛮人爱之，不肯鬻，亦不频驹，惟作戛，临阵乃用之；蛮死，则以殉。水西之马状甚美，前视鸡鸣，后朒犬蹲；膈阔膊厚，腰平背圆。秣之以苦荞焉，啖之以姜盐焉，遇暑喝又饮之以齑浆。马体卑而力劲，质小而德全。登山逾岭，逐电欻云，鄙螳螂而笑蝘蜓也。龙髭凫臆，肉角兰筋，志倜傥而精权奇也。有马如此，不可谓非良矣。然而未若乌蒙之异也。乌蒙之马，体貌不逮水西，而神骏过之。食篃筤之根，饮甘泉之水。首如碓，蹄如盂，齿皆黄区，耳则桃记。以平途试之，屈然弗屑，反不善走，而志在千里，隐然有不受羁之意，所以英雄之才不易测，而君子之道贵养晦也。为邮无止，九方皋者，盖亦难矣。辨之则不以耳，而以齿。耳之桃记，又如眉月。然盖多赝，以攫高价，孰谓乌蛮愚哉？诘其故，惟善于攻驹。驹始生，必宝啬其母，时饥渴而洁寝处，晓夕与俱，所以助其，而使溢厚其子之气，而无阋也。生三月，差质之佳者而教之，絷其母于层岩之巅，置驹于下馁之，移晷，驹故恋乳不可得，倏纵之，则傍徨踯躅，迅腾踔而直上，不知其为峻矣。已乃絷母于千仞之下而上其驹，母呼子应，顾盼徘徊而不能自禁，故他则狂奔冲逸而径下，亦不知其为险也。如此者数四而未已焉，则其胆练矣，其才猛矣，其气肆矣，其神全矣。既成驹，复绊其踵而开之，以齐其足，所投无不如意。而后，驰骤之，盘旋之。蚁封之上，罍涧

之间，金鞭一下，欲嘶不成，则陟大行若培楼，履羊肠若庄道，而轶伦超群也。呜呼！此乌蒙之马所以良也。

道光《大定府志》卷之四十二《食货略第四下·经政志四》第625—626页

马 《明一统志》云："安南卫产马。"按：马昔产安南，今不常产。

咸丰《兴义府志》（点校本）卷四十三《物产志·土产》第673页

野马 《尔雅》释如马而小。《穆天子传》："野马日走五百里。"《桐梓草志》："野马'嘉庆中见于尧龙山'。"

駮 "状如马，食虎豹。"今土人云遵义南乡高砦坡兽如骡，能食虎豹，《尔雅》："胶盖即駮之谓也。"前《志》记篱篱、松花豹、白貌等，久无见闻，若飞狐、马耳狗及駮，又近今之所忽有也。

民国《续遵义府志》卷十二《物产》第410页

马 马之服劳于人，亦既勤止，而武备之资尤巨。国内之马，自以产西北边地者，为至雄伟。若东南之产，亦何能企及。县则西南之腹境也，乃飞越峰之腾声，于五百年间，其为柳坑，增重若何？柳坑在县属第四区养龙，若飞越峰之骧首云衢，夫岂遂逊于西北边地之所产乎？田雯《黔书》既著水西马、乌蒙马。乌蒙远在七星关之间，距县约五百里。水西则与县相近。则县之产马，又岂不若水西马之形色、骨骼、及牡与牝之别呼？相马之书具载之，养马者习知之，兹不备著。

民国《息烽县志》卷之二十一《动物部·兽畜类》第138页

马 乌撒名马，自来著名。

民国《咸宁县志》卷十《物产志》第601页

骡

骡 大如马而身微短，耳大而竖，项无鬃，头顶昂起，项鬣短而上耸，尾似驴而稍长大，与马尾不同。其健胜马。其后有锁骨，不能开，故不孳乳。《本草纲目》谓其类有五：牡驴交马而生者骡也；牡马交骡而生者为駃騠；牡骡交牛而生者为𩥋𩥑；牡牛交骡而生者为騊駼；牡牛交马而生者为驱驴。今悉呼为骡矣。

道光《贵阳府志》（点校本）卷四十七《食货略·土贡 土物》第927页

骡 古文作"臝"，牡驴交牝马而生者，大于驴而健于马，其力在腰，其后有锁骨不能开，故不孳乳，值较马昂。

民国《息烽县志》卷之二十一《动物部·兽畜类》第 138 页

骡 《本草集解》："大于驴而健于马，力在腰，其后有锁骨，不能开，故不孳乳。按《说文》驴父马母者也，其马父驴母者自名駃騠，实类骡。"段氏注："今人谓马父驴母者为马骡，驴父马母者为驴骡。县或产。"

民国《独山县志》卷十二《物产》第 349 页

驴

驴 似马而小，长颊广额，喋耳修尾，其鸣应更，性善驮负，有黑、白、褐三色。

民国《息烽县志》卷之二十一《动物部·兽畜类》第 138 页

羊

羊 有黑、白、褐三色，有吴羊、绵羊二种。吴羊头身相等而毛短，绵羊头小身大而毛长。孕四月而生，其目有神，颔下有须，其尾如鹿，其角大小短长不一，有直者有曲者。有向前者，有向背者，有大角盘旋而角尖出外者。吴羊角大，绵羊角小，亦有无角者。

道光《贵阳府志》（点校本）卷四十七《食货略·土贡 土物》第 927—928 页

羊 皆山羊，罕绵羊。

道光《思南府续志》卷之三《土产》第 120 页

羖 山羊也。山羊，似羊而无角，善走。《广韵》："以羖为山羊。"《马融传》注："羖，夜羊也。俗称山羊，为麢子，非。"

光绪《黎平府志》（点校本）卷三《食货志第三》第 1409 页

羊 牡，曰羖，曰羝。牝，曰，曰牂。

光绪《增修仁怀厅志》卷之八《土产》第 304 页

山羊 似家羊，角细，毛褐色，善走，害稼，肉鲜美。

民国《八寨县志稿》卷十八《物产》第 346 页

羊 分山羊、毛羊二种。

民国《威宁县志》卷十《物产志》第 601 页

羊 有山羊、野羊、绵羊。

光绪《安南县乡土志》第三编《乡土格致》第 610 页

羊 《尔雅》："牡羊曰羖、曰羝；牝羊曰羒、曰牂。"《诗·小雅》："牂羊坟首。"《说文》："羊字，象头角足尾之形"。李时珍曰："生江南者，为吴羊，头身相等，而毛短。生秦、晋者，为夏羊，头小身大，而毛长。土人二岁而剪其毛，以为毡物，谓之绵羊。"今按：县产则二种皆备。其色则黑、白与褐。其孕，当四月而生。颌下有须，尾如鹿，其角大小长短不一，有曲有直，有向有背，有左右盘旋，亦有无角者。县境之居民，虽有牧养者，惜未普遍，故产额不多，仅足供本县之用。

民国《息烽县志》卷之二十一《动物部·兽畜类》第 138—139 页

犬

犬 一名狗，一名猲，其脸有直纹界于中如破者；其耳有上竖者，有下弹者；其两目上有各成斑点如四目者；其尾有直者，有盘卷者，其色或黄或白或黑或花或灰色。凡犬孕三月而生，以冬生者为灵警，春生气臭，夏生多虱。

道光《贵阳府志》（点校本）卷四十七《食货略·土贡 土物》第 928 页

犬 皆守犬，无猎犬。

道光《思南府续志》卷之三《土产》第 120 页

野犬 似獾。野狗，獾类，似狐而小，夜鸣若犬。凡郊外坟冢有夭死而浅厝者，其尸骨即被掘食，须慎之。

光绪《黎平府志》（点校本）卷三《食货志第三》第 1410 页

犬 家正法云："犬有三种，一者田犬，二者吠犬，三者食犬。"

光绪《增修仁怀厅志》卷之八《土产》第 304 页

犬 有京狗、土狗二种。

民国《咸宁县志》卷十《物产志》第 601 页

狗 狗皮褥，青山所制，亦广。

民国《普安县志》卷之十《方物》第 501 页

犬 李时珍曰："狗类甚多。其用有三：田犬，长喙，善猎；吠犬，短喙，善守；食犬，体肥，供馔。凡本草所用，皆食犬也。"今按：田犬，惟猎人畜之。通常皆畜吠犬，以守户。道家久有犬为地厌之说，致食犬者寥寥，惟苗仲之族，乃嗜食焉。若通常人家，忌食犬者，十之八九。无已，则疗痎疾者，间亦用之。至祭祀用犬者，古有其说，今不闻矣。吠犬之毛色，有黄、黑、灰、白、驳之别。耳有上竖及下垂者。尾有长、有短、有直、有卷。孕三月而生，以冬生者为灵警，春生气臭，夏生多虮虱。县人之畜吠犬守户者，固比屋皆然。近亦有增畜两异种者，虽不多见，亦附宜识：一为哈叭狗，字或作獬豝。体小而肥，足最短，耳尾之毛俱蓬茸然，一有呼为狮子狗者。按刘若愚《酌中志》："万历间，神宫监掌印太监杜用，养一獬豝小狗，最为珍爱。"则此物实奄寺之所好弄者，且饲之必以肉，而无守户之能。其种则传自北方，畜之久则变，而失其耳尾之蓬茸，惟体态固不大也。一为洋狗，形较高大于通常吠犬，其毛又甚光滑，耳竖，尾更长，色兼黑、黄，亦有灰褐者，目亦深陷而兰，目睛如羊，饲物必如獬豝，亦不能守户。种之所来，当为西陆。其饲此二种者，想亦嗜好殊悬之家也。

民国《息烽县志》卷之二十一《动物部·兽畜类》第139—140页

猫

猫 捕鼠兽也。有黄、黑、白、驳、黧色数种，以纯白、纯黄、纯黑为上。白而背黑者为乌云盖雪，白而尾黄或尾黑者名雪里拖枪，皆猫身而豹首。两耳向前，须眉皓白，柔毛利齿，钩爪圆迹，目睛时变换，或如直线，或正圆，或上下尖如枣核。以春生者为灵警。

道光《贵阳府志》（点校本）卷四十七《食货略·土贡 土物》第928页

猫 一名家猫，捕鼠小兽也，有黄、白、黑、驳数色，狸身而虎面，柔毛而利齿，一尾长腰短，目如金银及上颚多棱者为良。或云其睛可定时，子、午、卯、酉如一线，寅、申、巳、亥如满月，辰、戌、丑、未如枣核。其鼻端常冷，惟夏至一日暖，能画地捕食，随月苟上下噬鼠。首尾皆与虎同，阴类之相符，如此。猫有病以乌药水灌之，有效。

民国《独山县志》卷十二《物产》第349页

猫 一名狸奴，一名家狸。李时珍曰："捕鼠小兽也。处处畜之。有黄、黑、白、驳数色。狸身而虎面，柔毛而利齿。以尾长腰短，目如金

银，及上颚多棱者为良。或云，其晴可定时，子午卯酉如一线，寅申巳亥如满月，辰戌丑未如枣核。其鼻端常冷，惟夏至一日则暖。性畏寒，而不畏热。能划地卜食，随月旬上下啮鼠。首尾皆与虎同。其孕也，两月而生。一乳数子，恒有自食之者。"《本草》以猫狸为一类注解。然狸肉入食，猫肉不佳，不入食。今按：此物之形态、性质，与狮、虎、豹、狸为不异，其稍差者，则具体而特微。若以之与狮、虎、豹较，其大小当不得十分之一。即以与狸比，亦或逊一倍。故其训扰于人而得畜使之，及其捕鼠之凶猛，又何异于狮、虎、豹之攫食诸山兽。惟瓜之为害于人，纵有诸式之机械足以扑杀，究何若畜此一物以制之更见其益！溯此物之昔时，当为野生，后乃收畜于家。观《月令》并举"迎猫食田鼠，迎虎食田豕"之文，可以证之。再按《尔雅》有"虎窃毛，谓之虥猫"之语，则猫之与虎，本为山兽之一类。故《尔雅》之谓虎为猫，亦以其大小虽殊，形性如一也。且今之人，以地支言所属者，皆为寅为虎。其有畏虎而多拘忌者，则更讳虎而言猫。诸县场市，以寅申日集者，不曰虎场，而曰猫场，是又岂非猫虎一类，而仍沿袭自昔之口呼耶！盖昔人之汇物也，多举其大端，不似今人之析入毫芒。昔疏而今密，昔略而今详，学术之所以日进而不息者，职是之由。有必泥古而薄今者，则又当深知斯义也。又按：李时珍谓"猫肉不佳，不入食"，乃今两广之人，不惟皆食猫肉，亦甚重鼠肉也。方隅之嗜好何？常风习既开，有莫能制之者也。县人之能家者畜猫捕鼠之事，罔不知之。

民国《息烽县志》卷之二十一《动物部·兽畜类》第140页

猪

猪 有家猪、野猪、剪猪三种。

光绪《安南县乡土志》第三编《乡土格致》第610页

豕 《尔雅》："豕子，曰猪。"郭《注》："今亦曰彘。江东呼豨，皆通名。"《说文》："豕字，象毛足而后有尾形。"扬雄《方言》："燕、朝鲜之间，谓猪为豭。关东谓之彘，或曰豕。南楚曰豨。吴、扬曰猪。其实一种也。"李时珍曰："猪生青、兖、徐、淮者，耳大。生燕、冀者，皮厚。生梁、雍者，足短。生辽东者，头白。生豫州者，味短。生江南者，耳小，谓之江猪。生岭南者，白而极肥。"今贵州当梁、雍之间，猪之足短而体甚庞。其毛色则黑、黄、白驳。挈息之易，而供人之肉食者，非牛马与羊犬之得比拟……县人之畜猪，仍不减于曩时。人畜之以供人食之之不尽也；岁时驱贩于会城，颇得赢利矣。

民国《息烽县志》卷之二十一《动物部·兽畜类》第 139 页

猪 多售于广西苗冲等处。猪油售于滇省，岁以二千余元计。

民国《普安县志》卷之十《方物》第 501 页

第二节 野生兽之属

野兽类 虎、豹、麋、狐、狸、狼、狗熊、兔麝、人熊、猥、猴、九节狸、穿山甲、獭、聋猪、泥诸、野牛、野马、山羊、竹骝。

民国《三合县志》卷四十三《物产略》第 525 页

虎

虎 大如牛、状若猫、面微长，其耳小而圆。雄虎首昂，可到其顶，雌虎首低难制。皆能于咫尺浅草中伏身不露。额上纹若王字，故为山兽之君，能辟妖邪。深山中三年无虎则有妖。其面圆者，俗名山猫，即貙也。

道光《贵阳府志》（点校本）卷四十七《食货略·土贡 土物》第 928 页

虎 《居易录》："李刑部言，遵义府多虎，有四种：斑虎与常虎文质同。黄毛虎无黑文，尤狞恶。簑衣虎毛长被体，如簑衣状，刀箭不能入。而朱虎最狞，尝闻于绥阳县村落间，二日啮三十七人，捕之则咆哮入山，卒不能致。其毛殷红如猩猩毡色。"常璩《巴志》："秦昭襄王时，白虎为害，自秦、蜀、巴、汉患之。秦王乃重募国中有能杀虎者，邑万家，金帛称之。于是夷朐忍廖仲药、何射虎、秦精等，乃作白竹弩，于高楼上射虎，中头三节。白虎常从群虎，瞋恚，尽搏杀群虎，大响而死。秦王嘉之。僧彻字《一庵集》有《康熙乙丑闻虎屡入绥阳城》诗。《仁怀志》县有虎匠，邑令与之券，令寻虎。以白竹弩、濡以药，射杀之。"《觉轩杂著》："俗言三虎一豹，常疑之。近地线鸡水有虎乳子山洞中，其母觅食，

村为不宁。村人乘母出，至洞，缚二子置树颠。其母至，咆吼掘树。以此知虎生子无多，大约每乳一虎一豹云。"赵毓驹《杀虎记》："乾隆二十年，虎夜入桐梓汛官署，衔千总某妻去。某率兵民数百人遍索城中，次日，得之后山，已食尽，惟余一足。众官因募猎户捕虎。时一囚在禁，闻之，告曰：'若宥我，虎不难捕也。'遂纵之。囚即召其徒凡数辈，持杀虎具来。寻数日，得其穴，虎见之，惊走。逐至木磔，虎走，负隅待囚。囚以伞进，虎跃起，衔之，机发，口不能张禽，囚牵以行。其徒有捉虎耳者，有擎虎尾者。入城献俘千总，寸磔。别有二虎，数日中亦为囚杀。"

道光《遵义府志》（校注本）卷十七《物产》第 524 页

虎 《玉篇》："恶兽也。"《格物论》："虎属阳，状如猫而大，如黄牛，黑章，钩爪锯牙，舌大，于掌生倒刺，须硬尖而光，夜视一目放光，一目看物……黎郡尝有虎伤人，村民群起逐之，终莫知其巢穴所在。或偶一经此，不常为害也。"

光绪《黎平府志》（点校本）卷三《食货志第三》第 1408 页

虎 城外官山，乾隆初尚荒箐，患虎。有营卒董允治，素有胆，酒醉，持木棒出城。适遇虎，以棒击虎，虎张口衔去允，治口喊救，犹以两手击虎头，会营中众卒持兵杖，鸣钲追捕，虎舍之去，舁以归，医治如故。

光绪《增修仁怀厅志》卷之八《土产》第 304 页

虎 在五里碑。

光绪《安南县乡土志》第三编《乡土格致》第 610 页

虎 性骛力猛，黄质黑章，锯齿爪牙，残害人畜。有危骨如乙字，长寸许，在两肋旁及尾端。其骨主除邪恶气，杀鬼注毒，止惊悸，疗恶疮、鼠瘘，膏疗狗啮疮。爪辟恶魅，肉疗恶心欲呕，益气力。猎者得之可暴富也。（昔有郡人韦某，性勇健。一日樵苏遇虎，赤手与搏，有顷，恐力不胜为所噬，腾跃于背，仓皇不复为计，觅以两手指直贯其耳。坚持弗释，虎负痛狂奔一昼夜，达广西，两相疲苶，同坠盐田中，遇救获免。越日，睫食以粥，匝月神复始，道其乡里，酿资归入室则木主已龛矣，相视粲然。今父老传为奇事，故附志于此。）

民国《都匀县志稿》卷六《地理志·农桑物产》第 281—282 页

虎 性骛力猛，形似猫，全身长五六尺。黄毛黑条曰斑虎、常虎也。有纯黄者尤狞恶。有白虎见于绥阳，《居易录》有白虎，秦襄王时为害，见常璩《巴志》。清乾隆时,至南乡翁若村见《杂记》,本邑岁贡李杏林《白户记》至《遵义志》,蓑衣虎长,毛被体,疑即狮也。清光绪时汛兵金阿猫,在城郭老猫洞独力打死一虎。有威骨如一字,长寸许,在两肋旁及尾端。其骨主除邪恶气,杀鬼注毒,止惊悸,疗恶疮、鼠瘘,膏疗狗啮疮。爪辟恶魅,肉疗恶心欲呕,益气力。皮作垫褥带,孕妇临产束易生子,骨视病所在,取用或熬膏亦美。

民国《麻江县志》卷十二《农利·物产下》第435—436页

虎 性猛烈,百兽畏之,古云:虎乃兽中王。章黄而有黑花纹,锯牙钩爪,舌如错。家猫形近,残害人畜,有威骨在两胁及尾端,故尾尤力大,其骨能祛风祛毒,治跌打膝骨尤佳。

民国《八寨县志稿》卷十八《物产》第346页

虎 猛烈之性,山兽莫敌。狮能制之,乃狮非常产也。则虎之雄于山,亦其所宜。其为物也,黄质黑章,大头修尾,短颈矮足,巨牙钩爪,攫挚之捷,不畏深涧高岩。诸兽遇之,多供其口腹,虽人亦常不免。猎者若不以槛井巧取,则枪铳亦难施。苟获其一,皮与骨固售重值,而肉亦中食。皮为褥甚佳,骨乃入药。肉极粗,而臊尤重。以其威暴袭人,人务驱而远之,狌狨既邈,城镇繁兴。山不高而径不僻者,此物亦不易栖止。惟比威暴咨人之故,昔人之勇势难遏者,乃多拟之于虎。其在载籍,如"虎臣""虎贲""虎吏""虎役"……颇难屈指。惟世至今日,回非昔比。虽村里多墟,城市犹在,虎臣""虎贲""虎吏""虎役"之名暂为风卷,其实且倍蓰于畴曩,亦何怪乎生性猛烈之真虎?即为人所必驱而终诞育其种于深山,不绝胤系也。县在南岭之间,山之以名以深者,岂其或鲜虎之托以栖止,有由然矣。

民国《息烽县志》卷之二十一《动物部·兽畜类》第132页

豹

豹 按:豹全郡皆产,郡人多以皮制为坐褥。《别录》云:"豹肉安五脏、补绝伤、轻身益气,冬食利人。"

咸丰《兴义府志》(点校本)卷四十三《物产志·土产》第673页

山水豹 《居易录》:"李刑部又云:'遵义有山水豹,皮有斑文,自然成山水形,宛如图画。'"

松花豹 《仁怀物产记》："友人刘君得一皮，其章如鼠，而状似豹差小，名曰松花豹，盖《尔雅》豹鼠也。"

道光《遵义府志》（校注本）卷十七《物产》第524页

豹 状似虎而小，纹黑如钱。《正字通》："豹，状似虎而小，白面，毛赤黄，纹黑如钱。或言豹即虎所生。又一种山水豹，斑纹若山水。松花豹，章如鼠而状似豹，差小。"《尔雅》："豹鼠也。"

光绪《黎平府志》（点校本）卷三《食货志第三》第1408—1409页

豹 黑城阿肩等处。

光绪《安南县乡土志》第三编《乡土格致》第610页

豹 似虎而小，面白，毛黄褐色，背有黑色圆斑，俗称金钱豹，行走甚速，捕食牛、羊、及犬，并伤人。其皮可为褥，四乡间有之。（清光绪丁亥年，小西街杨梧冈宅有豹入室，弗知道其妻适出，豹欲得之，衔其发，呼救，市人咸集刃之，立毙，杨妇得免。全豹陈城隍庙中，一时观者如堵。）

民国《都匀县志稿》卷六《地理志·农桑物产》第282页

豹 皮间亦有之为褥，值亦昂。

民国《普安县志》卷之十《方物》第501页

豹 小于虎，面毛黄褐色，圆斑谓之铜钱花，行甚速，性残不亚于虎。

民国《八寨县志稿》卷十八《物产》第346页

豹 性之猛烈不亚于虎，驱干小异，若文采之丽，则又过之。黄褐之质而有黑色圆斑，属长头亦巨，越岩跳涧，或隐深草间，以攫人畜。人之畏之，亦不异于畏虎。猎者获之，皮中褥用，骨则以混充虎骨，肉虽可食不贵也。人之恒言：豹为虎产。蛩蛩者一唱而百和，且不足怪。《遵义府志》引其郡人之《觉轩杂著》有曰"虎生子无多，大约每一虎一豹"之语。实有不禁一哂者。夫螟蛉果蠃之说，昔人以为至当不易，不知且遗于今日。岂意郑珍通儒，亦信此不根之谈而为采列。虎而可生豹也，豹亦何可不产狼或貀也？狼之与貀既出自虎豹，其解祭兽者，或先豹耶，抑扰不忘虎也？彼一府所属之，其虎豹或狼与貀之逮产，竟以何县为造其极，且此四物之吸人膏髓，其余蘖愈烈，将何所底？郑氏既未之载，他日彼之续志，当必有较详之夸谈矣。若县境之有豹，则为之列。其实，其或产自虎乎？县人虽或有言之者，俟得确证当为续载。

民国《息烽县志》卷之二十一《动物部·兽畜类》第132—133页

麂

麂 出安南，似鹿而小。

康熙《贵州通志》卷十二《物产志·安顺府》第 2 页

麈麂 似麈而小，牡者有短角如犊，角微弯，而末尖大者名麈，北人呼为麚。

道光《贵阳府志》（点校本）卷四十七《食货略·土贡 土物》第 928 页

麂 《仁怀志》："如鹿而小，足亦不同。"

道光《遵义府志》（校注本）卷十七《物产》第 525 页

麂 《明一统志》云："安南卫产麂。"旧志云："兽则豹、麂、獐、兔、野狗、野羊之属见于山菁，至熊、虎之类则际太平日久，间有之，非常物也。"按：麂全郡皆产，《尔雅》谓之"麎"，麎即古麂字也。《尔雅》云："麎毛狗足。"《说文》云："麂，大麋、狗足、似鹿。"今考麂乃獐类，其肉坚韧不及獐味美，牡者有短角，黧色、豹脚，脚矮而力劲，善跳越，其行草莽但行一径，皮极细腻，郡人多制作套裤及靴。《本草纲目》云："麂皮作靴袜，除湿气脚痹。"《图经》云："麂口两边有长牙，好斗，其皮为第一，无出其右者，但皮多牙伤痕，其声如击破钹。"《本草拾遗》云："麂肉治五痔，炖熟以姜醋进之大有效。"

咸丰《兴义府志》（点校本）卷四十三《物产志·土产》第 673 页

麂 间亦害苗，驱除尚易。麂，交所产最富，青山所制里肚、半臂、鞾袜之属岁值数百。

民国《普安县志》卷之十《方物》第 501 页

鹿

鹿 马身羊尾，头侧而长，其角双峙于顶，分数歧，歧上稍大，末尖外黑而糙，内白色而坚。

道光《贵阳府志》（点校本）卷四十七《食货略·土贡 土物》第 928 页

水鹿 《居易录》。章邱胡武举随其兄任真安州。州，遵义属也。云鹿有三四种，最大者曰水鹿，状如水牛，重五百斤。

道光《遵义府志》（校注本）卷十七《物产》第 524—525 页

鹿 夏至角解。鹿，《埤雅》："仙兽也，牡者有角。"《尔雅》："鹿，牡麚牝麀，其子麛。"《字统》："鹿，性惊，群居，分背而食，环角向外，以防人物之害，故能捕之者鲜。夏至节角解，伏林不动，乃可取之。"

光绪《黎平府志》（点校本）卷三《食货志第三》第1408页

麝

麝 似麕而小，黑色，俗名香摩，有麝。

道光《贵阳府志》（点校本）卷四十七《食货略·土贡 土物》第928页

麝父 麕足，谓之麝。麝，《说文》："麝，如小麋，脐有香，一名射父。"《尔雅》："麝父，麕足。"《字林》："小鹿有香，其足似獐，故云麕足。"《字汇》："言麝有香，为人所迫，即自投高岩，举爪剔出其香就系，且死犹拱四足，保其脐故。象退齿，犀退角，麝退香，皆辄掩护，知其珍也。"按，今山中捕得者，惟全身推撼，聚于脐下，连皮割之，囊中皆血，惟麝子数枚尚无香气，悬久阴干，香始发，越无退香之说。

光绪《黎平府志》（点校本）卷三《食货志第三》第1409页

麝 《本草》："释名：麝之香气远射，故谓之麝。集解：麝，形似獐而小，黑色。"杨亿《谈苑》："其性绝爱其脐，为人逐急即投岩，举爪剔裂其香，就絷而死，犹拱四足保其脐。"《近泉居杂录》："乡人言麝之养香由脐，脂汁极腥，常坦腹卧地，使虫蚁趋集之则起而走，衔其虫物于脐内，数数如是，久之致成剧烈之香。人嗅其气而捕之。将死则抓破其脐。"

民国《续遵义府志》卷十二《物产》第410页

麝香 《本草》："麝香形似獐，常食柏叶。五月得香，本作香，俗加鹿字，汇兽，如小麋，身有虎豹之文，脐有香。为人所迫，即自投高岩，举爪剔出其香，就絷且死，犹拱四足保其脐。故象退齿，犀退角，麝退香，皆辄掩覆，知其珍也。"按麝香一名射父，见《说文》。

民国《铜仁府志》卷之七（点校本）《物产》第109页

麝 小鹿，有香，其足似麕，李时珍《本草》："麕无香，有香者麝也，俗呼土麕为香麕。"

光绪《增修仁怀厅志》卷之八《土产》第304页

麈 俗名麈子（喜文章故名，李时珍云：猎人舞采则麈注视）。似鹿而无角，其上颚犬齿曲而长，突出口外，腹部有香囊当阴茎前，麝香即其分泌物也。恒食柏叶，又噉蛇。五月得香，往往有蛇皮骨，故麝香疗蛇毒（节唐卷子本《新修本草》）。居多险绝，猎者不易得，故值特昂。

民国《都匀县志稿》卷六《地理志·农桑物产》第 282 页

麝 形似麈而小，黑色，食柏叶，又噉蛇。其香正在阴茎前皮内，别有膜袋裹之麝。夏月食蛇虫多，冬则香满，入春脐急痛，乃自己爪剔出，著失溺中覆之，常在一处，此香绝胜捕取者，县产逊秦而胜粤。

民国《独山县志》卷十二《物产》第 349 页

麝 名麈子，邑间有之，猎者不易得。形似鹿，无角，上颚长，牙突出口外。阴茎前有香囊，所存之分泌即麝香也，入药可祛风、祛毒，价最贵。

民国《八寨县志稿》卷十八《物产》第 346 页

麋

麋 牡为麈，牝为麎，子为䴠。麋，《埤雅》："水兽，阴物也，似鹿而大，鹿性喜林，麋性喜泽。"《尔雅》："鹿，牡麈牝麎，其子䴢。鹿冬至节而角解。"

光绪《黎平府志》（点校本）卷三《食货志第三》第 1408 页

獐

獐 按：獐全郡皆产，即《召南》之"麕"是也。《说文》云："獐，麋属。"《埤雅》云："如小鹿而美。"《图经》云："有牙者有无牙者，其牙不能噬嚼。"今考獐，似小鹿无角，黄黑色，雄者有牙出口外，皮软。李时珍云："猎人舞采，则獐注视，獐喜文章，故字从章。"《别录》云："獐肉补五脏、髓脑，益气力，骨治虚损。"

咸丰《兴义府志》（点校本）卷四十三《物产志·土产》第 673 页

獐 小如鹿而美曰獐。獐，《说文》："麋属。"《埤雅》："獐，如小鹿而美，故从章。章，美也。又，善惊，故从章，章者，憧惶也。"

光绪《黎平府志》（点校本）卷三《食货志第三》第 1408 页

狼

狼 牡为獾，似犬而大。《尔雅》："狼，牡为獾，牝狼。注：牡名獾，牝名狼，辨狼之种类也。"《说文》："狼似犬，锐头白颊，高前广后。"《埤雅》："狼大如狗，青色，作声诸窍皆沸，性贪暴争食，以养口体，尝以害其身。"

光绪《黎平府志》（点校本）卷三《食货志第三》第1409页

狼 似犬，锐头白颊，高前广后（见说文），俗名獾子（舍人《尔雅》疏；狼牡名獾，牝名狼），或曰毛狗（《本草纲目》云：狼，豹属也，处处有之，北方尤多，南人呼毛狗，与俗正同），大如狗，青色，作声诸窍皆沸，性贪暴争食，以养口体，尝以害其身（《埤雅》）。皮可为裘，热其矢，烟直上不斜，古烽火用之。

民国《都匀县志稿》卷六《地理志·农桑物产》第282页

狼 《尔雅·释兽》："狼，牡獾牝狼，其子曰獥，绝有力迅。"《说文》："狼，似犬，锐头白颊，高前广后。"《诗·齐风》："并驱从两狼兮"。又《豳风》："狼跋其胡。"《礼·曲礼》："君之右虎裘，厥左狼裘。"李时珍曰："处处有之，北方尤多，喜食之，南人呼为毛狗。其居有穴，形大如犬，锐头尖喙，白颊骈胁，高前广后，脚不甚高，能食鸡鸭鼠物。其色杂黄黑，亦有苍灰色者。其声能大能小，能作儿啼以魅人。野俚尤恶，其冬鸣，其肠直，故鸣则后窍皆沸，而粪为烽烟，直上不斜。其性善顾，而贪戾践籍。老则其胡如袋，所以跋胡疐尾，进退两患。"今按：县境不少此物。其为人害，亦时有所闻。惟贵州通俗，大都不辨此物之性与形，其呼之也，必与豺混。若问何者为狼，则其应也，当不离豺曰"豺狼"也。再问何者为豺，亦惟以豺狼应之。不识字之山农，未必不常见此物与豺之体态。然舍豺狼并举之惯习口吻，则几于无名，或漫举他名以呼山间之兽侣者，何限山农。无怪矣，略识字之士，夫乃亦随山农之识以名物物者，亦岂得谓不有其人？然，狼自狼也。狼之或呼毛狗，则毛狗亦自毛狗也。其与豺为同类异种，乃不辨而必取于混呼之者，则通俗之陋咎，不专于县之山农。

民国《息烽县志》卷之二十一《动物部·兽畜类》第133页

狼 俗称野狗。

民国《咸宁县志》卷十《物产志》第 601 页

白面狸

白面狸 俗名弯狗，食野果，秋肥。一名玉面狸，又名九节狸。

道光《贵阳府志》（点校本）卷四十七《食货略·土贡 土物》第 928 页

白面狸 《正字通》："南方有白面狸，尾似狐者为牛尾狸，亦名白面狸。"按：毛与狸无异，惟面上有白毛，烹之味极美。谚云："山里白面，水里白鳝"，野味中以此为最。

民国《铜仁府志》卷之七（点校本）《物产》第 110 页

厐

厐 花镜：毛多者为厐，状若狮子，脚矮，身短，尾大，毛长，色绒细如金丝，亦善吠，能捕鼠，至老不过猫大，俗名金丝狗。

民国《铜仁府志》（点校本）卷之七《物产》第 110 页

豪猪

豪猪 俗名刺猪，毫甚坚，见人辄发以自卫，可为簪项。脊有刺鬣，长近尺，粗如筯，其状似笋，白本而黑端，怒则激去如矢射人，人得之饰以银为簪笄。《物理小识》云："豪猪脊有箭，喜食芋，田夫守芋者自翳而以物触之，豪猪即放箭，再触之，彼气竭矣，遂围击而得之，虎亦畏其刺。"

道光《贵阳府志》（点校）卷四十七《食货略·土贡 土物》第 928 页

野猪 似家豕，有箭。野猪形同家豕而善走，有力，色纯黑纯紫并杂色，一乳或十余子，散匿山谷，最为包谷之害。又有野马野牛，形类马牛，俱践食禾稼包谷一切杂粮，是皆有害于农者也。以钲警之，以铳取其箭有用，名野猪箭。又名豪猪。

光绪《黎平府志》（点校本）卷三《食货志第三》第 1410 页

豪猪 《本草》："释名：一曰山猪。"《说文》："豪豕，鬣如笔者。"段注："《西山经》之豪彘，《长杨》之豪猪。"郭璞曰："能以脊豪射人。"

《虞衡志》:"身有棘刺,能振发以射人,能害禾稼。"故遗山有《驱猪》之吟也。今人谓之刺猪。

民国《续遵义府志》卷十二《物产》第 410 页

豪猪 物之自为雌雄者:蠹爱之类,鸰离之禽,带山之鹘鹘;阳山之象蛇;火眼之狻猊。而豪彘亦然,其为状,如豚而白毛,如筝而黑端,夹脾有粗豪,长数尺,能以脊上豪射物。郭景纯谓之狟猪;《长杨赋》注谓之㔿獴;《通志略》谓之山猪;《唐本草》谓之蒿猪,亦谓之獾㺄;吴楚又呼为鸾猪。大定府有之,俗名刺猪。苗人拾其豪以为簪,犹海峤之用虾须也。闻南海有泡鱼,大如斗身,有棘刺,能化为豪猪,巽为鱼坎,为豕,巽变为坎理,或然与。

《续黔书》卷八《豪彘》第 161 页

豪猪 《山海经》:"有兽焉,其状如豚而白色,大如筝而黑端,名曰豪彘。"注:"狟猪也。夹髀有粗豪,长数寸,能以脊上毫射物,吴楚呼为鸾猪。"按:俗呼刺猪即此。

民国《铜仁府志》(点校本)卷之七《物产》第 109 页

豪猪 按:豪猪产安南县。《说文》谓之"豪豕",郑樵《通志》谓之"山猪"。《说文》云:"豪豕鬣出笔管,能激豪射人。"郭璞云:"星禽言璧水㺄,豪猪也,自为牝牡而孕。"李时珍云:"深山中有之,成群害稼,状如猪而项脊有棘鬣,长近尺许,粗如筋,状如筝,白本黑端,怒则激去,如矢射人,人以其皮为靴。"今邑之豪猪大如犬,首似犬而微圆,短喙,遍体皆毫似箭,长三五寸,根尖白,中黑而空,极尖利,遇捕则射人,尾毫二十有奇,长寸许,尖空如管,行则响如铃,尾极长,自为牝牡,穴土居之。《图经》云:"其肉多膏,利大肠。"《食疗本草》云:"其肚及屎治水病热风鼓胀,同烧存性,空心温酒服二钱,一具即消。"《唐本草》又云:"干烧服治黄疸。"

咸丰《兴义府志》(点校本)卷四十三《物产志·土产》第 673—674 页

刺猪 毫甚坚,见人则发以自卫可为簪。

道光《思南府续志》卷之三《土产》第 120 页

刺猪 似豕,遍身毛刺,人逐之,能棘刺,刺射人。

光绪《增修仁怀厅志》卷之八《土产》第 305 页

箭猪 毛如箭，本白，端黑，头小，牙利，猎物最快。髭如笔管，遇急即防箭以射敌，行则身箭互击有声，穴居，每夜害稼，农家常以藁杂、番椒而除之。

民国《八寨县志稿》卷十八《物产》第 346—347 页

猬

猬 《尔雅》释兽："汇，毛刺。"注："即猬也。"灸毂子，刺端分两歧者猬，如棘针者䖶猬，似鼠，性狞钝，物少犯近，则毛刺攒起如矢。按：猬本作猬，又作猬，故列入毛类。

民国《铜仁府志》（点校本）卷之七《物产》第 109 页

熊

熊 《明统志》："府县俱有。"《仁怀志》："熊于山中必有停处，谓之熊馆。"

道光《遵义府志》（校注本）卷十七《物产》第 525 页

熊 《说文》："熊似豕，山居，冬蛰春出。"《埤雅》："熊，常心有白脂如玉，味甚美，俗呼熊自餤自舐掌，故美在掌。"《酉阳杂俎》："熊瞻春在首，夏在腹，秋在左足，冬在右足。荒山中有之，道光庚子冬，河西官山获一熊。"

光绪《增修仁怀厅志》卷之八《土产》第 304 页

熊 有狗熊、马熊二种。

民国《咸宁县志》卷十《物产志》第 601 页

狗熊 大者重二百余斤，行必双，色黑，狗其头，羊其尾，前二足有掌，其猴毛刚，其马鬃。清光绪末，初来城西南茄里，迄今，颇蔓延。

民国《独山县志》卷十二《物产》第 348 页

貘

貘 《仁怀物产记》："舆人指而告余曰：'兹尝出兽，黑章白臆，能食铁。'"非即《山海》之镇乎？

道光《遵义府志》（校注本）卷十七《物产》第 525 页

野猪

野猪 其形似猪而大，其头小而嘴尖。《诗》"五豝五豵"与"发彼小豝"及《尔雅·释兽》"豦子猪"皆谓此也。

道光《贵阳府志》（点校本）卷四十七《食货略·土贡 土物》第928页

猯 李白《大猎赋》："拳封猯。"注："猯，野猪也。"《正字通》："与貒通。野兽似豕，故从豕，俗作猯，非。"按：郡产此甚多，每五谷熟时，辄来残食，颇为农患。

民国《铜仁府志》卷之七《物产》第109页

野猪 穴于岩箐，类家猪，特腹小，脚长，毛色褐，为异。值奉行猎其最后者，则凡前者仍前行，若中其前，则凡后者必左右散，难免不伤人。

民国《独山县志》卷十二《物产》第348页

野猪 似家豕而大，重达三四百斤，首毛黑，端数裂，紫褐色。犬牙曲而突出口外，力大逐行不挠，负伤尚能蛰人，食其肉能杀虫毒。

民国《八寨县志稿》卷十八《物产》第347页

野猪 ……李时珍曰："野猪处处深山中有之。惟关西者，时或有黄，其形似猪，而大牙出口外，如象牙。其肉有至二三百斤者。能与虎斗。或云，能掠松脂曳沙泥涂身以御矢也。"今之贵州，山地多于平田。农人种植，凡当山地，则玉蜀薯为盛。及其正熟而未至收成时，夜必搭棚于野，三五人聚守之，即防此物之掠食也。此物之至，固必群行，又非饱食即去，若不踩践皆尽，不舍而之他。人若驱之，从旁从后，或可惊走。间亦捕得而聚食以快意。若迎头击之，鲜不被其齿噬，或有啮断胫骨者。此类虽非食人如虎豹，如豺狼，而其贪残无厌以为害山农。宜昔人深恶贼民之长上，而必以封豕长蛇拟之。所谓封豕者，宁非是物乎？县人之恶封豕，固与贵州诸辖县同。

民国《息烽县志》卷之二十一《动物部·兽畜类》第134页

聋猪

聋猪 耳甚小，人多掩取之。

道光《贵阳府志》（点校本）卷四十七《食货略·土贡 土物》第928页

胨猪 形能放大、缩小,升不能听,践食谷禾,与野羊、野猪、豪猪同为农家之害。

民国《普安县志》卷之十《方物》第501页

拱猪

拱猪 重不过十斤,窃食山粮。

道光《贵阳府志》(点校本)卷四十七《食货略·土贡 土物》第928页

貒

貒 毛白而末青者曰铁貒,白而末黄者曰铜貒,毫不甚柔,取为裘最耐久,铜者良,近亦罕有。

道光《贵阳府志》(点校本)卷四十七《食货略·土贡 土物》第928页

貒 《仁怀志》:"状如犬。皮可寝处。"

道光《遵义府志》(校注本)卷十七《物产》第525页

獾猪 貒也,狗獾,狼类。貒,《尔雅疏》:"狼牡,名貒牡,曰狼。"《说文》:"狗貒,野豕也。"《正字通》:"似小狗而肥。"李时珍曰:"獾猪,貒也。貒狗,獾也。二种相似,略殊。黎郡惟狗獾,猎者取其皮,似狗而深厚带黑霜,极暖。"

光绪《黎平府志》(点校本)卷三《食货志第三》第1409—1410页

貒 豗身,狗爪,俗名貒子。

光绪《湄潭县志》卷之四《物产》第362页

貒 字亦作狟,状其肥钝之貌;或作貆,所谓狗貒也。蜀人呼为天狗。汪颖曰:"处处山野有之,穴土而居,形如家狗而脚短,食果实。有数种,相似。其肉味甚甘美,皮可为裘。"李时珍曰:"獾猪,貒也。貒,狗獾也。二种相似,而略殊。狗貒似小狗而肥,尖喙,矮足,短尾,深毛,褐色,皮可为裘领。亦食虫蚁瓜果。"今县之北境,斯产颇多。猎得者,则与狐狸、狼皮,同称山货,以售于场市。县之北境,又有所谓马耳狗、酸枣狗者,"访册"不详言形状、大小及其皮肉有无可以供人之用。细检诸书,此二物之名亦不经见。惟《食物本草》之"貒有数种相似"一语,或此二物即皆貒之相似者欤?

民国《息烽县志》卷之二十一《动物部·兽畜类》第135页

猨獾 有狗獾、猪獾。狗獾，似狗而小，体肥、尖嘴、矮足、短尾，毛深褐色，性与猪獾同，惟毛皮较美。猪獾，状猪而嘴尖，足尾短，前肢有锐爪，便于掘地，毛黄褐色，脊上有黑毛一道。体肥行钝，性敏捷，穴居，食小动物。

民国《麻江县志》卷十二《农利·物产下》第438页

豺

豺 俗名豺狗，其声如犬而长嗥，以豺皮为褥，人寝其上，夜有警则睡不安。

道光《贵阳府志》（点校本）卷四十七《食货略·土贡 土物》第928页

豺 《陈志》："豺狼，郡产。"《田居蚕室录》："俗呼豺狗，前二十年未闻有此，数年间，岁日增多。初时闻间食犬羊豕，渐及幼孩，渐及老壮，近无日不闻食人；且昼或入水田唼鹅鸭，夜或破鸡栖，尽其群。各城城楼之上，公署左右，昼卧夜嗥，如游无人之境，亦极奇矣。此物胆大多智，瘠而有力，善走。猎户以无肉，皮亦无用，见则纵之。村民只身见者则不敢逐，逐亦须臾不知去处。里中夜行，必相戒携器刃。或遇三五成群，东西呼啸，其声如鬼，为之胆裂。山埋路堇，其浅者每为所掘食。为虐极此。苟长吏悬赏以鼓猎户，令民以竭作之法，围山搜箐，以时行之。虽不能无遗育，庶有豸乎。"

道光《遵义府志》（校注本）卷十七《物产》第525—526页

豺狗 即狼属，能伤人并犬、豕。城乡皆苦之，其声凄恶，人不喜闻，府县赏捕患，稍除。

道光《思南府续志》卷之三《土产》第120页

豺 按：豺全郡皆产，俗呼为豺狗。形似狗，前矮后高，长尾瘦身，毛黄褐，锥，噬物猛健。其声以喙伏地而嗥，如吹螺声。《尔雅》云："豺见狗辄跪，亦相制耳。"《唐本草》云："其皮治冷痹，软脚气，熟之缠裹病上即瘥。"《食疗本草》云："疗诸疳痢，亦可傅匿齿疮。"又按：旧志云"熊虎间有"，而今久不闻有；至旧志所言兔及野狗、野羊之类皆为常物，今不备载。

咸丰《兴义府志》（点校本）卷四十三《物产志·土产》第674页

豺 长尾白颊。《尔雅疏》："豺，贪残之兽。"《说文》："狼属。"《正字通》："豺，长尾白颊，色黄。"陆佃云："俗云瘦如豺，豺，柴也。豺体细瘦，故谓之豺。"《田居蚕室录》："俗呼豺狗，食犬羊豕，渐及幼孩及老壮。昼或入水田唼鹅鸭，夜或破鸡栖尽其群。各城城楼之上，公署左右，昼卧夜嗥，如游无人之境，亦极奇矣。胆大多智，瘠而有力，善走，猎户以无肉皮亦无用，见则纵之……"

光绪《黎平府志》（点校本）卷三《食货志第三》第1409页

豺 《月令》："季秋，豺乃祭兽。"《埤雅》："豺狗足似狗，而长尾白颊，前广后其色黄。季秋，取兽四面陈之，以祀其先。豺，柴也豺体细瘦，深山多有之。"

光绪《增修仁怀厅志》卷之八《土产》第304页

豺 狼属狗声，俗呼豺狗，喙长而体瘦。性贪残，食犬、羊、豕、鸡、鸭，间咥人。凶年尤多，亦一异也。

民国《都匀县志稿》卷六《地理志·农桑物产》第282页

豺 狼属，俗呼豺狗，喙长吻深裂，而体瘦尾长下垂，身臭，吠如儿哭。性残，食人畜。民十二后，军匪交忧，噬人畜尤多。《匀志》："凶年出多，使张纲复生应亦埋输。"

民国《麻江县志》卷十二《农利·物产下》第437—438页

豺 李时珍曰："处处山中有之，形似狗而颜白，前矮后高而长尾。其体细瘦而健猛。其毛黄褐色而狰狞。其牙如锥而噬物，喜食羊。其声如犬，人恶之，以为引魅不祥。其气臊臭可恶。"今按：县之有此物尚多于狼，攫食诸畜，或及人家小儿。捕得则制其皮以为褥，与狼皮不殊。肉不堪食。

民国《息烽县志》卷之二十一《动物部·兽畜类》第133页

豺 惟豺出没食人，所至为之澹喛。

民国《普安县志》卷之十《方物》第501页

獭

獭 有水獭、旱獭二种。

道光《贵阳府志》（点校本）卷四十七《食货略·土贡 土物》第928页

山獭 按：山獭全那皆产，郡人呼为旱獭，染色为裘，不亚于水獭。

咸丰《兴义府志》（点校本）卷四十三《物产志·土产》第673页

獭 水居，食鱼。《说文》："獭，如小狗，水居食鱼。"《玉篇》："獭，如猫。"《本草会编》："四足俱短，头与身尾俱扁，食鱼，毛着水不濡，谓之水獭。獭有水陆之别，陆獭不能入水，只食虫鼠。惟水獭食鱼，验其足，有连皮如鸭掌者是也。"

光绪《黎平府志》（点校本）卷三《食货志第三》第1409页

獭 《礼》："祭鱼。"今人养之以捕鱼。

光绪《增修仁怀厅志》卷之八《土产》第304页

獭 按《说文》："獭，水狗也，食鱼月令，所谓獭，祭鱼，是猵（或作獱），獭属。"段氏注引："三苍解诂云，獱狐青色，居水中，食鱼。"陶弘景曰："入药，惟取祭鱼一种。"

民国《独山县志》卷十二《物产》第348—349页

獭 鼬属，四足俱短，趾间有蹼，头与身皆扁，毛色若故自绵或青黑者，尾尖长如锥。居水中或休于木上，食鱼血而弃肉，与鼬之于鸡同。皮可为裘，肝味甘，有毒，主治鬼注、虫毒、鱼鲠、夜烧、冷痨。肉疗疫气，温病及牛马时行病，煮矢灌之亦良。

民国《麻江县志》卷十二《农利·物产下》第440页

獭 一名水狗。《礼·月令》："獭，祭鱼。"陶弘景曰："多山溪岸边。有两种。入药，惟取以鱼祭天者。"苏颂曰："江湖多有之。四足俱短，头与身尾皆扁。毛色若故紫帛。大者，身与尾长三尺余。食鱼。居水中，亦休木上。尝縻置大水瓮中，在内旋转如风，水皆成旋涡。西戎以其皮饰毳服领袖。云垢不著染，如风霾瞖目，但就拭之即去。"李时珍曰："状似青狐而小。毛色青黑。似狗肤如伏翼。长尾，四足。水居，食鱼，能知水信。为穴，乡人以占旱潦。如鹊巢，知风也。其肝入药用，味甘，有毒，主治杀虫。"今县之人有捕得者。其皮。其肝，以售重值。

民国《息烽县志》卷之二十一《动物部·兽畜类》第136页

獭 俗名水獭，头与身皆扁形，四足俱短。喜食鱼，皮为裘骥贵，肝可治心气，亦可治牛马瘟症。

民国《八寨县志稿》卷十八《物产》第346页

獭 有山獭、水獭二种。水獭较多，皮毛温厚，值甚贵。

民国《兴仁县补志》卷十四《食货志·物产》第459页

獭 獭皮俗呼海虎皮。

民国《普安县志》卷之十《方物》第501页

兔

兔 间有家畜者，野兔色褐耳大上竖。《物理小识》云："崇祯初，白兔自外舶来，一兔值百金，后渐多甚贱。"按，白兔赤目，黑兔黄目，又有鹊色、酱色兔，皆人家所畜者，谓之家兔，雌雄相交，十八日即育，牝兔孔地生子，其中每月生子，最易蕃衍。

道光《贵阳府志》（点校本）卷四十七《食货略·土贡 土物》第928页

兔 纯白，眼赤，名朱砂眼。《格物论》："兔，鼠形，尾大如猫耳大而锐，口有缺，吐而生子，曲礼兔曰明视。"陆佃云："兔，吐也。明月之精，视月而生，故曰明视。嘴嚼者九窍，而胎生，独兔八窍而吐子。"王充《论衡》："兔，舐雄毫而孕，及其生子，从口而出。兔足前短后长，行则跃然。多住山坡，不深林密箐。色有数种，亦有纯白而眼赤者，俗名朱砂眼。"

光绪《黎平府志》（点校本）卷三《食货志第三》第1409页

兔 《尔雅》："兔子娩。"《诗·小雅》："跃跃毚兔。"《礼·曲礼》："兔曰明视。"《庄子·物外篇》："蹄者，所以在兔。得兔，而忘蹄。"陶弘景曰："兔肉为羹，益人。妊娠不可食，令子缺唇。不可合白鸡肉及肝心食，令人面黄。合獭肉食，令人病遁尸。与姜橘同食，令人心痛霍乱。又不可同芥食。古今事类合壁。兔大如狸，而毛褐；形如鼠，而尾短。耳大而锐，上唇缺，而无脾，长须，而前足短，尻有九孔，跌居骄捷善走。"方以智《物理小识》："崇祯初，白兔自外舶来，一只值百金。后渐多渐贱。"按：国中旧产之兔，纯为褐色。今之所谓山兔或野兔者，是其青色。而较大者则谓之奂。间有白者，则争以为异。当帝王好谀之世，献颂称瑞者，固与绿龟、朱鸟、白狼、白鹿，同受翰墨之渲染矣。讵之外舶既来，白兔之种已大遍于国境，且内畜人家，而不居山野。今家畜之兔，尚不止毛白如雪，而目赤胜朱者。尤有光黑而目如黄金，及灰色或绛色者。孳息之繁，大胜于山。而山兔之为用，登簋篮也，已不如昔。其毫，虽供制笔，狸、鼬与羊更起而均分其势，钢、铅又从而侵袭之，是物之能永存于国内者，亦岌岌矣。今县人之畜家兔者固有，而山野之兔，产量亦多。

民国《息烽县志》卷之二十一《动物部·兽畜类》第136—137页

野猫

野猫 善捕鸡。

道光《贵阳府志》（点校本）卷四十七《食货略·土贡 土物》第928页

黄鼠狼

黄鼠狼 毫可为笔，俗名黄鼠狼，大如狸，而身长尾大，足短头小如鼠，黄色带赤，其气极臊臭，能捕鼠，又能制蛇虺，其毫与尾可作笔，又有一种鼬子，形同黄鼠狼而黑嘴，皆于夜间窃咬鸡鸭，但鼠狼能负鸡于背而去，鼬子则啮鸡项而吸其血，性狡善匿，故人诮黠鼬警者曰鼬子。

道光《贵阳府志》（点校本）卷四十七《食货略·土贡 土物》第928页

鼪鼬 黄鼠狼也。黄鼠狼，一名鼪，一名鼬，狗首猫身，赤黄色，居土穴，食鼠与鸡，取其毫与尾，可以制笔。

光绪《黎平府志》（点校本）卷三《食货志第三》第1410页

黄鼠狼 豪可为笔。

道光《思南府续志》卷之三《土产》第120页

鼬 《尔雅释兽注》："鼬似䑕，赤黄色，大尾，啖鼠，江东呼为鼬。"《本草》一名黄鼠狼。

民国《铜仁府志》（点校本）卷之七《物产》第109页

鼬鼠 俗名黄鼠狼。似鼠而身长尾大，色黄，赤豪，与尾可作笔，世所谓鼠须，栗尾，盖亦称之矣。

民国《独山县志》卷十二《物产》第349页

狐

狐 有黄、黑、青数种，可制裘，不及西产。

道光《贵阳府志》（点校本）卷四十七《食货略·土贡 土物》第928页

狐 《陈志》：郡产。《仁怀志》有九节狐，其尾有节，肾即麝也。

道光《遵义府志》（校注本）卷十七《物产》第525页

九节狸 皮可服。

果子狸 可食。

道光《大定府志》卷之四十二《食货略第四下·经政志四》第626页

狸 狐类，其种不一，俗名昏子，豪可笔。

光绪《湄潭县志》卷之四《物产》第362页

狸 狐类也，俗名野猫，形似猫，窃鸡鸭为食。别种曰九节狸，体较大，豹文，皮可为裘。一种曰牛尾狸，俗名白面獐，似狐，善攀援，食果实，体肥多脂，肉美可食。

民国《都匀县志稿》卷六《地理志·农桑物产》第282—283页

猫狐 似犬而小，体瘦，头尾皆长以跖行。性狡猾多疑，窟山野，盗食食物。毛黄而多绒毛，可以为裘，集腋成之白毛者尤贵。本邑处售一狐皮价仅值银二两，近则值洋五六元矣。

民国《麻江县志》卷十二《农利·物产下》第439页

狸 有数种，状类家猫，而圆头大尾，善窃鸡鸭为野狸，俗呼野狸；一种有斑如猹，虎头尖口，方尾，有黑白钱文，皮可供裘领为九节狸。

民国《独山县志》卷十二《物产》第439页

狐 《尔雅》："狸、狐、貒、丑，其足蹯，其迹厹。"许慎曰"妖兽，鬼所乘也。有三德；其色中和；小前大后；死则首丘。"《埤雅》："狐，孤也。狐性疑，疑则不可以合类，故其字从孤。"苏恭曰："形似小黄狗，鼻尖尾大，全不似狸。江南时有之，汴、洛尤多。性多疑审听，故捕者多用罝"。李时珍曰："南北皆有，北方最多。有黄、黑、白三种。白色种尤稀，尾有白钱文者佳。日伏穴中，夜出窃食。声如婴儿。气极臊烈。毛皮可为裘。腋毛纯白，谓之狐白。"今贵州诸辖县，固皆有狐。其为人捕得取皮以制裘者，亦寻常事……

民国《息烽县志》卷之二十一《动物部·兽畜类》第133页

猿

猿 出安南。

康熙《贵州通志》卷十二《物产志·安顺府》第2页

猿 猴之大者。

道光《贵阳府志》（点校本）卷四十七《食货略·土贡 土物》第928页

猴 小而黠，窃食山粮。

道光《贵阳府志》（点校本）卷四十七《食货略·土贡 土物》第928页

猿 《明一统志》云："安南卫产猿。"《通志》云："猿出安南。"按：猿产安南县，今兴义县亦产。

咸丰《兴义府志》（点校本）卷四十三《物产志·土产》第673页

猴 长臂为猿，老为玃，白腰为獑。猴，猱猨，猴属也。《埤雅》："猨，长臂，善啸，喜攀树枝，亦天性也。"《论衡》曰："猱，伏于鼠。今人取鼠以系猱颈，猱不复动。"《广韵》："猱，猴也。"《诗笺》："猱之性善。"《登木疏》："猱，则猿之辈属，非猿也。"陆机云："猱，猕猴也。楚人谓之沐猴，老者为玃，长臂者为猿。猿之白腰者为獑。然则，猱，猨猿其类，大同也。"

光绪《黎平府志》（点校本）卷三《食货志第三》第1410页

猿猴 母猴经水为五灵，脂黑，猴尾尺余，皮能避风。

光绪《增修仁怀厅志》卷之八《土产》第304页

猱 扬雄《蜀都赋》："獑胡貇玃，猿蜼獑猱。"《明统志》府县俱有。宗彝《秋雨庵随笔》："思南、石阡一带山中产兽曰宗彝，类猕猴，巢于树，老者居上，子孙以次居下，老者不多出，子孙居下者出，得果即传递至上，上者食，然后传递至下。先王用以绘于尊者，取其孝也。"按：此但云思南、石阡山中，不言产自何地。《太平广记》："谓思南、石阡、铜仁所属梵净山产。"《省志》："梵净山专属铜仁，则此物实郡产也。"

民国《铜仁府志》（点校本）卷之七《物产》第109页

猿 猿字亦作猨，或作蝯。《尔雅》："猱蝯，善援。"《说文》："猱作蝯，云母猴似人，蝯善援。"《禹属玉篇》："蝯，似猕猴而大，能啸。"李时珍曰："产川广深山中，似猴而长大，其色有青、白、玄、黄、绯数种，其性静而仁慈。好食果实。其居多在林木，能越数丈。著地则泄泻死，惟附子汁饮之可免。其行多群，其鸣善啼，一鸣三声，凄切入人肝脾。"按：自昔传者，言其饮水，或自悬岩相接而下，饮毕连引而上，是其善攀援之义。县之北境，滨乌江河岸，间有之。

民国《息烽县志》卷之二十《动物部·兽畜类》第 136 页

猴 一名猕猴，一名沐猴，一名为猴，一名胡孙（字或作猴狲），一名王孙，一名马留，一名狙。班固《白虎通义》："猴，候也。见人设食伏机，则凭高四望，善于候者也。"李时珍曰："处处深山有之，状似人，眼如愁胡，而颊陷有嗛，藏食处也。腹无脾，以行消食。尻无毛而尾短。手足如人，亦能竖行。声嗝嗝若咳。孕五月而生子。生子多浴于涧。其性燥动害物。畜之者，使坐村上，鞭接旬日，乃驯也。"今县之北境常有是物，人之设阱捕得，先驯之，然后售于诸处者，每见其百十为群也。

民国《息烽县志》卷之二十一《动物部·兽畜类》第 136 页

猴 尤以第一区癞子山所产之猴为最。

民国《册亨县乡土志略》第四章《物产》第 597 页

狒狒

狒狒 《仁怀物产记》："童子告余：'兹地有野人，至人家，辄蹲鸡谢上，暮与人宿，嗜食人指。'"盖狒狒也。

道光《遵义府志》（校注本）卷十七《物产》第 525 页

竹䶉

竹䶉 似黄鼠，食竹根而肥。

道光《贵阳府志》（点校本）卷四十七《食货略·土贡 土物》第 928 页

竹䶉 《陈志》："郡产。"《仁怀志》："其皮如貂。"

道光《遵义府志》（校注本）卷十七《物产》第 525 页

竹䶉 嘴如截竹根。

民国《八寨县志稿》卷十八《物产》第 347 页

竹䶉 《说文》："䶉。竹鼠也，似犬。"《玉篇》："似鼠而大。"汪颖《食物本草》："食竹根，居土穴中，大如兔。人多食之，味如鸭。"李时珍曰："一名竹㹠，䶉状其肥，㹠言其美也。"今贵州诸县，皆有是物。而县

之四境，人多食之。

民国《息烽县志》卷之二十一《动物部·兽畜类》第 137 页

竹䶉 系鼠类，而四足大小与猫、兔同。其油能疗疮伤，去枪弹锋利物之入人身者，但须由受伤后面或伤之上下涂之，则肉中之物自出。假如手心受伤，则以油涂于手背。手背受伤，涂于手心。余可照推。

民国《兴仁县补志》卷十四《食货志·物产》第 459—460 页

鼠

豹鼠、银鼠、洋鼠 皆鼠类。鼠，小兽，善为盗。《春秋运斗枢》："玉枢，星散而为鼠。鼠类甚繁，豹鼠见《尔雅》，似豹而小。又有银鼠，通身白如雪，而眼赤，皮可制裘。洋鼠，每月生子，善推轮，形极纤细。"

光绪《黎平府志》（点校本）卷三《食货志第三》第 1410 页

鼠 一名首鼠，一名鼫鼠，一名老鼠，一名家鹿。今贵州人遍呼耗子，以其善盗窃，而耗物不费也。《尔雅·释兽》："鼫标鼠属。"《说文》："鼠，穴虫之总名。"《易·系辞》："艮为鼠。"《诗·召南》："谁谓鼠无牙。"《左传》："抑齐侯似鼠乎！"《史记·魏其武安侯列传》："何为首鼠两端。"《淮南子》："鱼食巴豆而死，鼠食巴豆而肥。"《酉阳杂俎》："鼠食盐而身轻，食砒而即死。"李时珍曰："鼠，形似兔而小。青黑色，有四齿而无牙，长须，露眼，前爪四，后爪五。尾文如织而无毛，长与身等。五脏俱全，肝有七叶，胆在肝之短叶间，大如黄豆，正白色，所而不垂。鼠孕一月而生，多者六七子。惠州獠民取初生闭目未有毛者，以蜜养之，用献亲贵；挟而食之，声犹唧唧，谓之蜜唧。其胆主治目暗、耳聋。"按：此物之狡黠警敏，异于寻常。其曳尾入瓶以偷油，及一抱蛋、一御尾之惯技，固津津为人道之。虽其胆可入药，而穴墙窃食之为人厌，畜猫捕之之不足，又为诸式之机械以饵诱扑杀。一县之辖境，一昼夜之间，奚啻毙鼠盈千，而其为害，与日增进之如故。且近世学者，更究及都市大疫之勃兴，系本于是物之传播其毒。故立论务绝灭丑类，以除人害。无如此物之孳息甚繁，杀不胜杀。警令虽行，获效有几？巧智如西陆白民，终不成十之一功。其与壁虱、蝇、蚤，同恶相济，蔑以加矣。

民国《息烽县志》卷之二十一《动物部·兽畜类》第 138 页

松鼠

松鼠、鼠、蝙蝠 俗名盐老鼠。

道光《贵阳府志》（点校本）卷四十七《食货略·土贡 土物》第 928 页

松鼠 曰貂、曰猋、鼠、曰栗鼠、竹䴉，出南泉山。松鼠，即貂也，嘴似兔而尾大，毛灰色，善缘木，高十数丈者，转瞬登其顶，或移向他树跃之，虽隔丈余，亦可至。故俗名猋鼠。《本草》："此鼠好食栗及松皮，故又呼为栗鼠，其皮温暖，可为裘，但鲜能捕之者。"又，竹䴉，出南泉山。

光绪《黎平府志》（点校本）卷三《食货志第三》第 1410 页

松鼠 大于鼠，色微黑，腹下红，常宿松树，故名。

光绪《增修仁怀厅志》卷之八《土产》第 304 页

松鼠 一名栗鼠。体大于常鼠，而毛黑褐色，尾更长大，尾毛尤茸茸然。在山林间，频栖于榉及槲树上，以有食可饵也。风和日暖，则群相跳跃于树颠，最为山林之害，人甚恶之，而捕取不易。此固国中之通产，而县人有不知者，乃竟以貂呼之。夫貂岂遂为贵州之常产？而易见者，则亦以其尾之茸茸而思为续貂之士耳！

民国《息烽县志》卷之二十一《动物部·兽畜类》第 137 页

蝙蝠

蝙蝠 按：蝙蝠全郡皆产，即《尔雅》之"服翼"。《神农本草》云："治目瞑。"其粪即夜明砂，亦治目疾。旧志所载萤、蚊之类，各郡皆有之，常物，今削不载，惟蝙蝠入药有益于人，特载之。又按：郡之土产药物为多，而《通志》、旧志、《安南志》皆失载，今以其有益生人，特为详载，间及状性主治，以便稽考。

咸丰《兴义府志》（点校本）卷四十三《物产志·土产》第 675 页

蝙蝠 谓之服翼，谓之飞鼠，屎曰夜明沙。蝙蝠，鼠类，或云鼠所变也。扬子《方言》："蝙蝠，谓之服翼，或谓之飞鼠，其屎名夜明沙，可入药。"焦氏《易林》："蝙蝠夜藏，不敢昼行。"

光绪《黎平府志》（点校本）卷三《食货志第三》第 1410 页

蝙蝠 县西鸦洞产最繁。取夜明砂者用入药，以治目疾。

民国《兴仁县补志》卷十四《食货志·物产》第 460 页

麝猫

麝猫 有香。麝猫，形与山猫无异，而脐有香，凡经过之处，越日犹觉香气馥烈，但未可入药耳。

光绪《黎平府志》（点校本）卷三《食货志第三》第 1410 页

刺猬

刺猬 汇也。《尔雅汇》毛刺注："今谓之刺猬，状如鼠，毛似针。"黎平多有之，产人家墙壁中。

光绪《黎平府志》（点校本）卷三《食货志第三》第 1419 页

第二章 虫类动物

虫之属 蛇、蚊、蝎、蜡蚁、蜈蚣、蝙蝠、蜘蛛、蝇、蝉、螳螂、蝴蝶、蜻蜓、螟蛉、蜉蝣、牵牛郎、蟋蟀、促织、蜗牛、蚯蚓。

嘉靖《贵州通志》卷之三《土产》第 274 页

虫之属 萤、蝉、蚊、蝶、蛇、蚓、蜈蚣、蝎、蟋蟀、蜻蜓、蜘蛛、蝼蚁、苍蝇、水蛭、蝙蝠，多与他方同。

乾隆《南笼府志》卷二《地理·土产》第 537 页

蚕

蚕 马首龙文，自卵出而为蛹，蜕而为蚕，三眠而成茧，自裹于茧中，蛹复破茧而出曰蛾，蛾而复卵，盖神虫云。种数甚繁，大小不一，有白、黄、乌斑、紫之异。养蚕者采桑叶饲之，食叶有声如雨，数日一眠，眠则胎生小蚕，五眠五起，小蚕蕃衍，二十七日而老，吐丝作瓮曰茧，有黄、白各色。蚕在茧变作蛹，蛹短缩无足而肥，化为蚕蛾，蛾色斑而有翼能飞。有雌雄，生卵于纸或于布上，细密成列。其屎曰蚕沙，再养曰原蚕。野蚕有数种，生桑上者小而灰白色，光亮有角，食叶吐丝成蚕，《尔雅》螺桑茧是也。生樗上者大而碧色，通身有刺，亦能成茧。《尔雅》雔由樗茧是也。生朴树上者，其蚕大而斑色，有毛如蛄蟖，作茧亦大，其蛾大如蝴蝶。凡蚕蛾皆两眉弯曲，如画。山东槲茧虽成于树上，皆以人力经营。春茧织䌷名春䌷，懒茧织䌷名山䌷。

道光《贵阳府志》（点校本）卷四十七《食货略·土贡 土物》第 930—931 页

蚕 为丝虫，食而不饮。蚕，丝虫也。《博物志》："蚕，三化，先孕而后交，不交者亦产子。"《尔雅翼》："蚕之状，喙呥呥类马，色斑斑似

虎。"《酉阳杂俎》："食而不饮者，蚕。又，原蚕。"《埤雅》："再蚕，谓之原蚕。今以晚叶养之。又，红蚕，蚕于叶，三俯三起，二十七日而蚕已老，则红，故谓之红蚕。又，野蚕。"《后汉·光武纪》："野蚕成茧，被于山阜。"

光绪《黎平府志》（点校本）卷三《食货志第三》第 1418—1419 页

蚕 吐丝虫也。喜燥恶湿，食而不饮，三眠三起，二十七日而老。自卵出而为蚁脱而为蚕，蚕而为茧，茧而为蛹，蛹而蛾，蛾而卵，卵而复蚁。食桑叶，初孵小于蚁，饲以柔桑，细切之，初起如韭，次起如蒜，三起又倍之。凡起皆时，食而节之，去其病者及未眠而除，除勿以手，以手多病。眠时勿与食，作茧常烘以火，既成则覆以被而烘之，俾蚕室而蛰。若留种须于未烘干前，择茧大者别雌雄，必均之入，需数斤俟成蛾，交三时而离置雌蛾，纸面覆以杯，而次第之既卵。研其蛾入水，检以百倍之显微镜，见有脂浮水面，然是为病种，弃弗蓄。欲孵蚕即以蚕纸置筥内，取沸水和冷水各半，热以摄氏表六十至七十为度，倾泻再三，悬通风处干之，越七八日而化，是为脱水。凡饲蚕湿与热均致病，故春宜覆桑以帐，夏则穴地储之。

民国《都匀县志稿》卷六《地理志·农桑物产》第 287—288 页

蛾

蛾 蚕化为蛹，蛹化为蛾。蛾，《玉篇》："蚕蛾也。"《正韵》："蚕化为蛹，蛹化为蛾。"《韵会》："蛾，似黄蝶而小，其眉勾曲如画。"《埤雅》："蚕生蛾，蛾生卵。"

光绪《黎平府志》（点校本）卷三《食货志第三》第 1416 页

蜂

蜂 能酿蜜者曰黄蜂，人家多畜之。别有马蜂较大，尾针螫人。细腰蜂营窝不能作蜜。又一种小蜂盖蒲卢类。蜂有三种。一种野蜂，一种人家以桶收养者为家蜂，并小而微黄，状似大蝇而稍短，遍体茸茸如蒙薄粉，身首一色，鼓翼而飞，纡徐若颤，进退往复而后下集，声如微吟，避绕花间，娱人耳目，二者蜜皆浓美。一种在山岩高峻处作房，其蜂黑色。凡蜂皆尾末垂针,长一二分,能自伸缩。

道光《贵阳府志》(点校本) 卷四十七《食货略·土贡 土物》第931页

蠮螉 《本草经》:"一名土蜂,生熊耳山谷及牂柯,或人物间。"

道光《遵义府志》(校注本) 卷十七《物产》第528页

蛇皮蜂 形如长跨蜂,微小,结窝树枝上,连连而下悬,长者至尺许。孔皆横向,若垂鞭爆,故名。

道光《遵义府志》(校注本) 卷十七《物产》第529页

土蜂、木蜂、稚蜂、蜜蜂 皆蠤属也。蠤,通作蜂。《尔雅》释虫注,地中作房者为土蜂,树上作房者为木蜂。《尔雅翼》:"蜂种类至多,其黄色细腰者,谓之稚蜂,又曰蜜蜂。"人收而养之,一日两出而聚鸣,号为两衙,其出采花者,取花须上粉置两髀,或采而无得,经宿不敢归其房。蜜蜂不惟鲜螫人并可获其利,然亦听其自至,未可强也。其收取蜜之法,详花镜。

光绪《黎平府志》(点校本) 卷三《食货志第三》第1416页

蜂 种类甚多,在地中作房者曰土蜂;在树上作房者曰木蜂;似土蜂而小,大而黄色者曰黄蜂;其黑色者曰胡蜂;采花酿蜜者曰蜜蜂,人重视之,多蓄于家。(其群分三等,即后蜂、工蜂、雄蜂是也。后蜂最大,腹较雄蜂、工蜂长而细。工蜂腹亦小。后蜂、工蜂皆有,惟后蜂只用以刺他。后蜂、工蜂则闻以伤人者,亦自伤其刺而随毙。工蜂日往远于花丛中采粉及蜜,有飞至十数里外,以采取迨经采足即飞远,故居能识方向,其飞行之路皆以直径,人称为蜂线。蜂巢之中其房无数,有专育小蜂者,有专贮蜜与花粉者,大都不整齐之六角形,大小亦错落不一。安置初生幼虫之房及工蜂所居者皆至狭小,雄蜂房较大,后蜂房尤大,其收藏蜂蜜处颇整齐,贮满即闭其房,防空气之侵入也。冬日寒冽,蜜蜂大半夭折房中,仅存一后蜂,数工蜂而已。后蜂遂遗卵先产于工房蜂内,后又产于雄蜂房内。历春及夏,即在巢旁成无数更大蜂房,以备安置初生之后蜂。初生之后蜂皆供以美食,后蜂、工蜂之卵初无异形,及为初生幼虫至长足时则大有别,或云工蜂亦有时生卵,特所生仅为雄蜂,其卵皆由后蜂妥为安置。每房一枚瓣出之幼虫皆卧房底,由工蜂以花粉及蜜和水饲之。越数日,幼虫即停食,各成丝茧者,一已变为蛹,工蜂即闭其房。自出卵至成翅约二十余日成形。后惟小后蜂仍居房内,一旦由房而出,老后蜂即挚其侍从若干,离房他往,此房遂为新后蜂所居矣。每季内一蜂巢中有生无数后蜂者,比老后蜂之离房他往也。所有工蜂皆群集雄峰,前后环攻之,毙其命而后止,盖其时工蜂皆恣为残

忍，而雄蜂势寡无理与敌，听其所为而已。凡工蜂生命至促，或距初生时数过即毙，未有至八阅月，而后蜂历年最久，常有至四五期者。)

民国《都匀县志稿》卷六《地理志·农桑物产》第 287 页

蜜蜂 最有益而利最厚者。蜜蜂则利繁殖，速而学，惜未诣养法，故未收大效。

民国《普安县志》卷之十《方物》第 501 页

蜂 种类甚多，曰土蜂，在地中作房。曰木蜂，在树上作房。又有黄蜂、黑蜂。蜜蜂虿有毒，虿人蜜毒小。采花酿蜜，人颇重视，多蓄于家。别种身长，小腰细如线，名细腰蜂，巢于干竹节空处，虿亦毒。

民国《八寨县志稿》卷十八《物产》第 350—351 页

蜂 ……今之谈动物者，举其种至二十有余，固包国外之产而言。若县之有蜂。则蜜蜂、土蜂、木蜂、大黄蜂四种为多。皆能作蜜，以供人用。螫人惟痛，而无大害。至食其子者，间亦有之。

民国《息烽县志》卷之二十一《动物部·昆虫类》第 166 页

蜂 有家、野、黄三种。

民国《威宁县志》卷十《物产志》第 601 页

蟋蟀

蟋蟀 一名促织。《广顺州志》云："一名促织，感秋气而鸣，其声嘹亮，彻夜不休，尾尖如针，一尾者健斗，二尾者善鸣，山东呼为寒蛩。"又有油壶卢如促织，不鸣不斗。

道光《贵阳府志》（点校本）卷四十七《食货略·土贡 土物》第 931 页

蜻蚓 王孙、趣织，蟋蟀也。蟋蟀，陆机诗疏："蟋蟀似蝗而小，色黑有光泽如漆，有角翅，一名䗐，一名蜻。楚人谓之王孙，幽州人谓之趣织，俚语曰趣织、鸣嫩、妇惊是也。"《埤雅》："蟋蟀有三尾者雌也，二尾者雄也。吴人取其雄而健者驯养以斗，其鸣在股间，非其口也。"传曰："蟋蟀之虫，随阴迎阳，得寒乃鸣。蟋蟀宅虫之最佳者，不害器物，秋夜争鸣亦足以点缀秋景。"

光绪《黎平府志》（点校本）卷三《食货志第三》第 1417 页

蚂蟥

蚂蟥 《旧通志》："元冯士启者，许昌人，仕黔、为顺元府经历。尝奉遣，抵驿站，日已暮。站吏告曰：'今夕马蚌上岸！麻色、须暂停以避之。'"诘其故，闭目、摇手，不敢言。冯怒，趣马行数十里，至溪畔，忽见一物如屋，乌刺赤下马伏泣，若诉状。再诘之，仍闭目、摇手、不答。冯于是下马祝之，曰："某窃禄于此，苟天命合尽，尔其啖之；否则容我行。"祝毕，即转入溪中，腥风毒雾，尚触人口鼻。乃各上马，比曙，抵前站。吏惊曰："是何麻色，胆乃若是！"冯问此何物，始敢言曰："蚂黄精也！"冯后官礼部尚书。乌刺赤，站之牧马者。

道光《遵义府志》（校注本）卷十七《物产》第 528 页

水蛭 蚂蟥也。蚂蟥，《玉篇》《玉海》皆曰水蛭生田中，形如蚓而稍黑，首尾不分，人下田遇之，即被啮，但无毒也。

光绪《黎平府志》（点校本）卷三《食货志第三》第 1418 页

马蟥 今之考动物者，曰蛭，口善螫，螫处并不觉痛，饱血时，其体膨大，又能耐饥，有时不得吸血，虽越二年亦不死。今按：此物亦至可厌恶矣，而又中医药用。世无弃物，于是见之。县之所产，则水蛭、草蛭、石蛭、泥蛭，莫不备见。若其呼，又均以马绩赅之。

民国《息烽县志》卷之二十一《动物部·昆虫类》第 182 页

蚂蟥 冷水田多有之，身长如线，伸可六八寸，缩不及寸，性嗜吸人及牛足之血液。

民国《八寨县志稿》卷十八《物产》第 351 页

豉虫

豉虫 一名豉母虫，一名豉豆虫。葛洪《肘后方》云："江南有射工虫，在溪涧中有射人影成病，或如伤寒，或似中恶，或口不能语，或恶寒热，四肢拘急。身体有疮，则取水上豉母虫之浮走者一枚，口中含之便瘥，已死亦活。此虫正黑如大豆，浮游水上也。"李时珍曰："陈藏器《本草拾遗》有豉虫而不言出处形状。今有水虫大如豆，而光黑即是。名豉母者，亦象豆形。"今之考动物者，曰体形椭圆，色黑或黄，有光泽，头顶

及前胸背皆光滑，上唇多直皱。复眼分离计四枚，其中间出触角略短，形不正，分九节，色黑，但第二节之分枝褐色。两须及脚皆赤褐。翅鞘有刻点所成之直列。尾节略突出于翅端外。前肢长，中后两肢皆侧扁而短，跗节有五。常群集于水中，善游泳捕食小虫。更有"大豉虫""鲲虱""蚴蚕""澄鳖子"皆一类诸种之名。今按：县之溪、涧、沟、渎、池、沼间，若与水黾相角逐而群游者，宁得非是物乎？然习闻他县人乃有呼"化没子"者，又有呼"写字鱼"或"写字虫"者，亦皆略就形以名之。俚医取充药用，治小儿溺结，间亦有效。

民国《息烽县志》卷之二十一《动物部·昆虫类》第181页

水黾

水黾 一名水马。陈藏器曰："水黾，群游水上。水涸即飞。长寸许，四脚，非海马之水马也。"李时珍曰："水虫甚多，此类亦有数种。更有一种水爬虫，扁身，大腹，而背硬者，即此水爬、水马之讹。"今之考动物者，曰水黾体形细长，色黑褐，头部为三角形，口吻稍长，分三节，触角突出，前方背部黑褐，腹面灰色，体之下面被绢样之细毛，前翅无膜质部，前肢短，后肢长，有二跗节。浮于池沼等之水面，用脚跳走甚巧，或张翅而跃，捕食他虫。有"水蟎""潭浮""鹭虫""水马""涉蚱"之分。要亦或大略小，稍短较长，其实一类数种而已。今按：县之池、沼、溪、涧、沟、渎间，故在在皆见斯物之群而浮游，惟其所呼不同于昔，有谓为水蜂子者，有谓为跳灯者。毗近诸县，略皆如是。有小毒，而中药用。

民国《息烽县志》卷之二十一《动物部·昆虫类》第181页

珍珠虫

珍珠虫 《田居蚕室录》："生林箐中，长寸余，色白。人触之，即拳若珠一颗，滚入草间，故名。"

道光《遵义府志》（校注本）卷十七《物产》第528页

珍珠虫 生林箐。珍珠虫，《田居蚕室录》："此虫生林箐中，长寸余，色白，人触之即拳若珠一颗，滚入草间，故名。"

光绪《黎平府志》（点校本）卷三《食货志第三》第1419页

土鳖

土鳖 生旧宅及朽木中，形如鼠妇，团而赤色，伏土内。断而续之，仍活也。能治血证、折伤。

道光《遵义府志》（校注本）卷十七《物产》第528页

蚁

蚁 形色大小不一，俗名蚂蚁。常蚁小而黑色微黄，长身大腹细腰，足短，穴居群处，其行甚捷遇羶腥甘脂则衔曳，若逢巨物不能独胜者则奔趋入穴，邀群蚁而来，共舁之以还。其中有巨而大头者不与负曳，若纠率然，人或将物移去，则群咬杀报信之蚁。一种较小而乌黑者，生阴湿处，又有小而纯黄者。

道光《贵阳府志》（点校本）卷四十七《食货略·土贡 土物》第931页

蚁 ……今之考动物者，以为蚁类虽多，其合群善斗，则一地之东西，无不皆产。再按：省内乃无白蚁。白蚁之害，实无过于两广。若县之所产，则虼蜉、黑蚁、黄蚁为多。飞蚁亦时有之。蚁之为害，虽或不及苍蝇，然人家食物若为所污，或未及检而误食之，亦必用致疾者。

民国《息烽县志》卷之二十一《动物部·昆虫类》第175页

蚁 有黄、黑二种。

民国《威宁县志》卷十《物产志》第601页

蛱蝶

蛱蝶 俗名蝴蝶，大小不一，皆四翅，有粉，其色或黄或白或碧或黑或淡碧或淡黄赭黄、乌黑或有斑点，且有圆文作小圈，其圈两层，红黑相围或红碧相围，横列数圈，精巧至岂非画工可肖。翅阔有两隅，亦有圆翅者。前有双须，软而细，其末能自舒卷，四足两股。

道光《贵阳府志》（点校本）卷四十七《食货略·土贡 土物》第931页

蝴蝶 蛱蝶，虫所化也。蝶，《说文》："本作蜨，俗作蝶，一名蝴蝶，一名蛱蝶，虫所化也。"《尔雅翼》："今菜中青虫，当春时，缘行屋壁或草木上，以丝自围一夕视之，有圭角，六七日其背鳞裂，蜕为蝶出矣。"蝶

具五彩，粉翅，长须，蹁跹风致，昆虫中美物也。又有一种，形大如燕，黑质。翅具青红黄白碎花纹，于清醮燃烛时间出一二翔，采烛花若不畏其火者，斯亦奇也，俗谓之喜蝶。

光绪《黎平府志》（点校本）卷三《食货志第三》第 1416 页

蛱蝶 ……今按：其种至多。其所被之色，则或黄、或白、或碧、或黑、或淡碧、或淡黄、或柘黄、深黑、或有斑点、有圆文作小圈两层，或红黑相围、或红碧相间、或并列数圈，精巧至极，非画工可肖。夏秋雨时为多。

民国《息烽县志》卷之二十一《动物部·昆虫类》第 168 页

蝉

蝉 蜕可入药，夏月始鸣，最大而黑者蚱蝉也，即《尔雅》"虫面马蜩"，俗名喳嘹，其声大而聒耳，长嘶不断，始终一般，每乘昏夜出土中，升高处，裂背壳而出。其壳入药名蝉蜕。近柳根处地上作圆孔，即其连壳出土之所也。其相似而小，色黄碧，头上有花冠者，螗也。《尔雅》"蜩螗"是也，俗名吟嘹，其声促，数曳面即歇，与马蜩同时而形与声不同。又有其五色者，即《尔雅》"螂蜩"。二者亦并入药。小而有文曰蛁，小而色青绿者，即《尔雅》之"截茅蜩"，其鸣稍迟。而色青紫者，蜘蟟也。《尔雅》谓之"蜓蚞螇螰"，一名蟪蛄，俗名嘶嘹，又名都了，其音清亮入云，"知了知了"，午后至暮，鸣声不歇。又有小而色青赤者，寒螿也，一名寒蝉，其声小而鸣咽，得秋风则瘖不能鸣，谓之哑蝉，二三月即鸣，其声细小，其形小于寒螿者，母也，俗名蜻蜻子是也。

道光《贵阳府志》（点校本）卷四十七《食货略·土贡 土物》第 931 页

蝉 小为麦蚻，似蚱蜢。麦蚻，《尔雅》："注，如蝉而小。"扬子《方言》："蝉，小者谓之麦蚻似蚱蜢，色绿，生秋秧中。"

光绪《黎平府志》（点校本）卷三《食货志三》第 1416 页

纺纱婆 蝉也。夏曰蟪蛄，秋曰蜩、曰螗、曰復蜻。蝉鸣，虫也。夏曰蟪蛄，秋曰蜩，一曰螗，又名復蜻。《古今注》："齐王后忿死，尸变为蝉，灯庭时嘒唳而鸣，王悔恨。故世名蝉曰齐女。"《格物论》："蝉，两翼喙长，在腹下。"或以为无口，以膀鸣，声甚清亮而闻远，死则存一壳，名蝉脱。黎郡蝉有三种，一种居于密箐深林，五更即鸣，夕阳更甚，声如玉磬，清越异常，此曳彼吟，响彻山谷。一种集屋瓴树杪，长作唧唧哑哑声，身小于蝉音，亦清烈，二者自夏鸣至秋深。一种形如麦盐而锐，首圆，腹色如菜青，俗名纺纱婆，于深秋夜静，鸣声聒耳，霜降露寒始绝声。

光绪《黎平府志》（点校本）卷三《食货志第三》第1416—1417页

蝉 ……县之此产，无在无之。乡人拾其蜕，售之药肆者，多属蚱蝉。余种则人皆忽之。

民国《息烽县志》卷之二十一《动物部·昆虫类》第167页

萤

萤 俗名亮火虫，大如小麦，赤首黑身。

道光《贵阳府志》（点校本）卷四十七《食货略·土贡 土物》第931页

熠耀、夜光、宵烛 萤也。萤火，虫名。《礼月令》："腐草为萤。"《尔雅》注："萤飞腹下有火。"《古今注》："萤，一名熠耀，一名夜光，一名宵烛。"《埤雅》："萤无胃而育。"

光绪《黎平府志》（点校本）卷三《食货志第三》第1417页

蠓蚋

蠓蚋 因雨生。蠓，《玉篇》："小飞虫，啮人作痕。"《列子·殷汤篇》："夏秋之月，有蠓蚋者，因雨而生，见阳而死。"

光绪《黎平府志》（点校本）卷三《食货志第三》第1417页

蚯蚓

蚯蚓 俗名曲鳝，鸭喜食之，一名曲蟺，一名寒蜷，长数寸，大小不一。大者粗如筋而圆，首尾相似，其色黄紫，老则白颈，雨则先出，晴则夜鸣，其鸣长吟，人触之则左右曲而跳掷。

道光《贵阳府志》（点校本）卷四十七《食货略·土贡 土物》第931页

神蚓 蚂蟥也。蚂演，《字汇补》："神蚓也，大五六围，长十余丈。"《遵义府志》引作蚂蟥，大误。

光绪《黎平府志》（点校本）卷三《食货志第三》第1418页

蚯蚓 ……今之考动物者，以为昔传蚯蚓能鸣，实验其体无发声器，疑为蝼蛄之鸣所误。是亦理之足据者。县之此产，与他县不异。用入医药。或取作饵以钓诸鱼，更有取以饲笼鸟者。

民国《息烽县志》卷之二十一《动物部·昆虫类》第 175 页

螳螂

螳螂 长背绿色。

道光《贵阳府志》（点校本）卷四十七《食货略·土贡 土物》第 931 页

螳螂 螵蛸母也，有斧虫也。螳螂，《礼月令》："仲夏，螳螂生。"注："螳螂，螵蛸母也。"郭璞注："有斧虫也。"

光绪《黎平府志》（点校本）卷三《食货志第三》第 1416 页

螳螂 《尔雅》："不过，螳蠰，其子蜱蛸。"又"莫貉，蟷蜋，蛑"。《礼·月令》："小暑至，螳螂生。"《庄子》："人间世，螳螂怒其臂以当车辙，不知其不胜任也。"《韩诗·外传》："此为天下勇虫也。"扬雄《方言》："螳螂或谓之髦，或谓之蚌蚌。齐兖以东谓之敷常。"《酉阳杂俎》谓之"野狐鼻涕"。李时珍曰："螳螂，两臂如斧，当辙不避，故得当郎之名。俗呼为刀娘。人谓之拒斧，又呼不过。岱人谓之天马，因其首如骧马。燕赵之间谓之龁肬肬，即疣子，小肉赘也。今人病疣者，往往捕此食之，其来有自矣。此物骧首奋臂，修颈大腹，二手四足，善缘而捷，以须代鼻，喜食人发，能翳叶捕蝉。深秋乳子作房，粘着枝上，即螵蛸也。房长寸许，大如拇指，其内重有隔房，每房有子如蛆卵，至芒种后一齐出。"今按：此物无地不产，无树不栖。而药用之螵蛸，必取桑上者，则以桑之津气甚厚滋养是物，故其为药力尤足也。夏秋之交，树间草际，时时见之。

民国《息烽县志》卷之二十一《动物部·昆虫类》第 167 页

虫蚨

狸 虫蚨也。蚨，《说文》："多足虫也。"《周礼·秋官》："赤发氏，凡隙屋，除其狸虫。"注："狸虫，蚨蚨之属。"韩愈诗："蜿垣乱蚨蚯。"

光绪《黎平府志》（点校本）卷三《食货志第三》第 1418 页

蚱蜢

蚱蜢 有数种，大小不一。

道光《贵阳府志》（点校本）卷四十七《食货略·土贡 土物》第 931 页

蚱蜢 似螽虫，上虫也。蚱蜢，《正韵》："似螽而小。"《六书正伪》："蚱蜢，草上虫也，麻灰色，不知者误为麦蚻。"

光绪《黎平府志》（点校本）卷三《食货志第三》第 1419 页

蚱蜢 蝗属。分两种，一长角为蚱蜢类，一短角为螽蝗类。顾蝗体狭，前翅直而厚，后翅薄而如网，大半藉前翅护之，当垂翅时折叠如扇形，后腿长，故善跳，头大而口坚，故能啮。二目小，相距颇远。须修与体垺，且胸之前部较大于胸前之分片。母蝗腹末具卵管，管有尖锋四，以尖锋刺地面成小穴，遂生卵，其中蚱蜢之津液核不常显露，体中所含之汁曰淡巴菰汁。其神经系与甲虫相似，而耳则生腹部之第一节，每耳内皆有一耳鼓，復有一种流质与神经腺。蚱蜢喜食稻叶，害稼常于陇畔，缀集卵子成块，孵为幼虫，为害尤烈。

民国《都匀县志稿》卷六《地理志·农桑物产》第 288—289 页

蜻蜓

蜻蜓 六足四翼，有红、黑、黄、蓝四色，俗名点水猫，又名麻燕，大似螳螂，大头露目短颈，尾长二三寸而有节，恒自食其尾，色青绿，亦有稍小而黄者。稻熟时蔽空而飞，又有红色者，别有蓝色者，有甚小者。

道光《贵阳府志》（点校本）卷四十七《食货略·土贡 土物》第 931 页

蜻蜓 饮露。蜻蜓，《埤雅》："蜻蜓饮露，六足四翼，其翅轻薄如蝉，昼取蚊虻而食之。遇将雨转多，好集水上款飞，尾端亭午，则因名之曰婷，以此字或作蜓。"又，蜻蜓飞无所食，则自食其尾，愈甘则尾愈尽而死。蜻蜓数种，有青碧色、红色、黄色者，一种点水蜻蜓，翼大身小，头绿色，遍身金翠夺目，常飞集水间。

光绪《黎平府志》（点校本）卷三《食货志第三》第 1417 页

纺绩婆

纺绩婆 一名纺车婆。

道光《贵阳府志》（点校本）卷四十七《食货略·土贡 土物》第931页

蜘蛛

蜘蛛 有数种，形分大小，皆布网取虫，而蟢蛛不作网，落人衣襟间，则有喜庆事。

道光《贵阳府志》（点校本）卷四十七《食货略·土贡 土物》第931页

蝇虎 亦蜘蛛类，能攫蝇。

道光《贵阳府志》（点校本）卷四十七《食货略·土贡 土物》第931页

喜母喜子 蟏蛸也。蟏蛸，郭璞曰："小蜘蛛，长脚者，俗呼为喜子。"陆机云："荆州河内人谓之喜母。"此虫著人衣，当有喜信至。

光绪《黎平府志》（点校本）卷三《食货志第三》第1416页

含毒

含毒 蚊蚋属。《黔书》："含毒者，蚊蚋之属，江岭间有之，黔界尤甚，为其嚼者慎，勿以手搔之。但布盐于上，以物封裹，半日间毒则解矣。若以手搔痒，不可止，皮穿肉穴，其毒弥甚，湘衡北间有之，南界有微尘，色白，甚小，视之不见，能昼夜害人。虽帐深密，亦不可断，以粗茶烧之，烟入焚香状，即可断之。又于席铺油帔隔之，稍可灭。二种皆蚊蚋属，郡中夏间多有之。"

光绪《黎平府志》（点校本）卷三《食货志第三》第1419页

蟏虎

蟏虎 四足，有蛇医、龙子、蜥蜴、蝘蜓各种。

道光《贵阳府志》（点校本）卷四十七《食货略·土贡 土物》第931页

守宫 在草曰蜥蜴，在壁曰蝘蜓，亦曰蛇医。蜥蜴，蝘蜓也。又名守宫。《说文》："在草曰蜥蜴，在壁曰蝘蜓。"《本草》："小而五色，具青碧者名蜥蜴，小而缘墙，黑色者名蝘蜓。"《扬子方言》："秦晋西夏谓之守宫，南楚谓之蛇医。"

光绪《黎平府志》（点校本）卷三《食货志第三》第 1418 页

石龙子 ……今之考动物者，则以蝾螈自蝾螈，一类而多至十余种，多栖于水。蜥蜴即石龙子，不混守宫之名螺蜓。即守宫，又皆一类数种。较李时珍、郝懿行之说，更为详确。县之所产，草泽多蜥蜴，屋壁即螺蜓。蝾螈，盖未见也。

民国《息烽县志》卷之二十一《动物部·鳞介类》第 162 页

蛤蟆

蛤蟆 一名田鸡，一种小者名蛙，初生有尾名蝌蚪，尾蜕生足，善鸣。一种背多痱磊，名蟾蜍，眉间白汁名蟾酥。蛤蟆状似蟾蜍，背有黑点，身小能跳，举动极急，不似蟾蜍之移遭也。又云蛙俗呼田鸡，又曰水鸡，后脚长，故善跳，似蛤蟆而背青绿色。夏月陂塘中甚多，远近叫噪，称为蛙鼓。又有一种土鸭，大如青蛙，而带灰色，其体甚肥，其声甚壮，俗名土顿子。又有蝘子，一名蝈，似蛙而极小，大如指顶青绿色，常在木叶上生憩，其声甚大，如云"嘓哒"，登叶而鸣，则天必大雨，或云此物甚毒。

道光《贵阳府志》（点校本）卷四十七《食货略·土贡 土物》第 931 页

喽咽 田鸡、蛤蟆也，子曰蝌蚪。蛤蟆，一名蛙，一名喽咽，一名长股，一名田鸡。青者名青蛙，背有黄路者名金线蛙。又有苍色者，有斑色者，有黑色者，子曰蝌蚪，形圆有尾，雷震则尾脱而脚生。春分后始鸣。色异而声亦不同，谓之鼓吹。

光绪《黎平府志》（点校本）卷三《食货志第三》第 1417—1418 页

蟾蜍

蟾蜍 为辟兵，腹有丹书。蟾蜍，即蛤蟆之黄黑色者。《本草》："腹下有丹书'八'字，乃真蟾蜍也。五月五日收之，谓之辟兵，余详药部。"

光绪《黎平府志》（点校本）卷三《食货志第三》第 1418 页

蜉蝣

蜉蝣 渠略也。蜉蝣，名渠略。《尔雅》注："似蛣蜣，身狭而长，有

角，黑黄色，聚生粪土，朝生暮死，鸡豕好觅食之。"

光绪《黎平府志》（点校本）卷三《食货志第三》第 1418 页

蜣螂

蜣螂、蛄蝼 俗名土狗。

道光《贵阳府志》（点校本）卷四十七《食货略·土贡 土物》第 931 页

蜣螂 转丸也。蜣螂，《玉篇》："啖粪虫也。"《尔雅》疏："蜣螂，黑甲翅在甲下，啖粪土，喜取粪作丸而转之，故又名转丸。"《古今注》："蜣螂能以土包粪，推转成丸，圆正无斜角。"

光绪《黎平府志》（点校本）卷三《食货志第三》第 1418 页

蝼蛄 今名土狗。《尔雅》："螜，天蝼。"郭《注》："蝼，蛄也。"扬雄《方言》："蝼螲，谓之蝼蛄，或谓之蟓蛉。南楚谓之杜狗，或谓之蛞缕。"寇宗奭曰："此虫，立夏后至夜则鸣，声如蚯蚓。"李时珍曰："蝼蛄，穴土而居，有短翅，四足。雄者善鸣而飞；雌者腹大羽小，不善飞翔。吸风食土，喜就灯光。入药用雄，或云用火烧地赤，置蝼蛄于上，任其跳死，伏者雄，仰者雌。"郝懿行曰："今顺天人呼'拉拉古'，翅短，不能远飞，黄色，四足，头如狗头，故亦呼'土狗'。"今按：县地之俚医多用此虫以治小儿溺结，亦颇有效。

民国《息烽县志》卷之二十一《动物部·昆虫类》第 166—167 页

蜡虫

蜡虫 见白蜡树注。

道光《贵阳府志》（点校本）卷四十七《食货略·土贡 土物》第 931 页

蜡食树 吉丁，生木槿。蜡白，蜡虫也。李时珍曰："蜡树，四时不凋，五月开白花成丛结实，其虫大如虮虱，延缘树枝食汁，吐涎，剥取其渣，炼化成蜜。"又，木槿生小虫，名吉丁，亦名钉耙虫。

光绪《黎平府志》（点校本）卷三《食货志第三》第 1418 页

白蜡虫 放于白蜡树或冬青树上，县境间亦有之。

民国《普安县志》卷之十《方物》第 501—502 页

蛄蟖

蛄蟖 俗呼毛虫，各树上皆有之，大者长二三寸，通身有五色斑毛，螫人，又有小如尺蠖而青黑，螫人。

道光《贵阳府志》（点校本）卷四十七《食货略·土贡 土物》第 931 页

食木虫

食木虫 一名蝤蛴，一名蝎，在朽木中，食木心。文诸草与皂荚、扁豆、桃、枣之实皆生蠹，小而红色，其虫名蝤。

道光《贵阳府志》（点校本）卷四十七《食货略·土贡 土物》第 932 页

蟫

蟫 一名蠹鱼，生久藏衣服及书卷中。

道光《贵阳府志》（点校本）卷四十七《食货略·土贡 土物》第 932 页

尺蠖

蠖桑 上虫也。蠖，《说文》："屈伸，虫也。"《埤雅》："今人布指求尺，一缩一伸，如蠖之步，故名尺蠖。尺蠖似蚕食叶，老亦吐丝作室。"又，桑，上虫也。

光绪《黎平府志》（点校本）卷三《食货志第三》第 1418 页

笔袋

笔袋 长不及寸，色赤，傍树根吐丝结一囊，上系于树，半在土中。身伏囊底，飞虫粘囊上，即升而食之。出囊，即不能动。畜画眉者觅以供饲，谓能壮其鸟。

道光《遵义府志》（校注本）卷十七《物产》第 529 页

笔袋 ……今按：县地亦有是虫。县人之畜画眉者，亦知取以为饲。

民国《息烽县志》卷之二十一《动物部·昆虫类》第 178 页

水端公

水端公 形如鳖，背皆斑点，大者如指大。喜浮水面，足出背两弦，

臀峭出水，如斜植"母"字。惊之，一纵，下可二三尺，旋仍纵起。每误纵上岸，行或跳皆可返。池中生此，可娱静观。以其善跳舞盘折，故得端公名。

道光《遵义府志》（校注本）卷十七《物产》第 529 页

水端公 喜浮水。水端公，形如鳖背，皆斑点，大者如指大，喜浮水，面如斜织"母"字，善跳舞盘折，故名端公。每误纵上岸行或跳，皆可返池中生，此可娱静观。

光绪《黎平府志》（点校本）卷三《食货志第三》第 1419 页

秧医

秧医 生田中，大如指，黑壳，背有短针。插秧者久劳，血縋于手，致臂肿。觅取，以其针针之即愈。仍放之去。

道光《遵义府志》（校注本）卷十七《物产》第 529 页

偷油婆

偷油婆 生厨灶间，身翼皆赤黑，速走，群燕游食阁内，浑身脂濡濡。驱去，旋视之，又唇入膏缸矣。然毒虫避之。

道光《遵义府志》（校注本）卷十七《物产》第 529 页

偷油婆 制毒虫。偷油婆生橱柜间，似臭虫而大，身翼黑赤色，甚光泽，尝偷食油，故名。毒虫避之。

光绪《黎平府志》（点校本）卷三《食货志第三》第 1419 页

舂碓婆

舂碓婆 大如小豆，八足且长，有跪，常聚门壁隐处。小儿断其足，辄擎不已，如舂然，因名。

道光《遵义府志》（校注本）卷十七《物产》第 529 页

舂碓婆 似蝗。舂碓婆，似蝗而细长，小儿掬其后，两足则擎不已，如舂碓然，故名。常聚门壁隐处。

光绪《黎平府志》（点校本）卷三《食货志第三》第 1419 页

蜗牛

蜗牛 陵螺也。蜗牛,《本草》陶注:"生山中及人家,头似蛞蝓,但背负壳尔。"《古今注》:"蜗牛,陵螺也,壳如小螺,热则自悬叶下,野人结圆舍如蜗牛之壳,故曰蜗舍,蜗壳宛转有文章。"

光绪《黎平府志》(点校本) 卷三《食货志第三》第 1419 页

蜗牛 ……李时珍曰:"蜗身有涎,能制蜈蠍。夏热则自悬叶下,往往升高,涎枯自死。"今之考动物者,则以蜗牛为一种,蚹蠃为一种,蛞蝓为一种。更有"蜗蠃""蠡牛""苔守""蛹螺""长蜗牛""花蜗牛""沙蜗牛""毛蜗牛""薄壳蜗牛"之九种。而析其形色,可谓入微,前人真有不逮者。县之所产蜗牛,实多其所谓长蜗牛者,亦每见之。《本草》既列之中品药,故俚医亦常取以疗治诸毒。

民国《息烽县志》卷之二十一《动物部·昆虫类》第 177—178 页

鱼虱

鱼虱 生鱼翅下或腹中,绝腥,治翻胃有神验。鱼生此,即病,不能长。

道光《遵义府志》(校注本) 卷十七《物产》第 529 页

地虱

地虱 蟠也。《尔雅》蟠鼠负注:"瓮底下白粉虫也,俗呼地虱子。"黔省湿地即生。黎平地气湿,随在多有。

光绪《黎平府志》(点校本) 卷三《食货志第三》第 1419 页

蚰蜒

蟪衡 蚰蜒也。《尔雅》蟪衡入耳注:"蚰蜒也。"关东谓蟪衡,以其状类蚯蚓,恒飞入人耳,又名人耳虫,人烟聚处多有。

光绪《黎平府志》(点校本) 卷三《食货志第三》第 1419 页

蚰蜒 今之考动物者,以为体圆长微扁,略似蜈蚣,能蜷曲,色灰白兼黄黑,全体分数环节,各节支出淡黄色细长之脚一对,计十五对,口器有毒钩,喜咬,触角长,尾端秃无分歧,脚细能司触觉,行动迅速,触之

脚易脱离。栖木石下之阴湿地，昼伏夜出，徘徊壁间屋角，觅食他种动物。有时其脚互相摩擦能发一种声音。体长一二寸，大者约四五寸。按：昔之说蚰蜒者，陈藏器、邢昺皆以为体圆而细长，其色正黄，其足无数。此实非蚰蜒，而即今之考动物者所谓土蚣，乃蜈蚣之别种，亦为所在皆有之虫，腐草污泥中蠕蠕自得者也。昔说蚰蜒，惟李时珍为得其确。今县及他县之人，通习亦以多脚虫呼之。入耳之说，盖亦不常闻矣。

民国《息烽县志》卷之二十一《动物部·昆虫类》第177页

蜈蚣

蜈蚣 生阴湿地，春出冬蛰。体细长，背光，黑绿色头，足赤腹黄，节节有足，收须歧尾，啮人有毒。

民国《都匀县志稿》卷六《地理志·农桑物产》第289页

蛇

蛇 毒虫也，形长首小，尾尖，无足，如黄鳝身，花纹分青、绿、赤、白、黑数种，有长丈余者，冬蛰春出，僻静地多有之均有毒性，畏雄黄，惟水蛇毒杀。(《尔雅翼》："蛇草居，常饥，每得食稍饱，辄复蜕壳。冬则含土入蛰，及春出蛰则吐之。")

民国《八寨县志稿》卷十八《物产》第351—352页

棒蛇 产山中，长二尺，形如竹棒，两头如一，不辨首尾，行则一头触地，一头翻起，互翻互触而行最速，人每以衣襟接之，制成药，可治麻风及痈疽等。

民国《八寨县志稿》卷十八《物产》第352页

乌蛇 一名乌稍蛇，一名黑花蛇……寇宗奭曰："乌蛇。脊高，世称剑脊乌稍。尾细长，能穿小铜钱一百文者佳。有身长丈余者。其性畏鼠狼，蛇类中惟此入药最多。"李时珍曰："乌蛇有二种：一种剑脊，细尾者为上；一种长大，无剑脊，而尾稍粗者，名风稍蛇，亦可治风，而力不及。"今之谈动物者，乃有乌条蛇、熵尾蛇、黑蛇、黑脊蛇、标蛇之五种，要皆旧称乌蛇之类。县之原野间，亦恒见之。人多捕得以为药。

民国《息烽县志》卷之二十一《动物部·鳞介类》第162页

飞虎

飞虎 形似蝙蝠，鼓翼如轮，毛红褐色，皮柔而细密。口有齿，能啮坚物。产于安逸里及花江滨岩穴中，亦特产物也。

民国《兴仁县补志》卷十四《食货志·物产》第460页

蛓

蛓 俗名杨瘌子。

民国《兴仁县补志》卷十四《食货志·物产》第460页

鼠妇

鼠妇 《尔雅》："负蟠、鼠负。"郭《注》："瓮器底虫。"《诗·豳风》："伊威在室。"陆机《疏》："伊威，一名委黍，一名鼠妇。在壁根下、瓮底、土中生，似白鱼者是也。"陶弘景曰："鼠妇，《尔雅》作'鼠负'，言鼠多在坎中背粘负之。"韩保升曰："多在瓮器及土坎中，常惹着鼠背，故名。亦谓之鼠粘，犹枭名羊负来也。"寇宗奭曰："湿生虫，多足，大者长三四分。其色如蚓，背有横纹蹙起。"李时珍曰："形似衣鱼，稍大，灰色。一名湿生虫，一名地鸡，一名地虱。古方治惊虐、血病多用之。"按。今县人亦皆识此虫，皆呼地虱子。俚医每取以治小儿口内生疮，间亦有效。

民国《息烽县志》卷之二十一《动物部·昆虫类》第174页

第三章 禽类动物

羽之属 乌、鸠、莺、喜鹊、山鹊、布谷、啄木、画眉、燕、鸿、凫、鹁鸪、雀、白鹇、竹鸡、鹧鸪、鸥、鹤、雉、杜鹃、黄鹂、鹭鸶、鸲鹆、蜡嘴、鹌鹑、鸬鹚、白头翁、黑头翁、青菜子。

嘉靖《贵州通志》卷之三《土产》第 274 页

禽属 禽有鸳、鹭、鹑、鸽、翡翠、鹧鸪、鸲、鹆、鹊、鸽、竹鸡、水鸭，至文雉俗呼野鸡，鸣鸠俗呼啼班，而鸦鸣兆兇，鹊鸣兆喜，则称说皆然矣。

乾隆《南笼府志》卷二《地理·土产》第 537 页

禽类 铁连解、乌春、四喜、锦鸡、罗裙带、青岗鸡、黄蜡嘴。

乾隆《镇远府志》卷十六《物产》第 118 页

鸟属 鸡、鹅、鸭、斗鸡、锦鸡、鸽、雉、鹭、布谷、乌、雀、鹊、四喜、鸠、鹑、鸥、鹧、隼、凫、黄蜡嘴、雁、鸳鸯、鹧鸪（藏丛薄中，似鸡而小，啼声凄切）、山鸡、秧鸡、竹鸡、鹧鹅（一名绿胆，又名黄胆）、蝙蝠、燕、杜鹃（一名子规，春深始鸣）、画眉、山和尚、白头翁、青雀、鹰鹳、翡翠、白鹇（俗名"山查"）、鸲鹆（俗名"八哥"）、黄豆崽、野、鸭啄木、百舌、白鹤。

咸丰《安顺府志》卷之十七《地理志·通产 专产》第 217 页

第一节 家禽之属

家禽类 鸡、鹅、鸭。

民国《三合县志》卷四十三《物产略》第 525 页

家禽 有鸡、鸭、鹅、鸽。按：鸡鸭家家养之，还年贩运。鸡及卵销售于广两、苗冲、白色等处者甚多。鸭常产卵青渌水、醴下河各近水处，多有放养。鸭为生者，其卵亦连销于境外。鸽最易繁殖，然食者甚鲜。

民国《普安县志》卷之十《方物》第500页

鸡

鸡 有乌骨、绒毛、倒毛各种，大小如雉，丰毛无氄，啄短而尖。雄者顶上肉冠高起，有刻缺，颔两旁皆有圆内瓣，与冠俱深红色，两耳亦红，又有绿耳者。颈以下毛皆长而黄，皆杂以黑毛，或黑翅黑色，又有兼数色或纯白者。阉鸡冠骤缩如无冠。雌者冠小尾短毛色不鲜，亦有赤暗、黧色、纯黄、纯黑、纯白之殊。又有丛冠、风头、乌骨之异，别有矮脚鸡，脚仅寸许。雄鸡五更长鸣，雌则否。

道光《贵阳府志》（点校本）卷四十七《食货略·土贡 土物》第928页

鸡 今按：家畜之至易无如此物。雄者较大，而雌不及雄者，具朱色之肉，冠甚高；雌则微露而已。雄者尾长而羽毛丰美，雌者亦大逊之。雄者鸣声长而应更，雌者又不然。阉鸡冠乃如雕，且亦不鸣，气不全也。斗鸡体健而足高，与诸鸡异。世有人居之地，无不即有此畜。其饲养也，谷蔬咸宜。而其啄食诸虫至为便利。古来谈五行、讲厌胜者多用鸡血，国内至今不易此习。小有殃咎及疾病之家，必取雄鸡血衅禳之；即喜庆之事，亦无不以雄鸡血祓除之。且县人之畜鸡者，固无异于他境；而阉鸡之多且大，他县或不如之。以故会城之小贸者，每一集期，则担贩盈途，斯亦养鸡之微息也。

民国《息烽县志》卷之二十一《动物部·禽畜类》第153—154页

鹅

鹅 有灰、苍、白三种，颔下或垂胡。雄者头顶肿起如瘤，深黄色，瘤之尖黑色，其鸣自呼而上，雌者顶微起矮瘤，鸣声亦平，并峨首竦顶，其形似傲雄者，见生人则啄之，性与犬同。

道光《贵阳府志》（点校本）卷四十七《食货略·土贡 土物》第928页

鹅 礼曰舒雁似雁，而舒迟也。

光绪《增修仁怀厅志》卷之八《土产》第304页

鹅 似雁而大，有苍、白二色。及大而胡重者，并绿眼、黄喙、红掌。身肥而尾足皆短，善斗，叶鸣应更。以其飞行迟，故名舒雁。

民国《麻江县志》卷十二《农利·物产下》第432—433页

鸭

匀鸭 肥美，肉离骨。

乾隆《贵州通志》卷之十五《食货志·物产·都匀府》第286页

鸭 一种洋鸭，身较大，有冠。一名鹜。雄者绿头、文翅，雌者黄斑色，又有纯黑、纯白者，有白而乌骨者。皆平头扁啄，啄长一二寸，长项短足，雄喑而雌鸣，别有顶毛，红赤如银朱染成者。凡鸭至重阳后乃肥脂，味美。

道光《贵阳府志》（点校本）卷四十七《食货略·土贡 土物》第928—929页

水鸭 即凫，栖水畔，能喙水，又名水葫芦，一名野鸭。状如鸭，喙亦扁阔而短，杂青白色，卑脚，指间亦有相连皮。其类不一，其雄者绿头光泽，项毛紫褐色，尾旋色绿，有三四毛曲而向上。雌者通身斑纹，头无绿色尾旋卷色，趾掌皆红赤，肥而味美，稍小而轻者，雄雌一色，头项不绿，趾掌皆青，俗有青鸭，又有对鸭、三鸭、六鸭之称。三鸭、六鸭性味皆劣，最小者曰八鸭，肥脆味美，八鸭最多，数百为群，展夜蔽天而飞，声如风雨。

道光《贵阳府志》（点校本）卷四十七《食货略·土贡 土物》第930页

凫 俗名水鸭。

道光《平远州志》卷十八《物产》第457页

凫 旧志云："禽有水鸭。"按：凫泉郡皆产，府亲辖之绿海尤多，俗呼为野鸭子，即《尔雅》之"鹛"、《诗·疏》之"野鹜"。《尸子》云："野鸭为凫，则俗呼亦有本。"

咸丰《兴义府志》（点校本）卷四十三《物产志·土产》第671页

鸭 《埤雅》："鹜。"一名鸭，盖自呼其名鸭也。

光绪《增修仁怀厅志》卷之八《土产》第304页

洋鸭、有冠 出西洋。鸭，《尔雅注》："凫也。"野曰凫，家曰鸭。《禽经》："鸭鸣呷呷。"其鸣自呼凫，能高飞，而鸭舒缓不能飞，故曰"野凫"。又有洋鸭、匀鸭二种，皆有冠而能飞。洋鸭来自外洋，苗人交易所得也。

光绪《黎平府志》（点校本）卷三《食货志第三》第1408页

水鸭 凫也。凫，水鸟也。俗名水鸭。《尔雅疏》："野曰凫，家曰鸭。"郭注："凫似鸭而小，背纹青色，卑脚、红掌、短喙、长尾。"

光绪《黎平府志》（点校本）卷三《食货志第三》第1406页

凫 《尔雅》舒凫鹜，郭注："凫似鸭而小，背文青色，卑脚红掌，短喙长尾。"

光绪《增修仁怀厅志》卷之八《土产》第304页

鸭 按：今之谈动物者，固以鸭鹜为非两类，而其种之攸分，亦至繁伙。国内国外，无不饲畜，居近水涯，尤得其宜。贵州辖内之人民，有专业此以为生者，秋熟之候伏雏，先出数万千，或三五人驱而牧之，逐已获之水田中，而吸其余稻及小鱼虾之类。不费饲养之资，而万千只肥鸭得以随地而售。日拾鸭卵无虑千百，数人之食用，即由兹而出。昼居田中，夜宿田畔，虽越数县境，历程数百里，亦所不计。所经之田主及田户，从不过向。制篾卷棚，如半月形，平其底，铺荐席，可宿两人，携行颇便，不惧风雨，谓之看鸭棚。鸭当宿时，以绳作一大团圈，傍看鸭棚，卫以猎犬，防豺狼及小窃之攫鸭也。冬仲之时，则皆杀而售之，汇取其毛，亦可获利。毛之极细，毳者谓之鸭绒，更选取之作卧褥，温软异常。每一斤当得值百倍，是畜鸭之益，当可拟之西北人民之牧羊。县之，固每有业是者。

民国《息烽县志》卷之二十一《动物部·禽畜类》第150—151页

鸭 类鹅而小，嘴扁平，足短，翼小，趾有连蹼，能浮水，古谓之鹜。

民国《麻江县志》卷十二《农利·物产下》第433页

鸽

鸽 毛色不一，大者为秦鸽，次蜀鸽，次澳鸽，俗名鸽子，北人呼为

鹁鸽。状若鸠而驯，人家畜之成群，每月有子，有青、白、皂、绿、鹊斑、灰、赤酱色各种。其声促数，亦有野鸽。

道光《贵阳府志》（点校本）卷四十七《食货略·土贡 土物》第929页

鸽 毛色不一。

道光《思南府续志》卷之三《土产》第122页

鸽 按："鸽全郡皆产，郡人不食。"

咸丰《兴义府志》（点校本）卷四十三《物产志·土产》第672页

鹁鸽 类鸠。鸽，鸠属。今人常畜之，有黑、白、紫、杂色四色。头有毛，高起成球或单或双。陆佃曰："鸽，性喜合，凡鸟雄乘雌，惟鸽雌乘雄，逐月有子，又名鹁鸽。"

光绪《黎平府志》（点校本）卷三《食货志第三》第1407页

鸽 鸠属，一名飞奴，人家畜之。状与祝鸠同。凡鸟雄乘雌，此独雌乘雄。

民国《独山县志》卷十二《物产》第348页

鸽 鸠类，有野鸽、家鸽。野鸽全体黑暗，惟背之中央为灰白色，颈及胸有紫绿色之光泽。群栖林中，出食田禾，为农家害鸟。家鸽即其变种，形态、羽色种别甚多，飞翔颇捷，记忆力强，任自远放能自归，故军中用传书。俗称鹁鸽，卵能避蝇。

民国《麻江县志》卷十二《农利·物产下》第433页

第二节　野生禽之属

野类 鹊、鹰、猫头鹰、鸦、燕、寿带马、啄木鸟、乌春、画眉、黄莺、雉、杜鹃、翠崔、金鸡、竹鸡、白头鸟、啄木鸟、鸭野、鸩鹑、偷仓鸟、鹭鸶、瓦雀、鹳、八哥、翩翩。

民国《三合县志》卷四十三《物产略》第525页

鸢

鸢 鸷鸟也。《尔雅疏》："鸢鸥，鸟之类，其飞也，布翅翱翔。"黎平多有，喜岩栖，苗寨尤常见，不知者误以为鹰也。

光绪《黎平府志》（点校本）卷三《食货志第三》第1405页

雉

雉 俗名野鸡。

道光《贵阳府志》（点校本）卷四十七《食货略·土贡 土物》第 929 页

雉 旧志云："文雉，俗名野鸡。"按：雉全郡皆产，即《虞书》之"华虫"，《曲礼》之"疏趾。"汉吕后名雉，改名为"野鸡"，此俗呼所本。

咸丰《兴义府志》（点校本）卷四十三《物产志·土产》第 671 页

野鸡 野雉也。黎郡所产色备五彩，绿顶红腹，性最勇健善斗，其尾花长二三尺，不入丛林，恐伤其羽也。雌者，文采略暗，或蛇与之交，精气入地，历久渐深，是为蛟胎，潜伏多年，遇烈风雷雨，裂山而出，直趋大泽，居人遂遭水患。善视者每于雪霰，不容之处深掘之，得卵弃之河中，可免异日水灾。

光绪《黎平府志》（点校本）卷三《食货志第三》第 1405 页

雉 俗名野鸡（以其有文采又称文雉，一称山雉即《书》之华虫，《礼》之疏趾，《尔雅》之鷩是也。汉吕后名雉改称野鸡，为俗呼所本，故玉篇已云）。色五采，性勇健，好斗，尾长二三尺，又花纹不入丛林，恐伤其羽也。雌者文采略暗，别种曰箐鸡。体大而尾修。凡雉雄者性残，雌雉孵卵，非避匿他所，则食其鸡，闻振羽则起而逐，猎者常畜多雉，时其离伏铳以乱而取之，如探囊也。

民国《都匀县志稿》卷六《地理志·农桑物产》第 279 页

竹鸡

竹鸡 出黄平。

乾隆《贵州通志》卷之十五《食货志·物产·平越府》第 286 页

竹鸡 李玉峒《竹鸡赋》："茫茫大块，熏陶品物，负翼以飞，不知几族。惟竹鸡超然，尘浊名寄乎。鸡形赋于竹，朱公所化，非其种育，耳质虽微，耳德最朴。既含英于空翠，亦隐秀于畦谷，挹清风而振声，拂高而卜宿坡，素质以悠扬承翠，气之葱郁，或观青辉，而茹含餐粉箨之。蔓箓寄志，在幽篁陶情，惟其澳方，笑世秽之纷攘。自饶野与之芳馥，我与世

虽无荣，世与我有何辱。守吾之贞，嗟彼之碌众，疑萃于孤高，我不意其杰出，乃有嘲者谓余不淑，曷不振翮以摩霄，曷不丽天以展鹓，曷不五采成文，瑞衍黄屋，曷不一鸣惊人，势拟鸳鸯，胡为乎。含垢藏耻，甘心沉伏，胡为乎。畏首惧尾，敛形退缩，不知天地，号无穷宇宙难方幅。物各有其主，情各有其欲。竹无我不奇，我无竹大俗，彼今之。饱高扬烹，童子者，何莫非其，不知足，探深窠欐王孙者，何莫非其，大荼毒，故与其啼彻。五更寒，何如依傍数竿竹，与其入人世而有求，何如历坚贞而不辱，恃大节为防，维借虚衰为卑牧，惴惴小心，勿临于谷，战战兢兢，勿集于木，且闻之。哓哓者易缺，皎皎者易污，眇兹微躯，敢为欹歔。叹柳莺之难再，伤化蝶之易孤，惟彼七贤人，庶几同符若，此六逸士，或者不殊弄月影摇，金锁碎迎风声戛玉箫疎，君子仪之，养贞守株节类乎。彼美之操行同乎，沧海遗珠。"

乾隆《平远州志》卷十四《物产》第719页

竹鸡 《明统一志》云："安南卫产竹鸡。"《通志》云："竹鸡出安南。"旧志云："禽有竹鸡。"按：竹鸡产安南县，其鸣曰："泥滑滑。"居竹林，状如小鸡，无尾，毛似鹧鸪，褐色多斑，见其俦必斗，捕者以媒诱斗因而往之。古谚云："家有竹鸡啼，白蚁化为泥"，盖好食蚁，养之辟壁虱。

咸丰《兴义府志》（点校本）卷四十三《物产志·土产》第671页

泥滑滑 竹鸡也。竹鸡，俗名泥滑滑，形比鹧鸪，小而无尾，毛羽褐色多斑，一鸣即十数声，见其俦类必斗，捕者每以媒诱其斗而网之、畜之，家中可免壁虱白蚁之患。雏畜者易熟，可任其行走。

光绪《黎平府志》（点校本）卷三《食货志第三》第1405页

竹鸡 尾突，褐色，羽不能高飞沉。多鸣鸣，必十数声，性好斗，捕者设埘，置套以其俦诱门而系之，若不设埘套，被逐急则以头投草叶间，自谓藏也。俗谓做事不顾后者，类此畜之。可免壁虱白蚁之患。

民国《八寨县志稿》卷十八《物产》第343页

泥滑清 俗讹鹙戛戛。形类党著，即竹鸡也。

民国《普安县志》卷之十《方物》第501页

秧鸡

秧鸡 按：秧鸡产安南县。大如小鸡，白颊、长嘴、短尾、背有白斑，多居山田泽畔，夏至后夜鸣达旦。《食物本草》云："秧鸡肉甘温、治蚁瘘。"

咸丰《兴义府志》（点校本）卷四十三《物产志·土产》第 672 页

秧鸡 夜鸣达旦。秧鸡，生田中，颊长嘴短，尾背有白斑，夏至后夜鸣达旦，秋后即止。

光绪《黎平府志》（点校本）卷三《食货志第三》第 1405—1406 页

秧雉 结巢树上，身小行速。《本草纲目》："秧雉大如雉而长脚。"

光绪《增修仁怀厅志》卷之八《土产》第 304 页

秧鸡 大如小鸡，白颊长嘴，背有白斑，多居山田泽畔。至夏后，夜鸣达旦，肉甘温，入药。（遇捕，迅飞不远，往往伏身草际，俯不复顾视，谚云："秧鸡护头不护尾。"）

民国《都匀县志稿》卷六《地理志·农桑物产》第 279 页

秧鸡 李时珍曰："大如小鸡，白颊，长嘴，短尾，背有白斑，多居田泽畔。夏至后，夜鸣达旦，秋后即止。"今按：此物与竹鸡常为人捕食之。

民国《息烽县志》卷之二十一《动物部·禽畜类》第 145 页

秧鸡 颊白，嘴长，背有白斑，形如小鸡，多居田泽间，夏至后，鸣彻夜。肉甘温，可入药。

民国《八寨县志稿》卷十八《物产》第 343 页

箐鸡

箐鸡 按：箐鸡产安南县，载籍所不载，邑人以其常在箐中，因名。

咸丰《兴义府志》（点校本）卷四十三《物产志·土产》第 672 页

箐鸡 《逸周书·王会》解云："蜀人以文翰若皋雉。"孔晁注云："鸟有文采者皋雉，似凫，冀州谓之泽特。"临海《异物志》云："杉鸡常在杉树下，头上有长黄毛如冠，头及颈正青，如垂绥。"今水西出箐鸡，高尺许，或畜之，见人辄避去，终不驯扰，而长羽白羽，羽之周遭黑绿

之，故如淡墨所画。是箐鸡即杉鸡，即文翰之类也。

道光《大定府志》卷之四十二《食货略第四下·经政志四》第 626 页

箐鸡 出苗洞。《池北偶谈》："箐鸡，产水西，长尾白羽，羽之周遭黑纹缘之如淡墨所画，或畜之，见人辄避去，终不驯扰。"苗洞高僻处皆有伏卵，声如人啼。

光绪《黎平府志》（点校本）卷三《食货志第三》第 1405 页

箐鸡 长尾白羽，羽之周遭黑纹，缘之如淡墨所画。或蓄之，见人辄避去，终不驯扰。

民国《八寨县志稿》卷十八《物产》第 343 页

捉山鸡

捉山鸡 尾长二三尺，羽略似凰，色斑斓可爱。商人多运销于外洋作装饰品。

民国《普安县志》卷之十《方物》第 501 页

练雀

拖白练 即练雀。练雀，《正字通》："尾有白羽如练，带双垂，俗名拖白练。"喜山栖，城市鲜见，鸣则致雨。

光绪《黎平府志》（点校本）卷三《食货志第三》第 1406 页

鸠

鸠 能咒雨，一种颈羽白质黑点，名珍珠斑；一名祝鸡，俗名鹁鸠，大如鸽而林栖，其毛灰赤色而有文，项下斑如珍珠编排，句整声大善鸣，性悫孝而拙于为巢，架木为槔，宿其中。

道光《贵阳府志》（点校本）卷四十七《食货略·土贡 土物》第 929 页

斑鸠 形似鸽。鸠，俗名斑鸠，形似鸽，青黑色或紫黑色。《禽经》："拙者莫如鸠，不能为巢。"《诗》所谓"鹊巢鸠居"是也。

光绪《黎平府志》（点校本）卷三《食货志第三》第 1406 页

鸣鸠 俗呼斑鸠，羽青黑色或紫黑色，形似鸽，性拙不能巢。（《诗经》："维鹊有巢，维鸠居之。"）孵卵丛枝间，善鸣，晴雨异声，农人以占晴雨，颇验。(《田家杂占》："鸦浴风，鹊浴雨，八哥儿洗浴断风雨，鸠鸣有还声者，谓之呼妇，主晴；无还声者，谓之逐妇，主雨。")

民国《都匀县志稿》卷六《地理志·农桑物产》第280—281页

鹃鸠

鹃鸠 似鸠而大，项无珠斑，其声粗厉，俗呼为火鹁鸪。

道光《贵阳府志》(点校本)卷四十七《食货略·土贡 土物》第929页

布谷

布谷 即催耕鸟，即鸣鸠，俗名郭公鸟。大如鸠而色苍带黄，似鹞长尾。雌雄飞空，一善鸣，一如啸鸥之声相随，盖本由鸥鹰转化也。其鸣声大而清越。谷雨后始鸣，大暑后乃止。《月令》："二月鹰化为鸠，犹不能飞鸣也，至三月末乃拂其羽。"《诗》"宛彼鸣鸠，翰飞戾天"与"鸠彼飞隼，其飞戾天"同词，即鹰化之鸠。布谷多主年丰。

道光《贵阳府志》(点校本)卷四十七《食货略·土贡 土物》第929页

护花鸟 名早早布谷。护花鸟，《益部方物略记》："至春则鸣，其音若云'无偷花果'，俗呼为'快耨包谷'，或呼'早早布谷'。"各以音揣之而名耳。

光绪《黎平府志》(点校本)卷三《食货志第三》第1407页

布谷 俗讹称拘务，以农忙时此鸟鸣催佣助耕也。

民国《普安县志》卷之十《方物》第503页

布谷 一名催工鸟。

民国《兴仁县补志》卷十四《食货志·物产》第459页

发科鸟

发科鸟 其鸣后于布谷，布谷俗名郭公鸟，谷雨后即鸣，如云郭公、郭婆，其声清而长。发科鸟立夏后乃鸣，如云发科，其声苍而短，只有两字。郭公鸟飞而鸣，发科鸟止于树间鸣。

道光《贵阳府志》(点校本)卷四十七《食货略·土贡 土物》第929页

鹰

鹰 性骜能攫诸鸟，浑身经络少肉，大如鸡鹜，嘴曲似钩，深目侧视，毛色苍而斑纹似撷，人多畜之，使攫鸟兽，声如吟啸，张翼转空中，周匝成圆，与他鸟异。

道光《贵阳府志》（点校本）卷四十七《食货略·土贡 土物》第929页

鸷鸟 鹰也。鹰，鸷鸟也。李时珍曰："鹰以膺击，故谓之鹰。"《裴氏新书》："鹰在众鸟间，若睡寐然，故积怒而后全刚生焉。"《正字通》："鹰，雄形小，雌体大，生于窟者，好眠；巢于木者，常立。"今人蓄养至秋间，凡鸠、鹑、雉、兔类，皆攫之。

光绪《黎平府志》（点校本）卷三《食货志第三》第1405页

鹰 鸷鸟，喙坚巨为钩，底面光泽能裂食生物。复眼善瞩，两翼张度至二三尺。背暗褐色，腹白有黄褐色横纹。足四趾皆有利爪，向外之二趾与前二趾，背面向对，故能攫物，猎者多蓄之。

民国《麻江县志》卷十二《农利·物产下》第430页

鹰 鸷鸟，善捕捉，以其喙坚如钩，爪如刃，复眼善瞩。背暗褐色，腹白横纹，能制所欲食之生物，猎者多畜之。

民国《八寨县志稿》卷十八《物产》第345页

鹞

鹞 能捕鸟，似鹰而小，其雏化为布谷，则形与性俱变，而不伤物。八月乃化为鹞，来岁不复化鸠矣。

道光《贵阳府志》（点校本）卷四十七《食货略·土贡 土物》第929页

布谷鹞 鹞也。鹞，鸷鸟也。《列子·天瑞篇》："鹞，为鹯，鹯为布谷，久复为鹞，此物变也。"今人蓄养至秋间，凡鹑雀之类皆攫之。

光绪《黎平府志》（点校本）卷三《食货志第三》第1405页

铁翎甲

铁领甲 小鸟，迅疾轻利，能逐唐隼。乌，纯黑反哺，一名慈乌，一名孝乌，一名寒鸦。似鸦而小，色纯黑，小嘴多声，天将寒冷则群飞而噪,其初生时,母哺六十日,长则反哺六十日。

道光《贵阳府志》(点校本)卷四十七《食货略·土贡 土物》第929页

铁棱甲 俗名阿郎,羽毛纯黑,嘴巨如铁,短小精悍,鹰鹘所畏也。《觉轩杂著》:"大如画眉,尾歧如鱼,尝见鹰下获鸡雏。"此鸟疾去如风扑,鹰毛散落,雏坠地复生。

光绪《黎平府志》(点校本)卷三《食货志第三》第1407页

鸦

鸦 似鸟差小,项下白,一名乌鸦,一名老鸦,似鸟而项白者名曰白颈老鸦,其声低,人以为不祥,但老鸦在屋上突然大叫与作怪声者,皆主不利。

道光《贵阳府志》(点校本)卷四十七《食货略·土贡 土物》第929页

青鹊

青鹊 俗名似喜,状如喜鹊而小,其尾稍短,青灰色而有斑,在树飞翔不远,声似喜鹊而清轻。

道光《贵阳府志》(点校本)卷四十七《食货略·土贡 土物》第929页

姑恶

姑恶 一名伯劳,即苦鸟,黑色,四月鸣,其声曰苦苦,又如云姑恶姑恶,日夜不辍,多在田泽畔丛树上。

道光《贵阳府志》(点校本)卷四十七《食货略·土贡 土物》第929页

姑恶 俗讹称拘务,鸣声高而浊,鸣鸠阳焉。自鸣声俗于阳雀坟。

民国《普安县志》卷之十《方物》第501页

百舌

百舌 能学百鸟鸣。

道光《贵阳府志》(点校本)卷四十七《食货略·土贡 土物》第929页

百舌 鸣禽伯劳之一种。一名反舌似伯劳而小,全体黑色,喙甚尖,色黄黑相杂,鸣声圆滑。人或畜之,至冬则死。伯劳一名鵙,大于雀,背

灰褐色，胸腹茶色，尾及翼黑褐色，雄有白点，嘴短而强，上嘴曲钩，端尖，侧缘有齿状缺刻。性猛，捕昆虫小鸟为食，好以物贯于棘枝上而徐食之。《益都方物记》："毛翠碧，故又以翠碧名，善效他禽语。凡数十种，非东方所谓反舌。无声者性好斗，赞曰：'绿衣绀尾，一啼百转，可樊而畜，为世嘉玩。'"

民国《麻江县志》卷十二《农利·物产下》第434—435页

百舌鸟 一云翠碧鸟，善效他群，凡数十种，非东方所谓反舌无声者，亦矜，斗至死不解。然捕者告罕，故惜之，不使极其击云，赞曰："绿衣绀尾，一啼百转，可樊而畜，为世嘉玩。"

民国《八寨县志稿》卷十八《物产》第344页

画眉

画眉 善鸣，一种大眼鸟与画眉相类，而身较大，状类百舌，毛色苍黄，两颊有白毛如眉，雄者善鸣，其声悠然宛转。

道光《贵阳府志》（点校本）卷四十七《食货略·土贡 土物》第929页

画眉 喜斗。画眉，通身青黄色，眉细而长，善鸣，声音清亮，见其俦类则斗。今人尝以媒诱其斗而攫之。

光绪《黎平府志》（点校本）卷三《食货志第三》第1406页

画眉鸟 画眉黄黑色，其眉白色如画，巧于作声，如百舌。

光绪《增修仁怀厅志》卷之八《土产》第304页

画眉 上下眼包如粉画，故名。毛老黄色，性好斗，能效群鸟鸣，村人喜蓄之。

民国《八寨县志稿》卷十八《物产》第343页

画眉 有京、土种。

民国《咸宁县志》卷十《物产志》第601页

黄莺

黄莺 仓庚，色纯黄，其声溜亮。

道光《贵阳府志》（点校本）卷四十七《食货略·土贡 土物》第929页

仓庚 黄鹂也。黄鹂，仓庚也。一名黄莺。郭璞云："其色鵹黑而黄，因名之。"尝以桑椹熟时来,亦应节趋时之鸟也。

光绪《黎平府志》(点校本)卷三《食货志第三》第1406页

山和尚

山和尚 大如鹊而尾短,头略圆大,灰赤色,翅尾皆黑,略间以白,上截皆翠碧斑斓,嘴亦黑色,口两旁白色,人以笼畜之,声如山鹊,能为众鸟鸣,又能学猫叫与敲铜锣之音,亦能效人言语。又有鸟大如鹊,其尾亦长,青灰色,翅尾皆黑白相间,似山和尚而略瘦未识其名。

道光《贵阳府志》(点校本)卷四十七《食货略·土贡 土物》第929页

山鹊

山鹊 《尔雅》:"鹝,山鹊。"郭《注》:"似鹊而有文采,长尾,嘴脚赤。"《说文》"鹝,䳾鹝,山鹊,知来事鸟也。"《本草》:"一名赤嘴鸟,一名山鹂。"李时珍曰:"处处山林有之。状如鹊而乌色,有文采,赤嘴,赤足,尾长,不能远飞,亦能食鸡雀。"今按:此鸟多岩栖,县人每捕得之。

民国《息烽县志》卷之二十一《动物部·禽畜类》第146—147页

鹡鸰

鹡鸰 尖尾长喙,飞鸣不相离。

道光《贵阳府志》(点校本)卷四十七《食货略·土贡 土物》第929页

鹡鸰 按:鹡鸰产全境江滨。《诗·常棣》谓之"脊令",《尔雅》谓之"䳭鸰。"《诗·疏》云:"大如鷃,腹下白,颈下黑如连钱,水鸟也。"

咸丰《兴义府志》(点校本)卷四十三《物产志·土产》第672页

雝渠 鹡鸰也。鹡鸰,一名雝渠。《尔雅疏》:"鹡鸰,大如鹦雀,颈下黑如连钱。"此鸟飞走无常,所栖不久,头尾时抑时扬。如有忧患之状,诗人以比兄弟急难良然。

光绪《黎平府志》(点校本)卷三《食货志第三》第1406页

鹡鸰 即《诗》脊令。形似燕,飞时作波状,行则摇动其尾,栖息水边,食害虫,故谓益鸟。种类甚多,背黑者为脊令,有颊下白者,有自胸

至尾鲜黄者。

民国《麻江县志》卷十二《农利·物产下》第 432 页

内蛇

内蛇 为俗称蛇鹊（略称鸟统曰鹊），头略似蛇，色杂黑白，斑纹尾长尺许，翠黑，形如小雀。色绿有光，每高飞数丈，急冲直下，以掠水如鹰捉兔者。然旋即收翼，横飞转身而前，极迅捷。如流矢、如奔电。

民国《普安县志》卷之十《方物》第 501 页

鹧鸪

鹧鸪 藏丛薄中，似鸡而小，啼声悲切。

乾隆《贵州通志》卷之十五　《食货志·物产·贵阳府》第 285 页

鹧鸪 善啼，其声长者如云"行不得哥哥"，其声短者如云"钩辀格磔"。

道光《贵阳府志》（点校本）卷四十七《食货略·土贡 土物》第 929 页

鹧鸪 旧志云："有翡翠鹧鸪。"《安南县志》云："物产鹧鸪。"按：鹧鸪全郡皆产，翡翠今不常有。

咸丰《兴义府志》（点校本）卷四十三《物产志·土产》第 672 页

钩辀 鹧鸪也。鹧鸪，《禽经》："随阳鸟也，类斑鸠。"崔豹《古今注》："鹧鸪，出南方，向日而飞，畏霜露，早晚希出，其鸣自呼曰'钩辀'。"

光绪《黎平府志》（点校本）卷三《食货志第三》第 1407 页

鹧鸪 《禽经》："隋阳越雉也，飞必南翥。"

光绪《增修仁怀厅志》卷之八《土产》第 304 页

鹧鸪 似鹑稍大，背灰仓色，有紫、赤色斑点，腹灰色，胸前有白圆点，如珍珠。鸣声如曰"行不得也哥哥"。

民国《都匀县志稿》卷六《地理志·农桑物产》第 279 页

鹧鸪 一名越雉。苏颂曰："江西、闽、广、蜀夔州郡，皆有之。形似母鸡，头如鹑臆。前有白圆点如珍珠。背毛有紫赤浪文。"李时珍曰："此鸟性畏霜露，早晚稀出，夜栖以木叶蔽身，多对啼。"今人谓其鸣曰：

"行不得也哥哥。"今按：县境虽有是物，但不及会城东指之沅水经流诸县。凡夏秋山行者，无不闻斯鸟之啼声也。

民国《息烽县志》卷之二十一《动物部·禽畜类》第 144 页

鹧鸪 藏蓁薄中，似鸡而小，鸣声凄切。

民国《兴仁县补志》卷十四《食货志·物产》第 459 页

山鹨

山鹨 尾长有文采，好岩栖，不宿于树。

道光《贵阳府志》（点校本）卷四十七《食货略·土贡 土物》第 929 页

鹊

鹊 形类鸦而差小，顶背深绿色，翻尾毛黑白相间，善巢，知避太岁。喜干恶湿，声查查然。人闻其噪则喜，俗名喜鹊，大如鸦而长尾尖嘴，首元色，背绿色，尾翙元素，驳杂，季冬始巢，巢甚坚固，大如盆盎而圆，人家有喜事则噪，以预报之。

道光《贵阳府志》（点校本）卷四十七《食货略·土贡 土物》第 929 页

鹊 旧志云："鸦鸣兆凶，鹊鸣兆喜，称说皆然。"按：鹊全郡皆产。

咸丰《兴义府志》（点校本）卷四十三《物产志·土产》第 672 页

鹊 俗名烧茶，谓其鸣声如烧茶也，又名喜鹊。谓鸦鸣兆凶，鹊鸣兆喜也。（李白诗云："五色云间鹊，飞鸣天上来。传闻赦书至，却放夜郎回。南人以鹊占喜，盖自昔然矣。"）

民国《都匀县志稿》卷六《地理志·农桑物产》第 281 页

鹊 羽白黑相间，鸣声茶茶，故名烧茶。鸣则兆喜，又名喜鹊。

民国《八寨县志稿》卷十八《物产》第 345 页

雪鸟

雪鸟 似鹡鸰。雪鸟，形似鹡鸰而小，头有长毛如冠绥状，喜食女贞子。冬大雪百十成群咸飞集焉。

光绪《黎平府志》（点校本）卷三《食货志第三》第 1407 页

鸲鹆

鸜鹆 旧志云："有鸲鹆、鸜鹆。"按：鸜鹆全郡皆产，《春秋》谓之"鸜鹆"，《周礼》谓之"鸲鹆"，今郡人俗呼为八哥。

咸丰《兴义府志》（点校本）卷四十三《物产志·土产》第 672 页

鸲鹆 俗呼八哥，剪舌而畜可人言，头上有丛毛，如帻者，有无帻者，曰洋八哥，来自岭南。头上丛毛色黄，丹朱黄距不能多有。又闻昔年有鸲鹆，赤目嘴、趾皆赤，今则无之。

道光《贵阳府志》（点校本）卷四十七《食货略·土贡 土物》第 929 页

鸲鹆 俗名八哥，能言。

同治《毕节县志稿》卷七《物产》第 417 页

寒皋 鸜鹆也。鸜鹆，《格物论》："金眼黑衣，一名寒皋，断舌可使言语。"《山海经》谓之"慧鸟"，俗名八哥。《禽经》："鹦鹉摩其背而瘖，鸜鹆断其舌而语。"《埤雅》："鹤以声交而孕，鹊以意交而孕，鸳鸯以情交而孕，鸜鹆以足交而孕。"

光绪《黎平府志》（点校本）卷三《食货志第三》第 1407 页

鸜鹆 《说文》作："鸲鹆，一名八哥，一名唧唧鸟，一名寒皋。"《周礼·冬官·考工记》："鸜鹆不踰济。"《春秋》："昭二十五年，鸜鹆来巢。"陈藏器曰："五月五日取雏，剪去舌端，能效人言。"罗原《尔雅翼》："鸜鹆，似鹎而有帻，飞辄成群。"李时珍曰："此鸟好浴水，其眼瞿瞿然，故名。巢于鹊巢、树穴及人家屋脊中。身首俱黑，两翼下各有白点。其舌如人，舌剪剔，能作人言。嫩则口黄，老则口白。头上有有帻者，亦有无帻者。"今县人之于此鸟，常缯取而笼养之，剪剔其舌，固能言；亦有教之久，终不能言者。

民国《息烽县志》卷之二十一《动物部·禽畜类》第 143—144 页

鹆 即八哥。

民国《威宁县志》卷十《物产志》第 601 页

杜鹃

杜鹃 一名子规，春深始鸣，土人呼为"催耕鸟"。

乾隆《贵州通志》卷之十五《食货志·物产·贵阳府》第285页

杜鹃 一名子规，春来秋去，啼声凄苦，若云"不如归去"，夜啼达旦。《异物记》云："相传此鸟多则岁丰，凡乡会试之年，其鸣于某方不已，则某方必多中者。"

道光《贵阳府志》（点校本）卷四十七《食货略·土贡 土物》第929页

杜鹃 数名。杜鹃，《格物论》："杜鹃，一名杜宇，一名子规。清明节始鸣，夜啼达旦，血渍草木。"《埤雅》《说文》皆以杜鹃为子规，或曰杜宇非子规。春夏有鸟若曰"不如归去"，乃子规也。《金川琐记》："有一种形如鸠而长尾，尝自呼曰'贵贵阳'，昼夜不绝声啼，苦则倒悬于树，土人目为阳鸟云，系雀王，群雀供其虫食，夜间与叫月子归，空山答响，或亦开明魂化，即《本草》李时珍引谚云：子规叫题鸠，央鸠音，桂与'贵贵阳'字异而音同也。"今时夜间未闻有两鸟答啼者。《琐记》谓"与子规别为一鸟"，非是。

光绪《黎平府志》（点校本）卷三《食货志第三》第1407页

杜宇 一名杜鹃，《尔雅》名巂，周《离骚》曰鹈鴂，《禽经·江介》曰子规，注啼苦，则倒悬于树，自呼曰谢豹，蜀右曰杜宇，杜甫诗："子规夜啼山竹裂"，又云："古时子规称望帝魂，作杜鹃何微细。"李商隐诗"望帝春心托杜鹃"，皆此物也。

光绪《增修仁怀厅志》卷之八《土产》第303页

杜鹃 一名子观（规）。

民国《咸宁县志》卷十《物产志》第601页

杜鹃 大如鹊，羽乌而声哀，吻有血，春至则鸣。（《本草》：杜鹃小如鹞，呼鸣不已，蜀人见鹃而思念杜宇故。又《金川琐记》：绥靖属之逊克棕地，名有一种雀，形如斑鸠，长尾，常自呼曰贵贵阳，昼夜不绝声。土人目为阳雀云。）

民国《八寨县志稿》卷十八《物产》第345页

啄木鸟

啄木鸟 嘴锯利，啄木中虫食之。一名䴕，气甚臊臭。雄者色斑斓，

翅羽青绿，腹下近尾红赤，俗名啄木鸟著红裙。韩琦诗："或露一裆红，或展双翅绿"是也，雌者色浅碧。

道光《贵阳府志》（点校本）卷四十七《食货略·土贡 土物》第929页

斫木鹳 䴕也。斫木，俗名斫木鹳，䴕鸟也。常斫树食虫。《异物志》："此鸟有大有小，有褐有斑。褐者雌，斑者雄。"又，山中有一种，青黑色，头上有红毛，土人呼山斫木。《埤雅》："䴕，善为禁法，能曲爪划地为印，则穴之塞自开，飞即以翼幔之。"

光绪《黎平府志》（点校本）卷三《食货志第三》第1406页

啄木 《博物志》："啄木遇虫，以嘴昼树成符，而虫自出。"

光绪《增修仁怀厅志》卷之八《土产》第304页

䴕 俗名啄木鹳（《尔雅》：䴕斫木），喙最坚或成截，体形或成尖形，皆宜于啄木之用，舌长而有须，能深入穴底以探取初生小虫为食。足之前后各二指，有背面正对之势，故升高颇易，尾端毛羽极坚，其外极锐，即用以支其身体者。凡有害于植物之幼虫，彼皆得捕食之，洵益鸟也。

民国《都匀县志稿》卷六《地理志·农桑物产》第281页

啄木鸟 羽褐色，嘴长而利，小于鸲鹆。啄木取虫时，尾健贴木如爪不坠。凡有害于植物之幼虫，彼皆得捕食之，盖益鸟也。

民国《八寨县志稿》卷十八《物产》第343页

啄木鸟 大如鸠，小如雀。雄色斑，雌色褐。刚爪利，紫面如桃花。舌长于咮，其耑有针刺啄，逢虫以舌钩取食之。《博物志》云："此鸟以喙画字，令虫自出。"

民国《独山县志》卷十二《物产》第347页

猫头鸟

猫头鸟 即鹃，一名鸺鹠，领有毛如猫，面方正，人恶之。

道光《贵阳府志》（点校本）卷四十七《食货略·土贡 土物》第929页

猫头鸟 名鬼灯哥。猫头鸟，形似鹰鹞而大，通身有斑点，头圆似猫而嘴钩，所栖之处，百鸟集焉。亦鸟王也。土人畜以诱群鸟，则网罗甚易。黑夜鸣，又名鬼灯哥。

光绪《黎平府志》（点校本）卷三《食货志第三》第1407页

萑 《说文》鸱属,有毛角,所鸣其民有祸。段玉裁注:"似鸱鸺而小,兔头。"鸺,旧说,旧留也。段玉裁注:"怪鸱。"舍人曰为鸺鹠也。李时珍曰:"鸺鹠大如鸲鹆,毛色如鹠,鸣则后窍应之,其声连转如云,休留、休留,皆言其鸣主有人死。"按,即《说文》萑是时珍曰鸺鹠,大如鹰,黄黑斑色,头目如猫,有毛角,两耳,鸣则雌雄相唤,其声初若老人,呼后若笑,所至多不祥。庄子谓:"鸱夜撮蚤,察毫末。"画出瞋目而不见,邱山按:即《说文》鸱旧是,俗通呼猫儿头。

民国《独山县志》卷十二《物产》第 348 页

断肠鸟

断肠鸟 绿衣鸟啄。《黔书》:"黔有断肠草,辛未夏雨初过,忽来小鸟,止于穗间,罗之绿衣,鸟啄喙似倒挂。"《幺凤轩》:"轻才五铢,极可玩,笼之三日。"夔儿曰:"此断肠鸟也,嗜啄断肠花子,采而饲之,可久活。"试之果然。苗地皆有,郡属亦恒见,特无人辨识耳。

光绪《黎平府志》(点校本)卷三《食货志第三》第 1408 页

鹌鹑

鹌鹑 出安龙,甚肥美。

康熙《贵州通志》卷十二《物产志·安顺府》第 2 页

鹑 按:全郡皆产。

咸丰《兴义府志》(点校本)卷四十三《物产志·土产》第 672 页

鹌鹑 善斗。裙带雀,有灰白二种,身小尾长如带。

道光《贵阳府志》(点校本)卷四十七《食货略·土贡 土物》第 929 页

鹑 蛤蟆化。鹑,《本草》:"鹑,大如鸡雏,头细而无尾,有斑点。雄者足高,雌者足卑。"陆佃云:"此鸟性淳,飞必附草行,不越草,遇草横前即旋,行避之,故曰鹑礼。"月令:"田鼠化为鴽,鴽即鹑也。"毕万术:"蛤蟆得爪化为鹑。"按,鹑系化生,故其骨可并食,羽族味美,惟此为最。

光绪《黎平府志》(点校本)卷三《食货志第三》第 1407 页

鹌鹑 ……今按:贵州之通俗,谓鹑为鹌鹑,而别谓鹌为乌鹑,二物

之实虽存，而其名之混，易几眩识者之目。县固有人畜之，而以斗搏胜负。然二物之畜，皆不以笼，为袋以系人身，必取温始能久活，信如李时珍之说，其性畏寒也。

民国《息烽县志》卷之二十一《动物部·禽畜类》第147页

鹑 羽褐色而麻，似瓦雀而稍小。性好斗，村子弟多畜互斗以为乐。肉香骨脆，最适口。

民国《八寨县志稿》卷十八《物产》第345页

翟

翟 似雉而尾长三四尺，又有尾长六七尺者，名曰鸐，皆名山鸡，其首白而不红，故俗谓雉为红头鸡，白山鸡为白头鸡。隶人多插其尾于冠。

道光《贵阳府志》（点校本）卷四十七《食货略·土贡 土物》第929页

山鸡 按：山鸡产兴义县，即《尔雅》之"鷩"是也。《尔雅》云："鷩，山雉，《禽经》谓之鷩雉，又谓之山鸡，盖居野者为野雉，居山者谓山鸡，似野雉而尾长三四尺。"

咸丰《兴义府志》（点校本）卷四十三《物产志·土产》第672页

锦鸡

锦鸡 胡景南《锦鸡赋》：凤凰上下，鸲鹊桥边，林皋瑞霭，鹑火星躔。爰产佳禽，彩蹁跹，身披苏蕙之锦，头戴子路之冠。坐卧王孙之草，往来丈人之岭。傲采虹于天上，艳璃树于云间。斗妍妆于溪女，赠环佩于汉仙。柳元君之绿汁，周身点染，吴夫人之丹砂，遍体莊严。风飘飘兮，摇翠钿。日杲杲兮，挽金鞭。栖山阿兮，扬藻火。翔草泽兮，缀花笺。翠盖霞天，一色芳姿，粉黛同鲜。是以绿衣使者望而失色，金衣公子对而无颜。偶到巫山锦水茜，上公赤芾时游紫，塞黄沙杂，司马青衫。鹧鸪领上愁萧瑟，燕子楼中恨荒凉，碧鸡阙下扬朝，白鹭洲边带夕阳。欢杜鹃声声啼血，笑燕翅墨墨无光。故其临波弄影，待月披裳则有。似乎玉奴之出浴，与飞燕之新妆，及其声出，金石调叶，宫商又有。似乎屈扬之词赋，与李杜之文章。若乃鹤鸣，皋凤巢阁，携鹓鹭偕，孔雀奏逸。响于遥天，振翰音于碧落，文明天下，羽仪上国俨同，渐陆之鸿，宛比在庭之鹓。逮夫雉鸣，鼎耳鸦集，桥梁耻群，鹭之争食。随白鸥以韬光，戏绿波于颍水，茹紫之于商山。爰歌爰舞，载启载行。依赤松而旁，黄石差堪，遗世以徜徉。于是幽人骚客，散步闲游，寻芳泽畔，选胜高丘。观赤帜之摇荡，见金章之曳，委或羡光芒，映日或诗，艳丽凝眸，或叹彤文华国，或称雅调填喉，或拟振翩于上苑，或卜展翅于瀛洲。凡此羽族三百，谁能与而为传。吁嗟兮，茫茫宇宙，灵蠢不齐，鹤飞九皋，鹏奋天池，堂前燕雀，笼中雪衣，何去何从，孰高孰低，相彼鸟矣，悠悠我思。

雍正《安南县志》卷之四《艺文》第 538 页

锦鸡 羽毛五色，雌者纹彩稍逊。

道光《贵阳府志》（点校本）卷四十七《食货略·土贡 土物》第 929—930 页

锦鸡 即雉鸟。雄，五彩相杂，尾长如孔雀，性勇健好斗，不入丛林，恐伤其羽。雌者，文彩略暗黑。凡雉，雄者性残，雌雉孵卵非避匿他所，辄食其雏，闻振羽则起而相逐，猎者常蓄多数雌雉诱之，取之易易耳。

民国《八寨县志稿》卷十八《物产》第 342—343 页

白鹇

白鹇 类锦鸡，白质黑章，尾长三四尺，亦有青黑者。

道光《贵阳府志》（点校本）卷四十七《食货略·土贡 土物》第 930 页

鱼鹤

鱼鹤 本县碧痕乡出鱼鹤。

民国《晴隆县志》第五章第六节《物产》第 590 页

燕

燕 春社来秋社去，俗名燕子，其声长而如人急语，体轻善飞若舞。有二种，一种草燕，垒巢带草，不净；一种作垒衔泥细叠，不须草，甚浩净。

道光《贵阳府志》（点校本）卷四十七《食货略·土贡 土物》第 930 页

一鸟 元鸟也。燕，《埤雅》："元鸟也，又名一鸟，岁以仲春来，俱

成配偶，营巢于檐下、楼下，每日含泥筑之，独忌戊巳，卵翼二次，至秋始去。"

光绪《黎平府志》（点校本）卷三《食货志第三》第 1405 页

燕 名玄鸟 （《诗经》：天命玄鸟），又名乙鸟，喙阔而短，颔大，翅长，尾父形。仲夏南来，衔泥筑新巢或补旧垒于屋檐下，飞翔迅速，出啄飞虫，鸟之有益于农事也。

民国《八寨县志稿》卷十八《物产》第 342 页

大雁

雁 鸿雁也。鸿雁，俗名雁鹅，阳鸟也。春秋二仲月来而旋去，又为知时鸟。《玉篇》："大曰鸿，小曰雁，本一类也。"《正字通》："夜宿，鸿内雁外，更相惊避，矰缴有远害之道。"

光绪《黎平府志》（点校本）卷三《食货志第三》第 1405 页

雁 《诗经》："雝雝鸣雁。"水鸟，似鹅，喙长微黄，背褐色，翼青灰色，胸部有黑斑，声嘹亮。飞空中成行列或如一字、人字、八字不等。仲春月来，旋去，故谓之候鸟。家畜之鹅是为舒雁。

民国《八寨县志稿》卷十八《物产》第 342 页

雁 ……今按：县境凡有溪涧池泽之旁，无不以时得见此鸟。因忆昔人有言雁之南翔不过衡阳，衡之南有回雁峰，其名以此。是县之地，不又在回雁峰之更南乎？尽信书，则不如无书。洵有味乎，其言之也。

民国《息烽县志》卷之二十一《动物部·禽畜类》第 149—150 页

白头翁

白头翁 形似鹡鸰，头白身灰黑，二三月啼于深林中，其音清脆，形似鹡鸰，其飞如燕，头上有白毛。又有小鸟大如绿头鸟，面颊白色。

道光《贵阳府志》（点校本）卷四十七《食货略·土贡 土物》第 930 页

白头翁 《江表传》有《白头翁鸟集》："殿前孙权问此何鸟，诸葛恪曰白头翁也。"虞集诗："棠梨枝上白头翁。"

光绪《增修仁怀厅志》卷之八《土产》第 304 页

鹤

鹤 威宁有之。

道光《大定府志》卷之四十二《食货略第四下·经政志四》第 626 页

麻雀

麻雀 即瓦雀,行不以步,而以跃。

道光《贵阳府志》(点校本)卷四十七《食货略·土贡 土物》第 930 页

麻雀 即瓦雀。瓦雀,巢于瓦空中,故名,俗名麻雀者,音之误也。《说文》:"依人小鸟也。"《埤雅》:"雀物之淫者。"《诗召南》"谁谓雀无角"是也。

光绪《黎平府志》(点校本)卷三《食货志第三》第 1406 页

雀 名麻雀,一作瓦雀,古作宾雀,即《月令》谓鸿雁来宾雀入大水为蛤,其色褐,其鸣节节足足。栖宿人家,性贪馋,群聚啄食,叱去辄来。卵味酸、温,主起男子阴萎症。

民国《麻江县志》卷十二《农利·物产下》第 434 页

雀 俗呼瓦雀,又名米麻。色褐色,长棲宿人家堂宇间,性则馋,遇食物则聚啄食。叱去复来。味酸,温,入药,阳痿不起者服之有验。

民国《八寨县志稿》卷十八《物产》第 345 页

鹭鸶

鹭鸶 似鹤而小,纯白。

道光《贵阳府志》(点校本)卷四十七《食货略·土贡 土物》第 930 页

鹭 按:鹭产全境江滨,郡人多误呼为鹤。

咸丰《兴义府志》(点校本)卷四十三《物产志·土产》第 672 页

丝禽 鹭也。鹭,李时珍曰:"水鸟也,林栖水食群飞成序,洁白如雪,顶有长毛十数茎,毵毵然如丝,欲取鱼则弭之,名曰丝禽。"

光绪《黎平府志》(点校本)卷三《食货志第三》第 1406 页

鹭鸶 水鸟。林棲,水食,群飞成序,洁白如雪,顶上有长毛十数茎,毵毵如丝,欲取鱼则弭之,名曰丝禽,一名蜀玉,一名舂钼。

光绪《增修仁怀厅志》卷之八《土产》第 304 页

鹭鸶 《尔雅》："鹭，舂钼。"郭《注》："白鹭也，头、翅、背上，皆有长翰毛，今江东人取以为睫摊，名之曰'白鹭缞'。"《诗·周颂》："振鹭于飞。"又《鲁颂》："振振鹭鹭于下。"陆机《疏》："鹭，水鸟也。好而洁白，故谓之白鸟。齐鲁之间谓之舂钼。辽东、乐浪、吴杨人皆谓之白鹭。青脚，高尺七八寸，尾如鹰尾，啄长三寸，头上有毛数十枚，长尺余，毿毿然与众毛异，好欲取鱼时则弭之。今吴人亦养焉。"李时珍曰："林栖，水食，群飞成序，洁白如雪，颈细而长，脚青善翘。"按：今县之溪涧泽田中，靡不有之，以鱼为食，而捕取不易也。

民国《息烽县志》卷之二十一《动物部·禽畜类》第149页

鸬鹚

鸬鹚 善捕鱼，渔人多畜之，俗名水老鸦，又称鱼老鸦。

道光《贵阳府志》（点校本）卷四十七《食货略·土贡 土物》第930页

水老鸦 则鸬鹚。鸬鹚，李时珍曰："卢与兹皆黑也，此鸟色深黑，故名。"又名水老鸦。《异物志》："鸬鹚，能没于深水取鱼而食之，不生卵而孕雏于池泽。既胎而又吐生，多者生七八，少生五六相连而出若丝绪。"《正字通》："鸬鹚，取鱼以绳约其嗉，仅通小鱼，其大者不可下。时呼而取之，复遣去。嘴曲如钩，喉热如汤，鱼入喉即烂，味不美。"

光绪《黎平府志》（点校本）卷三《食货志第三》第1406页

鸬鹚 俗呼水老鸭。色深黑，最端曲如钩，食鱼。系卵生，《异物志》谓孕胎吐生赤雏者，或另是一种。渔人畜雄者取鱼，以绳约其吭，仅通小鱼，喉热如汤，鱼入喉即烂。遇大鱼不能运，呼群合力取，渔者速以网捕。然经其衔鱼味不美。三峡人谓之乌鬼。

民国《麻江县志》卷十二《农利·物产下》第434页

鸬鹚 俗名水老鸦，形同老鸦，善捕鱼。渔家畜之捕鱼，先以绳系颈，放之河中，须臾，衔鱼出，渔人提颈吐之，旋放之去，如是者累，若不系颈，遇鱼则吞腹，果懒于捕捉。

民国《八寨县志稿》卷十八《物产》第342页

鸬鹚 ……今按：此物，凡捕鱼之渔舟，无不畜之。县之渔人，亦所在而有其畜此物者，常曰，其勤于捕鱼者，值必数倍矣。

民国《息烽县志》卷之二十一《动物部·禽畜类》第 148 页

鹳

鹳 水鸟。

道光《贵阳府志》（点校本）卷四十七《食货略·土贡 土物》第 930 页

鹳 《诗·幽风》："鹳鸣于垤。"《后汉书·杨震传》："有冠雀衔三鳣鱼置讲堂前。"《禽经》："鹳仰鸣则晴，俯鸣则阴。"陶弘景曰："鹳有两种，似鹄而巢树者，为白鹳，黑色曲颈者，为乌鹳。"寇宗奭曰："鹳，身如鹤，但头无丹，项无乌带。不善唳，只以啄相击而鸣。多在楼殿吻上作巢。尝日夕观之，并无作池养鱼之说。"李时珍曰："鹳似鹤而顶不丹，长颈、赤啄，色灰白，翅尾俱黑。多巢于高木。其飞也。奋于层霄，旋绕如阵，仰天号鸣，必有雨。"今按：此鸟随所在地多见之，县境固不异也。

民国《息烽县志》卷之二十一《动物部·禽畜类》第 149 页

鸳鸯

鸳鸯 旧志云："有鸳鸯、鹌鸹。"按：鸳鸯产全郡之江滨。

咸丰《兴义府志》（点校本）卷四十三《物产志·土产》第 672 页

翡翠

翡翠 名打渔郎。翡翠，《博物志》："翡，通身黑，惟胸前背上有赤毛；翠，通身青黄，惟六翮上毛长寸余，青色。"《异物志》："翡翠，形如燕，赤而雄曰翡，青而雌曰翠。"又有黑身、黄襟、长喙、秃尾，背有翠毛，往来水间捕鱼，俗名打渔郎，其翠毛制饰最为上品。商人至此往往吹竹筒，则鸟自集，折其翠，仍放之。

光绪《黎平府志》（点校本）卷三《食货志第三》第 1406 页

翡翠 形似燕，翡赤而翠青。

光绪《增修仁怀厅志》卷之八《土产》第 304 页

翡翠 一名青水翠，俗呼打渔郎，羽深绿而光泽，嘴长于身，无尾，

善捕鱼。捕得者贩他省制饰最良。

民国《八寨县志稿》卷十八《物产》第 344 页

翡翠 按《说文》："翡亦羽雀，翠青羽雀。"并出郁林，县间有。

民国《独山县志》卷十二《物产》第 348 页

大、小翠雀 即翡翠。

民国《册亨县乡土志略》第四章《物产》第 597 页

山胡

山胡 出黔中。苏轼《山胡》诗自注："善鸣，出黔中。"苏辙次韵《山胡》诗："山胡拥苍鬘，两耳白茸茸。野树啼终日，黔山深几重。啄溪探细石，噪虎上孤峰。被执应多恨，筠笼仅不容。"按：山胡形似画眉，灰褐色，颊黑而白，耳鸣声自一字至五字，脆婉可听。

光绪《黎平府志》（点校本）卷三《食货志第三》第 1408 页

山胡 间有亦少。

光绪《增修仁怀厅志》卷之八《土产》第 304 页

山胡 形似画眉，灰褐色，黑颊而白耳，鸣声自一字至五字，脆婉可听。

民国《都匀县志稿》卷六《地理志·农桑物产》第 281 页

黄雀

鹪鹩 生溪涧丛莽中，俗名绿脰鸟，状如雀而小，其脰色绿。又一种脰黄者，大如雀，而羽毛黄润，俗名黄脰鸟，声如吹嘘，嘴小而尖利，爪刚而力强。市人畜之，令其相斗为戏。又有白翎雀，大如黄脰，色灰白斑，其声百啭如画眉，百舌之音，人多畜之。

道光《贵阳府志》（点校本）卷四十七《食货略·土贡 土物》第 930 页

黄豆鸟 黄雀也。黄雀，俗名黄豆鸟，色带黄微绿者名绿豆鸟，喜斗。又有背笼鸟，与瓦雀相似，利喙而无斑纹。

光绪《黎平府志》（点校本）卷三《食货志第三》第 1406 页

黄脰雀 《尔雅》云："桃虫鹪，其雌曰鴱。"郭《注》："鹪鹩，桃虫也。俗呼为巧妇。"《诗·颂肇》："允彼桃虫。"陆机《疏》："今鹪鹩是也。"《荀子·劝学篇》："蒙鸠，鹪鹩也。焦赣易林，桃雀窃脂，巢于小枝，摇动不安，为风所吹。"扬雄《方言》："桑飞，自关而东，为之工爵，或谓之过鸁，或谓之女匠；自关而西，谓之桑飞。"张华有《鹪鹩赋》。陈藏器曰："巧妇，小于雀，在林薮间为窠，窠小如袋。"李时珍曰："处处有之，生蒿木之间，居藩篱之上。状如黄雀而小，灰色，有斑，声如吹嘘，啄如利锥。取茅苇毛氄而窠，大如鸡卵，而系之以麻发，至为精密，悬于树上，或一房、二房，故曰巢林不过一枝，每食不过数粒。小人畜训，教其作戏。"郝懿行曰："鹪鹩，眉间有白如粉，编麻为巢，故得女匠、巧妇诸名。今东齐人谓之屡事、稽留；扬州人谓之扬串。"按：今毗近诸县，多呼黄豆雀，或黄豆团者。豆又脰之讹脱。而此物之名之逮嬗，亦烦甚矣。县人之好事者，笼畜之，以为斗搏，不惜以重金决胜负。此风之盛，尤于今为烈。

民国《息烽县志》卷之二十一《动物部·禽畜类》第 148 页

清明酒醉鸟

清明酒醉鸟 形亦如雀，鸣曰清明酒醉。明字音细，长醉不略，重顿清脆可听。

民国《普安县志》卷之十《方物》第 501 页

青天䴗

青天䴗 脚色青黄。

民国《普安县志》卷之十《方物》第 501 页

点灯捉蛤蚤

点灯捉蛤蚤 鸣必夜半，不常见，为鸣声皆急促。

民国《普安县志》卷之十《方物》第 501 页

第四章　鳞介类动物

鳞之属　鲤、鳝、鲫、金鱼、泥鳝、赤尾鱼、花鱼、鲇、鲦、鲹鱼、细鳞鱼。

嘉靖《贵州通志》卷之三《土产》第 274 页

介之属　蟹、鳖、螺。

嘉靖《贵州通志》卷之三《土产》第 274 页

鳞介类　鲤、鲫、帖、青鱼、鳝、鳖、螺、鲮鲤、蚌、龟、蟹。最小不可食。以上系本省各府州县通产。

乾隆《贵州通志》卷之十五《食货志·物产·贵阳府》第 285 页

鳞介类　油鱼（出铁山溪下石洞中，其味佳）、赤獭（出铁山溪，味蟹）。

乾隆《镇远府志》卷十六《物产》第 118 页

第一节　鳞之属

射鱼　出都匀江，一名箭鱼，土人于春夏之交间网之，亦不多得。

乾隆《贵州通志》卷之十五《食货志·物产·都匀府》第 286 页

鱼　鱼之鲤也，鲫也，白鲦、黄鳝与鲉、鳅、鲢也，人皆取于河海。

乾隆《南笼府志》卷二《地理·土产》第 537 页

鳞属　鲤（有青、红数种）、龙眼角、凤头鱼（有红白、花色二种）、细鱼（乡人常于沟河捞取上角苗，干之，以货于市）、鳝鱼、白条（大者不过三两，味极甘美）、鲟鱼、鲫鱼、鳖、青鱼、船、油鱼（一名王鱼）、口鱼（味美）、岩花鱼（味美）、细鳞、鳅鱼、白鳝、七星鱼（即鲤鱼，又名鲖鱼，首有七点细黑花。

又诸鱼胆皆苦，惟鳢角独甘可食）、龙头虾、螃蟹（最小不可食）、龟、田螺、池螺、蚬（自蟛以下四种。性极寒冷，与他省异。故邑人鲜有食之者）、刺草兜、蚌。

咸丰《安顺府志》卷之十七《地理志·通产 专产》第217—218页

青鱼、红鱼、花鱼、细鱼、细虾 均生海内。

民国《咸宁县志》卷十《物产志》第601页

鲤

七星鱼 出永宁，即鲤鱼，又名鱼，首有七点细鳞，黑花。又诸鱼胆皆苦，惟鱼独甘，可食。

乾隆《贵州通志》卷之十五《食货志·物产·安顺府》第286页

鲤 金鳞赤尾，其色白微带黄，唇上有两须。色白大者至二三十斤，冬月盐腌晒干，留至次年夏月，蒸食味佳。

道光《贵阳府志》（点校本）卷四十七《食货略·土贡 土物》第930页

鲤鱼 旧志云："鱼则鲤也、鲫也、白鲦、黄鳝与鱿、鲭、鳟、鲢也，人皆取诸河海。"鲤鱼产府亲辖之绿海者佳。

咸丰《兴义府志》（点校本）卷四十三《物产志·土产》第674页

七星鱼 似鲢，乘雾能飞。七星鱼，形似鲢鱼，细鳞，首尾俱有圆纹，翠色，光彩如星，故名。尝穴土中能乘雾而飞。

光绪《黎平府志》（点校本）卷三《食货志第三》第1413页

鱼王 鲤也。鲤，《神农书》："鲤，为鱼王，无大小脊，旁鳞皆三十有六。"《酉阳杂俎》："《道书》以鲤多为龙，故不欲食。"《本草》："鲤为鱼中之主，形既可爱，又能神变，乃至飞越山潮，所以琴高乘之。"清明节后鲤生卵，附水草上，取出别盆浅水中，置于树下，漏阳曝之三五日即出子，谓之鱼花。田肥池肥者，一年内可重至四五两，若得于河中，有大至数十斤者，不知历几年也。

光绪《黎平府志》（点校本）卷三《食货志第三》第1412页

鲤 处处有之，其胁鳞一道，从头至尾无大小，皆三十六鳞，每鳞有小黑点。

光绪《增修仁怀厅志》卷之八《土产》第305页

鲤鱼 《神农书》："鲤鱼为鱼王，无大小脊，旁鳞皆三十有六，体肥

而扁，口之前段有触须二对，脊苍青色，腹淡白，间有金黄者。"喜群居，邑池、田多蓄之。大者重二三斤，河中有至十余斤者，清明节后生卵附水草，取出放田池中，一二日，子即出田池，肥者一年可至七八两。自七月至十月味最鲜美，余时稍带泥腥，河鲤随时，味道皆佳。

民国《八寨县志稿》卷十八《物产》第347页

鲤 《尔雅》："鲤。"郭《注》："今赤鲤鱼。"《诗·陈风》："岂其食鱼，必河之鲤。"又《小雅》："鱼罹于罶、鰋鲤。"《古乐府》："客从远方来，遗我双鲤鱼。"崔豹《古今注》："兖州人呼赤鲤为赤骥；谓青鲤为青马；黑鲤为玄驹；白鲤为白骐；黄鲤为黄骓。"《正字通·神农书》曰："鲤为鱼王，无大小，脊旁皆有三十六鳞，上有小黑点文。"《广雅》："黑鲤谓鲫。"苏颂曰："处处有之，诸鱼惟此最佳，故为食品上味。"李时珍曰："鲤鳞有十字文理，故名鲤。虽困死而鳞不反白。"郝懿行曰："所见有赤、黑、黄三种。"今按：县之所产，厥为赤鳞。溪涧池泽中，固无不见也。

民国《息烽县志》卷之二十一《动物部·鳞介类》第154页

鲤鱼 喂者最普遍，每年春季，将鱼秧或小鱼放田中或在外面水塘中。如养料充足至秋可长至一斤以上。大的可供食料，小的移入内塘（村内活水小塘，防獭猫捕吃），次年春再放入田中或外塘，使易长大。种类大约分为三种，背苍黑腹淡黄者最多，名青鲤。体红者名火鲤或红鲤。体黑者名墨鲤。

民国《荔波县志资料稿》第一编《地理资料·动物》第398页

草鱼

草鱼 鲩鮥也。鲩，《博雅》："鮥也。"状如鳜，扁形，润腹、巨口、细鳞。草鱼、鲢鱼黎郡皆池畜之，每于春暮时往湖湘市种，其种即出河中，居人于平水湾环处傍岸椓椿编篱，系以鱼子，视鱼草所出，得鲭鱼子者出草鱼，得鮥鱼子者出鲢鱼，日以蛋黄饲，回家畜之池中。次年即如指大，谓之子口，分散各地池，每日饲以嫩草，鲭鱼啗食，故名草鱼。鲢鱼则食其屎，鲤鱼继食之。谚云："一草养三鲢，三鲢养九鲤。"子口一年大者可斤许，鲤鱼可半斤，畜鱼获息多有致富者。二种惟与湖湘近者，方畜之，远则不能致也。

光绪《黎平府志》（点校本）卷三《食货志第三》第1412页

草鱼 各地皆有，而以恒丰、阳安、从善、三洞等地区喂者为多。本县无鱼秧，均来自湖南。春季买小鱼秧放之外塘，养料充足可长至三四斤。秋后移入内塘。次年春，又放之外塘。五六年，可长至三五十斤。

民国《荔波县志资料稿》第一编《地理资料·动物》第398页

鲹鱼

鲹鱼 喂者仅阳安、恒丰等地区，鱼秧亦来自湖南，喂法与草鱼同，但大者不过数斤，肉较草鱼鲜嫩。

民国《荔波县志资料稿》第一编《地理资料·动物》第398页

脆蛇

脆蛇 《黔书》云："脆蛇长尺许，围如钱，背黑腹白，暗鳞斑斑可玩也。伏草泽间，出入往来恒有度，捕之者置竹筒于其径，则人其中，急持之方可完，稍缓则自碎，故名脆。曝之使干，已风去疴，视其身之上中下，以治人之顶腹胫足，罔不验。"按：脆蛇产安南县。

咸丰《兴义府志》（点校本）卷四十三《物产志·土产》第674页

脆蛇 长尺许，遍体斑鳞，伏草泽间出入有度，捕者以竹筒置于往来之径，俟其人，急持之可得全。稍缓则节节自碎入药。可疗风毒除瘴疫。以酒或油腌之，其头治上部毒，身治中部毒，尾治下部毒，试之甚效。

民国《兴仁县补志》卷十四《食货志·物产》第460页

鲈

鲈 俗名鲢鱼。

道光《贵阳府志》（点校本）卷四十七《食货略·土贡 土物》第930页

鲢鱼 按：鲢鱼产全境之红水江滨，长二三尺者时有。至旧志所云鲅与鳝、鳜，则今不常产。

咸丰《兴义府志》（点校本）卷四十三《物产志·土产》第674页

鳙

鳙 俗名胖头鱼。

道光《贵阳府志》（点校本）卷四十七《食货略·土贡 土物》第930页

鳙 《说文》："鳙，鱼名；一名鳠鱼。"《史记·司马相如传》："鲖、鳙、鲅、鮀。"注：郭璞曰："鳙似鲢而黑。"《正字通》："似鲢，大头细鳞，目旁有骨。"李时珍曰："此，鱼中之下品，盖鱼中之庸，常以供馐食者，故曰鳙、曰鳠。处处有之，状似鲢而色黑，其头最大，有至四五十斤者。味亚于鲢。"今按：县人则名此为胖头鱼。

民国《息烽县志》卷之二十一《动物部·鳞介类》第154—155页

乌鱼

乌鱼 背纯黑。

道光《贵阳府志》（点校本）卷四十七《食货略·土贡 土物》第930页

青鱼

青鱼 背鳞青色。

道光《贵阳府志》（点校本）卷四十七《食货略·土贡 土物》第930页

青鱼 亦作鲭，古人所谓五侯鲭即此。

光绪《增修仁怀厅志》卷之八《土产》第305页

青鱼 鲭也。鲭，即青鱼。《正字通》："形似鲩，青色，此鱼食草而长，故俗名草鱼，身长鳞粗厚，有重至十余斤者。"今人购鱼花畜之池中，越年余即有重至一二斤者。

光绪《黎平府志》（点校本）卷三《食货志第三》第1412页

青鱼 似鲩而修长。鲜蓝色，巨口厚鳞，味美。产于距城北六十里之和平，冬日始获。胆治喉火并点火眼。

民国《麻江县志》卷十二《农利·物产下》第441页

鲭鱼 一名青鱼。左思《吴都赋》："鼋鼍鲭鳄。"苏颂《图经本草》："青鱼，古作鲭字。生江湖间。南方多有。取无时，以作鲊。所谓五侯鲭也。"张自烈《正字通》："形似鲩，青色，俗呼乌鳅。"李时珍曰："以色名也。大者，又名，蝼鱼。"今按，县之"访册"，有乌鱼，以为背纯黑。但乌鱼之名，虽一见于杨慎之《异鱼图赞》，更鲜闻于俗称。且《异鱼图赞》曰："乌鱼戴星，禁在仙径，鲩鲖鳢蠡，纷其别称，其胆独白，以是为征。"玩其辞，盖未及鲭也。惟《正字通》有"乌鰡"之说。则今之所谓乌鱼者，傥亦乌鰡之谓，以靖当之，虽不中不远矣。

民国《息烽县志》卷之二十一《动物部·鳞介类》第156—157页

鲭鱼 又名青鱼。身长，鳞厚，青色，形似鲩，有重达十余斤者，味鲜嫩。胆治喉火，入药。

民国《八寨县志稿》卷十八《物产》第347页

鲫鱼

鲫鱼 重不满斤，有红白二色。

道光《贵阳府志》（点校本）卷四十七《食货略·土贡 土物》第930页

鲫鱼 按：鲫鱼产府之绿海。郡之鱼，鲫鱼为多，亦鲫鱼为佳。

咸丰《兴义府志》（点校本）卷四十三《物产志·土产》第674页

鲫 鲋，鰭鱼也。鳍，作鲫，鲋鱼也。《战国策》注："鲋鱼，鱼之小者。"陆佃曰："此鱼好旅行，吹沫如是以相，即谓之鲫，以相附谓之鲋。"刘劭："七华洞庭之鲋，出于江岷，红胰青胪，朱尾碧鳞。鳍有数种，有形似鲤者，有似鲤而稍长者，有头尾小而腹大者，其色有纯红黄白者，有杂色相间者，虽畜肥池，亦不甚大。"人爱其金鳞朱彩，尝畜于缸中，俟生子时，以大虾入之，而得龙眼，三尾五尾之异。法详花镜。

光绪《黎平府志》（点校本）卷三《食货志第三》第1412页

鲫鱼 俗名鲫壳，言其瘠也，似鲤。脊隆起而狭，头口皆小，作羹胜常鱼。沿河皆产，惟每尾重至斤者，殊罕。

民国《都匀县志稿》卷六《地理志·农桑物产》第285页

鲫鱼 一名鲋。《易》："井谷射鲋。"《仪礼·士昏礼》："鱼用鲋。"《庄子·外物篇》："车辙有鲋鱼焉。"《战国策》所谓："无雉兔，鲋鱼者也。"刘劭《七华》："洞庭之鲋，出于江岷，红胰、青颅、朱尾、碧鳞。"杜甫《诗》："鲜鲫银丝脍。"段成式《酉阳杂俎》："洞庭之鲋。"陆佃曰："此鱼好旅行，吹沫如星以相，即谓之鲫，以相附，谓之鲋。"韩保升曰：

"所在池泽有之，形似小鲤，色黑而体促，腹大而脊隆。大者至三四斤。"李时珍曰："鲫，喜偎泥，不食杂物，故能补胃。冬月肉厚子多，其味尤美。"今按：贵州人通呼鲫壳鱼，县人仍之。

民国《息烽县志》卷之二十一《动物部·鳞介类》第 155 页

鲫鱼 人以其瘠，故名鲫，壳似鲤而短，脊狭隆起，头口皆小。作羹味逊鲤，重不过斤。

民国《八寨县志稿》卷十八《物产》第 347 页

鳜鱼

鳜鱼 溪洞中有之，重不至十两，俗呼为冷水花。

道光《贵阳府志》（点校本）卷四十七《食货略·土贡 土物》第 930 页

鳜 亦名石桂鱼。

光绪《增修仁怀厅志》卷之八《土产》第 305 页

桂花鱼 曰鳜，曰鳟。鳜，俗名桂花鱼，又名鳟鱼。《正字通》："鱼扁形，润腹，大口，细鳞，皮厚，肉紧细而味香。"《玉篇》："鱼身有斑彩。"

光绪《黎平府志》（点校本）卷三《食货志第三》第 1412 页

鳜鱼 形阔，腹巨，口细，鳞皮厚，肉紧致，细脊，鳍有硬刺，鬐髭皆圆，黄质黑章，与常鱼迥异，味香美。

民国《八寨县志稿》卷十八《物产》第 347 页

鲢鱼

鲢鱼 身无鳞，头如鲫。鲢，身长无鳞，头方如鲫，体多涎沫，肉细而少刺，鱼之味美者。

光绪《黎平府志》（点校本）卷三《食货志第三》第 1412 页

鳡鱼

鳡鱼 为鲐为鳏。鳡，《本草》："鳡鱼即鲐鱼，一名鳏鱼。"鳡，敢也。鲐，鲐也。食而无厌也。又，其性独行，故曰鳏。《异苑》："诸鱼欲产，鳡鱼辄以头冲其腹。"欲自生，亦更相冲逐，俗谓"众鱼之生母"。

光绪《黎平府志》（点校本）卷三《食货志第三》第 1412—1413 页

嘉鱼

嘉鱼 《太平寰宇记》:"细鳞如鳟,蜀人谓之拙鱼。蜀都山中处处有之。每岁二三月随水出穴,八九月逆水入穴。"

道光《遵义府志》(校注本)卷十七《物产》第526页

桃花鱼

桃花鱼 晴久则出映日,红绿相间,长三四寸。

道光《贵阳府志》(点校本)卷四十七《食货略·土贡 土物》第930页

桃花鱼 宋熊文稷《忠州桃花鱼记》:"是鱼,形出五,色近淡墨,蕊其足也。"生于社日前后,桃花开时,始逐队而出入,夏日即化去。土人以形似桃花,故名。不特此地始有。《蜀都碎事》:"梁山县有桃花洞,洞口小溪中出鱼,曰冰雪鱼。每当桃花胜开之时,其鱼头上有红骨一片,状类花瓣。桃花落尽,鱼之头骨亦无矣。"按:桐梓北新站溪中出之。头沁红,形如桃花瓣。

道光《遵义府志》(校注本)卷十七《物产》第526页

桃花鱼 出江界河谷洞中,岁二月桃始华,则水涨而鱼出,百十成队,大者可三寸许,肉肥白,有异味,桃花谢即不复有,故名。

民国《瓮安县志》卷十四《农桑》第195页

白小

白小 长不逾寸。

道光《贵阳府志》(点校本)卷四十七《食货略·土贡 土物》第930页

鲹杂 小鱼也。鲹杂,小鱼也。《异鱼图》赞:"鲹鱼极眇,一箸千头,名曰跳鲹,不以网取。苗家寨、溪、沟、塘、池内尤多,苗妇取入城售之,曰细鱼。

光绪《黎平府志》(点校本)卷三《食货志第三》第1413页

万年鱼 鲤,小不盈寸,溪沟多有之,人不暇采取,以其细故也。

民国《八寨县志稿》卷十八《物产》第347页

鯠 即细鳞鱼。

民国《威宁县志》卷十《物产志》第601页

泡鱼

泡鱼 游急水。泡鱼，鱼之小者，尝游于涌水急流处，亦鲢类也。相激博跃处起泡，此鱼喜于此往来，故名泡鱼。

光绪《黎平府志》（点校本）卷三《食货志第三》第1413页

石斑鱼

石斑鱼 《墨客挥犀》："南方溪涧中鱼，生石上，号石斑鱼，作鲱甚美。至春，则有毒，不可食。"按：今溪中石斑鱼，黄腹、黑背、无鳞，腹平如掌，长不过二三寸，附石而行。五六月，捕鱼者照以火，于石上捉之。

道光《遵义府志》（校注本）卷十七《物产》第526页

金鱼

金鱼 有龙眼、凤尾各种，尾有三歧，长于身，盆池供玩之物。金鱼养于盆中，大不过一二寸，细鳞红赤色，有金光，以短而粗者为胜。形圆腹阔，背上软鬣至尾，尾三尖分布，连合为一，倒悬于水，或以腹向天，期为上品。若长而无奇，背鳍独疏，尾单岐，皆不佳。又两眼突出者，谓之龙眼鱼。若畜之池沼，亦有大重至一二斤者。

道光《贵阳府志》（点校本）卷四十七《食货略·土贡 土物》第930页

金鱼 张华《博物志》："金鱼，出渤婆塞江。"任昉《述异记》："晋桓冲游庐山，见湖中有赤鳞鱼。"僧赞宁《物类相感志》："金鱼，食橄榄渣、肥皂水即死。得白杨皮不生虱。"李时珍曰："金鱼，有鲤、鲫、鳅、鳖数种。鳅、鳖尤难得。独金鲫耐久，前古罕知，今则处处人家养玩矣。春末生子于草上，好自吞啖，亦易化生。初出黑色，久乃变红，又或变白者，名银鱼。亦有红白黑斑相间无常者。其肉味短而靭。"今之谈动物者，以为一名锦鱼，乃鲋之变种，体形似鲋，亦有头腹俱大而粗短者。鳍皆大，尾多分为三叶或四叶，而披散全体。赤或白有金光，甚惹目。间有苍黑色，体长二三寸，偶有达三四尺者。自宋代始有人畜之。今则多饲于缸中。缸以生苔、口阔、反光者为佳。夏秋暑热时，必隔一日另换新水。养熟者，见人不避，拍指可呼。本中国之原产，而欧美两洲之人见亦多饲之，以增赏玩。其种有霓仙、凫尾、龙马、锦章、赤鲋、金鲫和金琉、金兰铸、秋锦、金盔、金鞍、锦被、金襕子、朱文、金朝、天眼、印头、红里头、红连鳃、红首尾、红鹤顶、红六鳞、红玉带、围点、绛唇等。其眼则有黑眼、雪眼、珠眼、紫眼、玛瑙眼、琥珀眼之分。要皆随地异名，或不一定。若县人之畜玩是鱼者，未必尽有以上诸种。大率呼之龙眼，凤眼。其色或金或红，或黑或白，数种而已。

民国《息烽县志》卷之二十一《动物部·鳞介类》第157—158页

鲇鱼

鲇鱼 无鳞，扁眼、小口、阔齿如刺，有重至数十斤者。有青鲇、黄鲇，黄者味胜。

道光《贵阳府志》（点校本）卷四十七《食货略·土贡 土物》第930页

鲇鱼 体侧扁，恒长六七寸大或尺余，背部仓黑色，腹部黄白色，吻端淡红，至生殖期则腹部变为红色。幼鱼有齿，肉食，长成后乃食硅藻为主。产淡水，乡人每于壩脚得之，然皆细小者，居潭中有重至数十斤者。

民国《都匀县志稿》卷六《地理志·农桑物产》第285页

鲇鱼 《尔雅》："鲇。"郭《注》："别名鳀。江东通呼鲇为鮧。"《说文》："鳀，大鲇也。"左思《蜀都赋》："鳀鳢魦鲨。"李善《注》："鳀似鳝。"陶《注·本草别录》："鮧，即鳀也。今人皆呼慈音，即是鲇鱼。"罗愿《尔雅翼》："鮧鱼偃额，两目上陈，头大尾小，身滑无鳞，谓之鲇鱼，言其粘滑也。"李时珍曰："鲇。乃无鳞之鱼，大首偃额，大口大腹，鲍身鳢尾，有齿、有胃、有须。生流水者，色青白；生止水者，色青黄。大者亦至三四十斤。凡食鲇，先割翅下悬之，则诞自流尽不粘滑也。"今按：此亦贵州皆有之物。县境诸流中，时为渔人捕得。惟鲇与又名鱮之鲢音近，人遂有混呼，系一物者，兹故别而出之。

民国《息烽县志》卷之二十一《动物部·鳞介类》第155页

鲥鱼

鲥鱼 形扁而长，唇有肉，珠状，类鲂，小者都二斤以上，肉白如银，无细刺（《本草纲目》云："肉中多细刺，如毛大者不过三尺，与此特异。"）多脂肪，味极美，鳞色蓝，有胶质，柔肥可食，每岁春夏之交，产剑江前后三十里，过此则不知所之，亦奇事也。（周际华《一瞬录》云：郡产鲥鱼，城外有河一段，仅数里，每岁四五月，渔人得之，昂其值，购而烹之，唇外有钉，围绕如绿豆，大或二三层不等。肉较常鱼肥嫩而鳞肉脂香，殊不多得。论者谓河中有鱼王石，立夏后始来潮，故他处无闻焉。嗣子游吴会所见异形而鳞味实相似。按：鲥鱼匀之剑江所产，形扁而长唇，有肉珠类鲂，小者亦二斤以上或三斤、四斤以上，鳞色蔚蓝，肉白如雪，多脂肪少刺，味极美，鳞有胶质，柔脆可口，春末夏初出剑江三十里内，，过此无。值风日清和，偶游波际，则与远山晴天共一色，洵可爱玩，出水则不动，乃自爱其鳞也。按《尔雅》释鱼注：一名当魱。《埤雅广要》：鲥鱼似鲂，肥美。江东四月有之，雅俗稽言鲥鱼，初夏，鳞有，余月无，故谓之鲥鱼，其味之美在鳞，食莫去之鳞，如甲亦知，自惜若，入网中则不动，恐伤鳞也，俗云：鲥鱼不过鸭澜驿，又云鲥鱼一名箭鱼，腹下细骨如箭。何景明咏鲥鱼诗有银鳞细骨堪怜汝，玉筋金盘敢望传句，然则江南之鲥与匀之鲥，出有定时，游有常所，鳞肉味皆同，所小异者银鳞多颣耳宜。《省志》《遵义府志》称为匀之特产。《山堂肆考》谓：东坡惧鲥鱼多骨，彭渊材亦有三恨，一鲥鱼多骨，海棠无香，三曾子固不能诗。子固诗非不佳，前贤已论及之。吾黔黔西海棠则有香，江西贵兰雪，牧州时曾建香海巢纪之。匀鲥少刺异于江左别地，人少有知者。渊材如游黔中则三恨均可释矣。因志鲥鱼并论及之，想博物君子观之，亦必以焉快也。）

民国《都匀县志稿》卷六《地理志·农桑物产》第283—284页

黄鱼

黄鱼 《通志》："府境所产不大，渔人偶得之，亦如都匀鲥鱼，以通省所无而珍。"按：绥阳冠子山下龙泉内产此，俗呼油黄鱼，色黄，大者十余斤。春时出游泉外，顷仍入泉不至溪。钓者不能得，惟潜网之，每得一二。味绝美。

道光《遵义府志》（校注本）卷十七《物产》第526页

黄鱼 无鳞，俗名黄蜡蠟鲇，似鲇而小。一种石鳙，头色青，亦鲇类。

道光《思南府续志》卷之三《土产》第121页

黄颡、黄鳟 鮀鱼也。鮀，即黄颡鱼，又名黄鳝鱼，又名黄赖鱼。《埤雅》："鮎鱼胆，春夏近上，秋冬近下。"《正字通》："此鱼尾似鮎，无鳞，腹黄背青，腮二，横骨，群游，作声轧轧然，故名鮀。"

光绪《黎平府志》（点校本）卷三《食货志第三》第1413页

黄鲴鱼 一名黄姑鱼，一名黄骨鱼。李时珍曰："鱼肠肥曰鲴。此鱼肠腹多脂，渔人炼取黄油燃灯甚鲤也。南人讹为黄姑，北人讹为黄骨。生江湖中。状似白鱼，而头尾不昂。扁身、细鳞、白色，阔不逾寸，长不近尺。可作鲊菹，煎炙甚美"。胡世安《异鱼图赞补》其赞黄鲴鱼曰"黄鲴，小鱼，身扁，鳞白，阔不逾寸，长不近尺。可充鲊菹，宜于煿炙。黄姑、黄骨讹于南北"。今按："访册"有黄腊丁之名。此名盖亦习闻于他县人之口。然故籍皆鲜见，兹请以黄鲴鱼正之。

民国《息烽县志》卷之二十一《动物部·鳞介类》第157页

鮀

哆口鱼 鮀鱼也。鮀，《说文》："哆口鱼也。"《玉篇》："黄颊鱼。"黎平三什江多有，俗名还口鱼，又名大嘴鱼。又，鲖鱼又出三什江。

光绪《黎平府志》（点校本）卷三《食货志第三》第1413页

魴鱼

魴 鳞细而尾赤曰魴，一曰鳊。鳊，即魴鱼也。《诗·召南》："魴鱼，赪尾。"传鱼劳则尾赤。疏，魴鱼尾本不赤，劳故赤也。陆机疏："魴鱼，广而薄，肥恬而少力，细鳞鱼之美者。"《正字通》："魴鱼，小头缩项，润腹、穿脊、蜓细鳞，色青白，腹内尤美。"

光绪《黎平府志》（点校本）卷三《食货志第三》第1413页

魴鱼 俗名短头鱼（《访稿》），小头绮项阔腹，穿脊细鳞，色青白，腹内肪尤美，沿河皆有之。

民国《都匀县志稿》卷六《地理志·农桑物产》第285页

魴鱼 ……今据"访册"，有细鳞之名。夫鱼之为类，自溪涧以迄海洋，考索至今，犹有未极然而，皆据专书以名、以形，若鱼之有名、有形。而又为细鳞者，则亦难胜其指：从未见直以细鳞为之名也。村汉俚夫

不解何以为名，何以为形，偶见一物，即以其浅显夺目之处随意呼之。若是之伦，亦何匹责。若既执笔以说物，物犹循是涂辙，其亦何以征信乎？县之细鳞，纂者未见其形，故举鲂、鮇或鯿以当之。不然，或鲦鱼乎？鲦鱼又名鮆鱼，则《尔雅》之所谓"鴷，鱴刀也。"不然，则更俟之来哲。

民国《息烽县志》卷之二十一《动物部·鳞介类》第156页

鳝鱼

鳝鱼 生田中，穴泥以居。一种白鳝生大溪中，不多得。俗名黄鳝，似蛇而细，黄质黑章，锐首细尾，最善穿土。

道光《贵阳府志》（点校本）卷四十七《食货略·土贡 土物》第930页

按：鳝鱼产府亲辖境者佳。至旧志所云"白鲦"则不常有。

咸丰《兴义府志》（点校本）卷四十三《物产志·土产》第674页

鳝鱼 《尔雅》："翼鳝，似蛇无鳞，体有涎沫。"《本草图经》："鳝，似鳗鲡而细长，亦似蛇而无鳞，有青黄二色，生水岸泥窟中。"又有一种名曰鱓。

光绪《黎平府志》（点校本）卷三《食货志第三》第1413页

鳝 （亦作鮰）《山水经》北山经：胡灌之山，胡灌之水出焉，而东流注于海，其中多鮰，俗名黄鳝。黄质黑章，文似蛇（《说文》段注同），无磷，体有涎沫（《尔雅翼》）。生水岸泥窟中，味鲜美可食。一种曰白鳝似鳝而色白，产河中，味清美，主治妇女干血等症。惟赤色者有毒，食之杀人。

民国《都匀县志稿》卷六《地理志·农桑物产》第286页

鳝鱼 一名黄鱓。鱓字作鳝。《山海经·北山经》："湖灌之山，湖灌之水出焉，而东流，注于海，多鱓。"《淮南子·览冥训》："蛇鱓，著泥。"司马光《类篇》："蛇鱓，黄质黑文。"罗愿《尔雅翼》："鲜似蛇，无鳞，体有涎沫。夏月于浅水作窟。"苏颂《图经本草》："鱓似鳗鲡而细长，亦似蛇而无鳞，有青黄二色。生水岸泥窟中。"李时珍曰："黄质黑章，体多涎沫。大者长二三尺。夏出冬蛰。一种蛇变者，名蛇鱓，有毒害人。南人鬻鱓肆中，以缸贮水，畜数百头，夜以灯照之。其蛇化者，必项下有白点，通身浮水上，即弃之。或以蒜瓣投于缸中，则群鱓跳踯不已，亦物性相制也。"今县人当夏之时，亦多有取而食之者。蛇鳝之说。又县人及他县人类如是称之，第亦鲜有被其毒者。入药，则俚医取用为多。

民国《息烽县志》卷之二十一《动物部·鳞介类》第 158 页

鳝 俗名黄鳝，随处皆有，田池泥窟中最盛。黄质黑文，似蛇无鳞，体有涎沫，味亦鲜。

民国《八寨县志稿》卷十八《物产》第 347 页

娃娃鱼

娃娃鱼 无鳞，四足能陆行，鸣声最恶，鲜有食者。

道光《思南府续志》卷之三《土产》第 122 页

哇哇鱼 《桐梓志》："邑产。"《尔雅》："鲵，大者谓之鰕。"注："今鲵鱼似鲇，四脚，前似猕猴，后似狗，声如小儿啼，大者长八九尺，别名鰕。"《旧四川志》："鱋，即鲵鱼，大首、长尾、善缘木。天旱，辄含水上山，以草覆身，张口露水，鸟来饮水，因吸食之。性有毒。"按：嘉庆中，桐梓水涨，有一妪至魁岩民家乞食。民家食米豆饭，与一缶，妪缘河去。午后，此民捕得一哇哇鱼，甚巨。剖其腹，前饭在焉。大骇，弃之。

道光《遵义府志》（校注本）卷十七《物产》第 527 页

孩儿鱼 无鳞，四足，能陆行，鸣声最劣，鲜有食者。

道光《贵阳府志》（点校本）卷四十七《食货略·土贡 土物》第 930 页

鲵 俗名狗鱼，色黑无磷，细目巨口，四脚能缘木，声如小儿啼，大者长八九尺。剑江多产之，易钩取，味可解热。广商利市之至南粤，值甚昂，粤人嗜者尤众。

民国《都匀县志稿》卷六《地理志·农桑物产》第 284 页

鲵鱼 一名人鱼，俗呼顽娃鱼，似鲇，有四足，前似猴，后似狗，长尾能上树，声如小儿啼。大旱则含水上山，觅草叶可覆处，覆身而张其口，鸟见水来饮，因吸食之。多产苗林河近，贩出境亦为珍馐。

民国《独山县志》卷十二《物产》第 349 页

鲵 或名魶，一名山橅鱼，俗名狗鱼。色黑无磷，幼时头侧有小腮，长状全失而多粘质，形如蝌蚪，扁头如饭瓢。细目巨口，四足短小能援木，尾大而侧扁，如小儿啼。猎者以须笼取之，将烹时以热灰煨，剥去滑皮，肉如

鳖，最滋阴。皮烘干研末，初病寒疾，姜汤下，能发汗，并治疟疾。

民国《麻江县志》卷十二《农利·物产下》第441—442页

鲵 ……今之考动物者，其说人鱼，则都非前代所举之鲺与鲵，乃儒艮或海牛之谓。然皆产之海中，兹固不能涉及。惟其说鲵鱼也，则与昔不殊，而又不言鱼帝。若在贵州之有鲵鱼，则潕水、沅水、溱水、延水及南明水，盖常见之。然数十年前，大多不敢以充食。总以形状不类常鱼，无不目之若鬼怪者。据《遵义府志》之所说，嘉庆中，桐梓水涨，有一妪至魁岩民家乞食，民家食米豆饭，与一缶，妪缘河去。午后，此民捕得一哇哇鱼，甚巨，剖其腹，前饭在焉。大骇，弃之。此言而出之村翁、村姑，固津津然有味矣。奈何郑氏厥号宿儒，亦效兹口吻乎？搜神志怪，昔非不有其人与其书，第不欲以是望之子尹也。今会城及他境有产是物者，固无不食之，盖又多谓之为哇哇鱼，或谓之为狗鱼。县之渔人，时于境内诸流捕得，亦不敢以为食。村翁、村姑即不大惊小怪如昔时，亦必以放生而修阴德为言。其实，惧祸之心，终强于惜福也。

民国《息烽县志》卷之二十一《动物部·鳞介类》第155—156页

鲵 名狗鱼，黑色无鳞，头圆，大口巨于头半部，裹如错，四脚能橼木。声如小儿啼，又名娃娃鱼，大者长二三尺。日晴含水上河岸，林木处以木叶覆身，张口于外，诱山鸟就口饮水，则吞之。《旧四川志》："鲵肉清补，广商贩于南粤，嗜者尤众，价甚昂。"

民国《八寨县志稿》卷十八《物产》第348页

鲵 俗呼娃娃鱼，又曰狗鱼。有足无蹼，乳阴具备，其声呱呱即鲵鱼也。

民国《兴仁县补志》卷十四《食货志·物产》第460页

泥鳅

泥鳅 生田中，似鳝而小，有须翅，性涎滑。

道光《贵阳府志》（点校本）卷四十七《食货略·土贡 土物》第930页

鳅鱼 生田中，似鳝而小，须翅皆具。

道光《思南府续志》卷之三《土产》第121页

鳅鱼 鳛鰌也。鰌鱼，一作鳅。《尔雅》："鳛鰌注，今泥鳅。疏，穴于泥中。"《正字通》:"鰌,生下田浅淖,似鳝,似鳗鲡。"

光绪《黎平府志》(点校本)卷三《食货志第三》第1413页

鳅鱼 一名鳛鱼,一名泥鳅。鳅字亦作鳅。《尔雅》:"鳛,鳅。"郭《注》:"今泥鳅。"邢《疏》:"穴于泥中。"《荀子·富国篇》:"鼋、鼍、鱼、鳖、鳅、鳣,以时别一而成群。"《庄子·齐物论》:"鳅,然乎哉,又庚桑楚,寻常之沟,巨鱼无所旋其体,而鲵鳅为之制。"陆佃《埤雅》:"鳅,性酋健,好动,善优,故名。"李时珍曰:"泥鳅,生湖池,长三四寸,沉于泥中。状微似鳝而小,锐首。肉青黑色,无鳞,以涎自染,滑疾难握,与他鱼牝牡。"今县之下田浅淖中,恒多有之。村农及苗人每以为食。其售于市者,则取以备药用。又常以之饲家狸也。

民国《息烽县志》卷之二十一《动物部·鳞介类》第158页

油鱼

油鱼 出府城东江上。

乾隆《贵州通志》卷之十五《食货志·物产·镇远府》第286页

油鱼 出朗溪司,溪水湍急,鱼生其间,肉紧肉厚,长只二三寸。

道光《思南府续志》卷之三《土产》第121页

鮋鱼 似鳅,生岩穴。鮋鱼,状类鳅鱼,生岩穴中,穴有泉水,由沟而出,三月育子,夜间,触随水逐队出沟,闻人声即复入穴,以火照之,有未尽人者,截其沟可获也。味细美,胜于他鱼。

光绪《黎平府志》(点校本)卷三《食货志第三》第1413页

油鱼 形如鳅而有细鳞。每岁季春由洞中出。身瘦,至四五月肥,味鲜美无细刺,煎则出油。产于距城北八里之龙口甑子潭中,及城东二十五里之瓮里井。

民国《麻江县志》卷十二《农利·物产下》第441页

鳎鱼

鳎鱼 《山海经》云:"其形似雀,有十翼,今赤水河丙滩至夹子口产此鱼。"故人呼旧仁怀为鳎部水,俗呼江鱼。

光绪《增修仁怀厅志》卷之八《土产》第305页

第二节 介之属

虾

虾 龙眼虾来自他处。溪洞生者皆糠虾，江湖出者大而色白，溪池出者小而色青，皆磔须钺鼻，须多而长骨，眼外突，背有断节，尾有硬鳞，项下有长脚如蠹，腹下短脚甚多，长二三分，亦两两相比。性好跃能直能曲，死则身曲尾贴胸腔，入汤则红。其肠属脑，其子在腹外，去其头尾与足，炒食味鲜。大虾蒸曝去壳，谓之虾米，馈品所珍，子如鱼子，孕子时精华在子，虾味颇减。

道光《贵阳府志》（点校本）卷四十七《食货略·土贡 土物》第930页

虾 郡属皆糠虾，无肉，惟安属猛溪沟间有寸许者。

道光《思南府续志》卷之三《土产》第122页

虾 虾也。芦苇，稻花也。虾，《篇海》："与鰕同。"《尔雅翼》："虾，多须，善游而好跃。"《正字通》："水虫，可食，溪泽江海皆有之。"磔须钺鼻，背有断节，尾有硬鳞，多足，好跃，肠属脑，子在腹外，相传芦苇、稻花所化。郡水出虾，极大，仁作羹与海虾同。

光绪《黎平府志》（点校本）卷三《食货志第三》第1415页

虾 《尔雅》："鰝，大虾。"郭《注》："虾，大者出海中，长二三尺，须长数尺。今青州呼虾鱼为鰝。"李时珍曰："江湖出者，大而色白。溪池出者，小而色青。皆磔须钺鼻，背有断节，尾有硬鳞，多足而好跃。其肠属脑，其子在腹外。凡有数种，米虾、糠虾，以精粗名也。青银、白银，以色名也。梅银，以梅雨时有也。泥银、海银，以出产名也。凡银之大者，蒸曝去壳，谓之假米，食以姜醋，馈品所珍。字亦作虾。入汤则红色如霞也。"今按：县之村人，多以秋时于溪田网取，曝干而售之市。种惟米虾、糠虾二者。

民国《息烽县志》卷之二十一《动物部·鳞介类》第158页

山脆

旧志云："蟹、虾、螺、蚌与龟鳖介类亦间有。"按：山脆产府亲辖境，乃鳖类。甲白而有斑点，不产于水而产于山，食之滋补。至旧志所云螺、蚌、龟、鳖不常产，蟹、虾则绝无矣。

咸丰《兴义府志》（点校本）卷四十三《物产志·土产》第674页

山脆 亦鳖之属，甲白有斑。产山涧中，不似鳖之必居水也。肥而味美，或谓食之滋阴。

民国《兴仁县补志》卷十四《食货志·物产》第460页

龟

龟、鳖 俗名脚鱼，亦名团鱼，甲入药，状如龟而稍长，背上无文而色青，四缘有肉裙，其卵黄色，大如指顶，而正圆。

道光《贵阳府志》（点校本）卷四十七《食货略·土贡 土物》第930页

文龟 《太平寰宇记》："溱州贡文龟。"《明统志》："文龟，废溱州出。"《陈志》按：文龟、斑布、丹砂，《一统志》误载废漆州出，历查并无。

道光《遵义府志》（校注本）卷十七《物产》第526页

龟 甲虫长也。龟，《大戴礼》："甲虫三百六十，而龟为之长。"《埤雅》："龟，外骨内肉，肠属。于首广肩，无雄，与蛇交匹，故龟与蛇合谓之元武。"《前汉·食货志》："天用莫如龙，地用莫如马，人用莫如龟。"

光绪《黎平府志》（点校本）卷三《食货志第三》第1415—1416页

鳖 以眼听。鳖，《说文》："甲虫也。"《埤雅》："鳖，以眼听。穹脊连胁，水居陆生。"《尔雅翼》："鳖，卵生，形圆脊穹，四周有裙。"《易说卦离》："为鳖为龟，以其骨在外肉在内也。"陆佃曰："鹤影生鳖，思生鳖，伏于渊而卵剖于陵，以思化也。"又，鳖伏随日，谓随日光所转，朝首东乡，夕首西乡。《尔雅》："鳖，三足，曰能。"《本草》："鳖，无足，首尾不缩者曰纳鳖。"二者俱不可食。

光绪《黎平府志》（点校本）卷三《食货志第三》第1416页

鳖 俗名脚鱼，又曰团鱼，以其形名也。有甲壳，上壳为背甲，下壳

为革胴，有肉缘，甲边曰肉裙，其首尾与四足均能缩入甲内，前两足趾五，后两足趾四，趾有爪，尾短尖。血鲜红而冷，味佳，裙尤美，甲入药。(《埤雅》鳖以眼听，穹脊连胁，水居陆生。《尔雅翼》："鳖，卵生，形圆脊穹，四周有裙。")

民国《八寨县志稿》卷十八《物产》第349页

鳖 俗名团鱼，水居陆生，与龟同类，四缘有肉裙，无耳，以目为听。纯雌无雄，以蛇及鼋为匹，夏日孚乳，其抱以影鳖，为蚊蛰则死，而鳖甲乃转，可熏蚊，亦理之，有难解者。

民国《独山县志》卷十二《物产》第349页

鳖 俗名脚鱼或团鱼，又名甲鱼，以城区时来、朝阳、董界、驾欧等处为多。

民国《荔波县志资料稿》第一编《地理资料·动物》第398页

龟 古人以为灵物，故卜筮重之。卜取龟壳，而筮用蓍草。其称人之智，多拟之蓍龟……其类，则山龟、水龟，其见之《尔雅》者，曰"神龟"，曰"灵龟"，曰"摄龟"，曰宝龟"，曰"文龟"，曰"筮龟"，曰"山龟"，曰"泽龟"，曰"水龟"，曰"火龟"。又"三足者曰贲"。其他诸书所载，则有"秦龟""蠵龟""绿毛龟""疟龟""鳄龟""鼍龟""旋龟""呷蛇龟""陵龟""鸢龟""蝇龟""白龟""绿龟""啮龟""钱龟""象龟""黄龟""湘龟"。非国内之产，且有"髭龟"。……"瑇瑁"，则为龟之别种，一名撒八儿，甚为饰器之佳品。此盖古今类龟之大略也。山龟、水龟，则无地不产。县亦何得独缺？山中、水中、当有是物也。

民国《息烽县志》卷之二十一《动物部·鳞介类》第159页

金钱龟 其小如钱。

民国《兴仁县补志》卷十四《食货志·物产》第460页

穿山甲

穿山甲 按：穿山甲产贞丰州。其甲，《别录》云："治五邪惊啼悲伤，烧灰酒服。"《药性本草》云："烧灰傅恶疮，又治山岚瘴气。"

咸丰《兴义府志》(点校本)卷四十三《物产志·土产》第674页

穿山甲 又名鲮鲤，产山野间，体长三四尺，吻短，全身被甲片如鳞。昼伏夜出，遇敌，其体则蜷缩如球。性嗜蛾常舒甲卧地，蛾闻腥，从集闭甲入水放之，蛾漂水上逐哈食之。

民国《独山县志》卷十二《物产》第 349 页

鲮鲤 俗呼穿山甲，吻短，体长二三尺，全身被角质之鳞甲。昼伏夜出，遇敌其体互捲如球。前肢较长，后肢扁平，腹藏内府，俱全胃独大。常吐舌诱蚁食之。掘穴居，有为鱼变者。

民国《麻江县志》卷十二《农利·物产下》第 445 页

穿山甲 穴居，食蚁。穿山甲，《类篇》："兽名。"《本草》："兽之有甲者，如鳖而短，似鲤有足，穴居食蚁。"一说鲮鲤皮曰穿山甲，见释药。

民国《八寨县志稿》卷十八《物产》第 349—350 页

鲮鲤 ……今之考动物者，以为形咯似食蚁兽，性亦颇同。其舌细长，便于伸入蚁穴而掠食。集营于岩窟及土穴中。无害于人。其鳞片供药用。今按：贵州辖境皆有此物。而县人则多猎取其甲以售之药肆。时有获其生者，虽非猛恶之族，状则至可使人怖也。

民国《息烽县志》卷之二十一《动物部·鳞介类》第 161 页

蚌蛤

蚌蛤 壳小而坚。

道光《贵阳府志》（点校本）卷四十七《食货略·土贡 土物》第 930 页

蚌蛤 大曰蜃。蚌蛤，《说文》："蜃属。"《国语》："注，小曰蛤，大曰蜃。"《礼月令》："雀入大水为蛤"。《吕氏春秋》："月望则蚌蛤实。"左思《吴都赋》："蚌蛤珠胎，与月盈亏。"《本草》："生江汉渠渎间，壳堪为粉。"

光绪《黎平府志》（点校本）卷三《食货志第三》第 1415 页

蛤蜊 软体动物。壳有正圆形曰圆蛤，外白黄褐纶纹稍高叠，内面白色，肉味甚美。壳可涂壁，有心藏形者曰文蛤，微白有褐色放射状之带纹，内面白色，水管甚长，足有强力一二分，能适沙土中，肉味美，壳粉入药。农人蓄之田中，望日前后取肉供食，朔晦肉亏壳为割漆盛具。

民国《麻江县志》卷十二《农利·物产下》第 444—445 页

蚌 按：此则今人之混称蚌蛤者，亦知之乎？县之产蚌，固无长七寸

之巨者，若三四寸之蛙，时亦有之。然亦鲜闻有食其肉者，壳则取以代匙用，要多为小孩玩具。

民国《息烽县志》卷之二十一《动物部·鳞介类》第 160 页

蚌蛤 大壳两扇相连合，如以两手合捧状，软体藏于内壳，护于外，行则露肉，足缓步，壳随之动，如人负干然。(《尔雅·释鱼》蚌含浆，《本草》生江汉渠渎间，壳堪为粉。)邑二区蕃翁、寨河田中多产，村人取食其肉，留壳代匙。

民国《八寨县志稿》卷十八《物产》第 349 页

螺

螺 大小不一，小者名蜗牛，生湖泽中，大如指头，其□□于田蝶壳上，旋文□□亦有尖顶。

道光《贵阳府志》（点校本）卷四十七《食货略·土贡 土物》第 930 页

蠃 小者蜬。蠃，即螺也。《易说卦离》："为蠃为蚌。"《尔雅》："蠃，小者蜬。"注：蠃，大者如斗，可以为酒杯。黎郡所产，乃蠃之小者也。田中、池中滋生极繁。

光绪《黎平府志》（点校本）卷三《食货志第三》第 1415 页

田螺 生水田及沟渠中，似蜗牛而尖长，青黄色，其肉视月盈亏，俗称螺蛳，按螺蛳，本蜗，蠃名，大如指头而壳厚于田螺，今概称螺蛳，不复计，各有主名矣。春夏间，采置中蒸之肉，自出酒烹糟煮食，清明后，其中有虫，不堪用，然食者甚少。

民国《独山县志》卷十二《物产》第 349 页

蠃 ……今按：县之所有，多田螺与蜗螺二种。然，人多不辨，又皆以螺蛳通呼之。以为食品者，更不恒见。入药者，则比比而然。

民国《息烽县志》卷之二十一《动物部·鳞介类》第 159—160 页

螺蛳 软体动物，壳硬有旋线，其体可以宛转藏伏。其种类亦多，大小不一。田池中滋生尤繁，村人嗜食之。

民国《八寨县志稿》卷十八《物产》第 349 页

蟹

味蟹 出铁溪，小如螃，而有味，故名。

乾隆《贵州通志》卷之十五《食货志·物产·镇远府》第 286 页

蟹 甲小无黄，细小愈无黄，远不如江中之美。

道光《贵阳府志》卷四十七《食货略·土贡 土产》第 930 页

蟹 小无黄。蟹，俗名螃蟹。《周礼考工记》："仄行。"注，仄行，蟹属。疏，今人谓之螃蟹，以其仄行，故也。《尔雅翼》："蟹，八跪而二螯，八足折而容俯。"故谓之跪两螯，倨而容仰，故谓之敖。字从解者，以随潮解甲也。壳上多作十二点，深胭脂色，如鲤之三十六鳞，其腹中虚实，亦应月数。郡产蟹甚小，无黄。

光绪《黎平府志》（点校本）卷三《食货志第三》第 1415 页

螃蟹 头部甲甚阔，腹甲扁平，曲折于胸之下，有黄纹。小而尖曰雄，大而圆曰雌，腹眼在背，甲前缘之深窝有柄承之，腮大坚如齿，便嚼食，跪八螯二。（《尔雅翼》："蟹八跪而二螯，八足折而容俯，故谓之跪两螯，倨而容仰，故谓之螯。"）横行内，藏皆在甲下，邑产固多而小。

民国《八寨县志稿》卷十八《物产》第 349 页

蟹 ……寇宗奭曰："此物秋初如蝉蜕壳。取者，以八九月，伺其出水而拾之，夜则以火照捕。"李时珍曰："横行甲虫。外刚内柔。雄者脐长，雌者脐团。腹中之黄，应月盈亏。其性多躁，引声噀沫，至死乃已。生于流水者，色黄而腥。生于止水者，色绀而馨。霜前食物，故有毒。霜后将蛰，故味美。生溪涧石穴中，小而壳坚，赤者，石蟹也。野人食之，更可治漆疮。"今按：县之此产，乃色黄而腥者，既不中食，县人亦鲜有嗜蟹之癖。山国积习，大抵如此。

民国《息烽县志》卷之二十一《动物部·鳞介类》第 158—159 页

主要参考文献

一、正史、地方志书

1. (汉) 司马迁撰,韩兆琦评注. 史记 [M]. 长沙: 岳麓书社, 2012.
2. (南朝宋) 范晔. 后汉书 [M]. 北京: 中华书局, 1973.
3. (晋) 常璩. 华阳国志 [M]. 济南: 齐鲁书社, 2010.
4. (宋) 欧阳修, 宋祁. 新唐书 [M]. 长春: 吉林人民出版社, 1998.
5. (宋) 李昉. 太平御览 [M]. 上海: 上海古籍出版社, 2008.
6. (宋) 张世南, 张茂鹏, 点校. 游宦纪闻 [M]. 北京: 中华书局, 1981.
7. (宋) 祝穆. 方舆胜览 [M]. 上海: 上海古籍出版社, 2012.
8. (宋) 周去非. 岭外代答 [M]. 北京: 中国书店, 2018.
9. (明) 钱士升. 九国志·东都事略 [M]. 济南: 齐鲁书社, 2000.
10. (明) 沈庠修, 赵瓒纂, 赵平略, 点校. 贵州图经新志 [M]. 成都: 巴蜀书社, 2016.
11. (明) 谢东山删正, 张道编集校. 嘉靖贵州通志 [M]. 成都: 巴蜀书社, 2016.
12. (明) 郭子章著, 赵平略点校. 黔记 [M]. 成都: 巴蜀书社, 2016.
13. (明) 万士英修纂. 铜仁府志 [M]. 长沙: 岳麓书社, 2014.
14. (明) 洪价修, 钟添纂, 田秋删补. 嘉靖思南府志 [M]. 成都: 巴蜀书社, 2016.
15. (清) 卫既齐主修, 吴中蕃、李祺等撰. 康熙贵州通志 [M]. 清康熙三十六年 (1697) 刻本.

16. （清）鄂尔泰等修, 靖道谟, 杜诠纂. 乾隆贵州通志 [M]. 成都：巴蜀书社, 2016.

17. （清）周作楫修, 萧琯纂. 贵阳府志 [M]. 成都：巴蜀书社, 2016.

18. （清）涨澍纂. 嘉庆续黔书 M]. 成都：巴蜀书社, 2016.

19. （清）彭焯修, 杨德明纂. 光绪续修正安州志 [M]. 成都：巴蜀书社, 2016.

20. （清）王粤麟修, 曹维祺, 曹达纂纂. 普安州志 [M]. 成都：巴蜀书社, 2016.

21. （清）李其昌纂修. 乾隆南笼府志 [M]. 成都：巴蜀书社, 2016.

22. （清）爱必达修, 杜文铎点校. 黔南识略 [M]. 贵阳：贵州人民出版社, 1992.

23. （清）陈熙晋纂修. 道光仁怀直隶厅志 [M]. 成都：巴蜀书社, 2016.

24. （清）郑珍, 莫友芝编纂, 遵义市地方志编纂委员会办公室整理点校. 遵义府志 [M]. 成都：巴蜀书社, 2013.

25. （清）张锳纂修, 贵州省安龙县史志办公室校注. 兴义府志 [M]. 贵阳：贵州人民出版社, 2009.

26. （清）徐宏修, 萧琯. 松桃厅志 [M]. 成都：巴蜀书社, 2006.

27. （清）俞渭修, 陈渝纂. 光绪黎平府志 [M]. 成都：巴蜀书社, 2016.

28. （清）余泽春修, 余嵩庆等纂. 光绪古州厅志 [M]. 成都：巴蜀书社, 2016.

29. （清）田雯纂. 黔书 [M]. 成都：巴蜀书社, 2016.

30. （清）陈昌言纂修. 水城厅采访册 [M]. 成都：巴蜀书社, 2016.

31. （清）黄宅中修, 邹汉勋纂. 大定府志 [M]. 成都：巴蜀书社, 2016.

32. （清）刘岱修, 艾茂, 谢庭薰纂. 独山州志 [M]. 成都：巴蜀书社, 2016.

33. （清）郝大成修, 王师泰等纂. 开泰县志 [M]. 成都：巴蜀书社, 2016.

34. （清）李云龙修，刘再向等纂. 平远州志 [M]. 成都：巴蜀书社，2016.

35. （清）董朱英修，路元升等纂. 乾隆毕节县志 [M]. 成都：巴蜀书社，2016.

36. （清）黄培杰纂修. 道光永宁州志 [M]. 成都：巴蜀书社，2016.

37. （清）常恩修，邹汉勋吴寅邦纂. 安顺府志 [M]. 贵阳：贵州人民出版社，2007.

38. （清）曹昌祺修，覃梦榕，李燕颐纂. 普安直隶厅志 [M]. 成都：巴蜀书社，2016.

39. （清）陈世盛修，付维澍. 绥阳县志 [M]. 成都：巴蜀书社，2016.

40. （清）罗文思. 石阡府志 [M]. 清乾隆三十年（1765）刻本.

41. （清）年法尧修，夏文炳纂. 定番州志 [M]. 成都：巴蜀书社，2006.

42. （清）郑珍纂. 荔波县志稿 [M]. 成都：巴蜀书社，2016.

43. （清）夏修恕，周作楫修，萧琯，何廷熙纂. 思南府续志 [M]. 成都：巴蜀书社，2016.

44. （民国）李世祚修，犹海龙纂. 桐梓县志 [M]. 成都：巴蜀书社，2016.

45. （民国）郭辅相修，王世鑫等纂. 八寨县志稿 [M]. 成都：成文出版社，1968.

46. （民国）窦全曾修著；陈矩编纂. 都匀县志稿 [M]. 贵阳：贵州人民出版社，2019.

47. （民国）拓泽忠，周恭寿纂修，熊继飞等纂. 麻江县志 [M]. 成都：巴蜀书社，2016.

48. （民国）周国华修，冯翰先等纂. 石阡县志 [M]. 成都：巴蜀书社，2006.

49. （民国）务川县备志 [M]. 成都：巴蜀书社，2016.

50. （民国）李世家纂修. 玉屏县志资料 [M]. 成都：巴蜀书社，2016.

51. （民国）苗勃然，王祖奕纂. 威宁县志 [M]. 成都：巴蜀书社，

2016.

52. （民国）樊昌绪修，顾枞纂. 息烽县志 [M]. 成都：巴蜀书社，2016.

53. （民国）葛天乙修，霍録勤等纂. 兴仁县补志 [M]. 成都：巴蜀书社，2016.

54. （民国）蔡仁辉纂修. 岑巩县志 [M]. 成都：巴蜀书社，2016.

55. （民国）胡翯. 三合县志 [M]. 成都：巴蜀书社，2016.

56. 中共贵州省铜仁地委档案室，贵州省铜仁地区政治志编辑室整理.（民国）铜仁府志 [M]. 贵阳：贵州民族出版社，1992.

57. 贵州省文史研究馆. 续黔南丛书 [M]. 贵阳：贵州人民出版社，2012.

58. 思南县志编纂委员会. 思南县志 [M]. 贵阳：贵州人民出版社，1992.

59. 镇远县政协文史资料研究室. 镇远府志 [M]. 贵阳：贵州人民出版社，2014.

60. 贵州省文史研究馆古籍整理委员会. 贵州通志·舆地志 风土志 [M]. 贵阳：贵州大学出版社，2010.

61. 贵州历史文献研究会.《清实录》贵州资料辑录 [M]. 汕头：汕头大学出版社，2010.

62. 贵州省民族研究所编.《明实录》贵州资料辑录 [M]. 贵阳：贵州人民出版社，1983.

63. 贵州省地方志编纂委员会. 贵州省志·文物志 [M]. 贵阳：贵州人民出版社，2003.

64. 贵州省地方志编纂委员会. 贵州省志·林业志 [M]. 贵州人民出版社，1994.

二、著作

1. （春秋）孔丘编，党秋妮编译，支旭仲主编. 诗经 [M]. 西安：三秦出版社，2018.

2. （汉）杨孚撰. 异物志 [M]. 北京：中华书局，1985.

3. （晋）郭璞校注. 尔雅 [M]. 杭州：浙江古籍出版社，2011.

4.（西晋）张华著，郑晓峰译注．[M]．北京：中华书局，2019．

5.（宋）罗愿撰，石云孙点校．尔雅翼 [M]．合肥：黄山书社，1991．

6.（宋）寇宗奭撰．图经衍义本草 [M]．上海：涵芬楼影印，1924．

7.（宋）苏颂撰，胡乃长，王致谱辑注．图经本草（辑复本）[M]．福州：福建科学技术出版社，1988．

8.（宋）祁撰．益部方物略记 [M]．北京：中华书局，1985．

9.（宋）陆佃撰．埤雅 [M]．北京：中华书局，1985．

10.（明）李时珍著，朱斐译注．本草纲目 [M]．南昌：二十一世纪出版社，2017．

11.（明）朱橚撰．救荒本草 [M]．北京：中国书店，2018．

12.（明）张自烈，（清）廖文英编．正字通 [M]．北京：中国工人出版社，1996．

13.（明）徐光启撰，石声汉校注；石定枎订补．农政全书 [M]．北京：中华书局，2020．

14.（明）陈继儒集．虎荟 [M]．北京：中华书局，1985．

15.（明）范槺著，陈伦敦点校．蜀都赋 [M]．成都：四川大学出版社，2018．

16.（清）汪灏等著．广群芳谱 [M]．上海：上海书店出版社，1985．

17.（清）吴其浚撰，栾保群校注．植物名实图考 [M]．北京：中华书局，2022．

18.（清）陈鼎．滇黔纪游 [M]．贵阳：贵州人民出版社，2010．

19.（清）徐家干著，吴一文校注．苗疆闻见录 [M]．贵阳：贵州人民出版社，1997．

20. 张肖梅．贵州经济 [M]．中国国民经济研究所，1939．

21. 顾颉刚．中国地方志综录 [M]．北京：商务印书馆，1958．

三、研究论文

1. 史继忠．贵州方志考略 [J]．贵州民族研究，1979（4）．

2. 张新民．明代贵州方志数量辨误 [J]．文献，1994（1）．

后　记

　　对方志中贵州生物多样性史料辑录，不仅仅是简单的资料编辑，更是一次对贵州生物多样性历史与文化深度的探索之旅。

　　贵州，这片位于中国西南的神奇土地，自古以来就孕育着丰富的生物。山川壮丽，气候多样，为众多物种提供了生存的家园。然而，随着时代的变迁，许多珍贵的生物资源逐渐消失在人们的视野中，而与之相关的历史记载也散落于各地的方志之中。

　　本书的编写，旨在将这些散落的史料进行搜集、整理与辑录，为后人留下一份宝贵的贵州生物多样性史料。在编写过程中，笔者深入各地图书馆、档案馆，翻阅了大量的古籍方志，力求还原贵州生物多样性的历史原貌。同时，也参考了现代生物学的研究成果，对史料进行了科学的解读与分析。

　　在辑录这些史料的过程中，我深感贵州生物多样性的丰富与独特。从珍稀的动植物资源，到独特的生态系统，都展示了这片土地的神奇魅力。同时，我也看到了人类对自然环境的开发与利用，以及由此带来的生物多样性的变化与挑战。

　　本书的出版，不仅是对贵州生物多样性史料的一次全面梳理，更是对贵州自然与文化的一次深刻反思。我们希望，通过这本书，能够让更多的人了解贵州生物多样性的历史与现状，增强对自然环境的保护意识，共同守护这片美丽的土地。

　　当然，本书的编写只是一个开始，我们深知还有许多工作需要做。未来，我将继续深入挖掘贵州生物多样性的历史与文化，为此项研究寻找历史上留下的更多的珍贵资料。同时，也希望与社会各界共同努力，推动贵州生物多样性的保护与可持续发展。

在此，我要感谢所有为本书编写付出辛勤努力的人们。感谢各位专家的悉心指导，感谢各地图书馆、档案馆的大力支持，也感谢所有参与编写工作的同仁们的辛勤付出，本书部分内容由历史研究所杨庆麟采集，正是有了你们的支持与帮助，才有了这本书的诞生。在此，对他们表示衷心的感谢！

由于时间仓促，水平有限，肯定存在丢玉遗珠、挂一漏万之处，请各位读者给予批评指正。

黄　昊
2024 年 3 月